污染油液振动监测

分析·实验·仿真·实例

WURAN YOUYE ZHENDONG JIANCE

FENXI SHIYAN FANGZHEN SHILI

陈彬 刘阁 著

化学工业出版社
·北京·

内容简介

本书综合多相流体动力学、振动力学、知识工程以及机器学习等学科领域的前沿研究成果，通过污染油液的理化性能实验、污染油液的全耦合动力学模型构建、油液污染信号分析、污染油液的 PIV 实验分析等方法体系的研究，对污染油液的特征进行提取，构建污染油液模糊辨识模型，以揭示油液污染机理，从而实现油中污染的辨识与预测。

本书可为油液污染理论与方法、机械故障诊断以及信号分析与处理等领域的研究人员提供参考，也可作为高等院校开设机械故障诊断等课程的参考资料。

图书在版编目(CIP)数据

污染油液振动监测：分析·实验·仿真·实例 / 陈彬，刘阁著. -- 北京：化学工业出版社，2025. 10.
ISBN 978-7-122-48950-0

Ⅰ. X5; TH113. 1

中国国家版本馆 CIP 数据核字第 20258AZ019 号

责任编辑：黄 滢 邹 宁　　装帧设计：王晓宇
责任校对：李雨函

出版发行：化学工业出版社
（北京市东城区青年湖南街 13 号　邮政编码 100011）
印　　装：北京科印技术咨询服务有限公司数码印刷分部
787mm×1092mm　1/16　印张 16¼　字数 433 千字
2025 年 11 月北京第 1 版第 1 次印刷

购书咨询：010-64518888　　售后服务：010-64518899
网　　址：http://www.cip.com.cn
凡购买本书，如有缺损质量问题，本社销售中心负责调换。

定　　价：128.00 元

前言

随着工业化进程的不断推进，机械设备向大型化、高速化、智能化和复杂化等方面发展，油液作为机械设备和系统中的关键介质，承担着润滑、冷却、密封等多重功能。油液在使用过程中不可避免地会遭受污染，污染物的存在不仅会影响油液的性能，而且是设备发生故障及元件过早磨损或损坏的主要原因。因此，进行油液污染分析是非常重要的。

由于机械设备的运转、油液流速变化、压力突变等原因，油液不可避免地呈现振动状态，颗粒污染物的含量、尺寸与油液振动具有相互依赖关系。即颗粒污染物的存在会影响油液的理化性能变化及其在设备中的动态特性，且在油液振动信号中都会有不同程度的反映，而油液振动参数比起设备的其他状态参数能更直接、快速、准确地通过测量而获取。因此，通过科学合理的油液污染分析方法，对油液污染状态进行特征提取，从而有效评估设备的健康状态，对实现设备安全可靠运行具有重要的科学意义。

油液污染分析是一个涉及多方面理论（如润滑、多相流体动力学、振动力学及统计学等）和技术（如信号处理、知识工程、机器学习等）的系统工程，因而需要对油液污染的构成（油液、颗粒污染物）进行系统的、全局的分析。首先对污染物油样理化性能进行实验测试，探讨油液与污染物的相互作用机理、传输模式以及状态特征，阐明油液理化性能的变化规律及其关键理化性能指标；从问题的本质——在油液振动状态下污染的形成和发展入手，利用 Hamilton 原理导出描述油液污染的全耦合振动动力学模型；并利用特征线法进行数值求解，探讨油液与污染物、污染物跟随运动和交叉效应等多因素耦合作用问题，提取油液污染的运动特征；将“油液污染”问题转化为“油液污染特征提取”问题，为进一步实现油液污染监测提供理论依据。

然后运用小波（包）分析、希尔伯特-黄变换（Hilbert-Huang transform，HHT）、变分模态分解(variational mode decomposition，VMD)以及连续投影算法(successive projections algorithm，SPA)对油液污染信号进行定量分析，提取与污染物密切相关的油液振动频谱，揭示颗粒污染物与油液污染特征之间的内在关系。

再通过油液污染流场的 PIV 实验测量，获取污染油液的瞬态速度矢量数据，利用 POD 技术进行流场重构，探讨涡波流场的流动、脉动、耗散率和展向涡等特性及其变化规律；并针对不同含量和粒径的污染油液，进行平均速度、脉动速度、时频分布以及湍动能耗散率等流动属性分析，探讨油液脉动强度、瞬态速度和平均速度的分布规律；采用大涡 PIV 方法分析污染浓度对油液湍流动能和耗散率分布的影响，为掌握油液流场中污染物的运动特性提供基础。

最后针对含油液污染的辨识问题，提出基于 VMD 分解的振动特征频率提取（以及中红外光谱数据）、SPA 变量选择与 T-S 模糊模型相结合的油中颗粒物含量预测方法，进行模式辨识、实验验证等研究体系的研究。对油液振动特征的定量分析进行实验研究和实例验证，进而揭示油液污染机理。

本书综合应用摩擦润滑、多相流体动力学、振动力学、知识工程以及机器学习等多学科领域的前沿研究成果，通过实验测试、理论研究、模拟仿真和实验验证相结合的方法，学术上将设备振动监测的对象从"固体监测"向"流体监测"拓展，为设备系统的定量的故障诊断分析与预测提供理论依据，对解决设备故障诊断与预测问题更具有主动性，以及对丰富和完善油液污染分析方法体系具有重要应用价值。

本书共分为6章，第1章综述了油液污染种类、污染油液离散相模型以及油液污染分析方法，阐述了油液污染分析的重要意义。第2章分析了污染油液电气性能、流动性能和化学性能的变化规律，构建了污染物与油液理化性能之间的数学模型，进行了理化性能的仿真分析，为油液污染信号准确提取提供合理的物理参数。第3章构建了油液与污染物的全耦合振动动力学并进行数值求解，探讨了油液污染的动态特性，为油液污染振动信号分析以及 PIV 实验分析奠定前期理论基础和技术支撑。第4章运用小波（包）分析、HHT、VMD 定量分析了油液污染信号的特征，阐明了油液中污染物与油液污染特征之间的内在关系。第5章对污染油液流场进行了 PIV 测量和 POD 重构，获取了涡波流场的流动、脉动、耗散率和展向涡等特性及其变化规律，探讨了污染油液流场脉动强度以及瞬态速度和平均速度的分布规律。第6章构建了油液污染的辨识系统，对油液振动特征（频率以及幅值变化）进行实例验证，实现对油中污染物的辨识与预测。

本书可为油液污染理论与方法、机械故障诊断以及信号分析处理等领域的研究人员提供参考，也可作为高等学校开设机械故障诊断方面课程的参考资料。

本书是在作者取得的成果基础上进行加工和整理而成的，力求从油液污染的基本原理、污染特征和辨识角度出发，既有理论基础知识，又有工程应用的详细阐述，从而起到抛砖引玉的作用。希望它的出版对从事油液污染理论与方法、机械故障诊断以及信号分析与处理等领域工作的研究人员具有很好的参考价值。

本书第1章和第3章由华北科技学院刘阁教授完成10万余字，第2章部分内容由中国煤炭科工集团煤炭科学技术研究院有限公司郝继锋高级工程师撰写3万余字、中国煤炭科工集团开采研究院有限公司段书武高级工程师撰写3万余字，其余章节由华北科技学院陈彬教授完成，全书由陈彬教授统稿。

笔者由衷地感谢国家自然科学基金委员会的资助，同时感谢化学工业出版社的大力支持和帮助！感谢学术界同仁对笔者工作的一贯热情支持和帮助！

由于笔者水平有限，书中不当之处在所难免，诚恳地欢迎广大读者批评指正。

作者

目录

第1章
绪论

在现代工业中，油液作为机械设备和系统中的关键介质，承担着润滑、冷却、密封等多重功能，其应用范围也日益广泛。然而，油液在使用过程中不可避免地会遭受污染，污染物的存在不仅会影响油液的性能，还可能导致设备故障、生产停滞，甚至造成重大的经济损失和环境污染。因此，油液污染分析的重要性日益凸显。

油液污染分析对于环境保护、社会效益和经济效益都具有重要意义。通过油液污染分析，可以及时发现并处理污染问题，减少其对生态环境和人类健康的危害；同时，可以提升设备的可靠性和使用寿命，降低生产成本和运营成本；此外，油液污染分析的开展也有助于提高公众的安全意识，促进社会可持续发展。随着技术的进步，油液污染分析的方法将更加多样化和智能化，为工业生产提供更强有力的保障，还有助于推动环保产业的发展和技术创新，促进可持续发展。因此，应该高度重视油液污染分析工作，加强相关技术和方法的研发及应用，为构建绿色、低碳、可持续的生态环境做出积极贡献。

1.1 油液污染概念与分类

1.1.1 油液污染概念

油液污染是指在工业、机械或汽车等设备使用的油液中，混入了不应存在的杂质或污染物。这些杂质或污染物可以是固体颗粒（如金属屑、灰尘）、液体（如水分或其他油液）、气体（如空气中的氧气）或化学物质（如添加剂的降解产物）。污染源可以是外部环境的污染（如灰尘、水分、化学物质等），也可以是设备内部的磨损、老化或化学反应造成的。

1.1.2 油液污染分类

油液污染的种类多样，根据不同污染物的性质和来源，可以将油液污染分为以下几类：固体颗粒污染、液体污染、气体污染和化学污染。油液污染对设备性能的影响如表 1.1 所示。

表 1.1 油液污染对设备性能的影响

污染物类型	影响程度	占比/%	可能后果
固体颗粒污染	高	60	增加摩擦、磨损加剧

续表

污染物类型	影响程度	占比/%	可能后果
液体污染(水分、其他油液)	中	25	乳化、降低润滑性能
气体污染	中	10	加速氧化、劣化
化学污染(添加剂降解)	高	5	改变油液性质

(1) 固体颗粒污染

固体颗粒污染是指油液中混入了各种固体颗粒，这些颗粒可能是金属屑、磨损颗粒、尘埃、沙粒等。固体颗粒污染的来源主要包括以下几类。

① 设备磨损：在机械运行过程中，设备部件之间的摩擦会产生磨损颗粒。

② 外部环境：尘土、沙粒等外部环境污染物可能通过密封不良或其他途径进入油液中。

③ 加工过程：在金属加工、焊接等工艺中产生的金属屑和颗粒。

根据某工业设备制造商的调查，固体颗粒污染在油液污染中占比约为 60%。固体颗粒污染的特点是固体颗粒的大小、形状和成分会直接影响油液的流动性及润滑效果。其危害是会增加摩擦，导致设备磨损加剧，寿命缩短，故障率增加。

(2) 液体污染（如水分、油液等）

液体污染主要是指油液中混入了水分、其他油液或化学液体。液体污染的来源包括以下几类。

① 水分：水分可能通过密封不良、冷却液泄漏、湿气等途径进入油液中。

② 其他油液：不同类型的油液混合可能导致性能下降。

③ 化学液体：外部化学物质的泄漏可能导致油液的污染。

液体污染在油液污染中占比约为 25%。在某些特定环境下（如潮湿环境），液体污染的占比可能会更高。液体污染的特点是液体污染物通常难以通过简单的过滤去除，需要采用专门的分离设备。其危害表现在水分的存在会导致油液乳化，降低润滑性能，增加腐蚀风险。

① 乳化现象：水分与油液混合会形成乳化液，降低油液的润滑性能。

② 腐蚀风险：水分的存在会导致金属部件的腐蚀，影响设备的寿命。

③ 降低热传导：液体污染可能影响油液的热传导性能，导致设备过热。

(3) 气体污染

气体污染主要是指油液中混入了空气中的氧气和水蒸气，其来源包括以下几类。

① 空气渗透：油液在储存和使用过程中，空气中的氧气和水蒸气可能渗入油液中。

② 设备运行：设备运行时产生的气体可能与油液接触，导致污染。

气体污染在油液污染中占比约为 10%。虽然占比不高，但其影响不容忽视。气体污染的特点为通常需要通过控制储存环境和使用条件来预防，其危害是可能导致油液氧化，加速劣化，降低润滑性能。

① 氧化反应：空气中的氧气会导致油液氧化，生成酸性物质，降低油液的性能。

② 泡沫形成：气体的混入可能导致油液产生泡沫，影响润滑效果。

(4) 化学污染

化学污染是指油液中混入了外部化学物质或油液添加剂的降解产物。化学污染的来源包括以下几类。

① 外部化学物质：如清洗剂、溶剂等可能意外混入油液中。

② 添加剂降解：油液中的添加剂在高温或氧化条件下可能降解，产生有害物质。

化学污染在油液污染中占比约为5%。尽管占比小，但其对油液性能的影响可能是显著的。化学污染的特点为化学污染物的种类和浓度变化可能会导致油液性能的显著波动。其危害为化学污染可能改变油液的化学性质，降低其性能，甚至导致设备损坏。

① 性能下降：化学污染物可能改变油液的黏度、酸值等性能指标。

② 添加剂失效：外部化学物质的混入可能导致油液中添加剂的失效，降低其保护性能。

1.2 油液污染理论研究进展

油液和污染物是典型的流固两相流，国内外对油液污染的理论研究主要是流固两相流理论。流固两相流模型的建立通常根据连续相中离散相的体积分数的多少分为两类：一类是当离散相的体积分数大于10%～12%时，将连续相和离散相都在Euler坐标系下运用连续介质原理分别构建质量、动量和能量守恒方程，如刘大有提出的连续流体模型，陈彬等采用PLS和SVM建立了油样中不同粒径含量的铜颗粒与连续流体运动黏度的数学模型，Gidaspow提出的双流体模型等，这类模型的离散相间相互作用可以用固体黏度和固体压力来表示；另一类是连续相中离散相的体积分数小于10%～12%时，离散相非常稀薄，不宜将其作为拟流体处理，因而连续相的质量、动量和能量守恒方程仍采用Euler坐标系下运用连续介质原理进行建立，在Lagrange坐标系下采用牛顿第二定律获取离散相的运动方程，即离散相轨道模型，这类模型的离散相间相互作用可以用完全弹性碰撞模型或离散单元法处理。

流固两相流中的连续相分为气体或液体两种类型，国内外研究中针对不同的流体可将流固两相流分为气固、液固两种类型。根据连续相（气体或液体）的不同属性，采用Euler坐标系下运用连续介质原理进行建立连续相的质量、动量和能量守恒方程考虑的影响因素不同，其中连续相为气体时要考虑相变、压缩问题，即一般要建立连续相的热力学方程，而连续相为液体时相对简单，可不考虑相变、压缩和热力学方程问题，即可略去能量方程，这对大多数的流固两相流问题是合适的。由于离散相轨道模型能够确切反映和模拟具有复杂物理化学反应过程的离散相的运动特征，且考虑了流体湍流脉动对离散相运动的影响因素，因而近年来在工程问题的数值计算方面应用得越来越广泛。由于各种两相流过程几乎都是处于湍流流动形态，陈彬等通过对喷涂工艺过程离散相参数湍流特性对涂层力学性能影响的规律分析，获得最佳的喷涂工艺参数，以及对水击驻波场中乳化油液离散相湍流运动规律分析，为油水分离机理获得奠定了理论基础，因此，在实际工程应用中需要掌握离散相湍流运动规律的问题。对离散相轨道模型来说，处理离散相湍流扩散主要分为三种方法：忽略离散相湍流脉动的既定轨道模型，离散相漂移速度和漂移力修正轨道模型，以及考虑离散相湍流脉动的随机轨道模型。

根据稀疏离散相模型的不断发展历程，分析现有离散相模型的理论依据、建模过程、数值模拟方法以及应用情况，特别对各个离散相模型研究中离散相和连续相的相互耦合关系进行了理论分析，指出它们的异同点。对离散相的合力用随机Fourier级数进行描述，可发展为一种新的随机轨道模型；建立两相流的全耦合振动动力学模型可全面、系统地描述流固两相流中稀疏离散相的运动特征，为实际工程应用提供理论支撑。

1.2.1 离散相既定轨道模型

从稀疏离散相在两相流中的运动特征出发，其运动既有离散相跟随连续相的运动，又有两相的交叉作用。既定轨道模型是在Euler坐标系下描述连续相运动，利用拉格朗日方法建立离散相的轨迹模型，模拟出离散相的各种经历效应（如碰撞、聚合等），从连续相对离散相的湍流作用和离散相的经历效应两方面来建立 Lagrange 方程，且在方程中考虑了离散相的湍流扩散，使离散相的计算域扩展到整个计算流场，从而更易分析离散相轨迹的数值计算结果。

① 常见的连续相的 Euler 模型为

$$\frac{\partial}{\partial t}(\rho\phi)+\frac{\partial}{\partial x_i}(\rho u_i\phi)=-\frac{\partial}{\partial x_i}\left(\Gamma\frac{\partial\phi}{\partial x_i}\right)+S_\phi \tag{1.1}$$

式中，ϕ 代表连续相的各个物理量，具体的数学形式如表 1.2 所示。

表 1.2 连续相的各个物理量的数学形式

方程	ϕ	扩散系数 Γ	源项 S_ϕ
连续性方程	1	0	0
动量方程	u_i	μ_{eff}	$-\frac{\partial p}{\partial x_i}+S_i$
湍动能方程	k	$\mu+\frac{\mu_t}{\sigma_k}$	$G_k+\rho\varepsilon$
耗散率方程	ε	$\mu+\frac{\mu_t}{\sigma_\varepsilon}$	$\frac{\varepsilon}{k}(C_{1\varepsilon}G_k-C_{2\varepsilon}\rho\varepsilon)$

表 1.2 中，$\mu_{\text{eff}}=\mu+\mu_t$，$i$ 方向为轴向、径向和切向。

② 在 Lagrange 坐标系中，离散相的运动方程由牛顿第二定律确定。

$$m_{\text{p}}\frac{\text{d}u_{\text{p}i}}{\text{d}t}=\left(\sum F\right)_{\text{p}} \tag{1.2}$$

式中 $\left(\sum F\right)_{\text{p}}$——离散相所受的合力。

离散相在连续相中受到的力有曳力、重力、浮力、压力梯度力、附加质量力、Magus 升力、Saffman 升力、Basset 力等。根据不同的具体情况考虑离散相在连续相中所受的力。

对于既定轨道模型的数值模拟方法主要有：单元内颗粒源（particle source in cell，PSIC）数值方法，离散相运动轨道分解法，欧拉-欧拉法和欧拉-拉格朗日法相组合的数值模拟法，基于离散单元法的颗粒群柔性轨道法，直接模拟蒙特卡罗（direct simulation Monte-Carol，DSMC）法，拟谱次网格缩放模式拉格朗日追踪法等。

采用 C. T. Crowe 提出的 PSIC 数值方法，把离散相对连续相的作用作为连续相的质量、动量、能量、湍动能和湍流耗散率守恒方程中的附加源项，采用主动控制技术消除流体系统振动源项，将动量方程中作用于整体流场的总作用力分配给包含离散相的计算网格或是网格节点。利用既定轨道模型和 PSIC 法对火药在膛内的运动速度及轨迹进行数值求解，两相间的相互作用反映在耦合源项中，同时考虑火药的化学反应过程，求解得到的膛压和初速度与实验值有较好的一致性。

采用离散相运动分解轨道模型，将离散相的运动过程分解为离散相相间的相互作用和连续相对离散相的作用，改进硬球模型中离散相相间相互作用的处理方法。欧阳洁等采用此模型并改进了影响模拟真实性的局部空隙率，从而能有效真实地模拟鼓泡流化床的气泡形成和节涌现象。

连续相还可以使用雷诺应力湍流模型描述，雷诺应力湍流模型考虑了雷诺应力的各向异性，离散相使用拉格朗日方法跟踪每个离散颗粒的运动轨迹。汪靓等利用 Fluent 计算软件模拟计算后台阶颗粒流，模拟过程中考虑离散相的重力作用，忽略其他的作用力。模拟结果表明，由于连续相对离散相的影响，流场分布不均匀导致离散相分布的不均匀。

欧拉-欧拉法和欧拉-拉格朗日法相组合的新数值模型，即利用基于 Chapman-Enskog 理论的微元流体动力学方法，模拟计算在欧拉坐标系下稠密离散相相间的相互作用，利用离散相随机分布模型计算在拉格朗日坐标系下的离散相湍流扩散，考虑连续相与离散相相间的黏滞力，流体脉动速度用随机 Fourier 级数表达。利用这种新模型对循环流化床燃烧器的上升段进行数值模拟，结果表明：数值结果与试验数据两者能够较好吻合，说明该混合模型能有效地模拟浓相气固两相流。

考虑到离散相相间的碰撞，可采用基于离散单元法（discrete element method，DEM）的离散相群轨道柔性模型，连续相用两相耦合的 Navier-Stokes 方程表达，离散相相间的相互作用用离散单元法表达。对三维管道中流固两相流进行数值模拟时，只考虑曳力和离散相与连续相的双向耦合作用，模拟了传统的不考虑离散相相互作用的两相流模型和柔性离散相群轨道模型在同一物理模型条件下前 6 个颗粒沿 y-z 平面的粒子轨迹图，如图 1.1 所示。

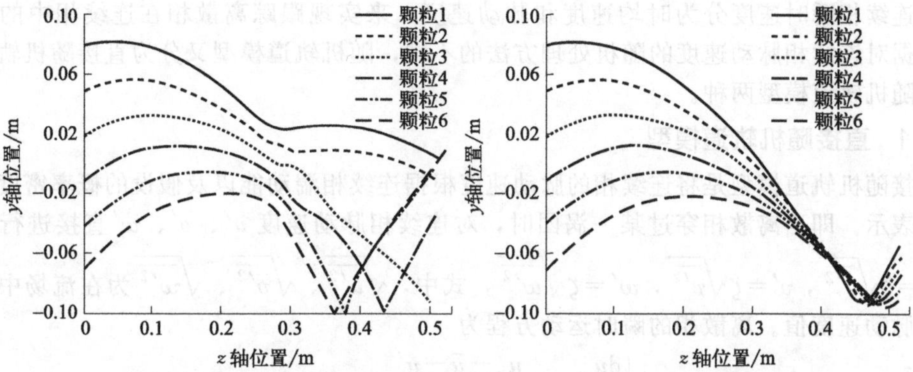

(a) 不考虑离散相相互作用的两相流模

(b) 柔性离散相群轨道模型

图 1.1 沿 y-z 平面的颗粒轨迹对比

由图 1.1 可知，离散相碰撞之前，两种模型的计算结果一致，而碰撞之后，离散相轨道发生很大的变化，若不考虑离散相相间相互作用，传统两相流模型无法正确描述碰撞后离散相的运动，而有碰撞时间的柔性碰撞更能模拟碰撞的实际情况。

也可运用硬球模型描述离散相相间的相互碰撞，对突扩圆管和节流器内液固两相流进行数值模拟，可以真实地模拟突扩圆管和节流器内离散相的非均匀分布特性及运动过程，得到单个离散颗粒的速度、碰撞角度、碰撞位置等运动特性等。利用 DEM 还可以用于模拟矩形流化床中的气固两相流的流动特征和流化床内木材气化过程。利用离散单元法和计算流体动力学（discrete element method-computational fluid dynamics，DEM-CFD）方法结合描述瞬态离散相与连续相的交互作用，如 CHU 等利用 CFD-DEM 模型数值计算了重介质旋流器内煤粉的冲击磨损运动，表明磨损严重部位是插口的内墙和外墙的排气管；Kruggei 和 Oschmann 模拟了气力输送过程中水平管与垂直管相互连接的弯曲部位，结果表明：离散相形状会导致压降、离散相速度分布、离散相之间、离散相与壁面之间和离散相与连续相之间的作用力的变化。

利用基于拉格朗日法修正直接模拟蒙特卡罗（DSMC）法，通过概率抽样确定离散相碰撞事件，同时运用硬球模型关联离散相碰撞前后的速度和角速度。Du 等应用 DSMC 法和既定轨道模型模拟研究了气固两相流中离散相的行为，得到合理的离散相的运动行为、离散相浓度的分布和离散相碰撞位置。结果表明：离散相碰撞主要分散在离散相碰撞区，离散相密度和离散相相间碰撞率在离散相碰撞区达到最大值。

此外，利用拟谱法模拟流动流体，使用拉格朗日法追踪离散相，模拟研究在三维混合层中大尺度漩涡结构和离散颗粒间的相互作用；或通过采用由 Smagorinsky 引入的著名次网格缩放模式模拟气体流场，使用拉格朗日法追踪颗粒理论研究气固两相平面尾流的大尺度漩涡结构；或是在只考虑 Stokes 曳力、Saffman 力和重力的情况下，采用既定轨道模型数值模拟不同 Stokes 数情况下可压缩紊动射流中的离散颗粒的分布特征。利用既定轨道模型还可以对立管中的稠密气固上升流和针配电器矩形气泡柱内气泡振动的动态特性进行模拟研究，同时利用粒子图像测速技术（particle image velocimetry，PIV）捕获针配电器矩形气泡柱内气泡的图像和直径为 50μm 的气泡踪迹。

1.2.2 离散相随机轨道模型

为了能够准确反映和模拟具有复杂经历的离散相，考虑到离散相脉动的各种物理因素和连续相湍流脉动对离散相的影响，在既定轨道模型的基础上发展提出了离散相的随机轨道模型。在随机轨道模型中，考虑了连续相湍流脉动对离散相湍流弥散的影响，将离散相运动方程中的连续相瞬时速度分为时均速度和脉动速度，来实现跟踪离散相在连续相中的运动轨迹。根据对连续相脉动速度的随机处理方法的不同，随机轨道模型又分为直接随机轨道模型和间接随机轨道模型两种。

1.2.2.1 直接随机轨道模型

直接随机轨道模型是将连续相的脉动速度根据连续相湍动能以及假设的概率密度函数用随机数表示。即当离散相穿过某一涡团时，对连续相脉动速度 u'、v'、w'直接进行随机取样，$u'=\zeta\sqrt{\overline{u'^2}}$，$v'=\zeta\sqrt{\overline{v'^2}}$，$w'=\zeta\sqrt{\overline{w'^2}}$，式中，$\sqrt{\overline{u'^2}}$、$\sqrt{\overline{v'^2}}$、$\sqrt{\overline{w'^2}}$为在流场中连续相各点的脉动速度值。离散相的瞬时运动方程为

$$\begin{cases}\dfrac{\mathrm{d}u_{\mathrm{p}}}{\mathrm{d}t}=-\dfrac{u_{\mathrm{p}}-\bar{u}-u'}{\tau_{\mathrm{rp}}}\\[2ex]\dfrac{\mathrm{d}v_{\mathrm{p}}}{\mathrm{d}t}=\dfrac{w_{\mathrm{p}}^{2}}{r_{\mathrm{p}}}-\dfrac{v_{\mathrm{p}}-\bar{v}-v'}{\tau_{\mathrm{rp}}}\\[2ex]\dfrac{\mathrm{d}w_{\mathrm{p}}}{\mathrm{d}t}=-\dfrac{v_{\mathrm{p}}w_{\mathrm{p}}}{r_{\mathrm{p}}}-\dfrac{w_{\mathrm{p}}-\bar{w}-w'}{\tau_{\mathrm{rp}}}\end{cases}\tag{1.3}$$

式中，$\tau_{\mathrm{rp}}=\dfrac{\rho_{\mathrm{p}}d_{\mathrm{p}}^{2}}{18\mu}\times\dfrac{24}{C_{\mathrm{D}}Re}$。

将随机确定的脉动速度 u'、v'、w'代入离散相的动量守恒方程中进行连续积分，可得到离散相的轨道方程为

$$\begin{cases}x_{\mathrm{p}}=\displaystyle\int_{0}^{\tau_{\mathrm{int}}}u_{\mathrm{p}}\mathrm{d}t\\[2ex]y_{\mathrm{p}}=\displaystyle\int_{0}^{\tau_{\mathrm{int}}}v_{\mathrm{p}}\mathrm{d}t\\[2ex]z_{\mathrm{p}}=\displaystyle\int_{0}^{\tau_{\mathrm{int}}}\frac{w_{\mathrm{p}}}{r_{\mathrm{p}}}\mathrm{d}t\end{cases}\tag{1.4}$$

基于直接随机轨道模型的模拟研究的应用范围较广，如陈曦等对原煤暗道空间粉尘的运移扩散规律进行了数值模拟，得到的模拟结果与现场实际分布情况的实测数据基本一致；袁惠新等对双入口形式分离旋流器壁面磨损情况的模拟可以得到双入口式旋流器的最大磨损位置，其壁面磨损呈对称分布；余徽等实验研究和数值模拟了热泳作用下 PM2.5 离散颗粒在气液交叉流中的运动情况；唐婵等利用离散相随机轨道模型和离散相沉积模型分别数值研究了气流中微小离散颗粒横掠圆管束表面时及飞灰横掠管束时的运动轨迹与沉积特性，获得了

离散相直径对飞灰运动轨迹和沉积分布的影响。

通过在不考虑相间相互作用的条件下，离散相采用随机轨道模型，连续相采用二阶矩湍流模型对两组不同粒径的油滴群在两种典型液-液旋流分离管中的运动轨迹的模拟研究，结果表明：随机轨道模型能够在定性上较好地说明油滴在旋流管中的分离过程，从而揭示不同粒径油滴在旋流管中的分离过程以及两种旋流管在分离特性方面的差别。

在考虑连续相与离散相之间的相互作用的情况下，在模拟过程中离散相采用随机轨道模型，连续相采用雷诺应力模型，建立相应的雷诺应力方程、湍动能和湍动能耗方程，使连续相的连续性方程和动量方程封闭，将雷诺应力和平均速度联系到一起。如衰惠新等模拟研究了固液分离旋流器壁面的磨损情况；王志斌等模拟研究了不同进口区域、不同粒径情况下离散相进入水力旋流器的运动轨迹及分离特征，可以为全面揭示旋流器分离理论提供一些依据；周大伟等分别对固液环缝内衬旋流器和普通分离旋流器的磨损情况进行模拟研究，可以得到旋流器磨损情况最严重的位置，当较大离散颗粒位于环缝内衬旋流器的内衬和器壁中时可降低环缝内衬的磨损。

应用基于瞬态颗粒动量方程的随机轨道模型，在连续相的雷诺平均 *N-S* 方程中加入 RNG k-ε 湍流模型进行封闭，考虑连续相湍流脉动的效应。张志峰等对不同颗粒直径分布下长尾喷管中离散颗粒的运动轨迹进行了数值模拟，结果表明：由于湍流脉动效应对离散相运动的影响，离散相在流场中的分布弥散程度增加，离散相与壁面的碰撞概率增加，随着离散相直径的增加，湍流脉动对离散相的作用减小，如图 1.2 所示。随机轨道模型相对于既定轨道模型获得的结果，流场中几乎不存在无离散相区域，同时表明了离散相和壁面碰撞的形式主要为小直径离散颗粒主要受湍流脉动的作用，大直径离散颗粒主要受惯性的作用。

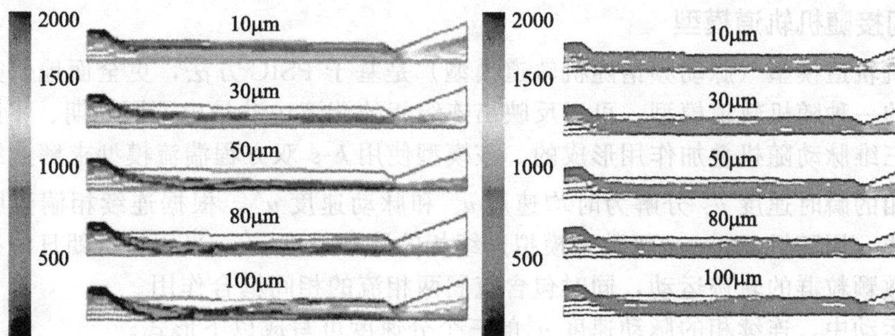

(a) 既定轨道模型 (b) 随机轨道模型

图 1.2 离散相运动轨迹比较

基于随机轨道模型，利用 PSIC 方法计算流固两相耦合，刘静和徐旭对喷管内气固两相流进行了模拟研究，将随机轨道模型和既定轨道模型的数值结果与实验结果进行比较，结果表明：随机轨道模型对实际湍流流动现象的模拟优于既定轨道模型，且随机轨道模型对离散颗粒运动轨迹的模拟更接近实验现象，特别是对湍流度大的喷管两相流动，如图 1.3 所示。

对于随机轨道模型中离散相，可以采用雷诺应力模型、雷诺时均方程与标准 k-ε 模型对连续相进行描述，也可采用 FLUENT 软件中离散相模型（discrete particle model，dPM）中的随机轨道模型描述方法，通过 U-beam 分离器内进口处鳃片的不同角度对气固两相流进行数值模拟，结果表明：当进口处鳃片角度为 35°时会导致停滞区产生并收集离散相，也会导致旋转结构的变化，还会使挡板内的湍流强度降低，促进离散相分离，提高 U-beam 分离器的性能。可利用低雷诺数 k-ε 双方程模型和随机轨道模型研究垂直管内液固两相流流动对

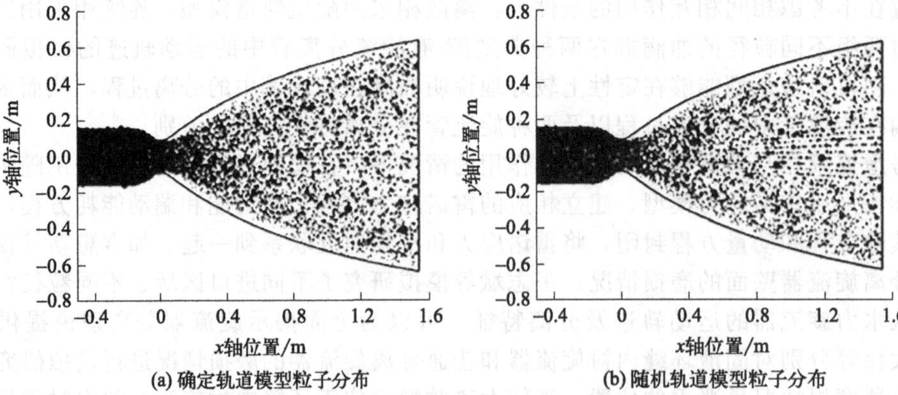

图 1.3 平均直径（d_{av}）为 6.2μm 的粒子位置分布

壁面的冲刷腐蚀过程机制和低浓度离散相对单喷嘴气泡的影响过程。而覃先云等则采用 Realizable k-ε 湍流模型模拟连续相，利用随机轨道模型模拟离散相在扫路车吸嘴内腔中的运动轨迹和湍流脉动对离散相的影响。

此外，也可在雷诺平均湍流模型中纳入光滑粒子流体动力学（smoothed particle hydrodynamics，SPH）方法来描述湍流的影响，所得数值结果与实验观测结果吻合较好。Ramanujachari 等使用随机轨道模型理论上研究了湍流气流离散相分布，脉动速度从高斯分布随机抽样，使用随机行走模型计算可得到离散相轨迹，当连续相与离散相的时均速度相同时，通过随机轨道模型计算得到离散相的湍流扩散系数与实验数据一致。

1.2.2.2 间接随机轨道模型

间接随机轨道模型（脉动频谱随机轨道模型）是基于 PSIC 方法，更全面地研究离散相的湍流扩散的一种随机轨道模型，可以反映出连续相的湍流运动是由不同周期、不同方向和不同振幅的三维脉动随机叠加作用形成的。该模型使用 k-ε 双方程湍流模型求解连续相湍流场，将连续相的瞬时速度 u_i 分解为时均速度 $\overline{u_i}$ 和脉动速度 u_i'，根据连续相湍流脉动的频谱、能谱曲线，用随机 Fourier 级数来模拟连续相的脉动速度 u_i'，采用拉格朗日法描述不同尺寸组的离散颗粒群的轨迹运动，同时包含流固两相流的相间耦合作用。

在三维运动中，连续相的脉动速度 u_i' 的三个分速度可写成以下形式。

$$\begin{cases} u' = \sum_{1}^{n} R_1 A_1 \cos(\omega_i t + R_2 \times 2\pi) \\ v' = \sum_{1}^{n} R_3 A_2 \cos(\omega_i t + R_4 \times 2\pi) \\ w' = \sum_{1}^{n} R_5 A_3 \cos(\omega_i t + R_6 \times 2\pi) \end{cases} \tag{1.5}$$

利用间接随机轨道模型模拟计算气固多相射流和流化床中离散相的运动轨迹，通过体积统计平均法求得的离散相速度场和浓度分布能较全面地反映不同粒径的离散相湍流扩散作用和离散相平均速度滑移，数值计算结果与实验数据较为吻合。对剪切紊流中不同流体雷诺数下的流体速度、离散相的运动速度和轨迹进行模拟计算，对比分析间接随机轨道模型的数值计算结果和实验研究结果，结果表明：间接随机轨道模型能够很好地描述离散相在剪切紊流中的运动。

此外，结合湍流的脉动频率-频谱与平均特性来模拟湍流流场，湍流脉动速度用 Fourier

级数表述为

$$\frac{u'}{u_0}=\sum_{0}^{N}A(f)\left[\cos(2\pi ft)+\sin(2\pi ft)\right] \tag{1.6}$$

式中 u_0——脉动速度均方根值，$u_0=\sqrt{u_{ii}^{\prime 2}}$；

f——由高斯分布随机给出。

运用湍流频谱的基本特征和频谱指数的特性确定湍流频谱分布函数的表达式为

$$E(f)=\frac{Bf^{\beta}}{f_0^{\beta+1}\left[1+\left(\frac{f}{f_0}\right)^{\beta}\right]^2}\propto f^{-\beta} \tag{1.7}$$

式中，B 由归一化条件，积分上式可得到，$B=\dfrac{\beta\Gamma\ (2)}{\Gamma\left(\frac{\beta+1}{\beta}\right)\Gamma\left(\frac{\beta-1}{\beta}\right)}$；$f_0$ 为特征频率 $\left(f_0=\frac{1}{c_\mu}\times\frac{\varepsilon}{k}\right)$，是湍流场内涡旋尺度的一种表示，与流场形状、尺寸和平均速度有关。从噪声的角度来看湍流，湍流的频谱 β 在 5/3 左右，而 $1/f$ 噪声的频谱为 $S(f)\propto f^{-\beta}(1<\beta<2)$。对均匀各向同性的湍流而言，特征频率（单位湍能内湍能耗散率）的不均匀导致频谱指数 β 不同，β 在 5/3 左右（1～2 之间变化）。

利用这种方法模拟计算各向同性湍流和自由射流，结果表明该方法适用于均匀各向同性的湍流扩散和具有复杂形状的工程湍流流场。

1.2.2.3 改进随机轨道模型

在随机轨道模型中离散相的运动方程需要考虑连续相湍流脉动对离散相湍流弥散的影响。有研究人员发现这种影响是间歇的，这种间歇式的作用会导致随机轨道模型所预报的离散相的湍流脉动小于真实值。

为了克服随机轨道模型的离散颗粒湍流脉动预报值低于真实值的不足，把两相之间的湍流相互作用作为一个连续过程考虑，因此，张会强等提出了一种改进的随机轨道模型。即把离散相看成一个个具有相同速度、大小和经历的离散颗粒群，离散相的时均量在由离散相湍流脉动所确定的随机轨道上输运，考虑到流固两相流中离散相较为稀疏，因此忽略离散相相间的相互作用、压力梯度力、虚假质量力、Basset 力和 Magnus 力等。

离散相在 i 方向（轴向、径向和切向）的时均速度和湍动能的输运方程为

$$\frac{\mathrm{d}u_{\mathrm{p}i}}{\mathrm{d}t}=\frac{u_i-u_{\mathrm{p}i}}{\tau_{\mathrm{rp}}}+g_i \tag{1.8}$$

$$\frac{\mathrm{d}k_{\mathrm{p}}}{\mathrm{d}t}=\frac{\overline{u'_{\mathrm{p}i}u'_i}}{\tau_{\mathrm{rp}}}-\frac{2k_{\mathrm{p}}}{\tau_{\mathrm{rp}}} \tag{1.9}$$

式中，$\tau_{\mathrm{rp}}=\dfrac{4d_{\mathrm{p}}\rho_{\mathrm{p}}}{3C_{\mathrm{D}}\rho\left|u-u_{\mathrm{p}}\right|}$；曳力系数 $C_{\mathrm{D}}=\begin{cases}24/Re_{\mathrm{p}} & Re_{\mathrm{p}}\leqslant 1\\(24/Re_{\mathrm{p}})\ (1+Re_{\mathrm{p}}^{0.687}) & 1<Re_{\mathrm{p}}\leqslant 1000；\\0.44 & Re_{\mathrm{p}}>1000\end{cases}$

离散颗粒雷诺数 $Re_{\mathrm{p}}=\rho\left|u_i-u_{\mathrm{p}i}\right|d_{\mathrm{p}}/\mu$；$\overline{u'_{\mathrm{p}i}u'_i}=2k\exp\left(-B_{\mathrm{k}}\frac{\tau_{\mathrm{rp}}}{\tau_{\mathrm{T}}}\right)$，$\tau_{\mathrm{T}}=C_{\mathrm{T}}k/\varepsilon$，$C_{\mathrm{T}}=0.165$，$B_{\mathrm{k}}=0.5$。

离散相的随机轨道方程为

$$\frac{\mathrm{d}x_{\mathrm{p}i}}{\mathrm{d}t}=u_{\mathrm{p}i} \tag{1.10}$$

将离散相的瞬时速度分解为时均速度和脉动速度，$u_{pi}=\bar{u}_{pi}+u'_{pi}$。

离散相的脉动速度用随机方法处理，如式（1.11）所示。

$$u'_{pi}=\zeta\overline{(u'^2_{pi})} \tag{1.11}$$

针对改进随机轨道模型的特点，利用随机过程处理方法求解流固两相耦合脉动量与连续相的 Reynolds 应力关系，从理论上完善改进的随机轨道模型，用离散相平均速度方程和离散相 Reynolds 应力轨道方程来替代原来的离散相速度方程，离散相正 Reynolds 应力轨道方程表达式为

$$\begin{cases}\overline{u^2_p}=-\dfrac{2}{\tau_p}\overline{u'^2_p}+\dfrac{2}{\tau_p}\overline{u'_pu'}\\[2ex]\overline{v^2_p}=-\dfrac{2}{\tau_p}\overline{v'^2_p}+\dfrac{2}{\tau_p}\overline{v'_pv'}\end{cases} \tag{1.12}$$

徐江荣利用这种新的处理方法与张会强提出的改进随机轨道模型分别对各向同性湍流衰减流场进行模拟，将两种处理方法的模拟结果与试验结果进行对比，得出离散颗粒的脉动均方根速度，如图 1.4 所示。

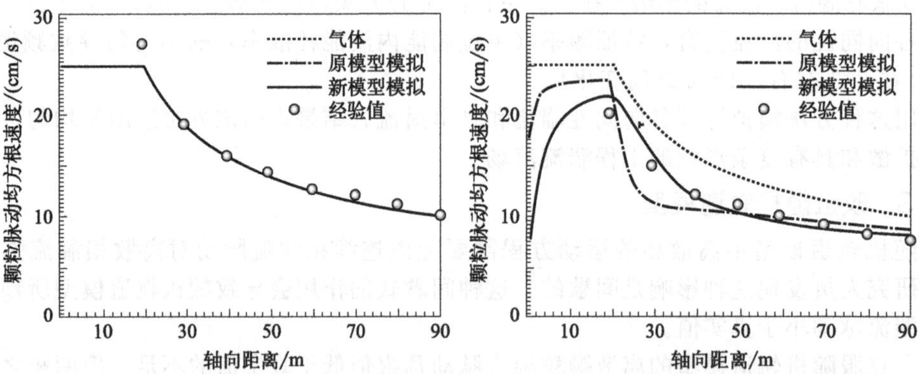

(a) 5μm离散颗粒的脉动均方根速度　(b) 57μm离散颗粒的脉动均方根速度

图 1.4　无外力时离散颗粒的脉动均方根速度

如图 1.4(a) 所示，为无外力时，使用改进随机轨道模型与新处理方法模型分别模拟了直径为 5μm 的离散颗粒的脉动均方根速度，两种模型的模拟结果几乎没有差别，与实验结果也十分吻合，说明小的离散相几乎与气体具有相同的湍流强度，且在瞬间被气流脉动同化。如图 1.4(b) 所示，为无外力时，使用改进随机轨道模型与新处理方法模型分别模拟了直径为 57μm 的离散颗粒的脉动均方根速度，改进随机轨道模型模拟结果显示，离散相脉动被气流同化的时间短，之后脉动均方根速度又低于实验值，最后又略高于实验值；而新处理方法模型的模拟结果显示，离散相脉动被气流同化的时间长，与实验结果非常吻合。结果表明：新处理方法模型比改进随机轨道模型模拟计算更为准确，且计算量小、统计更加方便。

还可以通过建立离散相的雷诺应力拉格朗日方程，推导得到两相耦合脉动量拉格朗日方程，使用经验公式计算两相耦合脉动量。将离散相雷诺应力的拉格朗日方程平均化可得到

$$\frac{d\overline{u'^2_{pi}}}{dt}=\frac{2}{\tau_p}\overline{u^{2}_{pi}}'+\frac{2}{\tau_p}\overline{u'_{pi}u'_i} \tag{1.13}$$

利用连续相脉动关联函数 $R_{ff}(t_1,\ t_2)$ 求解两相耦合脉动量 $\overline{u'_{pi}u'_i}$ 的拉格朗日方程，令 $R_{ff}=\overline{u'_i(t_1)u'_{pi}(t_2)}$，$R_{ff}=\overline{u'_i(t_1)u'_i(t_2)}$，则可得

$$\frac{dR_{fpi}(t_1,t_2)}{dt_2}=\frac{1}{\tau_p}R_{fpi}(t_1,t_2)+\frac{1}{\tau_p}R_{ffi}(t_1,t_2) \tag{1.14}$$

连续相脉动关联 $R_{ff}(t_1, t_2)$ 可由连续相雷诺应力获得，这样就可以通过式（1.14）解得 $R_{fpi}(t_1, t_2)$，当 $t_1=t_2=t$ 时，可进一步求得两相耦合脉动量。

利用以上方程组，李昭祥和徐江荣模拟研究了 Wells 和 Stock 的风洞实验的离散相运动特性，特别是离散相的湍流扩散特性，将模拟结果和实验结果进行比较，结果表明：新模型离散相的湍流强度与实验值更为相符，但需进一步探讨该模型中离散相雷诺应力随外力的变化情况。

在仅考虑作用在离散相上的气体阻力而忽略其他各种力的情况下，可以通过不同雷诺数范围内的气体-颗粒阻力系数表达式推导出离散相运动方程的一组分析解，对分析解进行比较分析，表明由各种阻力系数公式得出的离散相速度和轨迹的表达式均与离散相松弛时间 τ_{rp} 有关。可以利用得到的离散相运动速度与轨迹的解析表达式，在离散相轨道和随机轨道模型的计算中，在已知离散相运动的时间间隔取为湍流随机涡团的生存周期时，直接求出离散相运动的终端位置与速度。

1.2.3 离散相的其他模型

在流固两相流研究中，求解离散相在连续相中的运动特性和轨迹，除了既定轨道模型、随机轨道模型和改进随机轨道模型以外，还有一些离散相求解的其他模型，如离散相的 PDF 方程、湍流颗粒浓度模型等。

（1）离散相的 PDF 方程

利用离散相随机轨道方程推导得到离散相速度的概率分布函数（probability density function，PDF）方程，以降低两相流离散相 PDF 模型在位置-速度相空间上的高维方程维数，概率分布函数 PDF 方程的表达式为

$$\frac{\partial f}{\partial t}+\frac{\partial}{\partial u_{p}}\left[f_{c}\left(\frac{\overline{u}-u_{p}}{\tau_{p}}\right)\right]=\frac{\partial}{\partial u_{p}}\left(\frac{u^{2}\tau}{\tau_{p}^{2}}\times\frac{\partial f}{\partial u_{p}}\right) \tag{1.15}$$

从而推导出离散相的平均速度为

$$\overline{u_{p}}=\int_{-\infty}^{+\infty}u_{p}f(u_{p},t)\,\mathrm{d}u_{p}=b(t) \tag{1.16}$$

概率分布函数 PDF 方程的定态解的高斯分布形式为

$$f(u_{p},t)=N(t)\exp\left(-\frac{u_{p}^{2}}{a}+\frac{2b}{a}u_{p}\right) \tag{1.17}$$

由于随机轨道中的连续相速度脉动量由连续相湍流应力和随机数共同确定，因此在新的求解方法中，离散相位置仍然由常用的随机轨道模型中的离散相位置方程计算确定，离散相的速度和脉动速度由式（1.16）和式（1.17）确定。郭国庆和徐江荣利用常用随机轨道模型与离散相速度 PDF 轨道方法分别对 Wells 和 Stock 的风洞实验进行模拟，对两种模型的模拟结果进行比较分析，结果表明：离散相速度 PDF 轨道方法在模拟离散相湍流扩散时比常用的随机轨道方法计算量小，统计结果的光滑性和精度更优，新位置的离散相速度计算更方便、精确。

XU 等基于离散相的 PDF 输运方程，利用离散相的二阶矩轨迹模型对气固两相流进行模拟，得到了离散相合理的统计特征。

（2）湍流颗粒浓度模型

湍流颗粒浓度模型是根据 Prandtl 湍流混合长理论，将离散相的湍流扩散分为两部分：连续相湍流运动对离散相扩散的影响和离散自身的湍动对离散相扩散的影响，即离散相输运是连续相湍流卷吸效应和离散相自身湍动的相互作用的结果。

湍流颗粒浓度方程具有对流-扩散方程的形式，其标准输运方程形式为

$$V\frac{\partial \Phi}{\partial x_i}-\frac{\partial}{\partial x_i}\left(\Gamma_\Phi \frac{\partial \Phi}{\partial x_i}\right)=S_\Phi \tag{1.18}$$

数值求解对流-扩散方程是否收敛的关键在于源项是否线性，离散相湍流浓度模型的源项线性较好，方程的收敛性好，易于求解。

顾璠对气固两相流动离散相湍流扩散现象进行了理论分析，推导出离散相湍流扩散系数来表征离散相的湍流扩散特性。离散相湍流扩散系数 D_t 的表达式为

$$D_t=\frac{\upsilon+C_\mu k^{0.5}C_0 y}{\sigma^+}\left(\frac{k_p}{k}\right)^{0.5} \tag{1.19}$$

运用离散相湍流浓度模型对直管气固两相流动和受限射流气固两相流动分别进行了数值模拟，直管内离散相的输运主要取决于连续相湍流涡的卷吸效应，模型对于湍流边界层内的流动是成功的。但由于湍流模化理论的限制，在受限射流中未能很好地模拟离散相的弥散特征，说明该模型存在一定范围的适用性和局限性，在复杂气固两相流场的模拟还需进一步研究改善。

1.2.4 离散相模型中两相的耦合关系

当离散相浓度小于 6.5%时，可忽略离散相对连续相的作用，使用单向耦合；当离散相浓度大于 6.5%时，离散相对连续相的作用强烈，不能忽略两相间的相互作用，须使用双向耦合。早期的研究者一般假设流体湍动能和湍流耗散率的附加源项为零，实际上离散相的存在必然会对连续相的流动产生影响。大多数研究者均采用了 PSIC 方法来实现流固相间双向耦合。PSIC 方法是把离散相对连续相的作用作为连续相的质量、动量、能量、湍动能和湍流耗散率守恒方程中的附加源项，将动量方程中作用于整体流场的总作用力分配给包含离散相的计算网格或是网格节点。此外，连续相模型中必须加入连续相与离散相相互作用而产生的附加源项。

采用 PSIC 方法计算喷管内两相流和火药在膛内的气固两相流中的两相耦合，连续相和离散相的相互作用会导致两相流中的连续相流场速度下降。对三维管道中流固两相流进行数值模拟时，采用 PSIC 方法在连续相模型中加入连续相-离散相两相相互作用而产生的附加源项来描述离散相对连续相的反作用耦合现象，模拟结果表明：考虑了离散相与连续相的双向耦合作用后，有碰撞时间的柔性碰撞比不考虑离散相相间相互作用的传统两相流模型更能模拟碰撞的实际情况。

王志斌等考虑了两相耦合作用，对旋流分离器的模拟形象地反映出离散相在旋流器中的分离过程，由内旋流、短路流和循环流带出后从溢流口逃逸的大直径离散相是影响旋流器分离效率的关键，为全面揭示旋流器分离理论提供了一些依据。Chen 等在考虑了连续相与离散相之间的相互作用、离散相与离散相之间和离散相与壁面之间的碰撞作用下，连续相采用标准模型，结合 CFD-DEM 数值模拟了弯曲角对弯管侵蚀、离散相运动和流场变化的影响。

基于牛顿第三定律建立离散相与连续相的相间耦合关系：一类是将双流体模型中连续相方程的耦合项推广到离散相轨道模型，再反作用于离散相；另一类是将控制微元体内所有单个离散颗粒的曳力进行叠加，再利用反作用原理推导出连续相控制方程的耦合项。欧阳洁等利用确定性颗粒轨道模型研究了不同的相间耦合关系和曳力公式模拟气固循环流化床的影响，其瞬态图像如图 1.5 所示。研究结果表明：在确定性颗粒轨道模型中基于离散相曳力模型进行相间耦合时，Wen 和 Yu 的曳力公式以及 Di Felice 曳力公式能较好地模拟鼓泡流化床与循环流化床的基本流动特征，而基于双流体模型的相间耦合关系对气固流化床模拟的合

理性尚需进一步研究。

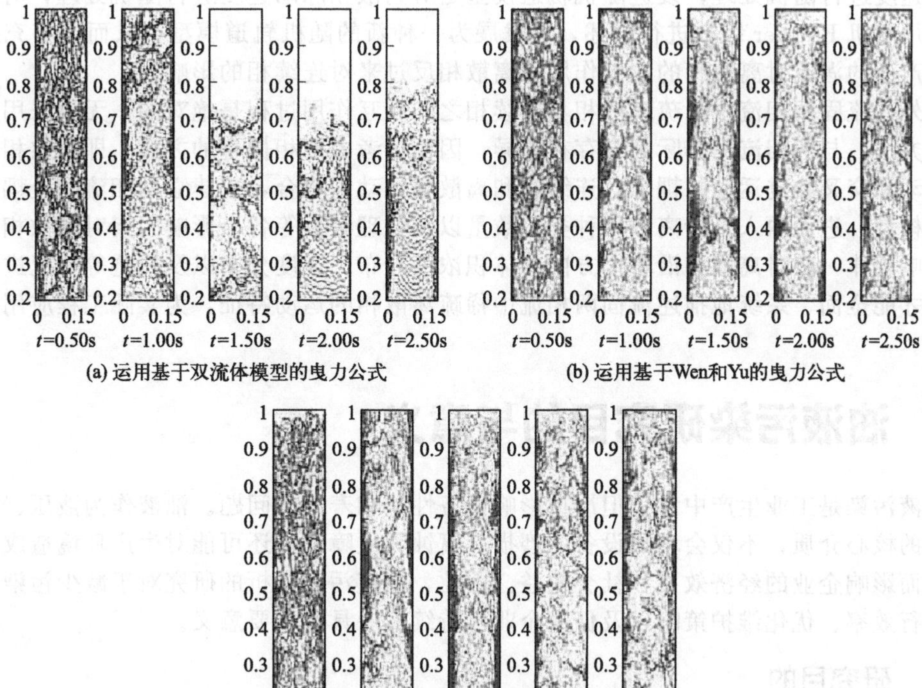

(a) 运用基于双流体模型的曳力公式　(b) 运用基于Wen和Yu的曳力公式

(c) 运用基于Di Felice的曳力公式

图 1.5　循环流化床的离散相分布

1.2.5 模型的评价与展望

离散相的既定轨道模型能够有效地模拟流固两相流中离散相的运动轨迹，在气固两相流实际应用工程方面得到了广泛应用；随机轨道模型充分考虑了影响离散相脉动的各种物理因素和离散相湍流脉动对离散相的影响，比既定轨道模型更能准确模拟连续相对离散相的弥散影响。改进随机轨道模型则是把两相之间的湍流相互作用作为一个连续过程考虑。将改进随机轨道模型与常用的随机轨道模型进行对比，改进随机轨道模型是从“连续相对离散相的湍流作用”和“离散相的经历效应”两方面来建立方程，它给出了离散相湍动能或雷诺应力的拉格朗日方程，“随机力”并没有放在离散相的速度方程中，而是放在发展空间位置方程中。

通过直接随机方法或 Fourier 级数方法对连续相脉动速度进行描述，能有效模拟两相流动中离散相的湍流弥散。该改进模型具有计算量小、易于得到合理的统计结果和易于考虑离散相入口湍流脉动状况等特点，不仅改善了原随机轨道模型低估离散相脉动量的缺点，还增强了离散相的湍流扩散和计算颗粒的位置随机性，使得离散相易于弥散到整个流场，只需要很少的计算颗粒就可以得到合理的离散相湍动能分布，而且能使落入控制体内的轨道上的任何一点都参与统计计算，减少计算颗粒数，从而使统计曲线更加光滑。

湍流离散相浓度模型虽然对直管和受限射流等气固两相流动在湍流边界层内的流动模拟是成功的，但在模拟复杂气固两相流场时还需进一步研究改善。

对于流固两相流中稀疏离散相的复杂运动规律的描述，从它们的发展历程来看，主要是考虑“连续相对离散相的湍流作用”和“离散相的经历效应”两方面来建立方程，即提出了既定轨道模型、随机轨道模型、改进随机轨道模型等，因而基于常用随机轨道模型是对连续相脉动速度进行随机处理，改进随机轨道模型是对离散相脉动速度进行随机处理，对离散相的合力用随机 Fourier 级数进行描述，可发展为一种新的随机轨道模型，从而能够充分表达连续相产生的涡流对离散相的湍流作用和离散相反过来对连续相的影响。

另外，流固两相流中稀疏离散相与连续相之间相互作用过程是绝对的，无论采用何种随机处理方法，与两相流的实际都会存在差异，因而可考虑两相耦合的方法，即离散相跟随连续相运动和交叉轨迹运动的耦合，连续相和离散相运动的耦合，来建立两相流的全耦合振动动力学模型。进而深入分析离散相种类、数量以及物理参数等各个影响因素对离散相动态特征的影响规律，并对离散相沿各个方向的体积浓度分布、速度分布以及轨迹等情况进行分析研究，才能全面、系统地描述流固两相流中稀疏离散相的运动特征，为实际工程应用提供理论支撑。

1.3 油液污染研究目的与意义

油液污染是工业生产中常见但严重影响设备性能和寿命的问题。油液作为液压、润滑等系统中的核心介质，不仅会增加设备的磨损、腐蚀和故障率，还可能对生产环境造成负面影响，进而影响企业的经济效益和社会效益。因此，油液污染分析的研究对于减少污染、提高设备运行效率、优化维护策略以及促进企业可持续发展具有重要意义。

1.3.1 研究目的

首先，通过对油液污染机理的深入研究，可以明确各种污染源对油液性能的具体影响，为制定有效的污染控制措施提供理论依据。例如，通过分析油液中的颗粒污染物（如金属碎屑、灰尘等）的成分和来源，可以追溯污染源并采取措施减少其侵入；通过研究油液添加剂的失效机理，可以优化添加剂配方和补充策略，延长油液使用寿命。

其次，油液污染检测技术的创新发展对于及时发现污染、评估污染程度至关重要。传统的检测方法如颗粒计数、光谱分析等虽然具有一定的检测能力，但存在检测精度有限、实时性差等问题。随着科技的进步，新型检测技术如在线监测系统、激光诱导击穿光谱（LBS）等不断涌现，为油液污染检测提供了更多可能。通过对这些技术的研究和应用，可以实现对油液污染的实时监测和预警，为及时采取措施控制污染提供有力支持。

1.3.2 研究意义

① 理论意义：油液污染分析的研究有助于深化对油液污染机理的认识，推动油液分析理论的发展。通过对不同污染源、污染类型及其对油液性能影响的研究，可以建立起更加完善的油液污染分析理论体系，为油液管理提供理论指导。同时，新型检测技术的应用也为油液污染分析带来了新的研究视角和方法，促进了学科交叉和融合。

② 技术意义：油液污染分析技术的研究不仅提高了油液检测的精度和实时性，还推动了相关检测设备的研发和生产。随着技术的不断进步，油液污染分析将变得更加智能化和自动化，为工业设备的健康管理提供更加全面、准确的数据支持。此外，油液污染分析技术的广泛应用还将促进工业生产的智能化转型，推动制造业向更高水平发展。

③ 经济意义：从经济角度来看，油液污染分析的研究具有显著的直接和间接效益。直接效益主要体现在降低维护成本、提高设备可靠性和运行效率等方面；间接效益则包括提高产品质量、增强市场竞争力、提升企业形象等。通过油液污染分析，企业可以在保证生产安全和质量的前提下，实现降本增效的目标，提高企业的经济效益和市场竞争力。

④ 社会与环境意义：油液污染分析的研究对于促进社会的可持续发展和环境保护具有重要意义。通过减少油液泄漏和污染物的排放，油液污染分析有助于改善生产环境设备的可靠性和安全性，减少因设备故障引发的安全事故和环境污染事件。

综上所述，油液污染分析的研究具有深远的目的和意义，不仅有助于减少油液污染、提高设备可靠性和运行效率、降低维护成本，还能通过优化库存管理、提升产品质量等间接途径，为企业创造更大的价值。同时，油液污染分析的研究还具有重要的社会和环境意义，有助于推动工业生产的绿色化、智能化转型，促进社会的可持续发展。因此加强对油液污染分析的研究和应用，是当前工业领域亟待解决的重要课题。

1.4　本章小结

油液污染是现代工业化进程中普遍存在的问题，涉及环境保护、公共健康和资源管理等多个领域，其复杂的湍流运动规律的描述是目前两相流研究的热点和难点之一。本章简述了油液污染的种类，对污染油液这种流固两相流的稀疏离散相模型的发展历程进行了详细综述和分析，从离散相轨道模型的理论依据、建模过程、数值模拟方法以及应用情况等几个方面详细地分析了对离散相既定轨道模型、随机轨道模型、改进随机轨道模型等，并从理论上分析了离散相和连续相间的相互耦合关系，进而对相应的模型进行了评价。

第2章 污染油液理化性能实验

由于油液理化性能变化过程具有时变的、随机的和实时的特点，首先根据均匀设计法，对配制不同污染度的含 Cu、Fe、SiO_2 颗粒的混合油样进行了电气性能（击穿电压、介质损耗因数）、流动性能（运动黏度、表面张力、倾点、凝点）和化学性能（酸值、氧化安定性）8 项理化性能指标的实验测试。然后根据油样中不同种类的污染物粒径和含量的区别，利用支持向量机、T-S 模糊辨识以及偏最小二乘法分别建立了不同粒径、不同含量的污染物与油样电气性能、流动性能和氧化性能之间的数学模型，并根据所建模型获取了油样的实时的、时变的理化性能，为油液污染信号准确提取提供合理的物理参数。

2.1 油液的理化性质

根据不同的用途和成分，油液可以分为以下几类。

① 润滑油：润滑油是最常见的一种油液，主要用于减少机械零部件之间的摩擦和磨损。润滑油可以分为矿物油和合成油两大类。其中矿物油由石油提炼而来，化学成分包括高沸点、高分子量烃类和非烃类混合物。其组成一般为烷烃（直链、支链、多支链）、环烷烃（单环、双环、多环）、芳烃（单环芳烃、多环芳烃）、环烷基芳烃以及含氧、含氮、含硫有机化合物和胶质、沥青质等非烃类化合物。具有良好的润滑性能和经济性，广泛应用于汽车、工业设备等领域。合成油通过化学合成制得，具有更高的热稳定性和抗氧化能力，适用于高温、高负荷的工作环境。

② 液压油：液压油是用于液压系统的油液，主要用于传递动力、润滑和冷却。液压油的选择直接影响系统的工作效率和可靠性，通常需要具备良好的抗泡沫性、抗氧化性和低温流动性。

③ 齿轮油：齿轮油主要用于齿轮传动系统，具有良好的极压性能和抗磨损能力。齿轮油的黏度等级和添加剂配方会根据具体的齿轮类型和工作条件而有所不同。

④ 变压器油：变压器油主要由烃类物质构成，具有非极性分子结构，在油浸变压器中起到绝缘、消弧以及冷却等作用。

⑤ 其他工业用油：包括冷却液、加工油、清洗剂等，这些油液在各自的领域中起着重要的作用。冷却液用于降低设备温度，加工油用于金属加工过程中的润滑和冷却，而清洗剂则用于清洗设备和零部件。油液类型及其应用如表 2.1 所示。

表 2.1　油液类型及其应用

油液类型	应用领域	特点
润滑油	工业设备、汽车等	减少摩擦、降低磨损
液压油	液压系统	传递动力、抗泡性
齿轮油	齿轮传动系统	抗磨损、极压性能
变压器油	油浸变压器	绝缘、消弧以及冷却性能
冷却液	机械设备冷却	导热性好、抗腐蚀性

不同类型的油液一般由基础油和添加剂两部分组成，基础油是润滑油的主要成分，决定着润滑油的基本性质，添加剂则可弥补和改善基础油性能方面的不足，赋予某些新的性能，是润滑油的重要组成部分。由于其应用领域不同的要求以及组成（添加剂）不同，因而油液在物理和化学方面的特征就会不同，从而也直接影响油液的性能、适用性和使用寿命。如变压器油的理化性能包含化学性能（氧化稳定性、抗氧化剂含量、硫含量、含水量和酸碱值）、电气性能（介电击穿电压、耗散功率因数）和物理性能（苯胺点、颜色、闪点、界面张力、倾点、密度、黏度和外观）等。

ASTM 标准规范定义了油液的理化性能，物理性能是指油液在不改变其化学成分的情况下所表现出来的特征，包括颜色、黏度、密度、闪点、流动性等。化学性能是指油液在化学反应中表现出的特征，包括酸值、碱值、氧化稳定性、腐蚀性等。

2.1.1　黏度与流动性

油液的黏度与流动性是其物理化学性质中至关重要的部分，对其应用和性能有直接影响。在机械设备中，黏度直接影响润滑效果，适当的黏度可以减少摩擦和磨损。在化工反应中液体的流动性影响反应速率和产物质量，食品的黏度影响口感和加工工艺，药物的黏度影响其制剂和生物利用度。通过合适的测试方法和仪器，可以准确测量油液的黏度，为其在各个领域的应用提供依据。

黏度是流体抵抗流动的能力，表示流体在外力作用下的流动特性。通常分为动力黏度（绝对黏度）和运动黏度。

① 动力黏度（dynamic viscosity）：在流体中两个面积各为 $1m^2$，相距 1m 的液面，相对移动速度为 1m/s 时，所产生的阻力如果是 1N，则运动黏度为 1Pa・s。动力黏度用 η 表示，常用单位为帕・秒（Pa・s）或泊（P），1P＝0.1Pa・s。

② 运动黏度（kinematic viscosity）：是液体的运力黏度与同温度下液体密度的比，用符号 ν 表示。常用单位为平方米每秒（m^2/s）或斯托克斯（St），$1St=1cm^2/s=0.0001m^2/s$。

黏度指数是一个用于表示润滑油黏温性质的工业参数。也就是将润滑油试样与一种黏温性较好（黏度指数为 100）及另一种黏性较差（黏度指数为 0）的标准油进行比较，得出表示润滑油黏度受温度影响而变化程度的相对数值。它是流体内部摩擦力的量度，通常用于描述液体在流动时的“厚度”或“稠度”。高黏度液体流动缓慢，低黏度液体流动较快。

流动性是指液体在外力作用下流动的能力，通常与黏度密切相关。流动性强的液体在受力后能迅速改变形状并流动，而流动性差的液体则流动缓慢，甚至可能在一定条件下保持静止。

油液黏度的主要测试仪器及其测试方法有以下几种。

① 旋转黏度计：通过旋转的方式测量流体的黏度，适用于高黏度液体的测量。其测试方法为：将样品液体置于黏度计的测量槽中；设置转速，并保持恒定；记录所需的扭矩，利用公式计算出黏度值。

② 毛细管黏度计：利用液体在毛细管中的流动时间来测定其黏度，适用于低黏度液体。

其测试方法为：将液体注入毛细管，确保没有气泡；在一定温度下，测量液体通过毛细管的流动时间；根据流动时间和毛细管的特性计算出黏度。

③ 落球黏度计：通过测量一个球体在液体中的下落速度来计算黏度，适用于中等黏度液体。其测试方法为：将球体放入液体中，记录球体下落的时间；根据下落时间及球体的特性计算出液体的黏度。

④ 振动黏度计：利用振动原理测量液体的黏度，适用于各种黏度范围的液体。其测试方法为：将样品放入振动黏度计的测试槽中；通过振动频率的变化来测量液体的黏度。

2.1.2 密度与组成

油液的密度与组成是其物理化学性质的重要组成部分，对其性能和应用有直接影响。密度与油液的润滑性能和流动性密切相关，影响设备的运行效率。油液的组成分析对炼油过程、产品质量控制至关重要。通过分析油液的组成，可以检测污染物，评估环境风险。油液的密度和组成影响产品的质量和安全性。通过合适的测试仪器和方法，可以准确测量油液的密度并分析其组成，为油液的优化和应用提供科学依据。了解影响密度与组成的因素，有助于提高油液的性能和适用性。

密度是指物质单位体积的质量，通常用于描述液体的"浓度"。在油液中，密度对于判断其质量、成分及性能具有重要意义。油液的密度通常受到温度和压力的影响。常用密度的单位为千克每立方米（kg/m^3）或克每立方厘米（g/cm^3）。在实际应用中，$1g/cm^3=1000kg/m^3$。

组成是指油液中各成分的化学成分及其比例。油液的组成直接影响其物理化学性质、润滑性能和适用领域。组成的单位通常以质量分数（%）或摩尔分数（%）表示各成分在油液中的比例。

密度的测试仪器主要有以下几类。

(1) 密度计

① 浮力密度计：利用阿基米德原理，通过测量液体的浮力来确定密度。将密度计浸入油液中，读取浮力计的刻度值，计算密度。

② 数字密度计：通过振动管原理或其他物理原理，快速准确地测量液体密度。将油液样品加入数字密度计，设备自动测量并显示密度值。

(2) 气相色谱仪

用于分析油液中的挥发性成分，确定组成成分的种类和含量。将油液样品注入气相色谱仪，通过分离和检测各组分，定量分析组成。

(3) 红外光谱仪

用于分析油液中的化学成分，特别是有机化合物的结构。将油液样品放入红外光谱仪中，分析其吸收光谱，识别化学成分。

(4) 质谱仪

用于确定油液中各成分的分子量和化学结构。将油液样品离子化，通过质谱仪分析其组成成分的分子量和结构。

2.1.3 表面张力与润滑性能

油液的表面张力与润滑性能是其物理化学性质中至关重要的部分，对其应用和性能有直接影响。表面张力与润滑性能之间存在密切的关系，较高的表面张力可能导致油液在金属表面上形成较强的附着力，从而影响润滑膜的形成；相反，适当降低表面张力可以促进油液在接触表面之间的流动，形成更有效的润滑膜。在实际应用中，油液的润滑性能不仅依赖其黏度，还与表面张力密切相关。适当的表面张力可以帮助油液在摩擦表面之间形成稳定的油膜，从而有效减少摩擦和磨损。

在机械设备中，合适的油液表面张力和润滑性能可以有效减少摩擦及磨损，延长设备寿命。在发动机油和变速箱油中，良好的润滑性能可以提高燃油效率，减少排放。在高温高压条件下，润滑油的表面张力和润滑性能至关重要，以确保设备的安全和可靠性。在食品加工和制药过程中，油液的润滑性能会影响设备的清洁和安全性。

通过合适的测试仪器和方法，可以准确测量油液的表面张力并评估其润滑性能，为油液的优化和应用提供科学依据。理解影响表面张力与润滑性能的因素，有助于提高油液的性能和适用性，从而在各个领域中发挥更大的作用。

表面张力是液体表面分子之间相互作用力的结果，表现为液体表面收缩的倾向。这种现象是由于液体内部分子受到相邻分子的吸引力，而表面分子受到内部分子作用力的影响较小，导致表面分子向内收缩。表面张力通常用力的单位（如牛顿）表示，单位面积上的表面张力称为表面张力系数，常用单位为牛顿每米（N/m）或达因每厘米（dyn/cm）。在国际单位制中，1N/m＝1000dyn/cm。

润滑性能是指油液在减少摩擦、磨损和热量生成方面的能力。润滑性能的优劣直接影响机械设备的运行效率和寿命。润滑性能通常与油液的黏度、摩擦系数和耐磨性等因素密切相关。润滑性能的评估通常没有统一的单位，但可以通过摩擦系数（无单位）来表示，摩擦系数是润滑油在特定条件下的摩擦力与正压力的比值。

表面张力的测试仪器主要有以下几类。

（1）表面张力测试仪

① Wilhelmy 板法：利用一块垂直的平面板浸入液体中，测量液体对板的附着力，从而计算表面张力。将清洁的平面板垂直浸入油液中，待稳定后测量板的附着力，根据公式计算表面张力：$\gamma=F/L$，式中，F 为附着力；L 为板的周长。

② Du Noüy 环法：通过测量一个环从液体表面拔出所需的力，来计算表面张力。将环浸入油液中，慢慢拔出，记录所需的力。通过公式计算表面张力：$\gamma=F/(2\pi r)$，式中，F 为拔出力；r 为环的半径。

③ Pendant Drop 法：通过分析液滴的形状和重力来计算表面张力。通过拍摄液滴并分析其形状，利用 Laplace 方程计算表面张力；适用于低表面张力液体的测量。

（2）润滑性能测试仪器

① 摩擦试验机：用于测量油液在不同条件下的摩擦系数。将油液样品与摩擦对进行接触，记录摩擦力和正压力，计算摩擦系数。

② 四球摩擦试验机：通过四个钢球的接触来评估润滑油的抗磨损性能。将四个钢球放置在油液中，施加负载，记录摩擦力和磨损量，评估抗磨损性能。

③ 高温高压润滑试验机：用于在极端条件下测试润滑油的性能。在高温和高压条件下测试油液的润滑性能，评估其在极端条件下的稳定性和有效性。

2.1.4 闪点和凝点

油液的闪点和凝点是其物理化学性质中至关重要的部分，对油液的安全性、性能和适用性有直接影响。闪点和凝点虽然是两个不同的物理化学性质，但它们之间存在一定的关系。一般来说，闪点较低的油液往往凝点也较低。这是因为油液的分子结构和组成直接影响其挥发性和流动性。对于某些特定类型的油液，闪点和凝点的变化可能会相互影响，因此在选择和使用油液时，应综合考虑这两个指标。

在石油开采和精炼过程中，闪点和凝点是评估石油产品安全性和适用性的关键指标。高闪点油品在储存和运输过程中更安全，而低凝点油品在寒冷环境下表现更佳。在润滑油的配方设计中，闪点和凝点是重要的性能指标。润滑油的闪点应足够高，以防止在高温工作环境中发生火灾；而凝点应足够低，以确保在低温环境下仍能保持流动性。在汽车燃油和润滑油的研发中，闪点和凝点的检测是确保产品性能及安全性的必要步骤。闪点过低的燃油可能在高温环境下引发火灾，而凝点过高的润滑油可能导致发动机在寒冷天气下启动困难。在化学品的储存和运输过程中，闪点和凝点是评估其安全性和适用性的关键参数。低闪点化学品在处理和储存时需要特别注意安全措施。通过合适的测试仪器和方法，可以准确测量油液的闪点和凝点，为油液的优化和应用提供科学依据。理解影响闪点和凝点的因素，有助于提高油液的性能和适用性，从而在各个领域中发挥更大的作用。

闪点是指在特定条件下，油液表面蒸气与空气混合形成可燃混合物的最低温度。当油液被加热到闪点时，油液的蒸气会在空气中形成可燃混合物，并在遇到点火源时瞬间燃烧。闪点是评估油液易燃性和安全性的关键指标，通常用于判断油品在运输和储存过程中的安全性。闪点通常以摄氏度（℃）或华氏度（℉）表示。在国际标准中，闪点的测量通常采用摄氏度作为单位。

凝点是指油液在冷却过程中，开始形成固体颗粒或出现浑浊现象的最低温度。凝点反映了油液在低温环境下的流动性和使用性能。对于润滑油而言，凝点过高可能导致在低温环境下无法正常流动，从而影响润滑效果和机械设备的正常运行。凝点同样以摄氏度（℃）或华氏度（℉）表示。在实际应用中，凝点的测量也主要采用摄氏度作为单位。

(1) 闪点测试仪器

① 开口闪点测试仪：用于测量油液的开口闪点，通常通过将油液加热并用火焰接触其蒸气来确定闪点。将油液放入开口闪点测试仪的试管中，逐渐加热油液，同时用火焰接触油液表面。观察油液蒸气是否能点燃，记录此时的温度，即为开口闪点。

② 闭口闪点测试仪：用于测量油液的闭口闪点，通常是在密闭容器中加热油液并通过小孔引入火焰来确定闪点。闭口闪点通常高于开口闪点，因此更能反映油液的安全性。将油液放入闭口闪点测试仪的试管中，并密封；逐渐加热油液，并通过小孔引入火焰；观察油液蒸气是否能点燃，记录此时的温度，即为闭口闪点。

(2) 凝点测试仪器

用于测量油液的凝点，通常通过将油液冷却至一定温度并观察其流动性变化来确定凝点。将油液放入凝点测试仪的试管中；逐渐降低温度，观察油液的流动性变化；当油液开始出现浑浊或固体颗粒时，记录此时的温度，即为凝点。

2.1.5 酸值和碱值

油液的酸值和碱值是评估其化学性质及使用性能的重要指标。它们在润滑油、燃料油以及各种工业用油的质量控制和性能评估中起着至关重要的作用。通过合适的测试仪器和方法，可以准确测量油液的酸值和碱值，为油液的优化和应用提供科学依据。酸值和碱值在油液的化学性质中往往呈现出一定的对立关系。一般来说，油液的酸值和碱值应保持在一定的平衡状态。在使用过程中，酸值的升高通常会伴随着碱值的降低，因此定期检测这两个指标可以有效评估油液的使用性能和寿命。

在润滑油的质量控制中，酸值和碱值是评估油液性能的重要指标。高酸值润滑油可能导致设备腐蚀，而低碱值润滑油可能无法有效中和酸性物质。在燃料油的检测中，酸值和碱值可以反映油品的质量。高酸值燃料油可能导致燃烧设备的腐蚀，而适当的碱值可以中和燃烧过程中产生的酸性物质。在化工产品的生产和储存过程中，酸值和碱值是评估产品质量的重要参数。定期检测这些指标可以确保产品的稳定性和安全性。在环境监测中，酸值和碱值的检测可以用于评估土壤和水体的酸碱性，帮助判断污染程度和生态环境的健康状况。理解影响酸值和碱值的因素，有助于提高油液的性能和适用性，从而在各个领域中发挥更大的作用。定期监测这些指标可以确保油液的质量和设备的安全性，延长设备的使用寿命，降低维护成本。

酸值是指油液中酸性物质的含量，通常以每克油液中所含的氢氧化钾（KOH）的质量（mg）表示。酸值的高低反映了油液的酸性程度，过高的酸值可能导致设备腐蚀、润滑性能下降以及油液的氧化降解。因此，酸值是评估油液质量和使用寿命的重要指标。酸值的单位通常为毫克氢氧化钾（KOH）每克油液（mg KOH/g）。这个单位表示每克油液中所含的酸性物质的量，便于比较不同油液的酸性程度。

碱值是指油液中碱性物质的含量，同样以每克油液中所含的氢氧化钾（KOH）的质量（mg）表示。碱值的高低反映了油液的碱性程度，通常用于评估润滑油的中和能力。碱值过低可能导致润滑油在使用过程中无法有效中和酸性物质，从而影响润滑性能和设备的安全性。碱值的单位同样为毫克氢氧化钾（KOH）每克油液（mg KOH/g）。通过这个单位，可以方便地评估油液的碱性特征，并与酸值进行比较。

（1）酸值测试仪器

① 酸度计：用于测量油液的酸值，通常配备有电极和显示器，能够实时显示酸值的测量结果。

② 滴定仪：在酸值的测定中，常用自动滴定仪进行酸值的测定，能够提高测量的准确性和效率。取一定量的油液样品（通常为 1g），加入适量的溶剂（如醇或醚）以溶解油液中的酸性物质；使用标准氢氧化钾溶液（KOH）进行滴定，滴定过程中需要使用酚酞或其他指示剂来判断终点；记录消耗的氢氧化钾溶液的体积，计算酸值。酸值的计算公式为：酸值$=(56.1Vc)/m$，式中，V 为消耗的氢氧化钾溶液的体积，L；c 为氢氧化钾溶液的浓度，moL/L；m 为油液样品的质量，g。

（2）碱值测试仪器

① 碱度计：用于测量油液的碱值，类似酸度计，能够实时显示碱值的测量结果。

② 自动滴定仪：在碱值的测定中，常用自动滴定仪进行碱值的测定，以便提高测量的准确性和效率。取一定量的油液样品（通常为 1g），加入适量的溶剂（如醇或醚）以溶解油液中的碱性物质；使用标准盐酸溶液进行滴定，滴定过程中需要使用酚酞或其他指示剂来判断终点；记录消耗的盐酸溶液的体积，计算碱值。碱值的计算公式为：碱值$=(56.1Vc)/m$，式中，V 为消耗的盐酸溶液的体积，L；c 为盐酸溶液的浓度，moL/L；m 为油液样品的质量，g。

2.1.6 氧化稳定性和腐蚀性

油液在工业应用中扮演着至关重要的角色，尤其是在润滑、冷却和传动等方面。为了确保油液的性能和使用寿命，了解其氧化稳定性和腐蚀性是必不可少的。油液的氧化稳定性和腐蚀性是评估其性能及使用寿命的重要指标。通过合适的测试仪器和方法，可以准确测量油液的氧化稳定性和腐蚀性，为油液的优化和应用提供科学依据。氧化稳定性和腐蚀性在油液的化学性质中往往呈现出一定的关联性。一般来说，氧化反应的发生会导致油液中产生酸性物质，进而增加其腐蚀性。因此，定期监测这两个指标可以有效评估油液的使用性能和寿命。

在润滑油的应用中，氧化稳定性和腐蚀性是评估其性能的重要指标。高氧化稳定性的润滑油能够在长时间使用中保持良好的润滑性能，而低腐蚀性的润滑油能够保护设备免受损害。在燃料油的应用中，氧化稳定性和腐蚀性直接影响燃烧效率和设备的安全性。高氧化稳定性的燃料油能够减少沉积物的生成，而低腐蚀性的燃料油则能够保护燃烧设备的金属部件。在化工产品的生产和储存过程中，氧化稳定性和腐蚀性是评估产品质量的重要参数。定期检测这些指标可以确保产品的稳定性和安全性。在环境监测中，氧化稳定性和腐蚀性的检测可以用于评估土壤和水体的质量，帮助判断污染程度和生态环境的健康状况。理解影响氧化稳定性和腐蚀性的因素，有助于提高油液的性能和适用性，从而在各个领域中发挥更大的作用。定期监测这些指标可以确保油液的质量和设备的安全性，延长设备的使用寿命，降低维护成本。

氧化稳定性是指油液在使用过程中抵抗氧化反应的能力。氧化反应通常是由于油液与空气中的氧气接触而引发的化学反应，导致油液的物理和化学性质发生变化，进而影响其润滑性能和使用寿命。氧化稳定性高的油液能在较长时间内保持其性能，而氧化稳定性低的油液则容易发生变质，产生沉淀、酸性物质等，导致设备磨损和腐蚀。常见的氧化稳定性测量单位包括氧化诱导时间（OIT），通常以小时（h）或分钟（min）表示。OIT 是指在特定条件下，油液开始氧化反应的时间，时间越长，表明氧化稳定性越好。

腐蚀性是指油液对金属材料的腐蚀能力。油液中的某些成分（如酸性物质、氯化物等）可能会与金属发生化学反应，导致金属表面产生腐蚀现象。腐蚀性强的油液会对设备造成损害，缩短其使用寿命，因此评估油液的腐蚀性至关重要。腐蚀性的测量单位通常以腐蚀速率（CR）表示，单位为毫米每年（mm/a）或毫克每平方厘米（mg/cm^2）。腐蚀速率越低，表明油液的腐蚀性越小。

（1）氧化稳定性测试仪器

① 氧化诱导时间测试仪：用于测定油液的氧化诱导时间，通常配备有加热装置和气体流量控制系统，以模拟油液在实际使用条件下的氧化过程。取一定量的油液样品（通常为 5～10mL），放入氧化诱导时间测试仪的样品池中；在特定温度（如 100℃）和氧气流量下，开始加热样品，并记录油液的温度变化；观察油液的颜色变化、气味变化等，直至油液开始氧化反应。记录下氧化诱导时间（OIT），以小时或分钟为单位；OIT 越长，表明油液的氧化稳定性越好。

② 差示扫描量热仪（DSC）：用于分析油液的热稳定性和氧化反应特性，能够提供详细的热力学数据，帮助评估油液的氧化稳定性。取一定量的油液样品，放入差示扫描量热仪的样品池中；在氮气氛围中加热样品，记录其热流变化；通过分析热流曲线，判断油液的氧化反应温度和热稳定性，进一步评估其氧化稳定性。

（2）腐蚀性测试仪器

① 盐雾试验箱：用于模拟油液在潮湿环境中的腐蚀情况，通过喷盐雾水来评估油液的腐蚀性。取一定量的金属试样，浸泡在待测油液中，随后放入盐雾试验箱中；在特定温度和湿度下，喷盐雾水，模拟油液在潮湿环境中的腐蚀情况；经过一定时间后，取出金属试样，观察其表面腐蚀情况，并通过测量腐蚀深度或质量损失来计算腐蚀速率（CR）。

② 电化学腐蚀测试仪：通过测量电流和电压变化来评估金属在油液中的腐蚀速率，提供更为准确的腐蚀性数据。将金属试样浸入待测油液中，连接电化学腐蚀测试仪；通过施加电流和测量电压变化，记录金属在油液中的腐蚀速率；计算腐蚀速率（CR），以毫米每年（mm/a）或毫克每平方厘米（mg/cm^2）为单位。

2.1.7 介质损耗因数

油液在工业应用中，尤其是在润滑、冷却和传动系统中，起着至关重要的作用。介质损耗因数是衡量油液性能的重要指标之一，直接关系到油液的能效和设备的运行效率。通过合适的测试仪器和方法，可以准确测量油液的介质损耗因数，为油液的优化和应用提供科学依据。较低的介质损耗因数通常意味着油液具有良好的绝缘性能和能效，能够有效减少能量损失，提高设备的运行效率。而较高的介质损耗因数则可能导致设备过热、能量损失增加，甚至引发设备故障。因此，定期监测油液的介质损耗因数对于确保设备的安全和高效运行至关重要。在润滑油的应用中，介质损耗因数是评估其绝缘性能和能效的重要指标。低介质损耗因数的润滑油可以减少设备运行中的能量损失，提高整体效率。在电力设备中，电绝缘油的介质损耗因数是评估其绝缘性能的关键参数。高介质损耗因数的电绝缘油可能导致设备过热和故障，因此在电力行业中尤为重要。

变压器油的介质损耗因数直接影响变压器的运行效率和安全性。定期检测变压器油的介质损耗因数，可以预防设备故障和火灾风险。在环境监测中，油液的介质损耗因数可以用于评估土壤和水体的污染程度，帮助判断生态环境的健康状况。理解影响介质损耗因数的因素，有助于提高油液的性能和适用性，从而在各个领域中发挥更大的作用。定期监测介质损耗因数，可以确保油液的质量和设备的安全性，延长设备的使用寿命，降低维护成本。

介质损耗因数（dissipation factor）是指油液在电场作用下，因介质极化而导致的能量损耗与施加电场能量的比率。它通常用于评估油液的绝缘性能和电气特性。介质损耗因数越小，表明油液的绝缘性能越好，能量损失越少；反之则表示油液的绝缘性能较差，能量损失较大。

介质损耗因数不仅与油液的化学成分有关，还与温度、频率、湿度等因素密切相关。在润滑油和电绝缘油的应用中，介质损耗因数是评估其性能的重要指标。

介质损耗因数通常用无单位的数值表示，常用符号为“tanδ”（正切 δ）。这个数值是通过测量油液在特定频率下的电导率和电容率计算得出的。具体计算公式如下。

$$\tan\delta=\frac{G}{\omega C} \tag{2.1}$$

式中 G——电导率，S/m；

ω——角频率，rad/s；

C——电容率，F/m。

介质损耗因数测试仪是专门用于测量油液介质损耗因数的仪器，通常可以测量不同频率下的介质损耗因数。仪器的核心部分包括电源、信号发生器、测量电路和数据处理单元。

① LCR 表：这是一种用于测量电感（L）、电容（C）和电阻（R）的仪器。通过测量油液的电容和电阻，可以计算出介质损耗因数。

② 交流电压源：在测试过程中，需使用交流电压源为油液施加电场，以便测量其介质损耗因数。

③ 温控装置：由于温度对介质损耗因数的影响显著，测试过程中通常需要使用温控装置以保持油液在特定温度下进行测试。

2.1.8 击穿电压

油液在电气设备中，尤其是变压器、断路器和电缆等设备中，起着至关重要的绝缘作用。击穿电压是评估油液绝缘性能的重要指标之一，直接关系到设备的安全性和可靠性。通过合适的测试仪器和方法，可以准确测量油液的击穿电压，为油液的优化和应用提供科学依据。较高的击穿电压通常意味着油液具有良好的绝缘性能，能够有效防止电流泄漏，保障设备的安全运行。而较低的击穿电压则可能导致设备故障和安全隐患。因此，定期监测油液的击穿电压，对于确保设备的安全和高效运行至关重要。

变压器油的击穿电压是评估其绝缘性能的关键参数。定期检测变压器油的击穿电压可以预防设备过热和故障，确保电力系统的安全稳定运行。在电缆的生产和使用中，绝缘油的击穿电压是评估其绝缘性能的重要指标。高击穿电压的绝缘油可以有效降低电流泄漏风险，提高电缆的安全性。在高压设备（如断路器、开关设备等）的应用中，油液的击穿电压直接关系到设备的可靠性和安全性。定期监测油液的击穿电压，可以及时发现潜在的绝缘问题。在环境监测中，油液的击穿电压可以用于评估土壤和水体的污染程度，帮助判断生态环境的健康状况。理解影响击穿电压的因素，有助于提高油液的性能和适用性，从而在各个领域中发挥更大的作用。定期监测击穿电压，可以确保油液的质量和设备的安全性，延长设备的使用寿命，降低维护成本。

击穿电压（breakdown voltage）是指在一定的电场强度下，油液能够承受的最大电压值。当施加的电压超过这一值时，油液的绝缘性能会迅速下降，导致电流通过油液，形成击穿现象。击穿现象通常表现为油液中的电流急剧增加，并伴随有气体、热量和光等现象，可能导致设备损坏或故障。

击穿电压是评估油液绝缘性能的关键参数，通常以伏特（V）为单位。在实际应用中，通常使用千伏（kV）来表示较高的电压值。例如，某种绝缘油的击穿电压为 30kV，表示在特定条件下，该油液能够承受的最大电压为 30000V。不同类型的油液（如矿物油、合成油、植物油等）和不同的环境条件（如温度、湿度、杂质含量等）都会影响油液的击穿电压。

击穿电压测试仪是专门用于测量油液击穿电压的仪器，通常包括高压电源、测量电路和显示单元。击穿电压测试仪能够施加逐渐增加的电压，并记录油液的击穿电压值。选择合适的油液样品，对测试仪器进行校准，根据需要选择测试温度，通常在 20～80℃进行测试。确定电极的形状和间距，常用的间距为 2.5～5mm。将油液样品放入测试仪器的样品池中，确保样品的体积和状态符合测试要求。启动击穿电压测试仪，逐渐增加施加电压，记录油液的击穿电压值。根据测试结果，记录油液的击穿电压，并分析不同温度、湿度和杂质含量对击穿电压的影响。进行多次测试以确保结果的可靠性，计算平均击穿电压值。对测试结果进行分析，比较不同油液样品的击穿电压，判断其绝缘性能。

2.1.9 其他相关性质（如抗泡沫性、耐磨性等）

在工业和机械设备中，油液的性能直接影响到设备的运行效率和使用寿命。抗泡沫性和耐磨性是油液性能的重要指标，尤其在润滑油和液压油中，良好的抗泡沫性和耐磨性能够显著提高设备的可靠性和稳定性，直接影响设备的安全性和可靠性。通过合适的测试仪器和方法，可以准确测量油液的抗泡沫性和耐磨性，为油液的优化和应用提供科学依据。

(1) 抗泡沫性

抗泡沫性是指油液在使用过程中抵抗泡沫生成和稳定泡沫的能力。泡沫的形成通常是由于油液中气体的溶解或机械搅拌等因素，泡沫会导致润滑效果下降，增加摩擦和磨损，甚至影响设备的正常运行。抗泡沫性好的油液能够迅速消泡，保持润滑性能，确保设备的高效运行。

抗泡沫性通常通过泡沫高度（foam height）来表示，单位为毫升（mL）。在测试过程中，通常会测量油液在一定条件下生成的泡沫的高度，以评估其抗泡沫性。抗泡沫性测试仪器有泡沫测试仪，这是专门用于测量油液抗泡沫性的仪器。它通常包括气泡发生器、泡沫高度测量装置和温控系统。泡沫测试仪能够模拟实际工作条件下的泡沫生成和消泡过程，提供准确的抗泡沫性数据。在测试过程中，油液的温度对泡沫的生成和消失有显著影响，因此需要使用温控装置保持油液在规定的温度范围内。

(2) 耐磨性

耐磨性是指油液在润滑过程中抵抗磨损的能力。耐磨性好的油液能够在摩擦表面之间形成稳定的油膜，有效减少金属表面的直接接触，从而降低磨损和延长设备的使用寿命。耐磨性与油液的黏度、添加剂、基础油类型等因素密切相关。耐磨性通常通过磨损量（wear rate）来表示，单位为微米（μm）或毫克（mg）。在测试过程中会测量润滑表面在一定条件下的磨损程度，以评估油液的耐磨性。耐磨性测试仪器有磨损测试机，这是用于评估油液耐磨性的仪器，通常包括摩擦试验机、负荷施加装置和磨损测量装置。磨损测试机能够模拟实际工作条件下的摩擦和磨损过程，提供准确的耐磨性数据。

显微镜或粗糙度仪用于测量磨损后的表面状态，评估磨损程度和磨损机制。

选择合适的油液样品，确保样品在测试前未受到污染。准备磨损测试机，确保仪器处于良好状态。根据标准，设定摩擦表面的材料、负荷、转速和温度等参数，确保测试条件的一致性。将油液样品注入磨损测试机，启动设备，施加负荷并记录摩擦过程中的磨损情况。测试时间一般为几个小时，具体时间根据标准而定。测试结束后，使用显微镜或粗糙度仪测量磨损后的表面状态，记录磨损量。根据磨损量与标准值进行比较，评估油液的耐磨性能。

表2.2列出了常见油液理化性能的测试仪器、原理及其标准。

表2.2 常见油液理化性能的测试仪器、原理及其标准

序号	性能	测试原理	标准	仪器
1	运动黏度	在某一恒定的温度下，测定一定体积的液体在重力下流过一个标定好的玻璃毛细管黏度计的时间，黏度计的毛细管常数与流动时间的乘积，即为该温度下油液的运动黏度	石油产品运动黏度测定法(GB/T 265—1988)	石油产品运动黏度测定器(SYD-256B)
2	密度	使油液处于规定温度，将其倒入温度大致相同的密度计量筒中，将合适的密度计放入已调好温度的试样中，使其静止。当温度达到平衡后，读取密度计刻度读数和试样温度。用石油计量表把观察到的密度计读数换算成标准密度	原油和液体石油产品密度实验室测定法(密度计法)(GB/T 1884—2000)	石油产品密度试验器(SYD-1884)或SY-05型石油密度计
3	表面张力	采用力学方法测量，通过铂金环、铂金板测量数据并通过软件进行计算，获得准确的表面张力值的一种方法	测量液体表面张力的方法(GB/T 14216—2008)	全自动表面张力仪(Q200)
4	开口闪点	将试样装入试验杯至规定的刻度线。先迅速升高试样的温度，当接近闪点时再缓慢地以恒定的速率升温。在规定的温度间隔，用一个小的试验火焰扫过试验杯，使试验火焰引起试样液面上部蒸气闪火的最低温度即为闪点	VXF-克利夫兰开口闪点(GB/T 3536—2008)	克利夫兰开口闪点试验器(SYD-3536)
5	凝点	由CPU控制制冷系统对样品冷却，蓝色LCD显示器显示状态、温度、设定值、时钟，当试样冷却到不能移动的最高温度时(凝点)，显示器显示凝点温度，声音提示，打印测试结果	石油产品倾点测定法(GB/T 3535—2006)	石油产品凝点倾点全自动测定仪(ZHL 1302)

续表

序号	性能	测试原理	标准	仪器
6	酸值	测定酸值时，将试样溶解在含有少量水的甲苯和异丙醇混合溶剂中，使其成为均相体系，在室温下分别用标准的碱的醇溶液滴定。通过加入的对-萘酚苯溶液颜色的变化来指示终点（在酸性溶液中显橙色）。测定强酸值时，用热水抽提试样，用氢氧化钾醇标准溶液滴定抽提的水溶液，以甲基橙为指示剂	石油产品和润滑剂酸值和碱值测定法（颜色指示剂法）(GB/T 4945—2002)	全自动酸值测定仪(SYD-264)
7	碱值	以酸碱中和的原理，用高氯酸电位滴定的方法，以电位变化判定到达终点，测定计算试样的碱值	石油产品碱值测定法(SH/T 0251—1993)	石油产品碱值测定仪(SYD-251)
8	氧化稳定性	当温控仪指示的温度达到并稳定在试验温度100.0℃±0.5℃或110.0℃±0.5℃范围内时，将25.0g±0.1g已滤好的试样装入清洁、干燥的试管内，并放入铜螺旋线和输气管。调节6个流量计，直到通入每个试验管的氧气流量至标准要求的范围(17.0mL/min±0.1mL/min即1.02L/h±0.60L/h)。设定好计时时间，从第一个氧化管放入加热浴时按下计时器按钮开始计时。当达到试验时间(164h)时，切断氧气，依次取出氧化管放在清洁、干燥的暗处冷却1h，以便接下来的沉淀物测定试验	变压器油氧化安定性测定法(SH/T 0206—1992)	变压器油氧化安定性测定仪(SYD-0206)
9	介质损耗因数	采用数字电桥技术、小波分析测量，由控制器控制加热装置对样品加热。恒定到设定温度后，精密测量电路得出 $\tan\delta$。测试完成 $\tan\delta$ 后，启动高精度直流电源，精密高阻计自动测试样品的电阻值，根据输入的空杯电容自动计算出电阻率结果	液体绝缘材料相对电容率介质损耗因数和直流电阻率测定法(GB/T 5654—2007)	介损及电阻率自动测定仪(ZHJ-3100)
10	击穿电压	取振荡后的油样倒入试样杯中，使油样没过电极，将搅拌子置于试样杯中用于测试过程中搅拌油样，再将试样杯轻轻搁在高压电极上，合上有机玻璃绝缘罩即可开始检测。油样静置300s后开始升压，当油样击穿或升至最高设定值时，仪器自动切断主回路电源，之后开始降压至零电压，再等待300s，完成后自动搅拌30s，随后又开始升压，如此重复即可测得6次击穿电压值	标准绝缘油击穿电压测定法(GB/T 507—2002)	绝缘油介电强度测试仪（ⅡJ-Ⅱ-80kV）
11	抗泡沫性	采用数显控温仪控制浴槽温度，通过电机搅拌达到恒温（高温槽93.5℃，低温槽24℃），使用空气泵、转子流速计、气体扩散头、计时器等，向装有试样的量筒内定时定量地通入空气，测定试样产生气泡的体积	润滑油泡沫特性测定法(GB/T 12579—2002)	润滑油泡沫特性测定仪(ZHP-1901)
12	抗乳化性	当测试量筒内注入适量的试样并预热后，开启试样搅拌开关，试样搅拌电机连同搅拌叶片转动，当试样搅拌至预先设定的定时时间时，仪器自动切断试样搅拌电机电源，电机停止转动，蜂鸣器发出报警声。迅速提升搅拌电机升降装置，观察测试量筒内试样的油、水分离情况	石油和合成液抗乳化性能测定法(GB/T 7305—2003)	石油和合成液抗乳化自动测试仪(ZHY-901)

2.2 污染油液的理化性能实验

目前，国内外学者针对油中颗粒污染物对油液性能的影响以及油中颗粒污染物的检测进行了深入的研究，并且取得了丰富的研究成果。R. Lance 指出能与氧元素化合的金属几乎都能与硫元素化合，因此腐蚀性硫和铜的反应不需要热量，热能促使反应加速。王聪玲等测定了变压器油中主要金属元素的含量、油中微生物含量、芳香烃含量和油的化学结构，分析了变压器油介质损耗因数增大的原因，发现油的介质损耗因数明显下降，同时油中的金属元素含量也有明显下降，表明铜、铁等金属元素含量较高是造成油介质损耗因数增大的主要原因。侯玉萍认为油介质损耗因数升高是由油中 ρ(Cu) 明显偏高引起的。石景燕发现变压器油中金属铜、铁的含量比正常变压器油中金属铜、铁的含量高出数十倍，致使一台 220kV 级 120MVA 主变的绝缘电阻明显下降，介质损耗因数增大。F. Catiggio 等人发现由于铜的硫化物具有部分导电性，受污染的油浸渍纸胶带的介质损耗因数明显增加。R. Mainad 等对变压器油中的铜含量进行了分析，发现随着铜含量的升高，其介质损耗因数逐渐增大，油中铜含量的减少能显著改善油的介质损耗因数。

2.2.1 单污染物的理化性能

2.2.1.1 实验方法及结果分析

以中国石油天然气股份有限公司润滑油分公司生产的新疆克拉玛依 25# 变压器油为实验油液，经过 8 层中性滤纸进行过滤处理得到油样作为原始油样。采用 HIAC8012 油品污染度测试仪器对配置的不同污染度的含 Fe、Cu 和 SiO_2 颗粒油液进行检测，得到 14/11～21/18 梯度污染度等级的油样（共 24 组），分别盛入 500mL 锥形瓶中，样品颗粒浓度如表 2.3 所示。采用 KQ-400KDB 型高功率数控超声波振荡器（昆山苏美超声仪器，功率 400W，频率 40kHz）对不同污染度的油液进行预处理；按照 ISO 4406 标准，用 SZF 实验室型振动粉磨机制成（2～5μm、5～15μm、15～50μm 等）几种规格，与初始油样进行充分混合后进行分组实验。

表 2.3　24 组油样颗粒浓度

序号	污染度	>5μm	>15μm	>25μm	>50μm
1	14/11	97.0	16.0	2.0	0
2	14/13	130.0	49.0	16.5	1.0
3	14/10	155.5	15.5	1.0	0
4	15/11	206.5	17.5	4.0	0.5
5	15/11	302.5	16.0	3.0	0.5
6	15/12	319.0	27.0	3.0	0
7	16/12	366.0	35.5	4.0	0.5
8	16/12	484	32.5	2.0	0
9	16/13	597.5	51.0	11.0	0.5
10	17/13	756.0	60.0	6.5	0.5
11	17/13	904.0	61.5	3.0	0
12	17/14	1226.5	111.5	13.0	0.5

续表

序号	污染度	>5μm	>15μm	>25μm	>50μm
13	18/14	1556.5	135	16.5	0.5
14	18/15	1951.5	187.0	23.0	1.0
15	19/15	2560.0	234.0	19.5	0.5
16	19/15	3000.0	223.0	23.5	2.5
17	19/16	3805.5	463.5	79.5	7.5
18	19/15	4528.5	298.5	17.0	0
19	20/16	6022.5	495.0	40.0	0.5
20	20/16	7196.0	481.0	24.5	0
21	20/17	9022.0	855.0	85.0	2.5
22	21/17	12273.0	1073.0	80.0	0.5
23	21/18	15092.0	1366.5	75.5	0.5
24	21/18	18352.0	1861.5	152.5	3.5

配置不同种类、粒径、含量的 Fe、Cu 和 SiO_2 的油样，通过实验室内的油液理化性能仪器，检测油样的多个理化性能，如介质损耗、电阻率、运动黏度、击穿电压、闭口闪点、倾点、凝点、表面张力、酸值等，获取了不同污染物及其含量对含单一污染物的油样相应理化性能的影响规律。含不同污染物油样的各种理化性能的变化曲线如图 2.1 所示。

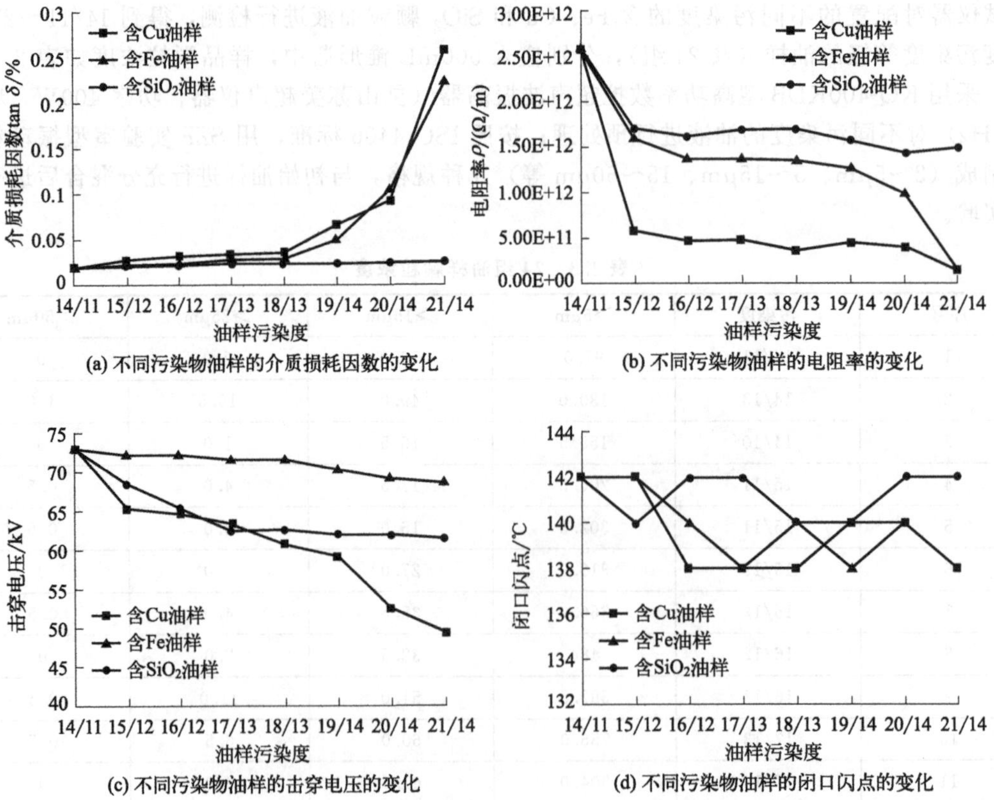

(a) 不同污染物油样的介质损耗因数的变化

(b) 不同污染物油样的电阻率的变化

(c) 不同污染物油样的击穿电压的变化

(d) 不同污染物油样的闭口闪点的变化

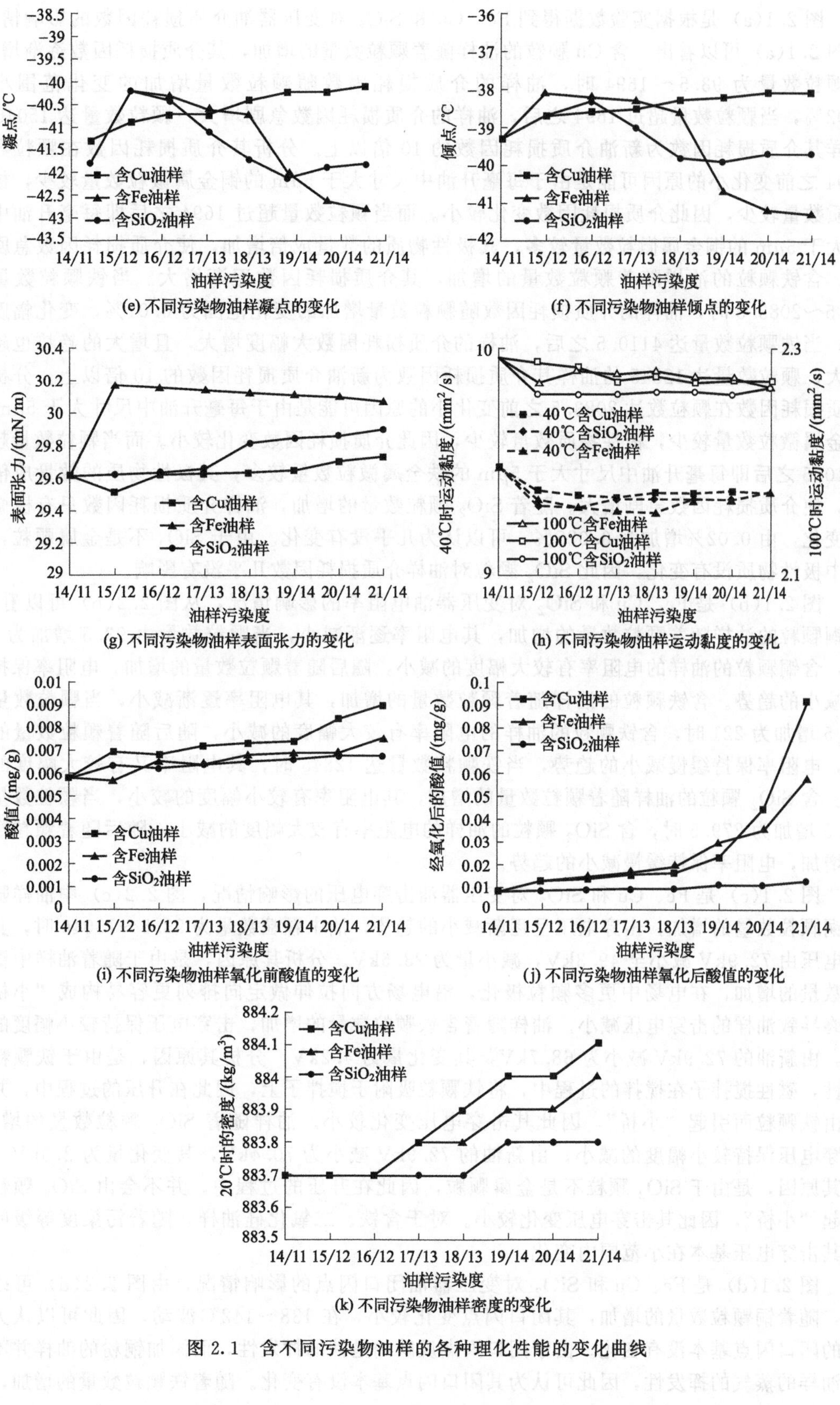

图 2.1　含不同污染物油样的各种理化性能的变化曲线

图 2.1(a) 是根据实验数据得到 Fe、Cu 和 SiO_2 对变压器油介质损耗因数的影响情况，从图 2.1(a) 可以看出，含 Cu 颗粒的油样随着颗粒数量的增加，其介质损耗因数逐渐增大。当颗粒数量为 93.5～1694 时，油样的介质损耗因数随颗粒数量增加的变化范围小于 0.02%，当颗粒数量超过 1694 之后，油样的介质损耗因数急剧增大，颗粒数量达 15046 的油样其介质损耗因数为新油介质损耗因数的 10 倍以上。分析其介质损耗因数在颗粒数达 1694 之前变化小的原因可能是由于每毫升油中尺寸大于 5μm 的铜金属微粒数量较少，极性物质数量较少，因此介质损耗因数变化较小。而当颗粒数量超过 1694 之后即每毫升油中尺寸大于 5μm 的铜金属微粒数量较多，其极性物质的数量成倍增加，使介质损耗因数急剧增大。含铁颗粒的油样随着颗粒数量的增加，其介质损耗因数逐渐增大。当铁颗粒数量为 93.5～2083.5 时，油样的介质损耗因数随颗粒数量增加的变化范围为 0.01%，变化幅度较小；当铁颗粒数量达 4110.5 之后，油样的介质损耗因数大幅度增大，且增大的趋势也越来越大；颗粒数量达 12845 的油样其介质损耗因数为新油介质损耗因数的 10 倍以上。分析其介质损耗因数在颗粒数达 2083.5 之前变化小的原因可能是由于每毫升油中尺寸大于 5μm 的铁金属微粒数量较少，极性物质数量较少，因此介质损耗因数变化较小。而当颗粒数量超过 4110.5 之后即每毫升油中尺寸大于 5μm 的铁金属微粒数量较多，其极性物质的数量成倍增加，使介质损耗因数急剧增大。随着 SiO_2 颗粒数量的增加，油样介质损耗因数只有极微小的变化，由 0.02%增加为 0.025%，可以认为几乎没有变化。由于 SiO_2 不是金属颗粒，油样中极性物质没有变化，因此 SiO_2 颗粒对油样介质损耗因数几乎没有影响。

图 2.1(b) 是 Fe、Cu 和 SiO_2 对变压器油电阻率的影响情况，从图 2.2(b) 可以看出，含铜颗粒的油样随着颗粒数量的增加，其电阻率逐渐减小，当颗粒数量由 93.5 增加为 221 时，含铜颗粒的油样的电阻率有较大幅度的减小，随后随着颗粒数量的增加，电阻率保持缓慢减小的趋势。含铁颗粒的油样随着颗粒数量的增加，其电阻率逐渐减小，当颗粒数量由 93.5 增加为 221 时，含铁颗粒的油样的电阻率有较大幅度的减小，随后随着颗粒数量的增加，电阻率保持缓慢减小的趋势，当铁颗粒数量达 12845 时，其电阻率又有较大幅度的减小。含 SiO_2 颗粒的油样随着颗粒数量的增加，其电阻率有较小幅度的较小，当颗粒数量由 93.5 增加为 279.5 时，含 SiO_2 颗粒的油样的电阻率有较大幅度的减小，随后随着颗粒数量的增加，电阻率保持缓慢减小的趋势。

图 2.1(c) 是 Fe、Cu 和 SiO_2 对变压器油击穿电压的影响情况，图 2.2(c) 中油样随着含铜颗粒数量的增加，击穿电压呈逐渐减小的趋势，油中颗粒数量为 93.5～15046 时，其击穿电压由 72.9kV 减小至 49.3kV，减小量为 23.6kV。分析其原因，是由于随着油样中铜颗粒数量的增加，在电场中更多颗粒极化，沿电场方向拉伸做定向排列更容易构成“小桥”，最终导致油样的击穿电压减小。油样随着含铁颗粒数量的增加，击穿电压保持较小幅度的减小，由新油的 72.9kV 减小为 68.7kV，其变化量为 4.2kV。分析其原因，是由于铁颗粒有磁性，磁性搅拌子在搅拌的过程中，将铁颗粒吸附于搅拌子上，因此在升压的过程中，并不会由铁颗粒而引起“小桥”，因此其击穿电压变化较小。油样随着 SiO_2 颗粒数量的增加，击穿电压保持较小幅度的减小，由新油的 72.9kV 减小为 70.4kV，其变化量为 2.5kV。分析其原因，是由于 SiO_2 颗粒不是金属颗粒，因此在升压的过程中，并不会由 SiO_2 颗粒而引起“小桥”，因此其击穿电压变化较小。对于含铁、二氧化硅油样，随着污染度等级的升高其击穿电压基本在小范围内变化。

图 2.1(d) 是 Fe、Cu 和 SiO_2 对变压器油闭口闪点的影响情况，由图 2.2(d) 可以看出，随着铜颗粒数量的增加，其闭口闪点变化较小，在 138～142℃波动，因此可以认为油样的闭口闪点基本没有变化。由于闭口闪点反映的是油的挥发性，而添加铜粉的油样并不影响油样的蒸气的挥发性，因此可认为其闭口闪点基本没有变化。随着铁颗粒数量的增加，其

闭口闪点变化较小，围绕在 138～142℃波动，因此可以认为油样的闭口闪点基本不变。因为闭口闪点反映的是油的挥发性，而添加铁粉并不影响油样的蒸气的挥发性，因此可认为其闭口闪点基本不变。随着 SiO_2 颗粒数量的增加，其闭口闪点变化较小，围绕在 140～142℃波动，因此可以认为油样的闭口闪点基本不变。因为闭口闪点反映的是油的挥发性，而添加 SiO_2 粉并不影响油样的蒸气的挥发性，因此可认为其闭口闪点基本不变。含铜、铁油样及含二氧化硅油样的闭口闪点保持在 138～140℃波动，其波动范围比较小，故认为其闭口闪点基本保持不变。

图 2.1(e) 及(f) 是 Fe、Cu 和 SiO_2 对变压器油凝点、倾点的影响情况，由图 2.1(e) 及(f) 中可以看出，随着铜颗粒数量的增加，油样的凝点及倾点同时呈逐渐升高的趋势，且升高的趋势基本保持一致，同时同一油样的倾点温度较凝点高 2℃左右。油样的凝点及倾点随铜颗粒数量的增加，其温度的变化量较小，均在 1.2℃内变化。由新油－41.3℃的凝点及－39.3℃的倾点可以看出，该变压器油的蜡含量较少，测试过程中随着温度的降低及铜颗粒数量的增加，使蜡分子与胶质沥青质在形成晶核的过程中也将其包裹其中，有助于蜡晶颗粒的形成，因此凝点及倾点逐渐升高。而含铁油样和含二氧化硅油样的凝点、倾点则先由颗粒物状态到有颗粒物状态的升高再随着颗粒物污染度等级的升高而出现降低的趋势。随着铁颗粒数量的增加，油样的凝点及倾点同时呈逐渐降低的趋势，且趋势基本保持一致，同时同一油样的倾点温度较凝点高 2℃左右；油样的凝点及倾点随铁颗粒数量的增加，其温度的变化量较小，凝点由－41.3℃降低为－43.5℃，倾点由－39.3℃降低为－41.3℃。随着 SiO_2 颗粒数量的增加，油样的凝点及倾点同时呈逐渐降低的趋势，其温度的变化量较小，凝点由－41.3℃降低为－43.4℃，倾点由－39.3℃降低为－40.4℃。

图 2.1(g) 是 Fe、Cu 和 SiO_2 对变压器油表面张力的影响情况，图 2.2(g) 中随着铜颗粒数量的增加，油样的表面张力呈较小幅度的上升，由 29.609mN/m 上升至 29.732mN/m，变化量为 0.123mN/m，因此大于 5μm 的铜颗粒的数量为 221～15046 时对表面张力影响较小。随着污染度等级的升高，含铜和 SiO_2 不同污染物的油样的表面张力均在缓慢增大，含铁油样的表面张力变化呈现先快速增大后缓慢减小趋势。随着铁颗粒数量的增加，油样的表面张力呈较小幅度的下降，由 29.609mN/m 下降至 29.475mN/m，变化量为 0.134mN/m，因此大于 5μm 的铁颗粒的数量为 198.5～12845 时对表面张力影响较小。随着 SiO_2 颗粒数量的增加，油样的表面张力呈较小幅度的升高，由 29.609mN/m 上升为 29.898mN/m，变化量较小，为 0.289mN/m，因此大于 5μm 的 SiO_2 颗粒的数量为 279.5～11330 时对表面张力影响较小。

图 2.1(h) 是 Fe、Cu 和 SiO_2 对变压器油运动黏度的影响情况，由图 2.2(h) 可见，40℃时含铜油样的运动黏度随着污染度的增加，油样在 40℃与 100℃下的运动黏度均保持较小范围内变化的趋势。40℃下的运动黏度由 9.475mm^2/s 减小为 9.354mm^2/s，其变化的范围仅有 0.121mm^2/s；而 100℃下的运动黏度由 2.292mm^2/s 减小为 2.271mm^2/s，变化范围仅有 0.021mm^2/s，因此可认为其运动黏度变化较小，即铜颗粒数量的增加对油样运动黏度的影响较小。这是由于油液的运动黏度由分子间的内摩擦作用产生，含铜颗粒油样是非均相混合流体，属于分散系统，油液为分散介质，铜颗粒为分散相，离散相和连续相的界面有一定的界面张力，分散相的存在使连续相分子间的作用力变弱的缘故。当污染度小于 17/13 等级时，由于污染物颗粒的数量较少，颗粒对油液分子间作用力的影响较小，油液运动时分子间的内摩擦力基本不变，运动黏度数值的变化也就不明显，其数值在 9.42mm^2/s 左右变化；而当污染度增加至 19/15 等级时，颗粒和油液分子间产生的表面能增强，使得油液分子间的作用力减小、内摩擦力减小，从而导致油液的运动黏度值急剧下降，下降幅度为 0.058mm^2/s；当油液中的污染度达到 19/15 等级之后，随着污染度的增加，油液运动黏度

值趋于稳定，这是因为颗粒和油液分子产生表面能与油液分子间的作用力达到一种动态平衡，油液分子间的内摩擦力相对稳定，从而油液的运动黏度值逐渐趋于平稳。随着铁颗粒数量的增加，油样在40℃与100℃下的运动黏度均保持较小范围内变化的趋势。40℃下的运动黏度由9.475mm^2/s减小为9.272mm^2/s，其变化的范围为0.203mm^2/s；而100℃下的运动黏度由2.292mm^2/s减小为2.266mm^2/s，变化范围仅有0.026mm2/s，因此可认为其运动黏度变化较小，即铁颗粒数量的增加对油样运动黏度的影响较小。随着SiO_2颗粒数量的增加，油样在40℃与100℃下的运动黏度均保持较小范围内变化的趋势。40℃下的运动黏度由9.475mm^2/s减小为9.298mm^2/s，随后又上升至9.362mm^2/s，其变化的幅度均较小；而100℃下的运动黏度由2.292mm^2/s减小为2.26mm^2/s，随后基本保持不变。因此可认为其运动黏度变化较小，即颗粒数量为93.5～11330时对油样运动黏度的影响较小。

含铁油样和含二氧化硅油样与原油的运动黏度有较大差别，而后随着污染度等级的升高没有太大的变化；100℃时，含铜油样的运动黏度随污染度等级的升高而呈减小的趋势，含铁油样和含二氧化硅油样与原油的运动黏度有较大差别，含二氧化硅油样的运动黏度基本不变。含铜油样在40℃、100℃下的运动黏度均比含铁油样及含二氧化硅油样大。

图2.1(i)及(j)是Fe、Cu和SiO_2对变压器油氧化前后酸值的影响情况，由图2.1(i)及(j)可以看出，同一油样氧化后的酸值均比氧化前的酸值大，且随着油样中铜颗粒数量的增加，氧化后的酸值较氧化前的酸值变化量也越来越大。油中颗粒数量为1157.5时，氧化后的酸值0.0155mg KOH/g为氧化前酸值0.0072mg KOH/g的2倍多；颗粒数量为3699.5时，氧化后的酸值为氧化前酸值的3倍多；颗粒数量为7120时，氧化后的酸值为氧化前酸值的5倍多；颗粒数量为15046时，氧化后酸值为氧化前酸值的10倍多。因此，油样中铜颗粒对油样的氧化有催化作用，且铜颗粒数量越多，对油样氧化的催化效果越明显。同一油样氧化后的酸值均比氧化前的酸值大，且随着油样中铁颗粒数量的增加，氧化后的酸值较氧化前的酸值变化量也越来越大。油中颗粒数量为1041.5时，氧化后的酸值0.0167mg KOH/g为氧化前酸值0.0064mg KOH/g的2倍多；颗粒数量为4110.5时，氧化后的酸值为氧化前的酸值的4倍多；颗粒数量为7581时，氧化后的酸值为氧化前的酸值的5倍多；颗粒数量为12845时，氧化后的酸值为氧化前的酸值的7倍多。因此，油样中铁颗粒对油样的氧化有催化作用，且铁颗粒数量越多，对油样氧化的催化效果越明显。同一油样氧化后的酸值均比氧化前的酸值大，说明铜丝对油样的氧化有催化作用，但SiO_2颗粒本身对油样的氧化的催化作用并不明显。

经氧化安定性仪器处理后［图2.1(j)］，含二氧化硅油样的酸值随着污染度等级的升高基本没有太大变化，而含铁、铜油样经氧化安定性仪器处理后的酸值随着污染度等级的升高再逐渐增大，且污染度等级越大其酸值增大的幅度也越大。

图2.1(k)是Fe、Cu和SiO_2对变压器油密度的影响情况，图2.1(k)中当污染度等级低于16/12时，含三种颗粒物的油样的密度均没有变化，当污染度等级大于16/12后，含铜油样与含铁油样的密度开始增大，且含铜油样的密度增长趋势比含铁油样的大。随着油样中铜颗粒数量的增加，其密度存在极微小的增加，由883.7kg/m^{3}增至884.1kg/m^3，仅增加0.4kg/m^3。由于铜颗粒的粒径小，虽然其数量在增加，但所含铜颗粒的质量相对于油样总体基本没有变化。随着油样中铁颗粒数量的增加，其密度存在极微小的增加，增加的数值较小，增加量仅为0.8kg/m^3。由于铁颗粒的粒径小，虽然其数量在增加，但所含铁颗粒的质量相对于油样总体基本没有变化。随着油样中SiO_2颗粒数量的增加，其密度几乎没有变化。由于SiO_2颗粒的粒径小，且添加的质量小，虽然其数量在增加，但所含SiO_2颗粒的质量相对于油样总体几乎没有变化。

2.2.1.2 关键理化性能指标

利用皮尔逊相关系数法将不同颗粒污染物与油样的各种理化性能进行相关性分析。对于不同颗粒污染物作为自变量 x，油样的各种理化性能作为因变量 y，通过实验获得的若干组数据分别记为 (x_i, y_i)，$(i=1,2,\cdots,n)$，则两者的相关系数 r 的数学表达式为

$$r=\frac{\sum_{i=1}^{n}(x_i-\bar{x})(y_i-\bar{y})}{\sqrt{\sum_{i=1}^{n}(x_i-\bar{x})^2\sum_{i=1}^{n}(y_i-\bar{y})^2}} \tag{2.2}$$

式中　$\bar{x}$，$\bar{y}$——n 个实验值的均值。

相关系数的取值范围为 $-1\leqslant r\leqslant 1$，即 $|r|\leqslant 1$。$|r|$ 接近 1 时，表明 x 与 y 的线性相关程度高。若 $r=1$ 或 -1，表明 x 与 y 之间为完全正线性相关关系或完全负线性相关关系，若 $r=0$，则表明 x 与 y 之间完全不存在线性相关关系。

一般认为，当 $0.8\leqslant|r|\leqslant 1$ 时，视为高度相关；当 $0.5\leqslant|r|<0.8$ 时，可视为中度相关；当 $0.3\leqslant|r|<0.5$ 时，可视为低度相关；当 $|r|<0.3$ 时，说明两个变量之间的相关程度极弱，可视为非线性相关。

不同污染度油液与其理化性能的互相关分析如表 2.4 所示。

表 2.4　不同污染度油液与其理化性能的互相关分析

相关性系数	理化指标						
	介质损耗因数	电阻率	击穿电压	密度	酸值	氧化安定性	凝点
铜	0.985548	−0.42073	−0.87595	0.852524	0.893601	0.994367	0.72176
铁	0.977449	−0.83688	−0.93415	0.864435	0.84203	0.989086	−0.93537
二氧化硅	0.847593	−0.51659	−0.45202	0.856802	0.739024	0.96319	−0.62521

相关性系数	理化指标					
	倾点	表面张力	闭口闪点	40℃运动黏度	100℃运动黏度	黏度指数
铜	0.647048	0.968493	−0.33457	−0.22899	−0.5902	−0.53982
铁	−0.86175	0.154124	−0.53434	0.082883	−0.63516	−0.60208
二氧化硅	−0.58223	0.845293	0.26707	−0.02922	−0.17726	−0.50829

对三种污染物的油样综合比较后，其关键理化性能为电气性能（击穿电压、介质损耗因数）、流动性能（运动黏度、表面张力、倾点、凝点）和化学性能（酸值、氧化安定性）共 8 项理化性能指标。

2.2.2 多污染物的理化性能

2.2.2.1 配置多污染物油样

根据均匀设计法，确定本试验为三因素、二十四水平试验，选用 $U_{24}(24^9)$ 表；根据 $U_{24}(24^9)$ 表的使用要求，选取该表的 1、3、5 三列组成 $U_{24}(24^3)$ 表；把三个因素（铜、

铁、二氧化硅）分别放在$U_{24}(24^3)$表中的三列上，将各因素对应的水平填入表内，即获得具体的混合油样配制方案，具体如表 2.5 所示。

表 2.5 均匀表 U_{24} (24^9)

列	行								
	1	2	3	4	5	6	7	8	9
1	1	3	6	7	9	11	12	16	19
2	2	6	12	14	18	3	24	7	13
3	3	9	1	21	2	8	11	23	7
4	4	12	24	3	11	19	23	14	1
5	5	15	5	10	20	5	10	5	20
6	6	18	11	17	4	16	22	21	14
7	7	21	17	24	13	2	9	12	8
8	8	24	23	6	22	13	21	3	2
9	9	2	4	13	6	14	8	19	21
10	10	5	10	20	15	10	20	10	15
11	11	8	16	2	24	21	7	1	9
12	12	11	22	9	8	7	19	17	3
13	13	14	3	16	17	18	6	8	22
14	14	17	9	23	1	4	187	24	16
15	15	20	15	5	10	15	5	15	10
16	16	23	21	12	19	1	17	6	4
17	17	1	2	19	3	13	4	22	23
18	18	4	8	1	12	23	16	13	17
19	19	7	14	8	21	9	3	4	11
20	20	10	20	15	5	20	15	20	5
21	21	13	18	22	14	6	2	11	24
22	22	16	7	4	23	17	14	2	18
23	23	19	13	11	7	22	1	18	12
24	24	22	19	18	16	24	13	9	6

选用新疆克拉玛依 25# 变压器油经过 8 层中性滤纸进行抽滤处理得到的油液作为实验初始油样；选用的铜粉和铁粉颗粒大小均为 1000 目，纯度大于 99%，选用的二氧化硅颗粒大小为 1500 目。配制铜、铁、二氧化硅单种颗粒污染物油样。

(1) 含铜油样

称取 0.02g 铜粉与 1L 25# 变压器油混合的油样并经 8h（温度 30～60℃）超声波振荡器

充分振荡，将振荡均匀的油样经 HIAC8012 油品污染度测试仪器进行检测，此时获得油样为污染度等级 23/18（ISO 4406）的油样；按一定的体积比例向污染度等级为 23/18 的含铜油样中加入实验初始油样，混合后经过 8h 超声波振荡器振荡均匀，采用油品污染度测试仪器进行检测，得到 14/11～21/18 梯度污染度等级的含铜油样（共 24 组），分别盛入 500mL 锥形瓶中，待用。

(2) 含铁油样

在玻璃砂芯过滤装置中添加一张中速滤纸，并将过滤装置密封好，向容器杯中加入 15g 铁粉，并加入 100mL 的实验初始油样，不断搅拌使铁粉与油液充分混合，同时打开真空泵进行抽滤，过滤的过程中需要不停地搅拌以避免形成铁饼而影响过滤效果。将过滤得到的油液经 HIAC8012 油品污染度测试仪器进行检测，此时获得油样为污染度等级 22/17（ISO 4406）的油样；按一定的体积比例向污染度等级为 22/17 的含铁油样中加入实验初始油样，混合后经过 8h（温度 30～60℃）超声波振荡器振荡均匀，采用油品污染度测试仪器进行检测，得到 14/11～21/16 梯度污染度等级的含铁颗粒油样（共 24 组），分别盛入 500mL 锥形瓶中，待用。

(3) 含 SO_2 油样

称取 0.03g 二氧化硅与 1L 25# 变压器油混合的油样并经 8h（温度 30～60℃）超声波振荡器充分振荡，将振荡均匀的油样经 HIAC8012 油品污染度测试仪器进行检测，此时获得油样为污染度等级 22/16（ISO 4406）的油样；按一定的体积比例向污染度等级为 22/16 的含二氧化硅颗粒油样中加入实验初始油样，混合后经过 8h 超声波振荡器振荡均匀，采用油品污染度测试仪器进行检测，得到 14/11～21/15 梯度污染度等级的含二氧化硅颗粒油样（共 24 组），分别盛入 500mL 锥形瓶中，待用。

采用激光粒度分布仪分别对含 Cu、Fe、SiO_2 颗粒油样进行测试，油样中颗粒粒度分布情况如图 2.2 所示。

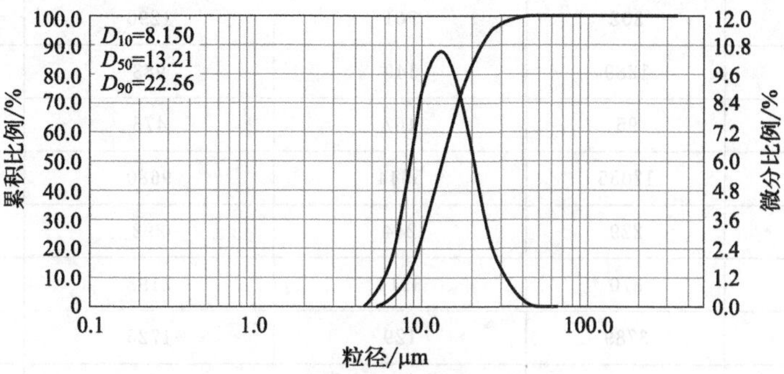

(a) 铜颗粒粒度分布

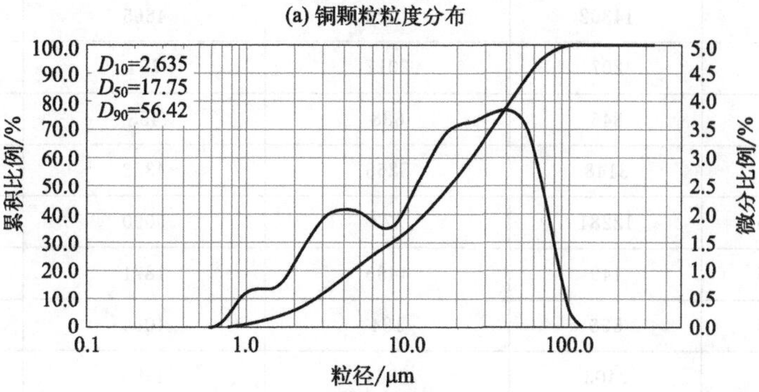

(b) 铁颗粒粒度分布

图 2.2

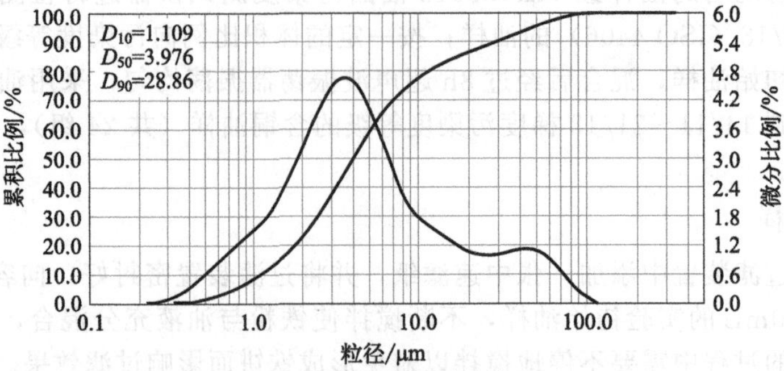

(c) 二氧化硅颗粒粒度分布

图 2.2 含 Cu、Fe、SiO_2 油样的粒度分布

由图 2.2(a) 可见，铜颗粒在 5～15μm 区间内的累积含量为 62.14%，其粒度分布为主要部分，而粒径在 15～25μm 区间内的累积含量为 31.48%，相对较小；图 2.2(b) 中铁颗粒的粒度分布较为分散，表现在 2～5μm 区间内累积含量为 15.87%，5～15μm 区间内的累积含量为 22.57%，15～25μm 区间内的累积含量为 16.82%，25～50μm 区间内的累积含量为 24.53%；同理图 2.2(c) 中 SiO_2 颗粒的粒度分布主要集中在 2～5μm 区间，其累积含量为 36.59%，而粒径在 5～15μm 区间内的累积含量为 23.86%，说明油样中的 Cu、SiO_2 的粒径分布集中在 5～15μm 区间内，Fe 的粒径分布较为均匀。

将含 Fe、Cu 和 SiO_2 油样置于超声波振荡器中振荡 8h（温度 30～60℃），油样混合均匀后，按对应的水平、体积 1∶1∶1 混合盛入 1L 锥形瓶，共 24 组混合油样。利用油品污染度测试仪对混合污染物油样进行污染度检测，配制的混合污染物油样如表 2.6 所示。

表 2.6 配制的混合污染物油样

序号	Cu(>5μm)	Fe(>5μm)	SiO_2(>5μm)	混合(>5μm)	污染度
1	97	302	901	1290	17/13
2	130	1289	149	983	17/12
3	155.5	95	467	476	16/11
4	206.5	17055	5644	9680	20/15
5	302.5	229	244	292	15/12
6	319	870	3114	2193	18/14
7	366	3789	129	1726	18/14
8	484	14302	1222	4665	19/13
9	597.5	207	2017	764	17/13
10	756	846	688	453	16/12
11	904	3148	8265	4358	19/15
12	1226.5	12281	377	5090	20/15
13	1556.5	149	4496	1871	18/14
14	1951.5	566	184	1066	17/14
15	2560	2403	2664	1986	18/14

续表

序号	Cu(>5μm)	Fe(>5μm)	SiO_2(>5μm)	混合(>5μm)	污染度
16	3000	9003	95	4445	19/15
17	3805.5	129	1222	1915	18/15
18	4528.5	453	15240	7298	20/15
19	6022.5	2143	559	3862	19/15
20	7196	7458	7462	6773	20/15
21	9022	4496	296	6666	20/16
22	12273	376	4022	6031	20/16
23	15092	1700	11364	10299	21/16
24	18352	5360	17858	14568	21/17

利用激光粒度分布仪对混合油样中的颗粒进行测试，获得油样中多污染物粒度分布情况，如图 2.3 所示。

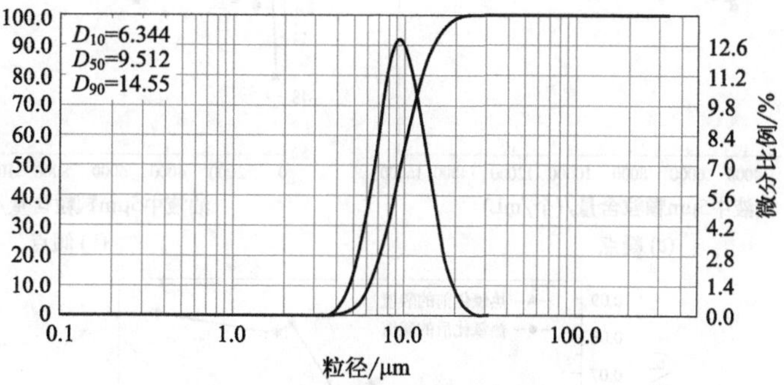

图 2.3 混合油样中颗粒粒度分布

由图 2.3 可知，油样在 3 种颗粒物的粒度分布主要集中在 5～15μm 区间内，累积含量达到 89.57%，而粒径为 15～25μm 区间内的累积含量仅为 8.49%。

2.2.2.2 多污染物油样理化性能

同理将配置好的混合污染物油样进行 8 项关键理化性能实验测试，结果如图 2.4 所示。其中横坐标以对油液理化性能影响较大的 5μm 粒径的数量进行表示。

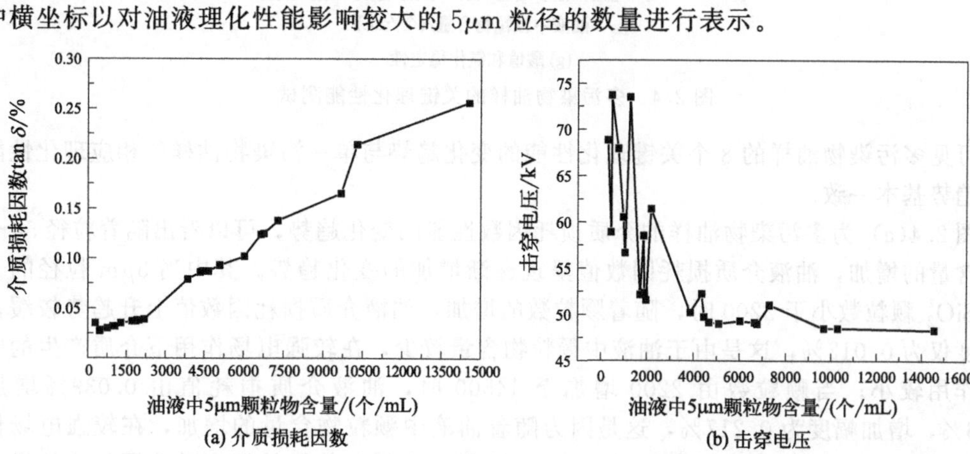

图 2.4

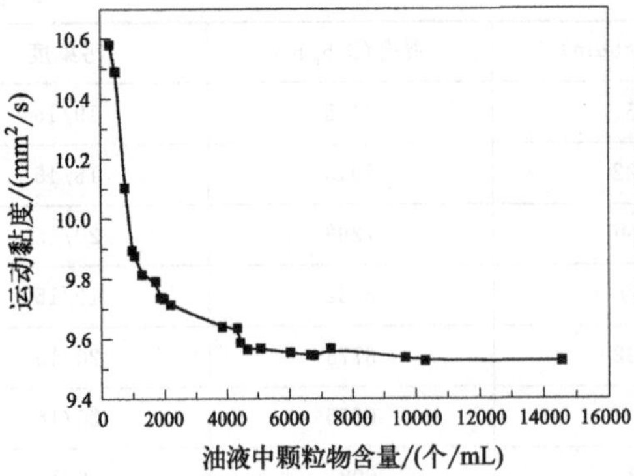

(c) 运动黏度

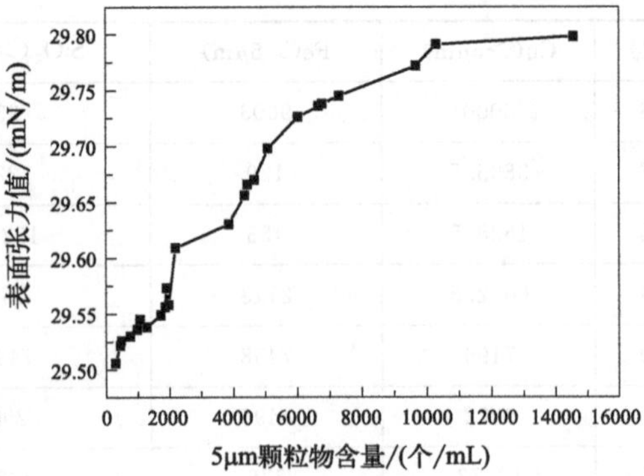

(d) 表面张力

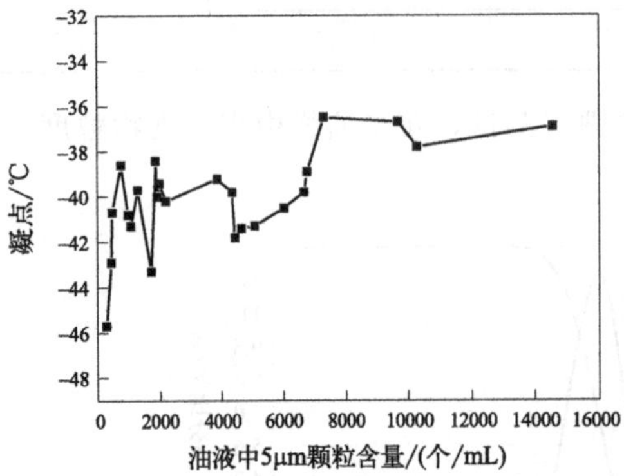

(e) 凝点

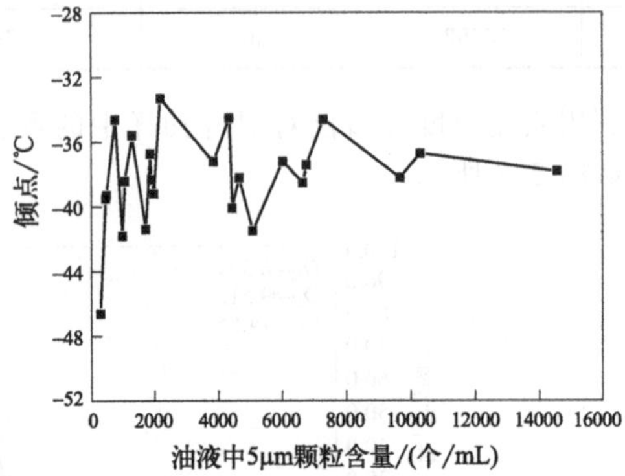

(f) 倾点

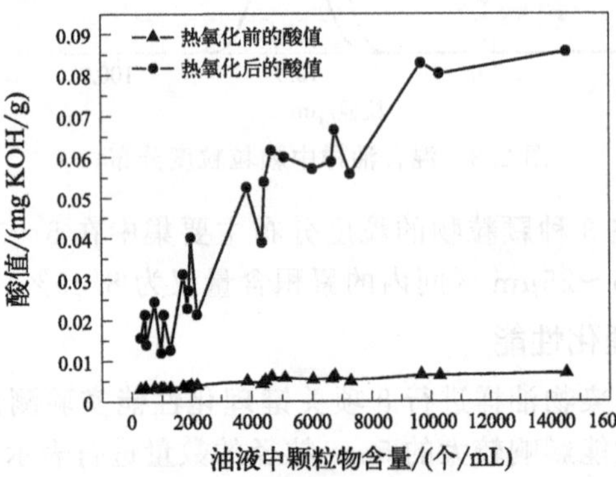

(g) 酸值和氧化稳定性

图 2.4　多污染物油样的关键理化性能测试

可见多污染物油样的 8 个关键理化性能的变化趋势与单一污染物油样的相应理化性能的变化趋势基本一致。

图 2.4(a) 为多污染物油样的介质损耗因数性能的变化趋势，可以看出随着粒径 5μm 颗粒物含量的增加，油液介质损耗因数值呈现逐渐增加的变化趋势。其中当 5μm 粒径的 Cu、Fe、SiO_2 颗粒数小于 2200 时，随着颗粒数的增加，油液介质损耗因数值上升趋势较缓，变化幅度仅为 0.012%，这是由于油液中颗粒物含量较少，在较强电场作用下介质产生的电流损耗作用较小；当颗粒数由 2200 增加至 14500 时，油液介质损耗值由 0.039% 增加至 0.256%，增加幅度为 0.217%，这是因为随着油液中颗粒物含量的增加，在较强电场作用下颗粒物沿着电场方向排列形成“小桥”，电流沿“小桥”传导的概率随着颗粒物的增多而

增加，使得绝缘介质内部能量损耗增加，即油液的介质损耗因数增加，降低变压器油的绝缘性能。说明随着变压器油中 Cu、Fe、SiO_2 颗粒物含量的增加，使得油液绝缘能力下降，介质损耗因数增大。

图 2.4(b) 为多污染物油样的击穿电压的变化趋势，由于变压器油中金属颗粒对击穿电压性能的影响较大，而二氧化硅颗粒属于非极性物质，对击穿电压值影响相对较小，因此根据油液中颗粒物含量（以粒径 5μm 颗粒物为例）绘制油样击穿电压值的变化曲线，可见油液的击穿电压值随着油中铜、铁含量增加而表现出先急剧减小后逐渐平稳的变化趋势，其中减小幅度为 25.4kV。另外当油中的铜、铁含量从 292 个/mL 至 3862 个/mL 时，油液的击穿电压变化幅度为 23.5kV，且其击穿电压值随着含量增加呈现较大的上下波动现象；但是颗粒含量增加到 3862 个/mL 时，油液的击穿电压值的变化幅度较小，基本上呈现平稳状态。这是由于油中 SiO_2 等非金属颗粒物的存在，使油液的极性受到破坏，且油液极性的破坏程度随着油样中颗粒物含量的增加而降低，因而油中颗粒物含量在 3862 个/mL 以下时，含 SiO_2 颗粒物的油液的击穿电压变化较大。

图 2.4(c) 为多污染物油样的运动黏度的变化趋势，随着颗粒物含量的增加，变压器油的运动黏度呈现出逐渐下降的趋势。这是因为油液的运动黏度是由油液分子间的内摩擦作用产生的，含 Cu、Fe、SiO_2 颗粒油样是非均相混合流体，属于分散系统，油液为分散介质，颗粒物为分散相，离散相和连续相的界面有一定的界面张力，分散相即颗粒物的存在使连续相分子间的作用力变弱的缘故。当油样中颗粒物含量由 292 增加到 2000 时，由于颗粒和油液分子间产生的表面能增强，使得油液分子间的作用力减小、内摩擦力减小，油液运动黏度值呈现急剧下降趋势，由 10.58mm^2/s 减小为 9.713mm^2/s；当油液中的颗粒污染物含量增加到 2000 以后，随着颗粒含量的增加，油液运动黏度值逐渐减小并趋于稳定，这是因为颗粒和油液分子产生表面能，与油液分子间的作用力逐渐达到一种动态平衡，使得油液分子间的内摩擦力相对稳定，从而油液的运动黏度值逐渐趋于平稳。

图 2.4(d) 为多污染物油样的表面张力的变化趋势，油液表面张力随着油样中颗粒物含量的增加而增加。这是因为 Cu、Fe、SiO_2 颗粒物为表面非活性物质，颗粒与连续相油液之间具有较好的吸附能力，随着颗粒数的增加，吸附能也增加，从而增加了油液的表面能，即油液表面张力性能呈增加趋势。其中当 5μm Cu、Fe、SiO_2 颗粒数小于 5000 时，油液表面张力值呈急剧增加趋势；当颗粒数由 5000 增加至 10299 时，油液表面张力呈现逐渐缓慢的增加趋势，这是因为随着颗粒数的增加，油液分子作用力与颗粒之间的吸附能力逐渐达到饱和，抵抗颗粒热运动能的能力减弱，因而油液分子表面能增加速度逐渐缓慢；当颗粒数达到 10299 之后，随着颗粒数的增加，油液表面张力值趋于稳定，且当颗粒数为 10299 时，油液表面张力达到最大值 29.8mN/m，这是因为油样中的颗粒与油液分子作用力之间的吸附能达到动态平衡状态，油液分子表面能不再增加。

图 2.4(e) 为多污染物油样的凝点的变化趋势，随着颗粒物含量的增加，油液的凝点整体呈现增大的趋势，在颗粒物含量为 292～14568 个/mL 时，油样的凝点增加值从－45.7℃升高到－36.9℃，升高幅度为 8.8℃；这是由于油液中颗粒污染物数量的增加，能够促进变压器油中的直链烷烃凝固结晶，以及使液体石蜡在油液温度下降到析蜡点以后最先析出蜡晶，然后由小的蜡晶体逐渐生长结成网目状蜡晶结构，使得油液的流动性严重降低。

图 2.4(f) 为多污染物油样的倾点的变化趋势，随着颗粒物含量的增加，油液的倾点整体呈现先增大后趋于稳定的趋势，在颗粒物含量为 292～14568 个/mL 时，油样的倾点增加值从－44.9℃升高到－37.8℃，升高幅度为 7.1℃。当颗粒物含量由 292 增加到 764 时，油样倾点呈急剧增加趋势，当颗粒物含量在 764～14568 个/mL 时，油液的倾点在－37.9℃波动。

图 2.4(g) 为多污染物油样酸值和氧化稳定性的变化趋势，含有 SiO_2 非金属颗粒物的混合油样与不含 SiO_2 油样的酸值随 5μm 颗粒物数密度的变化趋势一致，且同一油样经热氧化后的酸值均比氧化前的酸值大，对于热氧化实验前的油样，酸值随着颗粒物数密度的增加有相对微小幅度的增加趋势，颗粒物数密度由 292 个/mL 增加至 14568 个/mL，酸值增加幅度为 0.004mg KOH/g，说明热氧化实验前油样中颗粒物对其酸值影响较小；经过油样热氧化后酸值随着颗粒物数密度的增加油样酸值整体呈现出增加的趋势，增加幅度为 0.0729mg KOH/g，这是由于油样中 Cu、Fe 颗粒对油样的氧化起到催化作用，使热氧化过程产生更多酸性物质，SiO_2 颗粒化学性质稳定，基本不参加反应。由图 2.4(g) 可见，氧化后的酸值随着油液中 Cu、Fe 颗粒物数密度整体呈现逐渐增加的趋势，油液中 Cu、Fe 颗粒物数密度由 125 个/mL 增加至 2490 个/mL 时，油样热氧化后酸值增加幅度较大，为 0.043mg KOH/g，当 Cu、Fe 颗粒物数密度＞2490 个/mL 后，随着铜、铁颗粒物数密度的增加，油液热氧化后酸值增加较平缓，增加幅度为 0.0229mg KOH/g，且酸值随着 Cu、Fe 颗粒数密度变化较含 SiO_2 颗粒的混合油样大，说明油液酸值主要受 Cu、Fe 金属颗粒的影响，随着变压器油在热场、酸、水分等因素作用下逐步劣化，而反应所产生的酸性成分、氧化产物又会腐蚀 Cu、Fe，Cu、Fe 离子通过传递分解过氧化氢产生过氧化自由基，从而促进油品的氧化。油液中随着 Cu、Fe 金属颗粒物含量的增多进一步促使变压器油老化速率加快，变压器油的氧化安定性降低量增大。

2.3 污染油液理化性能的仿真分析

2.3.1 油样电气性能的 SVM 模型

为了分析非金属颗粒物与金属颗粒物对油液电气性能的影响，根据含混合污染物油样的电气性能（介质损耗因数以及击穿电压）实验测试结果，采用支持向量机法（SVM），以混合污染物油样中污染物的粒径和含量作为所建 SVM 模型的输入变量，将油样的相应电气性能作为 SVM 模型的输出变量；从混合污染物的 24 组油样中随机选取 19 组油样进行 SVM 模型训练，从而建立油中不同粒径、不同含量的 Cu、Fe、SiO_2 污染物与油样电气性能之间的 SVM 模型；将其余的 5 组油样作为 SVM 模型的验证集数据，利用所建的 SVM 模型对验证集的电气性能进行预测；最后以决定系数（R^2）和预测均方根误差（RMSE）作为 SVM 模型的评价指标。

2.3.1.1 SVM 模型

据此所建的两个 SVM 模型的训练集决定系数和预测均方根误差分别如表 2.7 所示。

表 2.7 SVM 模型的预测结果

序号	输入量	输出量	训练集		验证集	
			R^2	RMSE	R^2	RMSE
1	污染物的粒径和含量	击穿电压	0.9703	0.221×10^{-2}	0.9408	2.4177
2	污染物的粒径和含量	介质损耗因数	0.9687	0.1433×10^{-2}	0.9913	0.0039

由表 2.7 可知，建立的不同粒径、不同含量的 Cu、Fe、SiO_2 颗粒物与油样击穿电压值之间的 SVM 模型的决定系数达到了 0.9 以上，构建的模型的预测精度较高。其中 SVM 训练集决定系数和预测均方根误差分别是 0.9703、0.221×10^{-2}，所建模型验证集的决定系数和均方根误差分别为 0.9408 和 0.188×10^{-2}。不同粒径、不同含量的 Cu、Fe、SiO_2 颗粒

物与油液介质损耗因数之间的 SVM 数学模型的训练集决定系数为 0.9687，均方根误差为 0.1433×10^{-2}；利用建立的 SVM 模型对验证集样本进行预测的决定系数和均方根误差分别为 0.9913、0.39×10^{-2}；建立的 SVM 模型获得了较好的预测精度。

(1) 击穿电压

所建击穿电压的 SVM 模型的验证集的预测值和测试值如图 2.5 所示。

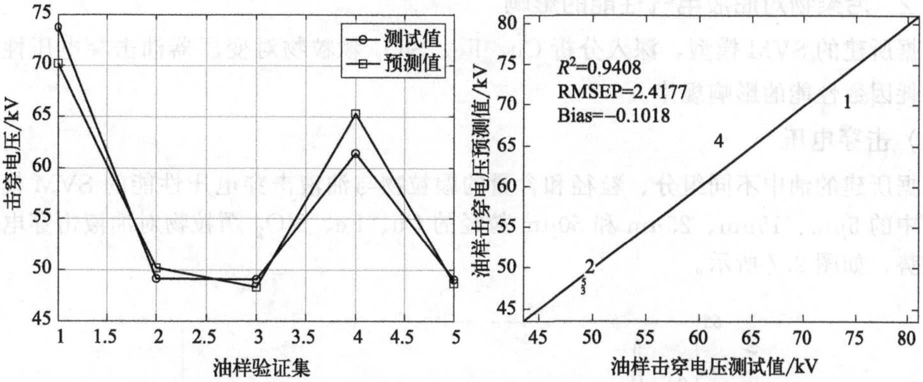

(a) SVM预测值和测试值比较　　(b) SVM预测模型相关性

图 2.5　所建击穿电压的 SVM 模型的验证集的预测值和测试值

由图 2.5(a) 可见，油中 Cu、Fe、SiO_2 颗粒混合物与油液击穿电压之间的 SVM 模型预测值和实测值的误差为 6.7%；图 2.5（b）为 SVM 模型预测值与实测值之间的回归关系，其中建立的颗粒物与油液击穿电压之间的 SVM 模型中第 1、第 4 组验证集的数据距离回归直线相对较大，使所建模型精度除受到一定的影响外，验证集样本的其他几组数据在回归直线附近分布，且第 5 组数据分布在回归直线上，$R^2=0.9408$，RMSEP＝2.4177，Bias＝−0.1018，从而所建的 SVM 模型可以反映出油中不同粒径和含量颗粒物的污染状态，对油样的击穿电压预测是有效的。

(2) 介质损耗因数

图 2.6(a) 所示为验证集的 SVM 模型预测值与实测值的比较，图中可以看到模型的输出能够很好地跟踪油样介质损耗因数值的变化，预测值与实测值之间的相对误差范围为 0.01～0.13；图 2.6(b) 所示为建立的 Cu、Fe、SiO_2 颗粒物与油液介质损耗因数之间的 SVM 模型的预测值与实测值的相关关系，可以看出建立的模型验证集数据仅第 1 组偏离回

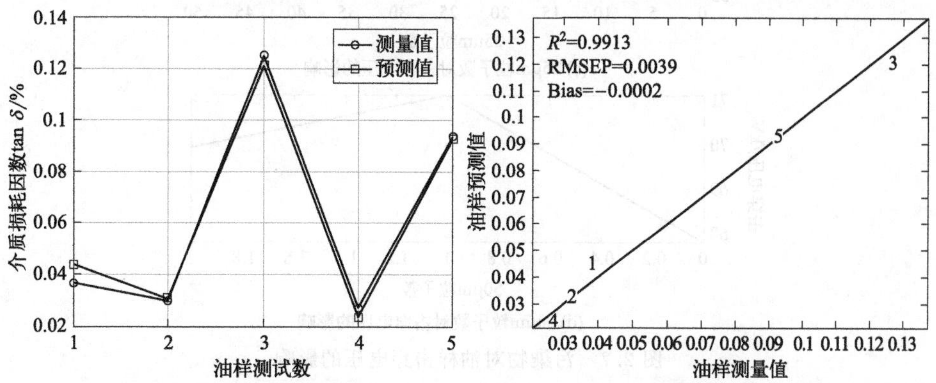

(a) SVM预测值和测试值比较　　(b) SVM预测模型相关性

图 2.6　介质损耗因数的 SVM 预测值和实测值的比较

归直线较远，降低了模型的预测精度，其余几组均分布在回归直线上以及附近处，预测值与实测值基本吻合；其中 $R^2=0.9913$，RMSEP = 0.0039，Bias = −0.0002，说明建立的 SVM 模型能够充分利用油中颗粒物的污染度信息，有效地预测含 Cu、Fe、SiO_2 颗粒物油样的介质损耗因数值。

可见构建含不同污染物油样电气性能的 SVM 模型具有较高的预测精度。

2.3.1.2 污染物对油液电气性能的影响

根据所建的 SVM 模型，深入分析 Cu、Fe、SiO_2 颗粒物对变压器油击穿电压性能以及介质损耗因数性能的影响规律。

(1) 击穿电压

根据所建的油中不同组分、粒径和含量的颗粒物与油液击穿电压性能的 SVM 模型，获取油样中的 5μm、15μm、25μm 和 50μm 粒径的 Cu、Fe、SiO_2 颗粒物对油液击穿电压值的影响趋势，如图 2.7 所示。

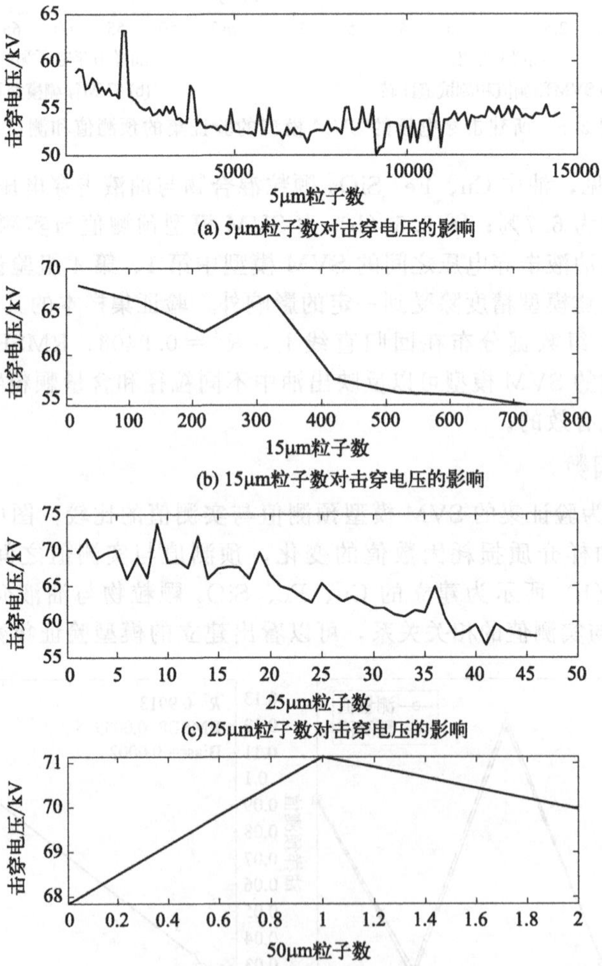

(a) 5μm粒子数对击穿电压的影响

(b) 15μm粒子数对击穿电压的影响

(c) 25μm粒子数对击穿电压的影响

(d) 50μm粒子数对击穿电压的影响

图 2.7　污染物对油样击穿电压的影响

图 2.7(a) 所示为 15μm、25μm 和 50μm 粒径的 Cu、Fe、SiO_2 颗粒含量为油样的最小值时，油液中 5μm 粒径的 Cu、Fe、SiO_2 混合颗粒数量变化对油液击穿电压的影响情况，

油液中 5μm 粒径的 Cu、Fe、SiO_2 颗粒对击穿电压影响范围为 13.5kV，其中颗粒数由 292 增加到 5000 时，油液击穿电压值呈下降趋势，随着颗粒数的增加，油液的击穿电压幅值呈现波动现象。这是由于油中的 Cu、Fe 颗粒物的导电性极强，在强电场作用下极易形成导电小桥，从而使电流沿着“小桥”进行传导，且电流传导能力随着铜、铁颗粒含量的增加而增强，严重破坏了油液的绝缘作用；当颗粒数增加到 5000 之后，油液击穿电压基本在 50～56kV 浮动变化，这是由于金属颗粒物的含量超过一定值后，其“小桥”传导作用趋于“饱和”，而且颗粒物在油液中悬浮运动，使击穿电压的数值呈现一定幅值的波动。

图 2.7（b）所示为 5μm、25μm 和 50μm 粒径的 Cu、Fe、SiO_2 颗粒含量为油样的最小值时，油液中 15μm 粒径的 Cu、Fe、SiO_2 混合颗粒对油样击穿电压值的影响规变化律。从图 2.7（b）可见，当油中的颗粒物含量为 19～215 时，击穿电压由 68.5kV 下降到 63kV，下降趋势较小，这是因为铜、铁金属颗粒在较强电场作用下形成导电小桥，破坏了油液的绝缘作用，降低了油液的击穿电压值；当 15μm 粒径的 Cu、Fe、SiO_2 颗粒数量从 215 继续增加至 320 时，油液击穿电压值从 63kV 增加至 68kV，这是因为随着铜铁金属颗粒的增多，导致电场分布不均匀，当场强最高处发生局部放电时，油液发生流动会影响“小桥”的形成，因此油液击穿电压有了一定的升高；当颗粒数量达到 320 之后，随着颗粒数量的增加油液击穿电压呈下降趋势，当颗粒数增加到 740 时，击穿电压值下降到最小值 54kV，变化范围为 14kV，这是因为随着颗粒数量的增加，“小桥”作用增强，变压器油绝缘作用降低。

图 2.7(c) 所示为 5μm、15μm 和 50μm 粒径的 Cu、Fe、SiO_2 颗粒含量为油样的最小值时，25μm 粒径的 Cu、Fe、SiO_2 颗粒对油样击穿电压值的影响情况。可以看出油液中 25μm 粒径的 Cu、Fe、SiO_2 颗粒对油液击穿电压产生影响幅值呈下降趋势，油液击穿电压从 73.5kV 下降到 56.5kV，且幅值上下浮动变化；这是因为 25μm 粒径的 Cu、Fe、SiO_2 颗粒粒径较大，在电场中按极性排列时，受到 25μm 颗粒的悬浮运动影响，影响了“小桥”传导作用，因此在颗粒数的影响区间内，油液击穿电压呈现上下浮动变化。

图 2.7(d) 所示为 5μm、15μm 和 25μm 粒径的 Cu、Fe、SiO_2 颗粒含量为油样的最小值时，50μm 粒径的 Cu、Fe、SiO_2 混合颗粒对油液击穿电压值的影响变化规律，油液的击穿电压随着油中粒径为 50μm 的铜铁颗粒数量的增加而呈现增大的变化趋势，但变化幅度仅为 3kV。当铜铁颗粒数量为 1 时，油液击穿电压值达到最大为 71kV。这是因为 50μm 颗粒粒径较大、颗粒数量很少，容易对导电小桥的传导有所限制。

综合以上分析可知，Cu、Fe、SiO_2 颗粒在粒径为 25μm 时对变压器油击穿电压性能的影响最为显著，变化范围为 17kV。当铜铁颗粒数达到 41 时，击穿电压达到最小值 56.5kV；对变压器油击穿电压影响较为显著的是粒径为 5μm 和 15μm 铜铁颗粒，击穿电压变化范围分别是 13.5kV 和 14.5kV，在粒径为 5μm 时，击穿电压最小值为 50kV，在粒径为 15μm 时，击穿电压最小值为 54kV；铜铁颗粒为 5～25μm 时对变压器油击穿电压影响较明显，且粒径越大，油液击穿电压值也越大。

(2) 介质损耗因数

根据建立的支持向量机模型，分别对 24 组油样中的 5μm、15μm、25μm 以及 50μm 粒径的 Cu、Fe、SiO_2 颗粒物对油液介质损耗因数的影响进行分析，获取不同粒径、不同含量的颗粒物对油液介质损耗因数的影响趋势，如图 2.8 所示。

图 2.8(a) 所示为 15μm、25μm 和 50μm 粒径的 Cu、Fe、SiO_2 颗粒含量为油样的最小值时，油液中 5μm 粒径的 Cu、Fe、SiO_2 混合颗粒数量变化对油液介质损耗因数（90℃）的影响情况。可以看出随着 Cu、Fe、SiO_2 颗粒数量的增加，油液介质损耗因数呈现先上升后下降的变化趋势。其中当 5μm 粒径的颗粒数由 292 增加到 4700 时，油液介质损耗因数呈

增加趋势，增加幅度为 0.021%，并在 5μm 粒径的颗粒数为 47000 时，油液介质损耗因数达到最大值为 0.04%。这是因为随着油液中 5μm 粒径的 Cu、Fe、SiO_2 混合颗粒含量的增加，颗粒物在较强电场作用下沿电场方向排列形成“小桥”，使得电流沿着“小桥”传导的概率增加并增大了对电流的损耗；当颗粒数量由 4700 增加到 7500 时，油液介质损耗因数值呈下降趋势，下降幅度为 0.011%，且当颗粒数增加至 7500 以后，油液介质损耗因数趋于稳定，这是由于随着 5μm 粒径的颗粒增加，颗粒物形成的“小桥”对电场作用下产生的电流的传导作用和损耗趋于并达到饱和状态所致。

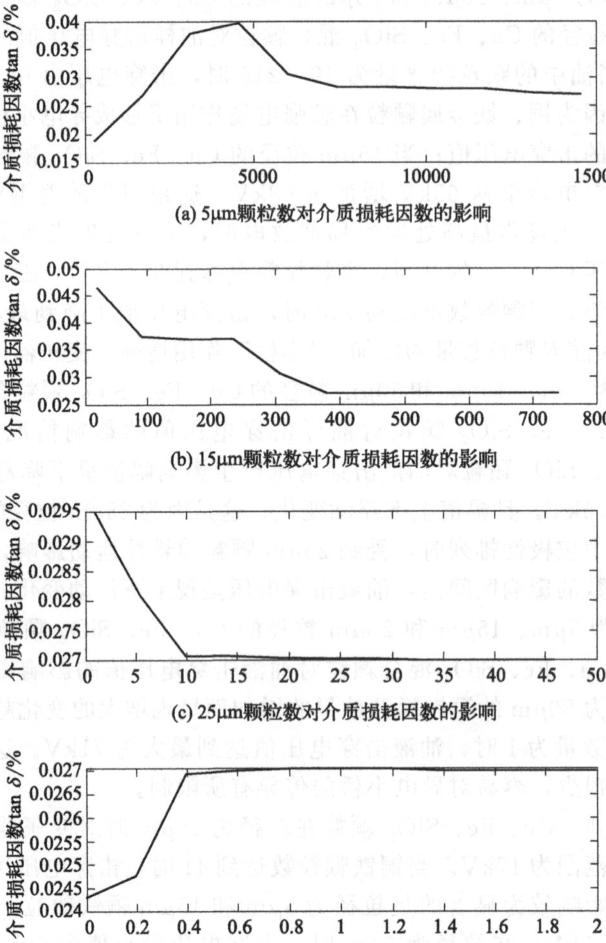

(a) 5μm颗粒数对介质损耗因数的影响

(b) 15μm颗粒数对介质损耗因数的影响

(c) 25μm颗粒数对介质损耗因数的影响

(d) 50μm颗粒数对介质损耗因数的影响

图 2.8　污染物对油样介质损耗因数的影响

图 2.8(b) 所示是油样中 5μm、25μm 和 50μm 粒径的 Cu、Fe、SiO_2 混合颗粒含量为最小值时，15μm 粒径的 Cu、Fe、SiO_2 混合颗粒数量变化对油液介质损耗因数（90℃）的影响情况。随着油样中 15μm 粒径的 Cu、Fe、SiO_2 颗粒数量的增加，油液介质损耗因数呈现逐渐下降的变化趋势，下降幅度为 0.019%。当 15μm 颗粒数量由 19 增加至 370 时，油液介质损耗因数由 0.047%减小为 0.028%，当颗粒数达到 370 之后，油液介质损耗因数趋于平稳，这是由于粒径为 15μm 的颗粒物相对于 5μm 的颗粒物粒径较大，使粒径为 15μm 的颗粒物在较强电场作用下沿电场方向排列形成“小桥”的概率降低，减小了对电流的损耗；且随着 15μm 颗粒数的增加，“小桥”的传导作用更弱，从而使得油液介质损耗因数呈下降

趋势。

图 2.8(c) 所示为 5μm、15μm 和 50μm 粒径的 Cu、Fe、SiO_2 颗粒含量为油样的最小值时，油液中 25μm 粒径的 Cu、Fe、SiO_2 混合颗粒数量变化对油液介质损耗因数（90℃）的影响情况。可以看出随着油液中 25μm 粒径的 Cu、Fe、SiO_2 颗粒数量的增加，油液介质损耗因数呈下降趋势，下降幅度为 0.0027%，且在颗粒数为 15 时，油液介质损耗因数达到最小值为 0.0269%，25μm 粒径的 Cu、Fe、SiO_2 混合颗粒对油液的介质损耗因数影响较小，这是因为粒径为 25μm 的颗粒数量较少且粒径较大，会减弱导电小桥的传导作用所致。

图 2.8(d) 所示为 5μm、15μm 和 25μm 粒径的 Cu、Fe、SiO_2 颗粒含量为油样的最小值时，油液中 50μm 粒径的 Cu、Fe、SiO_2 混合颗粒对油液介质损耗因数（90℃）的影响情况。可以看出 50μm 粒径的颗粒影响区间很小，在影响区间内 50μm 粒径的颗粒对油液介质损耗因数的影响较小，变化范围仅为 0.0026%，这是因为颗粒粒径较大且数量很少，对电流损耗作用小。

综合以上分析可知，粒径为 5μm、15μm 的颗粒对油液介质损耗因数影响较为显著，油液介质损耗因数变化幅度分别为 0.021%、0.019%；粒径为 25μm、50μm 的颗粒对油液介质损耗因数影响较小，介质损耗因数变化幅度分别为 0.0027%、0.0026%。

2.3.2 油样流动性能的模型

2.3.2.1 支持向量机模型

利用支持向量机法，采用与油样的电气性能同样的建模方法，对油样的运动黏度、倾点、凝点这 3 个性能指标建立了它们与油中不同粒径、不同含量的 Cu、Fe、SiO_2 混合污染物的 SVM 模型。根据 T-S 模糊模型的算法原理，将 24 组油样进行随机选取 19 组油样为所建模型的训练集，其中将 19 组油样中颗粒物的不同粒径、不同含量作为所建模型的输入量，输出量为油样的表面张力实验值，建立含不同粒径、不同含量的颗粒物 Cu、Fe、SiO_2 的油样与油液表面张力之间的 T-S 模糊模型；把剩余 5 组油样作为验证集样本，对这 5 组油样的表面张力数据利用所建模型进行预测，预测效果的评价指标为决定系数 R^2 和均方根误差 RMSE，所建模型的精度与 R^2 接近 1 的程度以及 RMSE 接近 0 的程度呈同向关系。流动性能模型的预测结果如表 2.8 所示。

表 2.8　流动性能模型的预测结果

序号	输入量	输出量	模型	训练集		验证集	
				R^2	RMSE	R^2	RMSE
1	污染物的粒径和含量	运动黏度	SVM	0.9973	0.984×10^{-4}	0.9951	0.0628
2	污染物的粒径和含量	凝点	SVM	0.9077	0.0106	0.9764	1.5372
3	污染物的粒径和含量	倾点	SVM	0.9983	0.0199	0.8466	1.7058
4	污染物的粒径和含量	表面张力	T-S	0.9598	0.0199	0.9124	0.0160

从表 2.8 中可以看出，建立的不同粒径、不同含量的 Cu、Fe、SiO_2 颗粒物与油液运动黏度之间的 SVM 数学模型的训练集决定系数为 0.9973，均方根误差为 0.984×10^{-4}；利用建立的 SVM 模型对验证集样本进行预测的决定系数和均方根误差分别为 0.9951、0.0628。建立的不同粒径、不同含量的 Cu、Fe、SiO_2 颗粒物与油液凝点之间的 SVM 模

型的训练集决定系数为 0.9077，均方根误差为 0.0106；利用建立的模型对验证集样本进行预测的决定系数和均方根误差分别为 0.9764、1.5372。建立的不同粒径、不同含量的 Cu、Fe、SiO_2 颗粒物与油液倾点之间的 SVM 模型的训练集决定系数为 0.9983，均方根误差为 0.0199；利用建立的模型对验证集样本进行预测的决定系数和均方根误差分别为 0.8466、1.7058。所建的表面张力的 T-S 模糊模型的训练集的决定系数 R^2 大小为 0.9598，RMSE 为 0.0199；所建模型的验证集预测的 R^2 大小为 0.9124、均方根误差为 0.016，模型的预测精度较好。

可见所建的 4 个模型的训练集和验证集的决定系数都接近于 1 且预测均方根误差相对较小，因而利用这 4 个模型对油样的流动性能进行预测具有较好的精度。

(1) 运动黏度

图 2.9(a) 所示为验证集的 SVM 模型预测值与实测值的趋势关系，可以看到 SVM 模型的输出基本能够很好地跟踪油样运动黏度值的变化，预测值与实测值之间的最大误差仅为 0.0077；图 2.9(b) 所示为建立的 Cu、Fe、SiO_2 颗粒物与油液运动黏度之间的 SVM 模型的预测值与实测值的相关关系，可以看出建立的 SVM 模型验证集数据仅与第 4 组偏离回归直线相对较远，影响了模型的预测精度，其余几组均分布在回归直线上以及附近处，预测值与实测值大小基本吻合。$R^2=0.9951$，RMSEP=0.0628，Bias=0.015，说明建立的 SVM 模型能够充分利用油中 Cu、Fe、SiO_2 混合颗粒物的污染度信息，有效地预测不同含量、不同粒径的 Cu、Fe、SiO_2 颗粒物油样的运动黏度值。

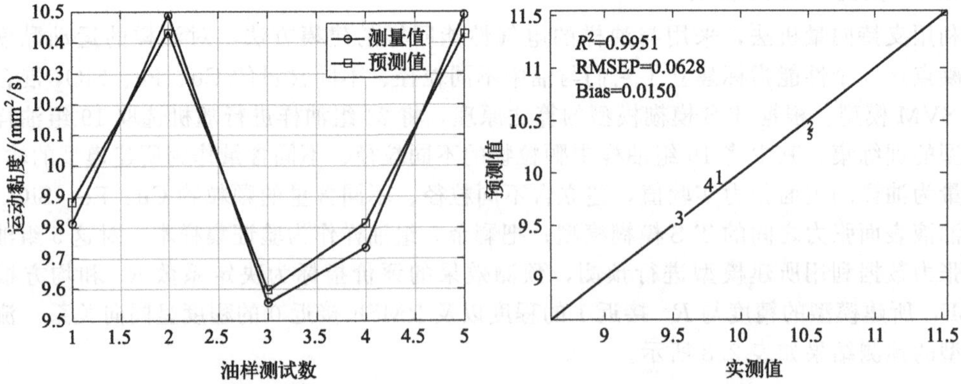

(a) SVM预测值和测试值比较　　(b) SVM预测模型相关性

图 2.9　SVM 预测值和实测值的比较

(2) 凝点

图 2.10(a) 所示是油液凝点的 SVM 模型预测值与实测值的比较，可以看到模型的输出能够较好地跟踪油液凝点的变化；图 2.10(b) 所示为建立的 Cu、Fe、SiO_2 颗粒物与油液凝点之间的 SVM 模型的预测值与实测值的相关关系，可以看出建立的模型验证集数据基本均匀分布在回归直线附近。$R^2=0.9764$，RMSEP=1.5732，Bias=−1.5543，说明 SVM 模型能够利用油中颗粒物的污染度信息，有效地预测含 Cu、Fe、SiO_2 颗粒物油样的凝点值。

(3) 倾点

图 2.11(a) 所示是验证集的 SVM 模型预测值与实测值的比较，可以看到模型的输出基本能够较好地跟踪油液倾点值的变化；图 2.11(b) 所示为建立的 Cu、Fe、SiO_2 颗粒物与油液倾点之间的 SVM 模型的预测值与实测值的相关关系，可以看出建立的模型验证集数据

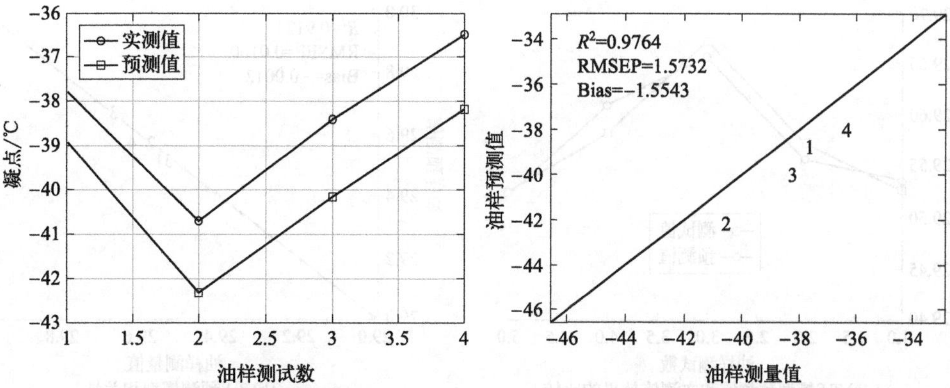

(a) SVM预测值和测试值比较　(b) SVM预测模型相关性

图 2.10　凝点的 SVM 预测值和实测值的比较

基本分布在回归直线附近，只有第 1 组数据偏离回归直线较远，降低了模型的预测精度。$R^2=0.8466$，RMSEP＝1.7058，Bias＝1.5527，说明 SVM 模型能够利用油中颗粒物的污染度信息，有效地预测含 Cu、Fe、SiO_2 颗粒物油样的倾点值。

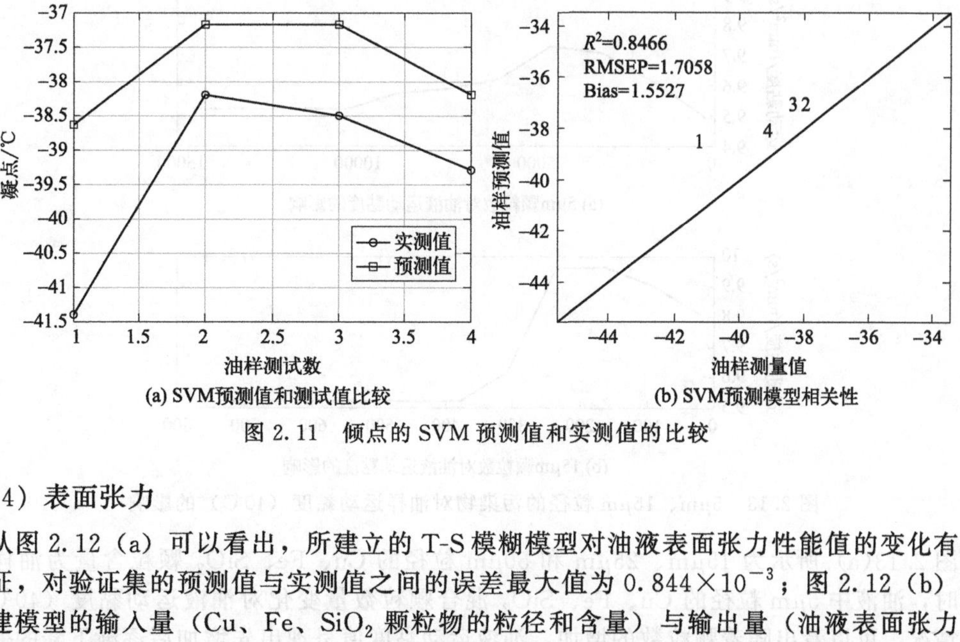

(a) SVM预测值和测试值比较　(b) SVM预测模型相关性

图 2.11　倾点的 SVM 预测值和实测值的比较

(4) 表面张力

从图 2.12 (a) 可以看出，所建立的 T-S 模糊模型对油液表面张力性能值的变化有较好的表征，对验证集的预测值与实测值之间的误差最大值为 0.844×10^{-3}；图 2.12 (b) 所示为所建模型的输入量（Cu、Fe、SiO_2 颗粒物的粒径和含量）与输出量（油液表面张力）之间的相关关系，则建立的模型验证集数据均分布在回归直线附近，即模型对表面张力的预测值与实测值吻合较好，其中 R^2 为 0.9124、RMSEP 为 0.016、Bias 为－0.0012 的评价指标表明，所建模型可以较好地反映出油液中颗粒物污染的粒径和含量等信息，对油样的表面张力值可以较好地进行预测。

2.3.2.2 污染物对油液流动性能的影响

针对这 4 个模型，分别深入分析不同粒径、不同含量的污染物对油液运动黏度、倾点、凝点以及表面张力的影响规律。

(1) 运动黏度

在建立的支持向量机模型的基础上，分别对 24 组油样中的 5μm、15μm、25μm 以及

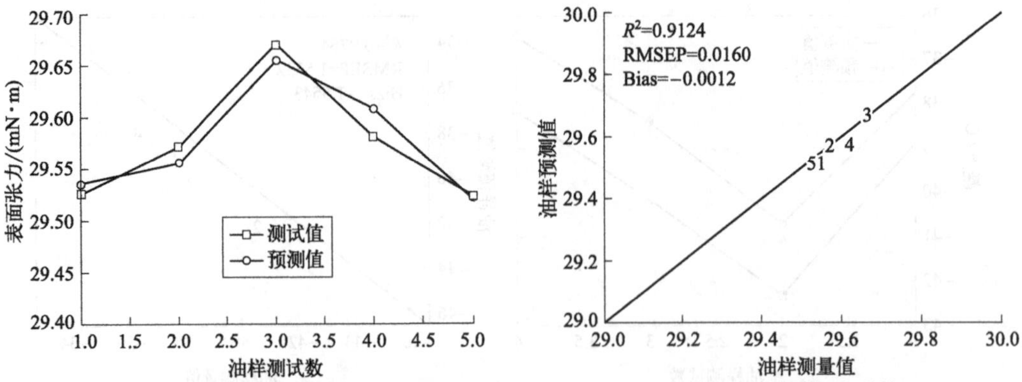

图 2.12 T-S 模型预测值和实测值效果的比较

50μm 粒径的 Cu、Fe、SiO_2 颗粒物对油液运动黏度值的影响情况进行分析，根据建立的模型获取不同粒径、不同含量的颗粒物对油液运动黏度（40℃）的影响趋势，如图 2.13 和图 2.14 所示。

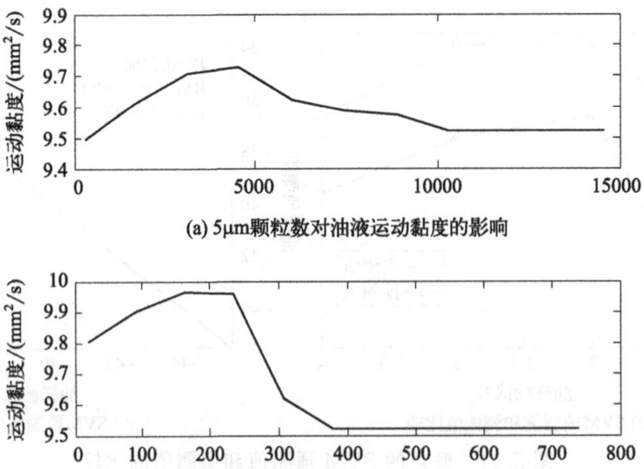

图 2.13 5μm、15μm 粒径的污染物对油样运动黏度（40℃）的影响

图 2.13(a) 所示为 15μm、25μm 和 50μm 粒径的 Cu、Fe、SiO_2 颗粒含量为油样的最小值时，油液中 5μm 粒径的 Cu、Fe、SiO_2 混合颗粒数量变化对油液运动黏度（40℃）的影响情况。可以看出随着颗粒数的增加，油液运动黏度值呈现出先增加后逐渐下降的变化趋势，变化范围为 0.22mm^2/s。当油中 5μm 粒径的 Cu、Fe、SiO_2 混合颗粒数由 292 增加到 4600 时，油液运动黏度值由 9.5mm^2/s 增加到最大值 9.72mm^2/s，这是因为 5μm 粒径的颗粒数量在此区间内增加使油液的内摩擦力增大。当油液中 5μm 粒径的 Cu、Fe、SiO_2 混合颗粒数量从 4600 继续增加至 10300 时，油液运动黏度从 9.72mm^2/s 逐渐减小为 9.52mm^2/s，这是因为随着颗粒数的持续增加，颗粒和油液分子产生的表面能增强，使得油液分子间作用力减小，从而使得油液分子间的内摩擦力减小。当颗粒数增加到 10300 之后，油液运动黏度值趋于稳定，这是因为颗粒和油液分子产生的表面能与油液分子间作用力达到了一种动态平衡，使得油液分子间的内摩擦力处于相对稳定状态。

图 2.13(b) 所示为 5μm、25μm、50μm 粒径的 Cu、Fe、SiO_2 颗粒含量分别为油样的最

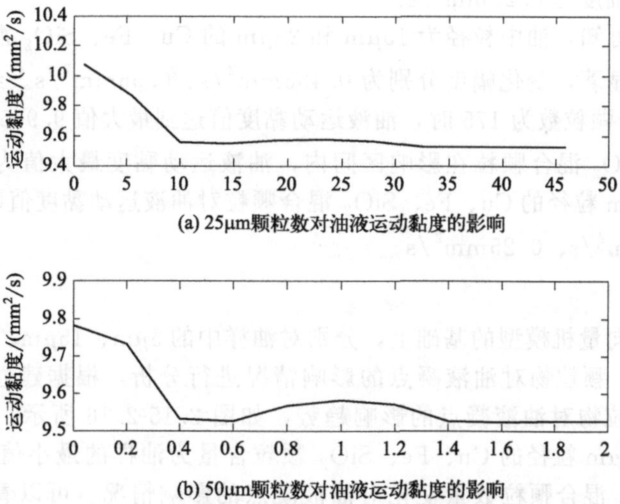

图 2.14　25μm、50μm 粒径的污染物对油样运动黏度（40℃）的影响

小值时 15μm 粒径的 Cu、Fe、SiO_2 混合颗粒数量变化对油液运动黏度（40℃）的影响情况。可以看出 15μm 粒径的 Cu、Fe、SiO_2 混合颗粒对油液运动黏度值影响较大，随着 15μm 粒径的颗粒数的增加，油液运动黏度值呈现出先增加后下降的变化趋势，变化范围为 0.455mm^2/s。当 15μm 粒径的 Cu、Fe、SiO_2 混合颗粒数从 19 增加至 175 时，油液运动黏度从 9.81mm^2/s 开始逐渐增大，并在颗粒数为 175 时达到最大值 9.975mm^2/s。这是因为在此区间内，15μm 粒径的 Cu、Fe、SiO_2 混合颗粒数量的增加使得油液分子间内摩擦力增大；当颗粒数继续增加至 370 时，油液运动黏度值呈现出急剧下降趋势，由 9.975mm^2/s 减小为最小值 9.52mm^2/s，这是因为 15μm 粒径的 Cu、Fe、SiO_2 混合颗粒数量在此区间内，随着颗粒数量的增加，颗粒与油液分子产生的表面能增强，使得油液分子间作用力减小、内摩擦力减小，从而使得油液运动黏度值减小。当 15μm 粒径的 Cu、Fe、SiO_2 混合颗粒数量增加至 370 以后，油液运动黏度值趋于稳定，这是因为 15μm 粒径的颗粒数增加到 370 以后，其与油液分子间产生的表面能与油液分子间作用力处于一种动态平衡状态，油液分子间内摩擦力相对稳定。

图 2.14(a) 所示为 5μm、15μm 和 50μm 粒径的 Cu、Fe、SiO_2 颗粒含量为油样的最小值时，油液中 25μm 粒径的 Cu、Fe、SiO_2 混合颗粒数量变化对油液运动黏度（40℃）的影响情况。可以看出随着 25μm 粒径的 Cu、Fe、SiO_2 混合颗粒数量的增加，油液运动黏度值呈现出先逐渐下降后平稳的趋势。当油中 25μm 粒径的 Cu、Fe、SiO_2 混合颗粒数由 1 增加到 10，油液运动黏度从 10.1mm^2/s 开始逐渐减小，在颗粒含量为 10 时运动黏度值达到最小值 9.54mm^2/s。这是因为 25μm 粒径的颗粒数在此区间内增加，颗粒与油液分子间表面能增加，油液分子间作用力减小、内摩擦力减小，从而油液运动黏度值减小；当 25μm 粒径的混合颗粒数增加到 10 以后，油液运动黏度渐渐趋于稳定，这是因为 25μm 粒径的颗粒数达到 10 以后，颗粒与油液分子间表面能与油液分子间作用力达到一种动态平衡，使得油液分子内摩擦力相对稳定。

图 2.14(b) 所示为 5μm、15μm 和 25μm 粒径的 Cu、Fe、SiO_2 颗粒含量为油样的最小值时，油液中 50μm 粒径的 Cu、Fe、SiO_2 混合颗粒数量变化对油液运动黏度（40℃）的影响情况。可以看出实验范围内 50μm 粒径的混合颗粒对油液运动黏度的影响区间较小，在影响区间内随着颗粒数的增加，油液运动黏度值呈现逐渐减小的趋势，由 9.78mm^2/s 减小为

9.53mm²/s，下降幅度为 0.25mm²/s。

综合以上分析可知，油中粒径为 15μm 和 25μm 的 Cu、Fe、SiO_2 混合颗粒对油液运动黏度值的影响较为显著，变化幅度分别为 0.455mm²/s、0.56mm²/s。当油中 15μm 粒径的 Cu、Fe、SiO_2 混合颗粒数为 175 时，油液运动黏度值达到最大值 9.975mm²/s；油中 25μm 粒径的 Cu、Fe、SiO_2 混合颗粒在影响区间内，油液运动黏度最大值为 10.1mm²/s；油中粒径为 5μm 和 50μm 粒径的 Cu、Fe、SiO_2 混合颗粒对油液运动黏度值影响相对较小，变化范围分别为 0.22mm²/s、0.25mm²/s。

(2) 凝点

在建立的支持向量机模型的基础上，分别对油样中的 5μm、15μm、25μm 以及 50μm 粒径的 Cu、Fe、SiO_2 颗粒物对油液凝点的影响情况进行分析，根据建立的模型获取不同粒径、不同含量的颗粒物对油液凝点的影响趋势，如图 2.15-2.16 所示。图 2.15(a) 所示为 15μm、25μm 和 50μm 粒径的 Cu、Fe、SiO_2 颗粒含量为油样的最小值时，油液中 5μm 粒径的 Cu、Fe、SiO_2 混合颗粒数量变化对油液凝点的影响情况。可以看出随着颗粒数的增加，油液凝点呈现出先下降后略微上升并趋于平稳的变化趋势，变化幅度为 20℃。当油中 5μm 粒径的 Cu、Fe、SiO_2 混合颗粒数由 292 增加到 3225 时，油液凝点由－31℃下降到最小值－51℃，这是由于 5μm 粒径的颗粒在此范围内，抑制变压器油中的直链烷烃凝固结晶，以及减缓了液体石蜡在油液温度下降到析蜡点以后析出蜡晶，由小的蜡晶体逐渐生长结成网目状蜡晶结构减少，使得油液的流动性变好，凝点降低；当颗粒数由 3225 增加到 8030 时，油液凝点上升到－48℃；当颗粒数达到 8030 以后，油液凝点趋于稳定。

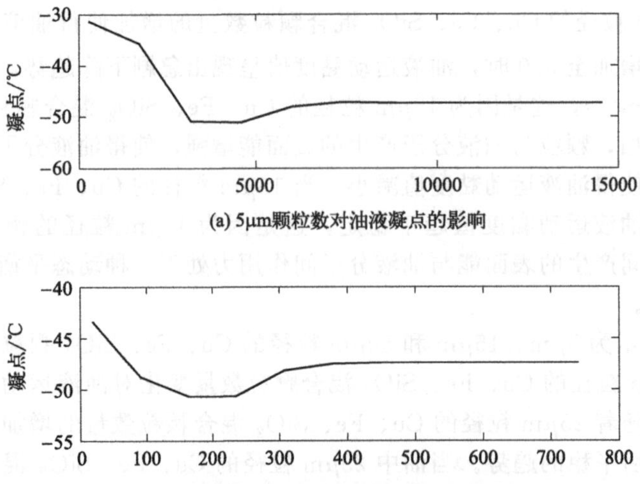

(a) 5μm颗粒数对油液凝点的影响

(b) 15μm颗粒数对油液凝点的影响

图 2.15　5μm、15μm 污染物对油样凝点的影响

图 2.15(b) 所示为 5μm、25μm 和 50μm 粒径的 Cu、Fe、SiO_2 颗粒含量为油样的最小值时，油液中 15μm 粒径的 Cu、Fe、SiO_2 混合颗粒数量变化对油液凝点的影响情况。可以看出油液凝点随着 15μm 颗粒含量的变化趋势与类似的变化趋势，凝点变化幅度为 8℃。当油中 15μm 粒径的 Cu、Fe、SiO_2 混合颗粒数由 19 增加到 167 时，油液凝点由－43℃下降到最小值－51℃；当颗粒数由 167 增加到 410 时，油液凝点由－51℃上升到－47℃；当 15μm 颗粒数达到 410 以后，油液凝点趋于稳定。

图 2.16(a) 所示为 5μm、15μm 和 50μm 粒径的 Cu、Fe、SiO_2 颗粒含量为油样的最小值时，油液中 25μm 粒径的 Cu、Fe、SiO_2 混合颗粒数量变化对油液凝点的影响情况。可以

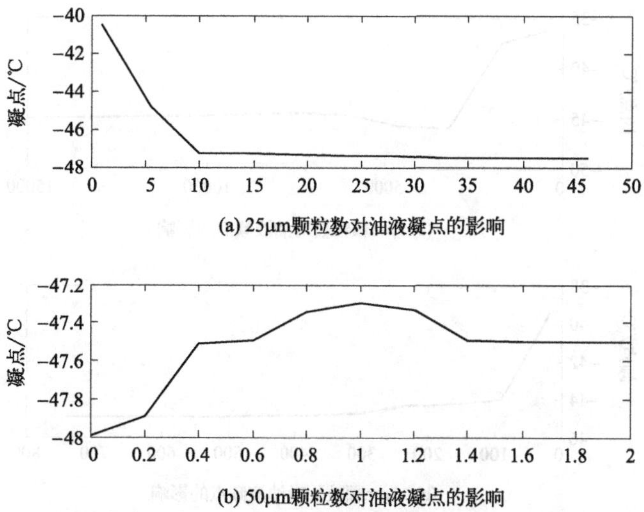

图 2.16　25μm、50μm 污染物对油样凝点的影响

看出随着油液中 25μm 粒径的颗粒数的增加，油液凝点呈现出先急剧下降后趋于平稳的变化趋势，下降幅度为 7℃。当油中 25μm 粒径的 Cu、Fe、SiO_2 混合颗粒数由 1 增加到 10 时，油液凝点由－40.4℃下降到－47.4℃；当颗粒数增加到 10 以后，油液凝点值趋于稳定并达到最小值－47.5℃。

图 2.16(b) 所示为 5μm、15μm 和 25μm 粒径的 Cu、Fe、SiO_2 颗粒含量为油样的最小值时，油液中 50μm 粒径的 Cu、Fe、SiO_2 混合颗粒数量变化对油液凝点的影响情况。可以看出随着油液中 50μm 粒径的颗粒数的增加，油液凝点整体呈现出上升的变化趋势。由于 50μm 颗粒数较少，因而油液凝点变化幅度较小为 0.7℃，对油液凝点影响很小。

综合以上分析可知，油液中 5μm 粒径的 Cu、Fe、SiO_2 混合颗粒对油液凝点影响最为显著，变化幅度为 20℃；15μm、25μm 粒径的颗粒影响较为明显，油液凝点变化幅度分别为 8℃、7℃；50μm 粒径的 Cu、Fe、SiO_2 颗粒对油液凝点影响很小，变化幅度仅为 0.7℃。

(3) 倾点

在建立的支持向量机模型的基础上，分别对油样中的 5μm、15μm、25μm 以及 50μm 粒径的 Cu、Fe、SiO_2 颗粒物对油液倾点的影响情况进行分析，根据建立的模型获取不同粒径、不同含量的颗粒物对油液倾点的影响趋势，如图 2.17 和图 2.18 所示。

图 2.17(a) 所示为 15μm、25μm 和 50μm 粒径的 Cu、Fe、SiO_2 颗粒含量为油样的最小值时，油液中 5μm 粒径的 Cu、Fe、SiO_2 混合颗粒数量变化对油液倾点的影响情况。可以看出随着颗粒数的增加，油液倾点呈现出先下降后趋于平稳的变化趋势，下降幅度为 10℃。当油中 5μm 粒径的 Cu、Fe、SiO_2 混合颗粒数由 292 增加到 3125 时，油液倾点由－36℃下降到最小值－46℃，这是由于 5μm 粒径的颗粒在此范围内，抑制变压器油中的直链烷烃凝固结晶，以及减缓了液体石蜡在油液温度下降到析蜡点以后析出蜡晶，由小的蜡晶体逐渐生长结成网目状蜡晶结构减少，使得油液的流动性变好，倾点降低。

图 2.17(b) 所示为 5μm、25μm 和 50μm 粒径的 Cu、Fe、SiO_2 颗粒含量为油样的最小值时，油液中 15μm 粒径的 Cu、Fe、SiO_2 混合颗粒数量变化对油液倾点的影响情况。可以看出随着颗粒数的增加，油液倾点呈现出先下降后趋于平稳的变化趋势，下降幅度为 5℃。当油中 15μm 粒径的 Cu、Fe、SiO_2 混合颗粒数由 19 增加到 86 时，油液倾点由－39.4℃下降到－44℃。当颗粒数增加到 86 之后，下降缓慢并趋于平稳。

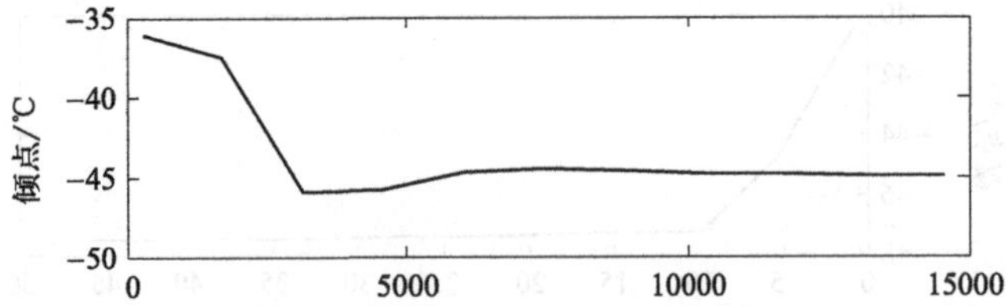

(a) 5μm颗粒数对油液倾点的影响

(b) 15μm颗粒数对油液倾点的影响

图 2.17　5μm、15μm 粒径的污染物对油样倾点的影响

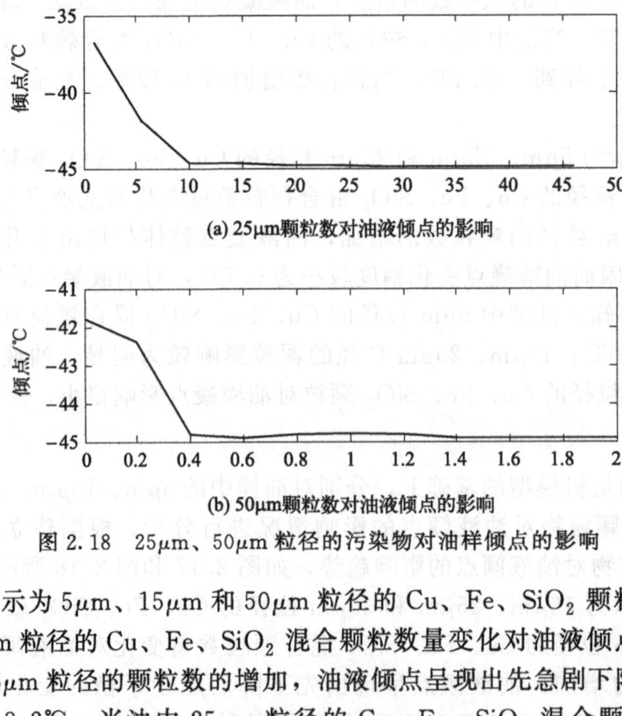

(a) 25μm颗粒数对油液倾点的影响

(b) 50μm颗粒数对油液倾点的影响

图 2.18　25μm、50μm 粒径的污染物对油样倾点的影响

图 2.18(a) 所示为 5μm、15μm 和 50μm 粒径的 Cu、Fe、SiO_2 颗粒含量为油样的最小值时，油液中 25μm 粒径的 Cu、Fe、SiO_2 混合颗粒数量变化对油液倾点的影响情况。可以看出随着油液中 25μm 粒径的颗粒数的增加，油液倾点呈现出先急剧下降后趋于平稳的变化趋势，下降幅度为 8.2℃。当油中 25μm 粒径的 Cu、Fe、SiO_2 混合颗粒数由 1 增加到 10 时，油液倾点由−36.7℃下降到−44.8℃。当颗粒数增加到 20 以后，油液倾点值趋于稳定并达到最小值−44.9℃。

图 2.18(b) 所示为 5μm、15μm 和 25μm 粒径的 Cu、Fe、SiO_2 颗粒含量为油样的最小值时，油液中 50μm 粒径的 Cu、Fe、SiO_2 混合颗粒数量变化对油液倾点的影响情况。可以看出随着油液中 50μm 颗粒数的增加，油液倾点呈现出先急剧下降后趋于平稳的变化趋势，由于 50μm 粒径的颗粒数较少，因而油液倾点变化幅度较小（为 3℃），对油液倾点影响较小。

综合以上分析可知，油液中 5μm、25μm 粒径的 Cu、Fe、SiO_2 混合颗粒对油液倾点影响最为显著，变化幅度分别为 10℃、8.2℃；15μm 和 50μm 粒径的 Cu、Fe、SiO_2 颗粒对油液倾点影响相对较小，变化幅度分别为 5℃、3℃。

（4）表面张力

为了进一步分析油液中不同粒径、不同含量的 Cu、Fe、SiO_2 颗粒物对油液表面张力性能的影响，建立两个 Sigmoid 型函数乘积构成的模糊神经网络模型。该模型的核函数为 psigmf，设置各个输入、输出变量隶属度函数的个数均为 5 个；对该模型进行 20 次训练后，油液表面张力随不同粒径的 Cu、Fe、SiO_2 颗粒物含量的变化如图 2.19 和图 2.20 所示。

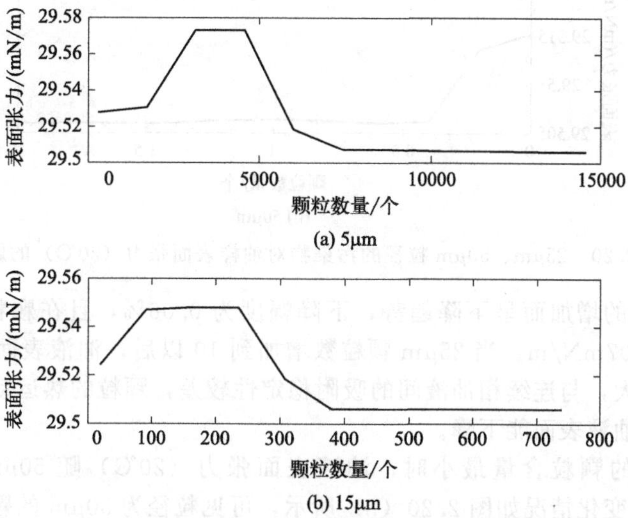

图 2.19　5μm、15μm 粒径的污染物对油样表面张力（20℃）的影响

当油中大于 15μm 的粒径的颗粒含量最小时，油液表面张力（20℃）随 5μm 粒径的 Cu、Fe、SiO_2 混合颗粒数量变化情况如图 2.19（a）所示，随着 Cu、Fe、SiO_2 颗粒数量的增加，则油液表面张力值呈现出先上升后下降的趋势。当 5μm 颗粒数为 292～1700 时，油液表面张力值呈微小幅度增加趋势，当颗粒数由 1700 增加至 3100 时，油样表面张力值呈急剧增加，增加幅度为 0.074%，并在颗粒数为 4600 时，油样表面张力值达到最大值 29.575mN/m，这是因为随着颗粒数的增加，颗粒与连续相油液之间的吸附能增加；当颗粒数由 4600 继续增加至 7200 时，油液表面张力值从 29.575mN/m 减小了 0.23%，这是由于颗粒与油液分子之间的吸附能力达到饱和，颗粒数的持续增加，使油液分子间作用力由于颗粒的“间隔”而降低，从而使得油液表面能降低，油液表面张力下降。当颗粒数大于 7200 时，颗粒物与油液分子作用力之间的吸附能达到动态平衡状态，油液分子表面能趋于稳定。

除 15μm 以外的颗粒含量最小时，油液表面张力（20℃）随 15μm 粒径的 Cu、Fe、SiO_2 混合颗粒数量变化情况如图 2.19（b）所示，与 5μm 粒径的 Cu、Fe、SiO_2 混合颗粒数量变化对油液表面张力（20℃）的变化规律一致。颗粒数由 19 增加至 86 时，由于颗粒与连续相油液之间的吸附能远大于颗粒热运动能，油液表面能随着 15μm 颗粒数的增加而增大，油液表面张力从 29.522mN/m 增加了 1.03%，并在颗粒数为 230 时，油液表面张力达到最大值 29.55mN/m；当颗粒数由 230 继续增加至 380 时，油液表面张力值呈下降趋势，并在颗粒数为 380 时，油液表面张力达到最小值 29.508mN/m，可见 15μm 粒径的 Cu、Fe、SiO_2 混合颗粒数量变化对油液表面张力（20℃）的影响较 5μm 粒径的影响小。

除 25μm 以外的颗粒含量最小时，油液表面张力（20℃）随 25μm 粒径的 Cu、Fe、SiO_2 混合颗粒数量变化情况如图 2.20（a）所示，则油液表面张力随着 25μm 粒径的 Cu、

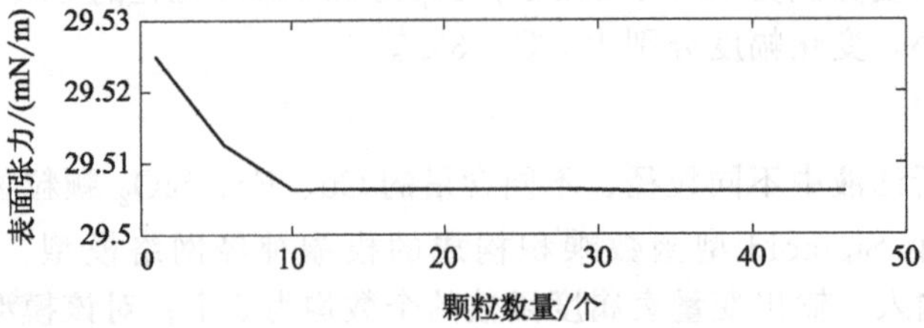

(a) 25μm

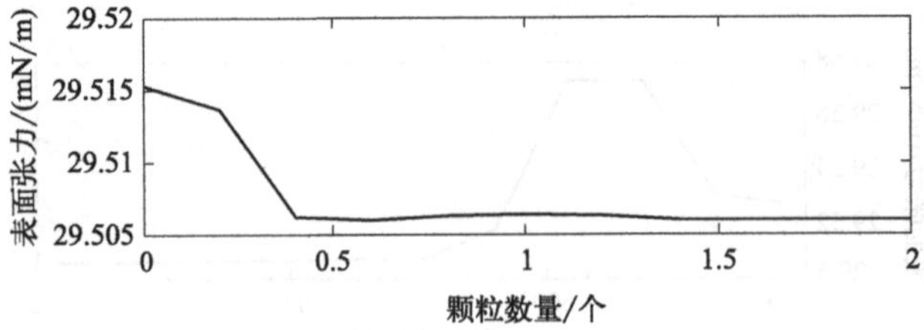

(b) 50μm

图 2.20　25μm、50μm 粒径的污染物对油样表面张力（20℃）的影响

Fe、SiO_2 颗粒数量的增加而呈下降趋势，下降幅度为 0.06%，且在颗粒数为 10 时表面张力达到最小值 29.507mN/m。当 25μm 颗粒数增加到 10 以后，油液表面张力趋于稳定，这是因为颗粒粒径较大，与连续相油液间的吸附稳定性较差，颗粒的热运动能克服颗粒与油液间的吸附能，使得油液表面能下降。

除 50μm 以外的颗粒含量最小时，油液表面张力（20℃）随 50μm 粒径的 Cu、Fe、SiO_2 混合颗粒数量变化情况如图 2.20（b）所示，可见粒径为 50μm 的颗粒对表面张力的影响区间很小，在影响区间内随着颗粒数的增加，油液表面张力变化幅度较小，下降幅度仅为 0.02%。这是因为颗粒粒径较大，颗粒与连续相油液之间的吸附能较小，且 50μm 颗粒数量较少，导致其对油液表面张力的影响较小。

综合以上分析可知，粒径为 5μm、15μm 的颗粒对油液表面张力影响较为显著，油液表面张力变化幅度分别为 1.03%、0.23%；25μm、50μm 粒径的颗粒对油液表面张力影响较小，表面张力变化幅度分别为 0.06%、0.02%。

油液中含有污染物的粒径在 15μm 时对油样的运动黏度、凝点以及表面张力的影响较为显著，随着粒径增加到 25μm 时达到较大值后趋于下降状态，即粒径为 15～25μm 时污染物对油样流动性能的影响较大。

2.3.3 油样氧化性能的 PLS 模型

2.3.3.1 PLS 模型

为深入分析不同组分、不同粒径、不同含量的颗粒物对变压器油氧化安定性能的影响规律，采用 PLS 法建立不同组分、不同粒径、不同含量的颗粒物与变压器油氧化安定性之间的数学模型。

在 24 组混合油样中随机选取 19 组油样作为训练集，分别建立油中不同粒径、不同含量的 Cu、Fe、SiO_2 颗粒污染物与油样氧化安定性之间的 PLS1 模型，以及 Cu、Fe 颗粒物与油样氧化安定性之间的 PLS2 模型。以油样的不同粒径、不同含量的颗粒污染度作为模型的输入变量，对应油样的氧化安定性值作为模型的输出变量。将剩余的 5 组油样作为模型的验证集样本，利用建立的 2 种 PLS 模型对验证集样本氧化安定性值进行预测，以决定系数（R^2）和预测均方根误差（σ）作为模型的预测结果评价指标，决定系数越高和预测均方根误差越小，说明建立的模型预测精度越高。采用偏最小二乘法（PLS）建立了不同粒径、不同含量的污染物与油样氧化性能之间的数学模型。氧化性能模型的预测结果如表 2.9 所示。

表 2.9　氧化性能模型的预测结果

序号	输入量	输出量	模型	训练集		验证集	
				R^2	RMSE(σ)	R^2	RMSE(σ)
1	Cu、Fe、SiO_2 的粒径和含量	酸值	PLS1	0.9125	0.713×10^{-2}	0.9053	1.061×10^{-2}
2	Cu、Fe 污染物的粒径和含量	酸值	PLS2	0.9401	0.5791×10^{-2}	0.9399	0.4421×10^{-2}

建立的不同粒径、不同含量的 Cu、Fe、SiO_2 颗粒物与油液氧化安定性之间的 PLS1 数学模型以及 Cu、Fe 颗粒物与油样氧化安定性之间的 PLS2 数学模型的 R^2 均>0.9，表明构建的模型可获得较高的预测精度。其中，PLS1 预测模型验证集的 R^2 为 0.9053，σ 为 1.061×10^{-2}，PLS2 预测模型验证集的 R^2 为 0.9399，σ 为 0.4421×10^{-2}，建立的 Cu、Fe、SiO_2 颗粒物与油液氧化安定性之间的 PLS1 模型的决定系数 R^2 小于 Cu、Fe 颗粒物与油样氧化安定性之间的 PLS2 模型。可见所建的氧化模型的预测结果能够满足对油中污染物粒径和含量影响油样氧化性能的预测要求。

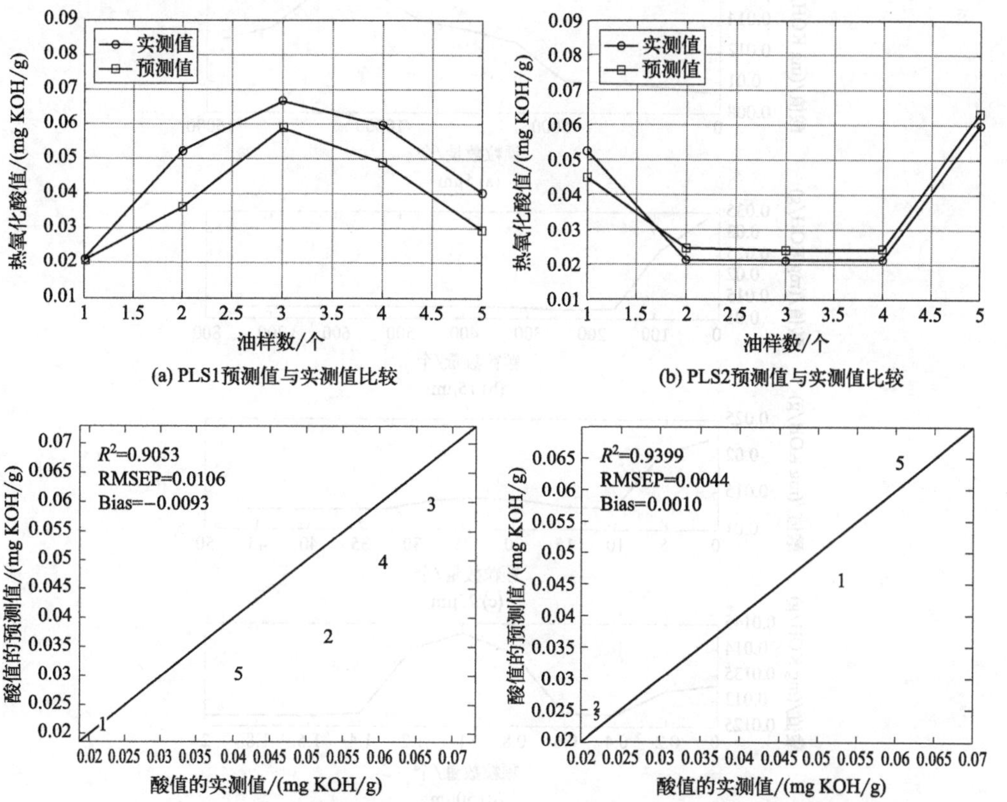

(a) PLS1预测值与实测值比较　(b) PLS2预测值与实测值比较

(c) PLS1预测值与实测值回归关系　(d) PLS2预测值与实测值回归关系

图 2.21　PLS 模型预测值和实测值的比较

图 2.21 (a)、(b) 所示分别为验证集样本的 PLS1 模型和 PLS2 模型的预测值与实测值之间的比较，从图中可以看出，建立的 Cu、Fe、SiO_2 颗粒物与油液氧化安定性之间的 PLS1 模型预测值与实测值的误差最大为 29.4%，建立的 Cu、Fe 颗粒物与油液氧化安定性之间的 PLS2 模型预测值与实测值的误差最大为 9.8%；图 2.21(c)、(d) 所示分别为建立

的 PLS1 模型、PLS2 模型预测值与实测值之间的回归关系，可见建立的 Cu、Fe、SiO_2 颗粒物与油液氧化安定性之间的 PLS1 模型除了第 1 组数据在回归直线附近外，其他几组验证集数据均偏离回归直线较远，降低了模型的预测精度，$R^2=0.9053$，RMSEP＝0.0106，Bias＝－0.0093；建立的 Cu、Fe 颗粒物与油液氧化安定性之间的 PLS2 模型验证集数据均匀分布在回归直线附近，仅第 1 组数据偏离回归直线相对较远，$R^2=0.9399$，RMSEP＝0.0044，Bias＝－0.0010。由 PLS1 模型与 PLS2 模型预测结果以及表 2.9 可知非金属颗粒物 SiO_2 的粒径分布较为分散，且粒径＜5μm 的质量分数为 36.59％，则油样中 SiO_2 的存在降低了模型对油液氧化安定性值的预测准确度。因此有必要对颗粒物的粒径与油样氧化安定性的影响规律进行深入分析。

2.3.3.2 污染物对油液氧化性能的影响

为了进一步分析油液中不同组分、不同粒径、不同含量的颗粒物对油液氧化安定性性能的影响，选用 psigmf 函数，隶属度函数数量设置为 5，建立由 2 个 Sigmoid 型函数乘积构成的模糊神经网络模型，训练次数为 20，获取不同组分、不同粒径、不同含量的颗粒物对油液氧化安定性的影响趋势，如图 2.22 和图 2.23 所示。

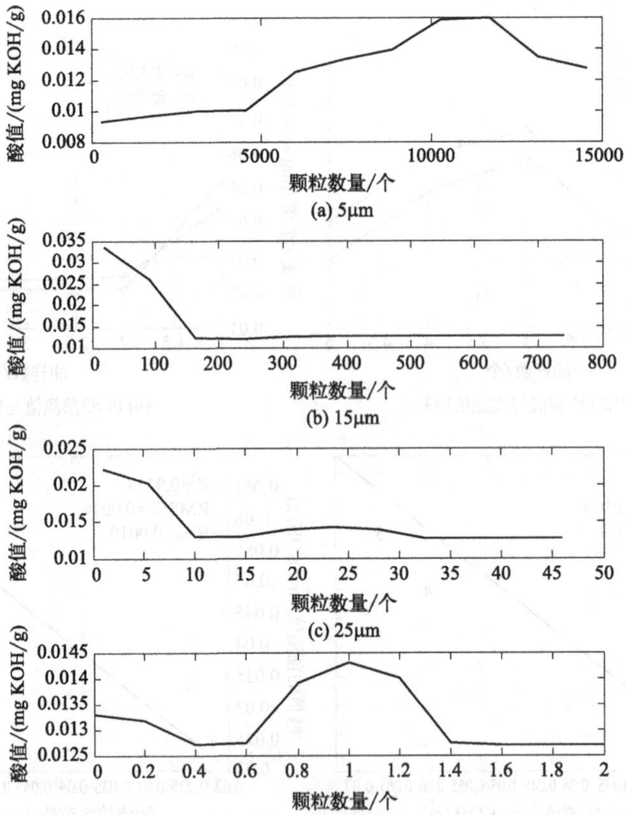

图 2.22 Cu、Fe、SiO_2 各个粒径对氧化性能的影响

图 2.22（a）所示为 15μm、25μm 和 50μm 粒径的 Cu、Fe、SiO_2 颗粒数密度为油样的最小值时，油液中 5μm 粒径的 Cu、Fe、SiO_2 混合颗粒数量变化对油液氧化安定性的影响情况。可以看出，随着 Cu、Fe、SiO_2 颗粒数量的增加，油液热氧化后酸值整体呈上升趋势，氧化安定性降低。当 Cu、Fe、SiO_2 颗粒数由 292 增加到 5000 时，油样热氧化后酸值

增加幅度很小，仅为 0.001mg KOH/g；当 Cu、Fe、SiO_2 颗粒数由 5000 增加到 10300 时，油样热氧化后酸值达到最大值 0.016mg KOH/g；当 Cu、Fe、SiO_2 颗粒数继续增加至 14500 时，油样热氧化后酸值呈下降趋势，下降幅度为 0.032mg KOH/g。这是因为随着油液颗粒物的增加，油液老化过程中产生的酸性物质与金属颗粒物反应生成的金属盐加速了油液的老化，使其酸值增大。

图 2.22（b）所示为 5μm、25μm 和 50μm 粒径的 Cu、Fe、SiO_2 颗粒数密度为油样的最小值时，油液中 15μm 粒径的 Cu、Fe、SiO_2 混合颗粒数量变化对油液氧化安定性的影响情况。可以看出当颗粒数量由 19 增加至 170 时，油液热氧化后酸值急剧下降，下降幅度为 0.021mg KOH/g；当油液中 15μm 粒径的 Cu、Fe、SiO_2 颗粒数量达到 170 后，随着颗粒数量的增加，油液热氧化后酸值基本趋于稳定。这是因为油液中金属颗粒物在一定数量时参与反应，待反应完全后油液的老化速率趋于稳定，产生的酸性物质的量也趋于稳定。

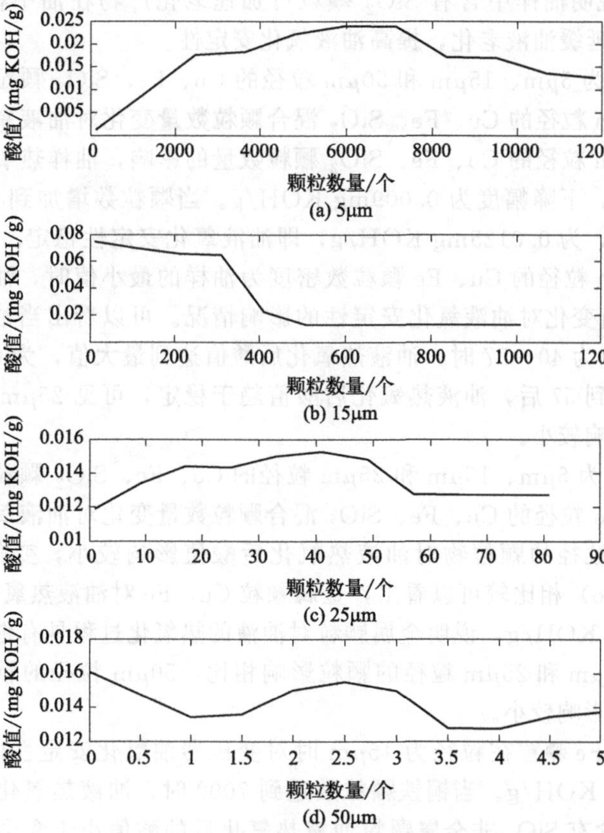

图 2.23　Cu、Fe 各个粒径对氧化性能的影响

图 2.23（a）所示为 15μm、25μm 和 50 μm 粒径的 Cu、Fe 颗粒数密度为油样的最小值时，油液中 5μm 粒径的 Cu、Fe 颗粒数量变化对油液氧化安定性的影响变化曲线。可以看出，随着 Cu、Fe 颗粒数量的增加，油样热氧化后酸值整体呈增加趋势，增加幅度为 0.012mg KOH/g；其中油中 Cu、Fe 颗粒数量增加到 7000 时，油样热氧化后酸值达到最大值 0.024mg KOH/g，颗粒数量继续增加则酸值下降。比较图 2.22（a）与图 2.23（a）可知，金属颗粒对油液热氧化后酸值的影响比 SiO_2 颗粒大，铜、铁金属颗粒物促使变压器油老化，产生具有强烈的腐蚀作用的老化产物（固体聚合和缩合物）。油中 SiO_2 颗粒的存在会加速老化产物在油中达到饱和状态后析出（即油泥沉淀物），随油泥析出一部分铜、铁以

及其离子，导致油中铜铁的数量降低，使金属颗粒与油样中酸性物质反应减缓，一定程度上提高了油液的氧化安定性。

图 2.23 (b) 所示为 5μm、25μm 和 50μm 粒径的 Cu、Fe 颗粒数密度为油样的最小值时，油液中 15μm 粒径的 Cu、Fe 金属颗粒数量变化对油液氧化安定性的影响情况。可以看出受 15μm 粒径的 Cu、Fe 颗粒的影响，油液热氧化后酸值变化较大，变化范围为 0.066mg KOH/g。随着 15μm 粒径的 Cu、Fe 颗粒数量的增加，油样热氧化后酸值呈下降趋势，这是因为随着油中金属颗粒与油中酸性物质反应生成金属盐，油液热氧化后酸值降低。当油液中 15μm 粒径的 Cu、Fe 金属颗粒数量增加到 520 之后，油液氧化安定性趋于稳定，这是因为油中金属颗粒消耗酸性物质的速率与金属盐加速油中酸性物质的生成趋于一种动态平衡。比较图 2.22 (b) 与图 2.23 (b) 可以看出，由于油液中非金属颗粒物 SiO_2 的存在，油液热氧化后酸值最大值 0.034mg KOH/g 明显小于金属颗粒物油液热氧化后的酸值最大值 0.078mg KOH/g，说明油样中含有 SiO_2 颗粒可加速老化产物在油中析出，导致油中铜、铁的数量降低，从而延缓油液老化，提高油液氧化安定性。

图 2.22(c) 所示为 5μm、15μm 和 50μm 粒径的 Cu、Fe、SiO_2 颗粒数密度为油样的最小值时，油液中 25μm 粒径的 Cu、Fe、SiO_2 混合颗粒数量变化对油液氧化安定性的影响情况。可以看出受 25μm 粒径的 Cu、Fe、SiO_2 颗粒数量的影响，油样热氧化后酸值在颗粒数量较小时呈下降趋势，下降幅度为 0.009mg KOH/g。当颗粒数增加到 10 后，油样热氧化后酸值基本趋于稳定，为 0.0125mg KOH/g，即油液氧化安定性稳定。图 2.23(c) 所示为 5μm、15μm 和 50 μm 粒径的 Cu、Fe 颗粒数密度为油样的最小值时，油液中 25μm 粒径的 Cu、Fe 金属颗粒数量变化对油液氧化安定性的影响情况。可以看出当油液中 25μm 粒径的 Cu、Fe 金属颗粒数量为 40～57 时，油液热氧化后酸值达到最大值，为 0.0154mg KOH/g。当油液中金属颗粒达到 57 后，油液热氧化后酸值趋于稳定，可见 25μm 粒径的颗粒对变压器油氧化安定性的影响较小。

图 2.22(d) 所示为 5μm、15μm 和 25μm 粒径的 Cu、Fe、SiO_2 颗粒数密度为油样的最小值时，油液中 50μm 粒径的 Cu、Fe、SiO_2 混合颗粒数量变化对油液氧化安定性的影响情况。可以看出 50μm 粒径的颗粒物对油液热氧化后酸值影响较小，变化范围为 0.0015mg KOH/g。与图 2.23(d) 相比较可以看出，金属颗粒 Cu、Fe 对油液热氧化后酸值影响较大，变化范围为 0.003mg KOH/g，说明金属颗粒对油液的热氧化过程具有催化作用，加速油液的老化。与 5μm、15μm 和 25μm 粒径的颗粒影响相比，50μm 粒径的颗粒数量较少，对变压器油氧化安定性的影响较小。

综上分析，Cu、Fe 颗粒在粒径为 15μm 时对变压器油氧化安定性能的影响最为显著，变化范围为 0.066mg KOH/g。当铜铁颗粒数达到 7000 时，油液热氧化后酸值达到最大值 0.024mg KOH/g；含有 SiO_2 非金属颗粒油液热氧化后的酸值小于含金属颗粒油液热氧化后的酸值，油中 SiO_2 颗粒的存在加速老化产物在油中析出，导致油中铜铁的数量降低，延缓了油液的老化速度，一定程度上提高了油液的氧化安定性。

2.4 本章小结

① 对 Cu、Fe、SiO_2 单种颗粒物油样进行粒度分布测试，Cu 颗粒的粒度分布主要集中在 5～15μm，累积含量为 62.14%，15～25μm 的累积含量为 31.48%；Fe 颗粒的粒度分布较均匀分散，在 5～15μm、25～50μm 的粒度分布相对较多，分别为 22.57%、24.53%；SiO_2 颗粒的粒度分布主要集中在 2～5μm，累积含量为 36.59%，5～15μm 的累积含量为

23.86%；对混合油样进行粒度分布测试，颗粒的粒度分布主要集中在 5～15μm，累积含量为 89.57%。

② 随着油液中 Cu、Fe、SiO_2 颗粒物含量的增加，击穿电压值变化呈现出先急剧减小后逐渐趋于平稳的变化趋势。当 Cu、Fe、SiO_2 颗粒物含量由 292 个/mL 增加到 2500 个/mL 时，击穿电压急剧减小，减小幅度为 22.7kV；当 Cu、Fe 颗粒物含量超过 2500 个/mL 后，击穿电压变化较小，变化范围为 2.7kV；当 5μm 粒径的 Cu、Fe、SiO_2 颗粒数小于 2200 时，随着颗粒数的增加，油液介质损耗因数值上升趋势较缓，变化幅度仅为 0.012%；当颗粒数由 2200 增加至 14500 时，油液介质损耗值由 0.039%增加至 0.256%，增加幅度为 0.217%。随着变压器油中 Cu、Fe、SiO_2 颗粒物含量的增加，使得油液绝缘能力下降，介质损耗因数增大。

③ 当油样中颗粒物含量由 292 个/mL 增加到 2000 个/mL 时，油液运动黏度值呈现急剧下降趋势，由 10.58mm^2/s 减小为 9.713mm^2/s。当油液中的颗粒污染物含量增加到 2000 个/mL 以后，随着颗粒含量的增加，油液运动黏度值逐渐减小并趋于稳定；当 5μm 粒径的 Cu、Fe、SiO_2 颗粒数小于 5000 时，随着颗粒数的增加，油液表面张力值呈急剧增加趋势；当颗粒数由 5000 增加至 10299 时，油液表面张力呈现逐渐缓慢的增加趋势，当颗粒数为 10299 时，油液表面张力达到最大值 29.8mN/m。在颗粒物含量为 292～14568 个/mL 时，油样的倾点升高幅度为 7.1℃，凝点升高幅度为 8.8℃。

④ 热氧化实验前油样中颗粒物对其酸值影响较小；经过油样热氧化后，酸值随着颗粒物含量的增加油样酸值整体呈现出增加的趋势，增加幅度为 0.0729mg KOH/g；油液中随着颗粒物含量的增多，变压器油的氧化安定性降低。

第3章 油液污染理论建模

油液污染问题涉及物理化学、流体动力学、材料科学和化学反应动力学等方面的理论基础知识，因而从分子间作用力和相行为的角度进行分析，探讨油液污染的物理化学理论内容，特别是针对分子间作用力的类型、油液的相行为、污染物的性质及其对油液性能的影响。

本章在第2章油液污染的理化性能分析结果的基础上构建了油液与污染物的全耦合振动动力学并进行数值求解，获得了油液污染的动态特性，为油液污染振动信号分析以及PIV实验分析奠定前期理论基础和技术支撑。

3.1 油液污染的理论模型

国内外许多学者针对油液中颗粒污染物的产生机理、尺寸分布、对油液影响等方面做了大量的有益的探索，得到了很多理论成果。Y. Zhao等分析了水平管内高黏度对油气两相流特征的影响。Foletti等进行了高黏度对油气两相流实验研究，通过水汽与油气比较表明流体属性对两相流特征的影响，高黏度的流体相的实验值对目前的数学模型不能很好地吻合。Kesana等对水平直管和弯管中多相流的粒子浓度分布进行了实验研究，利用两种不同粒径以及不同黏度的流体进行实验，讨论了沙粒分布模式。张绪良用相似理论导出低浓度水平管道液固两相流的相似准则，探讨了运用这些相似准则进行模型试验的模化条件、单值条件及试验设计等。李静海等应用多尺度作用模型和能量最小方法，分析了两相流中的能量传递和流型过渡。倪晋仁等将悬浮固体颗粒的存在视为对相同流动条件下清水紊流的摄动，运用摄动理论得出了悬移质泥沙浓度分布规律。H. Fang等运用两相流的张量分析和正则变密度湍流模型建立了非均匀泥沙流的三维数学模型，通过有限元法求解模型与实验结果吻合较好。

从国内外对污染油液这种悬浮流的研究现状分析，主要侧重于实验测试及分析方面，而对于悬浮流中极细、稀疏的颗粒相，则主要是看作均质流进行仿真分析。因而对于污染油液这种特殊的悬浮流，拟从稀疏悬浮流角度建立液固两相流模型，获取连续相的压力、流速的动态特征，以及离散相的跟随速度和浓度分布特征，为实验数据提供理论支撑。

3.1.1 污染油液两相的相关定义

一般地，根据液固两相的一些特征物理量，可以定性地评判两相的流动类型，进而采用相应的两相流模型。需要定义的液固两相的特征物理量如下。

3.1.1.1 液相

（1）液相的流动时间

$$\tau_f=\frac{L_f}{V_f} \tag{3.1}$$

式中 L_f——液相的运动特征长度；

V_f——液相的运动特征速度。

（2）液相的脉动时间

$$\tilde{\tau}_f=\frac{l_f}{\tilde{V}_f}=\frac{k_f}{\varepsilon_f} \tag{3.2}$$

式中 l_f——液相的湍流脉动特征长度；

$\tilde{V}_f$——液相的湍流脉动特征速度；

k_f——液相的湍动能；

ε_f——液相的湍动能耗散率。

3.1.1.2 颗粒相

（1）颗粒的平均扩散弛豫时间

$$\tau_p=\tau_{sp}\frac{1}{\left(1+\frac{Re_p^{\frac{2}{3}}}{6}\right)}=\frac{\rho_p d_p^2}{18\mu_f\left(1+\frac{Re_p^{\frac{2}{3}}}{6}\right)} \tag{3.3}$$

式中 ρ_p——颗粒相的密度；

d_p——颗粒相的特征直径；

μ_f——液相的动力黏度系数；

τ_{sp}——单一颗粒的扩散弛豫时间，$\tau_{sp}=\frac{\rho_p d_p^2}{18\mu_f}$；

Re_p——颗粒相的雷诺数，$Re_p=\frac{\rho_f d_p|V_f-V_p|}{\mu_f}$，其中 V_p 为颗粒相的特征速度。

（2）颗粒相的碰撞时间

$$\tau_c=\frac{l_p}{\tilde{V}_p}=\frac{1}{\sqrt{2}d_p^2 n_p \tilde{V}_p} \tag{3.4}$$

式中 l_p——颗粒相的湍流脉动特征长度；

$\tilde{V}_p$——颗粒相的湍流脉动速度；

n_p——颗粒数密度（单位体积中的颗粒数）；

3.1.1.3 颗粒污染物的受力分析

在拉格朗日坐标系中，颗粒污染物的运动方程由牛顿第二定律确定。

$$m_p\frac{du_p}{dt}=\zeta\left(\sum F\right)_p \tag{3.5}$$

式中 $m_p\frac{du_p}{dt}$——惯性力；

ζ——随机数；

$\left(\sum F\right)_p$——颗粒污染物所受的合力；

m_p，u_p——颗粒污染物的质量和速度。

固体颗粒在油液中受到的力包括曳力、重力、浮力、压力梯度力、附加质量力、Magus升力、Saffman升力、Basset力等。作用在固体颗粒污染物上的力相当复杂，但可根据实际情况考虑各种力的重要性。在油固两相流中，由于油液的密度通常远小于颗粒污染物的密度，与颗粒污染物本身惯性相比，颗粒污染物所受到的浮力、压力梯度力、附加质量力等都很小，都可以忽略不计。由于油液黏度较大，且颗粒在油液中的加速度并不大，因此可忽略Magus升力和Basset力。本课题中对于油固两相流，只考虑重力和油液对颗粒的曳力作用，研究的固体颗粒污染物的直径为4.5～100μm。10μm以下的颗粒存在Saffman升力，因此还需要考虑到Saffman升力。

(1) 重力

对于球形颗粒重力，其计算公式为

$$F_G=m_p g_i \tag{3.6}$$

单颗粒的质量为$m_p=\frac{\pi}{6}\rho_p d_p^3$。

(2) 曳力

在颗粒污染物所受到的相间作用力中，曳力对液固两相流的流动起着非常重要的作用。阻力与曳力为相互作用力，固体颗粒污染物对油液产生阻力，曳力是阻力的反作用力，由油液施加于固体颗粒污染物。单个颗粒所受曳力为

$$F_D=\frac{\pi d_p^2}{8}\rho_o C_D|u_o-u_p|(u_o-u_p) \tag{3.7}$$

式中 u_o，u_p——油液流体速度和固体颗粒速度；

ρ_o——油液流体密度；

d_p——固体颗粒污染物直径；

C_D——曳力系数或是阻力系数。

其中，单颗粒曳力系数C_D与颗粒Reynolds数Re_p的关系如下。

$$C_D=\begin{cases}\dfrac{24}{Re_p} & Re_p\leqslant 1\\ \dfrac{24}{Re_p}(1+0.15Re_p^{0.687}) & 1<Re_p\leqslant 1000\\ 0.44 & Re_p>1000\end{cases} \tag{3.8}$$

式中 Re_p——相对雷诺数或颗粒雷诺数，$Re_p=\rho_o d_p|u_o-u_p|/\mu$。

岑可法提供的球形颗粒曳力系数表达式，将颗粒雷诺数的适用范围分为10个区间，如表3.1所示。该表的划分来源于大量的实验数据和统计研究，从0到无穷大的任意一个颗粒雷诺数都能够相应地对应一个曳力系数表达式，分段表示的公式准确性高于全区域通用的经验公式。

表3.1 全雷诺数范围球形颗粒曳力系数表达式

曳力系数公式	Re_p适用范围
$C_D=\frac{3}{16}+\frac{24}{Re_p}$	$Re_p<0.01$

续表

曳力系数公式	Re_p 适用范围
$C_D=\frac{24}{Re_p}(1+0.1315Re_p^{0.82-0.05H})$	$0.01 \leqslant Re_p < 20$
$C_D=\frac{24}{Re_p}(1+0.1935Re_p^{0.6305})$	$20 \leqslant Re_p \leqslant 260$
$\lg C_D=1.6435-1.1242H+0.1558H^2$	$260 < Re_p \leqslant 1500$
$\lg C_D=-2.4571+2.5558H-0.9295H^2+0.1049$	$1500 < Re_p \leqslant 1.2\times 10^4$
$\lg C_D=-1.9181+0.6370H-0.0636H^2$	$1.2\times 10^4 < Re_p \leqslant 4.4\times 10^4$
$\lg C_D=-4.3390+1.5809H-0.1546H^2$	$4.4\times 10^4 < Re_p \leqslant 3.38\times 10$
$C_D=29.78-5.3H$	$3.38\times 10^5 < Re_p \leqslant 4\times 10^5$
$C_D=0.1H-0.49$	$3.38\times 10^5 < Re_p \leqslant 1\times 10^6$
$C_D=0.19-\frac{8}{Re_p}\times 10^4$	$Re_p > 1\times 10^6$

湍流使得颗粒污染物不断加速和减速，改变了边界层的状态，湍流的特性（包括强度、尺度和频率）对颗粒的曳力系数有明显的影响（引用）。因此，可利用 Brucato 所提出的用湍流耗散涡团的 Kolmogorov 尺度 λ 和层流状态的 C_{D0} 关联固体颗粒沉降的曳力系数 C_D。

$$\frac{C_D-C_{D0}}{C_{D0}}=8.76\times 10^{-6}\frac{d_p}{\lambda}$$

$$\lambda=\left(\frac{\nu_c^3}{\varepsilon_c}\right)^{0.2} \tag{3.9}$$

颗粒雷诺数为

$$Re_p=\rho_o|u_o-u_p|\frac{d_p}{\mu} \tag{3.10}$$

(3) Saffman 力

此外，固体颗粒污染物在具有速度梯度的突扩流场中运动时，即使颗粒不发生旋转，由于流场的剪切而产生一个附加的侧向力，即 Saffman 力。Saffman 力和速度梯度 $|\partial u/\partial y|$ 相关联，但仅在速度边界层中 Saffman 力的作用才表现得很明显。颗粒雷诺数较小时，Saffman 力可表达为

$$F_S=1.61d_p^2(\mu\rho_o)^{\frac{1}{2}}(u_o-u_p)\left|\frac{\partial u}{\partial y}\right|^{\frac{1}{2}} \tag{3.11}$$

在水平管道流动的中心区域，流体速度梯度小，此时 Saffman 力可视为 0；但是在管道的突扩端和突缩端处流体的速度梯度较大，Saffman 力比较明显，因此需要对该力加以计算，才能更加准确地描述固体颗粒的行为。

因此，颗粒污染物的速度方程为

$$m_p\frac{du_{pi}}{dt}=\zeta\left\{m_pg_i+\left[\frac{\pi d_p^2}{8}\rho_oC_D|u_o-u_p|(u_o-u_p)\right]+\frac{\pi d_p^2}{8}\rho_o\left[\left(\frac{1}{2}\nabla u_o-\nabla u_p\right)(u_o-u_p)\right]\right\} \tag{3.12}$$

对式（3.12）积分可得固体颗粒在三维方向上轨道的每一个点的瞬时速度，固体颗粒轨道通过对颗粒的位移控制方程为

$$\frac{dx_{pi}}{dt}=u_{pi} \tag{3.13}$$

进行积分，可分别求得固体颗粒在 x、y、z 轴上的位置，从而得出固体颗粒在流场中的位置，即离散固体颗粒的轨迹。

3.1.2 污染油液的连续介质理论模型

假设油液与其中的颗粒污染物都是连续介质，在同一个流场可见位置可被不同相的质点所占据，且两相具有各自的应力场、速度场、浓度场以及其他连续分布的物理特性，各相之间的相互作用用两相的作用力（Stokes 力、Staffman 力、Magnus 力等）表示，在统计平均意义上建立它们的基本方程，因而这种方法称为连续介质理论。

3.1.2.1 污染油液的瞬态基本方程

（1）控制方程

取污染油液中单一相的一个微控制体 Θ，设在 Eular 坐标下 ψ_i 是对应 i 相的空间坐标 x 以及时间 t 的流动参数，记为 $\psi_i=\psi_i$（x，t），则 ψ_i 的控制方程（瞬态）可写为

$$\frac{\partial}{\partial t}(\rho_i\psi_i)+\nabla(\rho_i\psi_i\boldsymbol{V}_i)+\nabla\boldsymbol{J}_i-\rho_i\boldsymbol{\varphi}_i=0 \tag{3.14}$$

式中 ψ_i——污染油液中第 i 相的流动参数；

i——污染油液中油相或颗粒污染物相；

ρ_i——污染油液中第 i 相的密度；

$\boldsymbol{V}_i$——污染油液中第 i 相的速度；

$\boldsymbol{J}_i$——污染油液中第 i 相的流动参数的面通量；

$\boldsymbol{\varphi}_i$——单位质量的体源相。

根据式（3.14）对污染油液中第 i 相的流动参数 ψ_i 及其面通量 $\boldsymbol{J}_i$、体源相 $\boldsymbol{\varphi}_i$ 取不同的代数形式，可得污染油液的中第 i 相的相关方程，见表 3.2。

表 3.2 污染油液的中第 i 相的相关方程

ψ_i 的控制方程	ψ_i	$\boldsymbol{J}_i$	$\boldsymbol{\varphi}_i$
	$\frac{\partial}{\partial t}(\rho_i\psi_i)+\nabla(\rho_i\psi_i\boldsymbol{V}_i)+\nabla\boldsymbol{J}_i-\rho_i\boldsymbol{\varphi}_i=0$		
第 i 相的连续性方程	1	0	0
	$\frac{\partial\rho_i}{\partial t}+\nabla(\rho_i\boldsymbol{V}_i)=0$ (3.15)		
第 i 相的动量方程	$\boldsymbol{V}_i$	$-\boldsymbol{S}_i=\boldsymbol{P}_i\boldsymbol{I}-\boldsymbol{\tau}_i$	$\boldsymbol{F}_i$
	$\frac{\partial}{\partial t}(\rho_i\boldsymbol{V}_i)+\nabla(\rho_i\boldsymbol{V}_i\boldsymbol{V}_i)+\nabla\boldsymbol{P}_i-\nabla\boldsymbol{\tau}_i-\rho_i\boldsymbol{F}_i=0$ (3.16)		
第 i 相的能量方程	$e_i+\frac{1}{2}\boldsymbol{V}_i^2$	$\boldsymbol{q}_i-\boldsymbol{S}_i\boldsymbol{V}_i$	$\boldsymbol{F}_i\boldsymbol{V}_i+\frac{Q_i}{\rho_i}$
	$\frac{\partial}{\partial t}\left[\rho_i\left(e_i+\frac{1}{2}\boldsymbol{V}_i^2\right)\right]+\nabla\left[\rho_i\boldsymbol{V}_i\left(e_i+\frac{1}{2}\boldsymbol{V}_i^2\right)\right]+\nabla\boldsymbol{q}_i-\nabla\boldsymbol{S}_i\boldsymbol{V}_i-\rho_i\boldsymbol{F}_i\boldsymbol{V}_i-Q_i=0$ (3.17)		

注：$\boldsymbol{S}_i$ 为污染油液第 i 相的应力张量；$\boldsymbol{P}_i$ 为污染油液第 i 相的压力；$\boldsymbol{I}$ 为单位张量；$\boldsymbol{\tau}_i$ 为污染油液第 i 相的切应力；$\boldsymbol{F}_i$ 为污染油液第 i 相的单位质量外力；e_i 为污染油液第 i 相的内能；$\boldsymbol{V}_i^2$ 为污染油液第 i 相的速度平方值；$\boldsymbol{q}_i$ 为污染油液第 i 相的热通量；Q_i 为污染油液第 i 相的体热源。

式（3.15）～式（3.17）组成污染油液的瞬态基本方程组，根据第 i 相的力学、能量的

本构关系以及污染油液两相界面的平衡方程，就可以组成封闭的方程组，加上初始条件、边界条件，从理论上就可以解出污染油液两相的参数解。

(2) 本构关系

污染油液的第 i 相本构关系主要从力学、接触热传导以及热力学等方面进行处理。在力学方面，单一相内部的受力主要是切应力，有

$$\boldsymbol{\tau}_i=\mu_i\left[\nabla\boldsymbol{V}_i+(\nabla\boldsymbol{V}_i)^{\mathrm{T}}\right]-\left(\frac{2}{3}\mu_i-\hat{\mu}_i\right)(\nabla\boldsymbol{V}_i)\boldsymbol{I} \tag{3.18}$$

式中　μ_i——污染油液的第 i 相的动力黏度系数；

$\hat{\mu}_i$——污染油液的第 i 相的控制体动力黏度系数。

单一相内部的接触热传导本构关系主要是热通量，由热传导的 Fourier 定律可得

$$\boldsymbol{q}_i=-\boldsymbol{K}_i\nabla T_i \tag{3.19}$$

式中　$\boldsymbol{K}_i$——污染油液的第 i 相的热导率张量；

T_i——污染油液的第 i 相的温度。

单一相内部的热力学本构关系由该相的热力学状态方程给出，对于污染油液两相来讲，单一相的内能仅为温度的函数，即

$$e_i=e_i(T_i) \tag{3.20}$$

污染油液的各相在相界面处实现相间的质量、动量和能量的交换，因此通过两相界面的耦合关系，可以建立两相界面的平衡方程。

3.1.2.2　污染油液的体积平均方程

由于污染油液的瞬态基本方程组中涉及两相界面的平衡问题，而两相界面的位置不是一个明确的变量，因此实际求解非常复杂和困难。目前对两相动力学的处理一般采用某种宏观平均过程处理瞬态方程组，从而得到工程中感兴趣的宏观流动参数。常见的宏观平均方法有时间平均、空间平均、时空平均和加权平均四种；对于污染油液两相流体，用加权平均法。

设污染油液中第 i 相的空间体积为 $\mathfrak{J}_i$，体积浓度分数为 C_i，用〈 〉表示相应流体参数的平均值。

定义 $\psi_i(x,t)$ 在含有 x 位置处某一体积的体平均值为 $\langle\psi_i(x,t)\rangle=\dfrac{1}{\mathfrak{J}\,|_x}\displaystyle\int_{\mathfrak{J}}\psi(x,t)\mathrm{d}\mathfrak{J}$，则污染油液中第 i 相的相均值为

$$\bar{\psi}_i(x,t)=\frac{1}{\mathfrak{J}_i}\int_{\mathfrak{J}_i}\psi(x,t)\mathrm{d}\mathfrak{J}=\frac{\langle\psi_i(x,t)\rangle}{C_i} \tag{3.21}$$

对式 (3.14) 取体积平均可得

$$\frac{\partial}{\partial t}(C_i\bar{\rho}_i\bar{\psi}_i)+\nabla(C_i\bar{\rho}_i\bar{\psi}_i\bar{\boldsymbol{V}}_i)+\nabla\left[C_i(\bar{\boldsymbol{J}}_i+\widetilde{\boldsymbol{J}}_i)\right]-C_i\rho_i\boldsymbol{\varphi}_i-\langle\boldsymbol{h}\rangle=0 \tag{3.22}$$

式中　$\widetilde{\boldsymbol{J}}_i$——污染油液中第 i 相的脉动引起的面通量，$\widetilde{\boldsymbol{J}}_i=\widetilde{\rho}_i\widetilde{\psi}_i\widetilde{\boldsymbol{V}}_i$，其中 $\widetilde{\rho}_i$、$\widetilde{\psi}_i$、$\widetilde{\boldsymbol{V}}_i$ 分别为第 i 相的脉动分量；

$\langle\boldsymbol{h}\rangle$——污染油液中两相的界面传递通量均值，$\langle\boldsymbol{h}\rangle=-\dfrac{1}{\mathfrak{J}\,|_x}\displaystyle\int_{A_i}[\rho_i\psi_i(\boldsymbol{V}_i-\boldsymbol{V}_{\mathrm{c}})+\boldsymbol{J}_i]\boldsymbol{n}_i\mathrm{d}A$，其中 $\boldsymbol{V}_{\mathrm{c}}$ 为两相界面处第 i 相的速度，$\boldsymbol{n}_i$ 为两相界面速度差的法向分量。

对于连续介质理论模型，目前主要分为三种类型：两流体模型、扩散模型以及颗粒流（团）模型。其中两流体模型中假设两相同时占据流场，即无论在某时刻其中一相是否在某位置处存在，都认为该相的平均密度不为零，两者在相界面处产生质量、动量和能量交换；

扩散模型是将两相看作均质的混合物，混合物有一组不同于两相的特定流体参数，充满整个流场，因而又称为单流体模型；颗粒流模型是针对有明显的相界面的两相，如层流和环状流，将两相与单相流一样看作连续介质进行处理。

对污染油液两相来讲，主要可分为两流体模型和扩散模型两类，下面分别建立这两种模型的基本方程组。

(1) 污染油液的两流体模型

根据式 (3.22) 对污染油液中第 i 相的流动参数 $\bar{\psi}_i$ 及其面通量 $\bar{\boldsymbol{J}}_i$、体源相 $\bar{\boldsymbol{\varphi}}_i$ 取不同的代数形式，可得污染油液的中第 i 相的相关方程，见表 3.3。

表 3.3 污染油液的中第 i 相的相关方程

<table>
<tr><td rowspan="2">ψ_i 的控制方程</td><td>$\bar{\psi}_i$</td><td>$\bar{\boldsymbol{J}}_i$</td><td>$\bar{\boldsymbol{\varphi}}_i$</td></tr>
<tr><td colspan="3">$\frac{\partial}{\partial t}(C_i\bar{\rho}_i\bar{\psi}_i)+\nabla(C_i\bar{\rho}_i\bar{\psi}_i\bar{\boldsymbol{V}}_i)+\nabla[C_i(\bar{\boldsymbol{J}}_i+\tilde{\boldsymbol{J}}_i)]-C_i\bar{\rho}_i\bar{\boldsymbol{\varphi}}_i-\langle \boldsymbol{h}\rangle=0$</td></tr>
<tr><td rowspan="2">第 i 相的连续性方程</td><td>1</td><td>0</td><td>0</td></tr>
<tr><td colspan="3">$\frac{\partial}{\partial t}(C_i\bar{\rho}_i)+\nabla(C_i\bar{\rho}_i\bar{\boldsymbol{V}}_i)+\nabla(\tilde{\boldsymbol{J}}_i)-\langle \boldsymbol{h}\rangle=0$ (3.23)</td></tr>
<tr><td rowspan="2">第 i 相的动量方程</td><td>$\bar{\boldsymbol{V}}_i$</td><td>$-\boldsymbol{S}_i=\bar{\boldsymbol{P}}_i\boldsymbol{I}-(\bar{\boldsymbol{\tau}}_i+\tilde{\boldsymbol{\tau}}_i)$</td><td>$\bar{\boldsymbol{F}}_i$</td></tr>
<tr><td colspan="3">$\frac{\partial}{\partial t}(C_i\bar{\rho}_i\bar{\boldsymbol{V}}_i)+\nabla(C_i\bar{\rho}_i\bar{\boldsymbol{V}}_i\bar{\boldsymbol{V}}_i)+\nabla[(C_i\bar{\boldsymbol{P}}_i)-C_i(\bar{\boldsymbol{\tau}}_i+\tilde{\boldsymbol{\tau}}_i)]-C_i\bar{\rho}_i\bar{\boldsymbol{F}}_i-\langle M_i\rangle=0$ (3.24)</td></tr>
<tr><td rowspan="2">第 i 相的能量方程</td><td>$\bar{e}_i+\frac{1}{2}\bar{\boldsymbol{V}}_i^2$</td><td>$\bar{\boldsymbol{q}}_i-\bar{\boldsymbol{S}}_i\bar{\boldsymbol{V}}_i$</td><td>$\bar{\boldsymbol{F}}_i\bar{\boldsymbol{V}}_i+\frac{\bar{Q}_i}{\bar{\rho}_i}$</td></tr>
<tr><td colspan="3">$\frac{\partial}{\partial t}\left[C_i\bar{\rho}_i\left(\bar{e}_i+\frac{1}{2}\bar{\boldsymbol{V}}_i^2\right)\right]+\nabla\left[C_i\bar{\rho}_i\bar{\boldsymbol{V}}_i\left(\bar{e}_i+\frac{1}{2}\bar{\boldsymbol{V}}_i^2\right)\right]+\nabla[C_i(\bar{\boldsymbol{q}}_i+\tilde{\boldsymbol{q}}_i)]-\nabla(C_i\bar{\boldsymbol{P}}_i\bar{\boldsymbol{V}}_i)$
$-C_i\bar{\rho}_i\bar{\boldsymbol{F}}_i\bar{\boldsymbol{V}}_i-C_i\bar{Q}_i-\langle E_i\rangle=0$ (3.25)</td></tr>
</table>

注：$\langle M_i\rangle$ 为相界面的第 i 相动量，$\langle M_i\rangle=-\frac{1}{\Im|_x}\int_{A_i}[\rho_i\psi_i\boldsymbol{V}_i(\boldsymbol{V}_i-\boldsymbol{V}_c)-\boldsymbol{P}_i]\boldsymbol{n}_i\mathrm{d}A$；$\tilde{\boldsymbol{\tau}}_i$ 为污染油液第 i 相的切应力的脉动分量；$\tilde{\boldsymbol{q}}_i$ 为污染油液第 i 相脉动热通量，$\tilde{\boldsymbol{q}}_i=\bar{\rho}_i(\bar{e}_i+\frac{1}{2}\bar{\boldsymbol{V}}_i^2)\tilde{\boldsymbol{V}}_i+\tilde{\boldsymbol{P}}_i\tilde{\boldsymbol{V}}_i-\tilde{\boldsymbol{\tau}}_i\tilde{\boldsymbol{V}}_i$；$\langle E_i\rangle$ 为污染油液流入两相界面的第 i 相的体热源，$\langle E_i\rangle=-\frac{1}{\Im|_x}\int_{A_i}\left[\rho_i\psi_i\left(e_i+\frac{1}{2}\boldsymbol{V}_i^2\right)(\boldsymbol{V}_i-\boldsymbol{V}_c)+\boldsymbol{q}_i-\boldsymbol{P}_i\boldsymbol{V}_i\right]\boldsymbol{n}_i\mathrm{d}A$。

(2) 污染油液的扩散模型（混合物模型）

扩散模型是将两相看作一个不同于两相中任一相的均质相，因而混合物的流体参数定义如下。

① 混合物密度。设两相混合物的总体积为$\Im$，总质量为 M，颗粒污染物的体积为$\Im_{\mathrm{p}}$，质量为 M_{p} 体积浓度为 C_{p}，质量浓度为 C_{zp}，油液的体积为$\Im_{\mathrm{f}}$，质量为 M_{f}，其体积浓度为 C_{f}，质量浓度分数为 C_{zf}，则有

$$\bar{\rho}_f=\frac{M_f}{\mathfrak{I}_f},\bar{\rho}_p=\frac{M_p}{\mathfrak{I}_p}$$
$$C_f=\frac{\mathfrak{I}_f}{\mathfrak{I}},C_p=\frac{\mathfrak{I}_p}{\mathfrak{I}} \tag{3.26}$$
$$C_{zf}=\frac{M_f}{M},C_{zp}=\frac{M_p}{M}$$

式中 ρ_f，ρ_p——污染油液两相中油液和颗粒污染物的真实密度。

而用宏观体积平均法分析污染油液的两相密度，采用表观密度（即密度的体积均值）

$$\langle\rho_f\rangle=\frac{M_f}{\mathfrak{I}},\langle\rho_p\rangle=\frac{M_p}{\mathfrak{I}} \tag{3.27}$$

定义污染油液的两相混合物的密度为

$$\rho_m=\frac{M}{\mathfrak{I}} \tag{3.28}$$

则有以下关系式成立。

$$\rho_m=\frac{M}{\mathfrak{I}}=\begin{cases}\dfrac{M_f}{\mathfrak{I}}+\dfrac{M_p}{\mathfrak{I}}=\begin{cases}\langle\rho_f\rangle+\langle\rho_p\rangle\\ \dfrac{\bar{\rho}_f\mathfrak{I}_f}{\mathfrak{I}}+\dfrac{\bar{\rho}_p\mathfrak{I}_p}{\mathfrak{I}}=C_f\bar{\rho}_f+C_p\bar{\rho}_p\end{cases}\\ \dfrac{\dfrac{M_f}{C_{zf}}}{\mathfrak{I}}=\dfrac{1}{C_{zf}}\langle\rho_f\rangle=\dfrac{M_f/C_{zf}}{\mathfrak{I}_f/C_f}=\dfrac{C_f}{C_{zf}}\bar{\rho}_f\\ \dfrac{\dfrac{M_p}{C_{zp}}}{\mathfrak{I}}=\dfrac{1}{C_{zp}}\langle\rho_p\rangle=\dfrac{M_p/C_{zp}}{\mathfrak{I}_p/C_p}=\dfrac{C_p}{C_{zp}}\bar{\rho}_p\end{cases} \tag{3.29}$$

② 混合物基本方程。根据式（3.22）以及混合物的流动参数的表达式可得混合物的体积平均方程：

$$\frac{\partial}{\partial t}(\rho_m\psi_m)+\nabla(\rho_m\psi_m\boldsymbol{V}_m)+\nabla\boldsymbol{J}_m-\rho_m\boldsymbol{\varphi}_m-\boldsymbol{h}_m=0 \tag{3.30}$$

式中 $\boldsymbol{J}_m$——混合物总的面通量，包括平均面通量、扩散面通量以及混合物的脉动面通量三部分，即$\boldsymbol{J}_m=\bar{\boldsymbol{J}}_m+\sum C_i\rho_i\psi_i(\boldsymbol{V}_i-\boldsymbol{V}_m)+\sum C_i\rho_i\tilde{\psi}_i\tilde{\boldsymbol{V}}_i$；

$\boldsymbol{h}_m$——混合物的界面源项。

根据式（3.30）对污染油液混合物的流动参数 ψ_m 及其面通量$\boldsymbol{J}_m$、体源相$\boldsymbol{\varphi}_m$ 取不同的代数形式，可得污染油液混合物的相关方程，如表3.4所示。

表3.4 污染油液混合物的相关方程

<table>
<tr><td rowspan="2">控制方程</td><td>ψ_m</td><td>$\boldsymbol{J}_m$</td><td>$\boldsymbol{\varphi}_m$</td></tr>
<tr><td colspan="3">$\frac{\partial}{\partial t}(\rho_m\psi_m)+\nabla(\rho_m\psi_m\boldsymbol{V}_m)+\nabla\boldsymbol{J}_m-\rho_m\boldsymbol{\varphi}_m-\boldsymbol{h}_m=0$</td></tr>
<tr><td rowspan="2">连续性方程</td><td>1</td><td>0</td><td>0</td></tr>
<tr><td colspan="3">$\frac{\partial\rho_m}{\partial t}+\nabla(\rho_m\boldsymbol{V}_m)=0$ (3.31)</td></tr>
<tr><td rowspan="2">动量方程</td><td>$\boldsymbol{V}_m$</td><td>$-\boldsymbol{S}_m=\boldsymbol{P}_m\boldsymbol{I}-(\bar{\tau}_m+\hat{\tau}_m+\tilde{\tau})$</td><td>$\boldsymbol{F}_m$</td></tr>
<tr><td colspan="3">$\frac{\partial}{\partial t}(\rho_m\boldsymbol{V}_m)+\nabla(\rho_m\boldsymbol{V}_m\boldsymbol{V}_m)+\nabla\boldsymbol{P}_m-\nabla(\bar{\tau}_m+\hat{\tau}_m+\tilde{\tau}_m)-\rho_m\boldsymbol{F}_m-\langle\boldsymbol{M}_m\rangle=0$ (3.32)</td></tr>
</table>

续表

能量方程	$e_m+\frac{1}{2}\boldsymbol{V}_m^2$	$(\bar{\boldsymbol{q}}_m+\hat{\boldsymbol{q}}_m+\tilde{\boldsymbol{q}}_m)-\boldsymbol{S}_m\boldsymbol{V}_m$	$\boldsymbol{F}_m\boldsymbol{V}_m+\frac{Q_m}{\rho_m}$
	$\frac{\partial}{\partial t}\left[\rho_m\left(e_m+\frac{1}{2}\boldsymbol{V}_m^2\right)\right]+\nabla\left[\rho_m\left(e_m+\frac{1}{2}\boldsymbol{V}_m^2\right)\boldsymbol{V}_m\right]+\nabla(\bar{\boldsymbol{q}}_m+\hat{\boldsymbol{q}}_m+\tilde{\boldsymbol{q}}_m)+\nabla\boldsymbol{P}_m\boldsymbol{V}_m-\nabla(\boldsymbol{\tau}_m\boldsymbol{V}_m)-\rho_m\boldsymbol{F}_m\boldsymbol{V}_m-Q_m-\langle E_m\rangle=0$ (3.33)		

注：$\boldsymbol{V}_m$ 为混合物的速度，$\boldsymbol{V}_m=\sum C_i\rho_i\boldsymbol{V}_i/\rho_m$；$\bar{\boldsymbol{\tau}}_m$ 为混合物的切应力体积均值；$\hat{\boldsymbol{\tau}}_m$ 为混合物的切应力扩散分量，$\hat{\boldsymbol{\tau}}_m=-\sum C_i\rho_i(\boldsymbol{V}_i-\boldsymbol{V}_m)(\boldsymbol{V}_i-\boldsymbol{V}_m)$；$\tilde{\boldsymbol{\tau}}_m$ 为混合物的切应力脉动分量，$\tilde{\boldsymbol{\tau}}_m=-\sum C_i\rho_i\tilde{\boldsymbol{V}}_i\tilde{\boldsymbol{V}}_i$；$\boldsymbol{F}_m$ 为混合物的外力，如重力等；$\langle\boldsymbol{M}_m\rangle$ 为混合物两相界面的动量源项，$\langle\boldsymbol{M}_m\rangle=\langle\boldsymbol{M}_f\rangle+\langle\boldsymbol{M}_d\rangle$；$e_m$ 为混合物的内能体积均值；$\hat{\boldsymbol{q}}_m$ 为混合物的扩散热通量，$\hat{\boldsymbol{q}}_m=\sum C_i\rho_i\left[\left(e_i+\frac{1}{2}\boldsymbol{V}_i^2\right)-\boldsymbol{P}_i\right](\boldsymbol{V}_i-\boldsymbol{V}_m)$；$\tilde{\boldsymbol{q}}_m$ 为混合物的脉动热通量，$\tilde{\boldsymbol{q}}_m=\sum C_i\boldsymbol{q}_i$；$\langle E_m\rangle$ 为混合物的两相界面的能量源项。

由以上混合物的三个基本方程中，涉及混合物的各相的体积浓度这个变量，因而需要建立混合物的扩散方程。

由于油液中颗粒污染物之间没有质量交换，油液和颗粒污染物在相界面上没有质量交换，因而由式（3.23）可得

$$\frac{\partial}{\partial t}(C_i\bar{\rho}_i)+\nabla(C_i\bar{\rho}_i\bar{\boldsymbol{V}}_i)+\nabla\tilde{\boldsymbol{J}}_i=0 \tag{3.34}$$

由 Fick 扩散理论可知，$\tilde{\boldsymbol{J}}_i=-\bar{\rho}_i\boldsymbol{\varepsilon}\,\nabla C_i$，代入式（3.34），即

$$\frac{\partial C_i}{\partial t}+\nabla(C_i\bar{\boldsymbol{V}}_i)-\nabla(\boldsymbol{\varepsilon}\,\nabla\cdot C_i)=0 \tag{3.35}$$

式（3.31）～式（3.33）以及式（3.35）构成污染油液的扩散的四方程模型。对于污染油液两相混合物来讲，两相间没有相变和压缩问题，以及油液和颗粒污染物在相界面上没有质量交换，则两相的密度为常数，相界面的通量为零，因而在后文中将均值的符号“-”略去。

③ 本构关系。对于污染油液的四方程扩散模型，涉及 C_i、ρ_i、$\boldsymbol{V}_i$、$\boldsymbol{P}_i$、$(\bar{\boldsymbol{\tau}}_m+\hat{\boldsymbol{\tau}}_m+\tilde{\boldsymbol{\tau}}_m)$、$\langle\boldsymbol{M}_m\rangle$ 6 个流动参数。根据力学以及污染油液的物理机理可得如下本构关系：

$$C_f+C_p=1$$
$$\boldsymbol{P}_f=\boldsymbol{P}_p \tag{3.36}$$

$$\bar{\boldsymbol{\tau}}_f=C_p\mu_f D_f-\mu_f\frac{\nabla C_p(\boldsymbol{V}_p-\boldsymbol{V}_f)+(\boldsymbol{V}_p-\boldsymbol{V}_f)\nabla C_p}{1+C_p} \tag{3.37}$$

$$\tilde{\boldsymbol{\tau}}_f=2\boldsymbol{\mu}_f^{T}D_f+\frac{1}{6}\rho_f|\boldsymbol{V}_p-\boldsymbol{V}_f|^2\boldsymbol{I}-\frac{1}{2}\rho_f(\boldsymbol{V}_p-\boldsymbol{V}_f)(\boldsymbol{V}_p-\boldsymbol{V}_f) \tag{3.38}$$

$$\tilde{\boldsymbol{\tau}}_p=C_p\boldsymbol{\mu}_f^{T}D_p\frac{\rho_p}{\rho_f}+\frac{1}{6}\rho_p|\boldsymbol{V}_p-\boldsymbol{V}_f|^2\boldsymbol{I}-\frac{1}{2}\rho_p(\boldsymbol{V}_p-\boldsymbol{V}_f)(\boldsymbol{V}_p-\boldsymbol{V}_f) \tag{3.39}$$

$$\bar{\boldsymbol{\tau}}_p=0 \tag{3.40}$$

$$D_f=\frac{1}{2}[\nabla\boldsymbol{V}_f+\nabla\boldsymbol{V}_f^{T}],D_p=\frac{1}{2}[\nabla\boldsymbol{V}_p+\nabla\boldsymbol{V}_p^{T}] \tag{3.41}$$

假设广义相间阻力$\boldsymbol{F}_p$ 不含任何对（x，t）的偏导数，即忽略颗粒污染物的附加质量力、Basset 力等，只考虑狭义阻力，则

$$\langle\boldsymbol{M}_d\rangle=\boldsymbol{F}_p=-\boldsymbol{F}_f=\frac{C_p\rho_p(\boldsymbol{V}_f-\boldsymbol{V}_p)}{\tau_V,\tau_V}=\frac{\rho_p D^2}{18\mu_f} \tag{3.42}$$

3.1.2.3 污染油液的振动随机轨道模型

利用拉格朗日方法建立油中颗粒运动的振动频谱随机轨迹模型如下。

(1) 流体相控制方程

油液中颗粒污染物的尺寸非常小，通常为微米量级，体积分数小，可认为是稀疏流固两相流，则油液的控制方程可表示如下。

① 油液连续性方程。

$$\frac{\partial \rho_o}{\partial t}+\frac{\partial \rho_o u}{\partial x}+\frac{\partial \rho_o v}{\partial y}+\frac{\partial \rho_o w}{\partial z}=0 \tag{3.43}$$

② 油液动量方程。

$$\frac{\partial}{\partial t}\rho_o u_o+\frac{\partial}{\partial t}\rho_o u_o u=-\frac{\partial p}{\partial x}+\frac{\partial}{\partial x}(\mu+\mu_t)\frac{\partial u}{\partial x}+\frac{\partial}{\partial y}(\mu+\mu_t)\frac{\partial v}{\partial x}+\frac{\partial}{\partial z}(\mu+\mu_t)\frac{\partial w}{\partial x}+S_u \tag{3.44}$$

$$\frac{\partial}{\partial t}\rho_o u_o+\frac{\partial}{\partial t}\rho_o u_o v=-\frac{\partial p}{\partial y}+\frac{\partial}{\partial x}(\mu+\mu_t)\frac{\partial u}{\partial y}+\frac{\partial}{\partial y}(\mu+\mu_t)\frac{\partial v}{\partial y}+\frac{\partial}{\partial z}(\mu+\mu_t)\frac{\partial w}{\partial y}+S_v \tag{3.45}$$

$$\frac{\partial}{\partial t}\rho_o u_o+\frac{\partial}{\partial t}\rho_o u_o w=-\frac{\partial p}{\partial z}+\frac{\partial}{\partial x}(\mu+\mu_t)\frac{\partial u}{\partial z}+\frac{\partial}{\partial y}(\mu+\mu_t)\frac{\partial v}{\partial z}+\frac{\partial}{\partial z}(\mu+\mu_t)\frac{\partial w}{\partial z}+S_w \tag{3.46}$$

③ 油液湍动能方程。

$$\frac{\partial}{\partial t}\rho_o k+\frac{\partial}{\partial t}\rho_o u_o k=-\frac{\partial}{\partial x_i}\left[\left(\mu+\frac{\mu_t}{\sigma_k}\right)\frac{\partial k}{\partial x_i}\right]+G_k-\rho_o\varepsilon \tag{3.47}$$

④ 油液湍动能耗散率方程。

$$\frac{\partial}{\partial t}\rho_o\varepsilon+\frac{\partial}{\partial t}\rho_o u_o\varepsilon=-\frac{\partial}{\partial x_i}\left[\left(\mu+\frac{\mu_t}{\sigma_\varepsilon}\right)\frac{\partial \varepsilon}{\partial x_i}\right]+\frac{\varepsilon}{k}(C_{1\varepsilon}G_k-C_{2\varepsilon}\rho_o\varepsilon) \tag{3.48}$$

式中 G_k——由平均速度梯度所产生的湍动能。

由于固体颗粒污染物的存在必然会对油液的流动产生影响，因此，在不考虑质量、热能交换等情况下，将固体颗粒污染物对油液的作用看作是动量方程中的附加源项 S_p，从而表达固体颗粒对连续流体的反作用耦合现象。

(2) 固体颗粒污染物的控制方程

① 固体颗粒污染物的连续性方程。

$$\frac{\partial \rho}{\partial t}+\frac{\partial \rho u}{\partial x}+\frac{\partial \rho v}{\partial y}+\frac{\partial \rho w}{\partial z}=0 \tag{3.49}$$

② 固体颗粒污染物的动量方程。

$$\begin{aligned}\frac{\partial}{\partial t}\rho_o u_o+\frac{\partial}{\partial t}\rho_o u_o u=&-\frac{\partial p}{\partial x}+(\mu+\mu_t)\left(\frac{\partial}{\partial x}\times\frac{\partial u_i}{\partial i}+\frac{\partial}{\partial y}\times\frac{\partial u_i}{\partial i}+\frac{\partial}{\partial z}\times\frac{\partial u_i}{\partial i}\right)\\&+\rho g_i-\sum_{k=1}^{N^p}\left\{m_k N_k\Delta t_L\sum_{n=1}^{N^T}\left[\frac{u_{pk}^{n+1}-u_{pk}^{n}}{\Delta t_L}-g\left(1-\frac{\rho_o}{\rho_p}\right)\right]\right\}\end{aligned} \tag{3.50}$$

③ 固体颗粒污染物的湍动能方程。

$$\begin{aligned}\frac{\partial}{\partial t}\rho_o k+\frac{\partial}{\partial t}\rho_o u_o k=&-\frac{\partial}{\partial x_i}\left[\left(\mu+\frac{\mu_t}{\sigma_k}\right)\frac{\partial k}{\partial x_i}\right]+G_k-\rho_o\varepsilon+\overline{u^p S_{up}}+\overline{u^p S_{vp}}\\&+\overline{u^p S_{wp}}-(\overline{U}\,\overline{S}_{up}+\overline{V}\,\overline{S}_{vp}+\overline{W}\,\overline{S}_{wp})\end{aligned} \tag{3.51}$$

④ 固体颗粒污染物的湍动耗散率方程。

$$\frac{\partial}{\partial t}\rho_o\varepsilon+\frac{\partial}{\partial t}\rho_o u_o\varepsilon=-\frac{\partial}{\partial x_i}\left[\left(\mu+\frac{\mu_t}{\sigma_\varepsilon}\right)\frac{\partial\varepsilon}{\partial x_i}\right]+\frac{\varepsilon}{k}(C_{1\varepsilon}G_k-C_{2\varepsilon}\rho_o\varepsilon)+c_3\frac{\varepsilon}{k}S_k \tag{3.52}$$

通常将式（3.47）～式（3.52）中某些因子处理为常数，其中 $C_1=1.44$，$C_2=1.92$，$C_3=0.09$；湍动能与耗散率的湍流 Prandtl 数分别为 $\sigma_k=1.0$，$\sigma_\varepsilon=1.3$。

（3）污染物的随机轨道模型

将连续相的瞬时速度 u_i 分解为时均速度 $\overline{u_i}$ 和脉动速度 u_i'，根据连续相湍流脉动的频谱和能谱曲线，用随机 Fourier 级数来模拟连续相的脉动速度 u_i'，采用拉格朗日法描述不同尺寸组的颗粒群的轨迹运动，同时包含流固两相流的相间耦合作用。

在三维运动中，连续相的脉动速度 u_i' 的三个分速度可写成以下形式。

$$\begin{cases}u'=\sum_1^n R_1A_1\cos(\omega_i t+R_2\times 2\pi)\\ v'=\sum_1^n R_3A_2\cos(\omega_i t+R_4\times 2\pi)\\ w'=\sum_1^n R_5A_3\cos(\omega_i t+R_6\times 2\pi)\end{cases} \tag{3.53}$$

在随机轨道模型中离散相的运动方程需要考虑连续相湍流脉动对离散相湍流弥散的影响，有研究人员发现这种影响是间歇的，这种间歇式的作用会导致随机轨道模型所预报的离散相的湍流脉动小于真实值。

离散相在 i 方向（轴向、径向和切向）的时均速度和湍动能的输运方程为

$$\begin{aligned}\frac{\mathrm{d}u_{pi}}{\mathrm{d}t}&=\frac{u_i-u_{pi}}{\tau_{rp}}+g_i\\ \frac{\mathrm{d}k_p}{\mathrm{d}t}&=\frac{\overline{u'_{pi}u'_i}}{\tau_{rp}}-\frac{2k_p}{\tau_{rp}}\end{aligned} \tag{3.54}$$

式中，$\tau_{rp}=\dfrac{4d_p\rho_p}{3C_D\rho|u-u_p|}$；曳力系数 $C_D=\begin{cases}24/Re_p & Re_p\leqslant 1\\ (24/Re_p)(1+Re_p^{0.687}) & 1<Re_p\leqslant 1000\\ 0.44 & Re_p>1000\end{cases}$；

颗粒雷诺数 $Re_p=\rho|u_i-u_{pi}|d_p/\mu$；$\overline{u'_{pi}u'_i}=2k\exp\left(-B_k\dfrac{\tau_{rp}}{\tau_T}\right)$，$\tau_T=C_Tk/\varepsilon$，$C_T=0.165$，$B_k=0.5$。

离散相的随机轨道方程为

$$\frac{\mathrm{d}x_{pi}}{\mathrm{d}t}=u_{pi} \tag{3.55}$$

将离散相的瞬时速度分解为时均速度和脉动速度，$u_{pi}=\overline{u}_{pi}+u'_{pi}$。

离散相的脉动速度用随机方法处理，即

$$u'_{pi}=\zeta\overline{(u'^2_{pi})} \tag{3.56}$$

3.1.2.4 污染油液的一维扩散模型

由以上分析可知，污染油液的混合物方程可写为：

$$\begin{cases}\dfrac{\partial\rho_{\mathrm{m}}}{\partial t}+\nabla(\rho_{\mathrm{m}}\boldsymbol{V}_{\mathrm{m}})=0\\ \dfrac{\partial}{\partial t}(\rho_{\mathrm{m}}\boldsymbol{V}_{\mathrm{m}})+\nabla(\rho_{\mathrm{m}}\boldsymbol{V}_{\mathrm{m}}\boldsymbol{V}_{\mathrm{m}})+\nabla\boldsymbol{P}_{\mathrm{m}}-\nabla(\bar{\boldsymbol{\tau}}_{\mathrm{m}}+\hat{\boldsymbol{\tau}}_{\mathrm{m}}+\tilde{\boldsymbol{\tau}}_{\mathrm{m}})-\rho_{\mathrm{m}}\boldsymbol{F}_{\mathrm{m}}-\langle\boldsymbol{M}_{\mathrm{m}}\rangle=0\\ \dfrac{\partial}{\partial t}\left[\rho_{\mathrm{m}}\left(e_{\mathrm{m}}+\dfrac{1}{2}\boldsymbol{V}_{\mathrm{m}}^{2}\right)\right]+\nabla\left[\rho_{\mathrm{m}}\left(e_{\mathrm{m}}+\dfrac{1}{2}\boldsymbol{V}_{\mathrm{m}}^{2}\right)\boldsymbol{V}_{\mathrm{m}}\right]\\ +\nabla(\bar{\boldsymbol{q}}_{\mathrm{m}}+\hat{\boldsymbol{q}}_{\mathrm{m}}+\tilde{\boldsymbol{q}}_{\mathrm{m}})+\nabla\boldsymbol{P}_{\mathrm{m}}\boldsymbol{V}_{\mathrm{m}}-\nabla(\boldsymbol{\tau}_{\mathrm{m}}\boldsymbol{V}_{\mathrm{m}})-\rho_{\mathrm{m}}\boldsymbol{F}_{\mathrm{m}}\boldsymbol{V}_{\mathrm{m}}-\boldsymbol{Q}_{\mathrm{m}}-\langle E_{\mathrm{m}}\rangle=0\\ \dfrac{\partial}{\partial t}(C_{\mathrm{p}}\rho_{\mathrm{p}})+\nabla(C_{\mathrm{p}}\rho_{\mathrm{p}}\boldsymbol{V}_{\mathrm{p}})=0\\ \dfrac{\partial}{\partial t}(C_{\mathrm{p}}\rho_{\mathrm{p}}\boldsymbol{V}_{\mathrm{p}})+\nabla(C_{\mathrm{p}}\rho_{\mathrm{p}}\boldsymbol{V}_{\mathrm{p}}\boldsymbol{V}_{\mathrm{p}})+\nabla[(C_{\mathrm{p}}\boldsymbol{P}_{\mathrm{p}})-C_{\mathrm{p}}(\bar{\boldsymbol{\tau}}_{i}+\tilde{\boldsymbol{\tau}}_{i})]-C_{\mathrm{p}}\rho_{\mathrm{p}}\boldsymbol{F}_{\mathrm{p}}-\langle M_{\mathrm{p}}\rangle=0\\ \dfrac{\partial}{\partial t}\left[C_{\mathrm{p}}\rho_{\mathrm{p}}\left(e_{\mathrm{p}}+\dfrac{1}{2}\boldsymbol{V}_{\mathrm{p}}^{2}\right)\right]+\nabla\left[C_{\mathrm{p}}\rho_{\mathrm{p}}\boldsymbol{V}_{\mathrm{p}}\left(e_{\mathrm{p}}+\dfrac{1}{2}\boldsymbol{V}_{\mathrm{p}}^{2}\right)\right]\\ +\nabla[C_{\mathrm{p}}(\bar{\boldsymbol{q}}_{\mathrm{p}}+\tilde{\boldsymbol{q}}_{\mathrm{p}})]-\nabla(C_{\mathrm{p}}\boldsymbol{P}_{\mathrm{p}}\boldsymbol{V}_{\mathrm{p}})-C_{\mathrm{p}}\rho_{\mathrm{p}}\boldsymbol{F}_{\mathrm{p}}\boldsymbol{V}_{\mathrm{p}}-C_{\mathrm{p}}\boldsymbol{Q}_{\mathrm{p}}-\langle E_{\mathrm{p}}\rangle=0\end{cases}\tag{3.57}$$

为了更加明确获取污染油液的运动特征，先将式（3.42）变换为一维方程组。假设污染油液中各相在笛卡儿坐标系的 x、y、z 轴向的速度分别为 u、v、w；设 $C_{\mathrm{p}}=C$，$C_{\mathrm{f}}=1-C\rho_{\mathrm{m}}=C_{\mathrm{f}}\rho_{\mathrm{f}}+C_{\mathrm{p}}\rho_{\mathrm{p}}=(1-C)\rho_{\mathrm{f}}+C\rho_{\mathrm{p}}$，暂不考虑颗粒污染物的外力。

$$\begin{aligned}\frac{\partial\rho_{\mathrm{m}}}{\partial t}&=\frac{\partial}{\partial t}[(1-C)\rho_{\mathrm{f}}]+\frac{\partial}{\partial t}(C\rho_{\mathrm{p}})\\&=\rho_{\mathrm{f}}\frac{\partial(1-C)}{\partial t}+\rho_{\mathrm{p}}\frac{\partial C}{\partial t}+(1-C)\frac{\partial\rho_{\mathrm{f}}}{\partial t}+C\frac{\partial\rho_{\mathrm{p}}}{\partial t}=(\rho_{\mathrm{p}}-\rho_{\mathrm{f}})\frac{\partial C}{\partial t}+\left(\frac{1-C}{a_{\mathrm{f}}^{2}}+\frac{C}{a_{\mathrm{p}}^{2}}\right)\frac{\partial\boldsymbol{P}}{\partial t}\end{aligned}\tag{3.58}$$

式中，$a_{\mathrm{f}}^{2}=\dfrac{\partial\boldsymbol{P}}{\partial\rho_{\mathrm{f}}}$，$a_{\mathrm{p}}^{2}=\dfrac{\partial\boldsymbol{P}}{\partial\rho_{\mathrm{p}}}$。

$$\begin{aligned}\frac{\partial}{\partial t}(\rho_{\mathrm{m}}\boldsymbol{u}_{\mathrm{m}})&=\frac{\partial}{\partial t}[(1-C)\rho_{\mathrm{f}}\boldsymbol{u}_{\mathrm{f}}]+\frac{\partial}{\partial t}(C\rho_{\mathrm{p}}\boldsymbol{u}_{\mathrm{p}})\\&=(1-C)\rho_{\mathrm{f}}\frac{\partial\boldsymbol{u}_{\mathrm{f}}}{\partial t}+\boldsymbol{u}_{\mathrm{f}}\frac{\partial}{\partial t}[(1-C)\rho_{\mathrm{f}}]+C\rho_{\mathrm{p}}\frac{\partial\boldsymbol{u}_{\mathrm{p}}}{\partial t}+\boldsymbol{u}_{\mathrm{p}}\frac{\partial(C\rho_{\mathrm{p}})}{\partial t}\\&=(\rho_{\mathrm{p}}\boldsymbol{u}_{\mathrm{p}}-\rho_{\mathrm{f}}\boldsymbol{u}_{\mathrm{f}})\frac{\partial C}{\partial t}+\rho_{\mathrm{f}}(1-C)\frac{\partial\boldsymbol{u}_{\mathrm{f}}}{\partial t}+\rho_{\mathrm{p}}C\frac{\partial\boldsymbol{u}_{\mathrm{p}}}{\partial t}+\left[\frac{(1-C)\boldsymbol{u}_{\mathrm{f}}}{a_{\mathrm{f}}^{2}}+\frac{C\boldsymbol{u}_{\mathrm{p}}}{a_{\mathrm{p}}^{2}}\right]\frac{\partial\boldsymbol{P}}{\partial t}\end{aligned}\tag{3.59}$$

$$\begin{aligned}\frac{\partial}{\partial x}(\rho_{\mathrm{m}}\boldsymbol{u}_{\mathrm{m}})&=\frac{\partial}{\partial x}[(1-C)\rho_{\mathrm{f}}\boldsymbol{u}_{\mathrm{f}}]+\frac{\partial}{\partial x}(C\rho_{\mathrm{p}}\boldsymbol{u}_{\mathrm{p}})\\&=\rho_{\mathrm{f}}\frac{\partial}{\partial x}[(1-C)\boldsymbol{u}_{\mathrm{f}}]+\rho_{\mathrm{p}}\frac{\partial}{\partial x}(C\boldsymbol{u}_{\mathrm{p}})+(1-C)\boldsymbol{u}_{\mathrm{f}}\frac{\partial\rho_{\mathrm{f}}}{\partial x}+C\boldsymbol{u}_{\mathrm{p}}\frac{\partial\rho_{\mathrm{p}}}{\partial x}\\&=(\rho_{\mathrm{p}}\boldsymbol{u}_{\mathrm{p}}-\rho_{\mathrm{f}}\boldsymbol{u}_{\mathrm{f}})\frac{\partial C}{\partial x}+\rho_{\mathrm{f}}(1-C)\frac{\partial\boldsymbol{u}_{\mathrm{f}}}{\partial x}+\rho_{\mathrm{p}}C\frac{\partial\boldsymbol{u}_{\mathrm{p}}}{\partial x}+\left[\frac{(1-C)\boldsymbol{u}_{\mathrm{f}}}{a_{\mathrm{f}}^{2}}+\frac{C\boldsymbol{u}_{\mathrm{p}}}{a_{\mathrm{p}}^{2}}\right]\frac{\partial\boldsymbol{P}}{\partial x}\end{aligned}\tag{3.60}$$

$$\begin{aligned}\frac{\partial}{\partial x}(\rho_{\mathrm{m}}\boldsymbol{u}_{\mathrm{m}}\boldsymbol{u}_{\mathrm{m}})&=\frac{\partial}{\partial x}[(1-C)\rho_{\mathrm{f}}\boldsymbol{u}_{\mathrm{f}}\boldsymbol{u}_{\mathrm{f}}]+\frac{\partial}{\partial x}(C\rho_{\mathrm{p}}\boldsymbol{u}_{\mathrm{p}}\boldsymbol{u}_{\mathrm{p}})\\&=\boldsymbol{u}_{\mathrm{f}}\frac{\partial}{\partial x}[(1-C)\rho_{\mathrm{f}}\boldsymbol{u}_{\mathrm{f}}]+[(1-C)\rho_{\mathrm{f}}\boldsymbol{u}_{\mathrm{f}}]\frac{\partial\boldsymbol{u}_{\mathrm{f}}}{\partial x}+\boldsymbol{u}_{\mathrm{p}}\frac{\partial}{\partial x}(C\rho_{\mathrm{p}}\boldsymbol{u}_{\mathrm{p}})+C\rho_{\mathrm{p}}\boldsymbol{u}_{\mathrm{p}}\frac{\partial\boldsymbol{u}_{\mathrm{p}}}{\partial x}\\&=\rho_{\mathrm{f}}\frac{\partial}{\partial x}[(1-C)\boldsymbol{u}_{\mathrm{f}}\boldsymbol{u}_{\mathrm{f}}]+\rho_{\mathrm{p}}\frac{\partial}{\partial x}(C\boldsymbol{u}_{\mathrm{p}}\boldsymbol{u}_{\mathrm{p}})+(1-C)\boldsymbol{u}_{\mathrm{f}}\boldsymbol{u}_{\mathrm{f}}\frac{\partial\rho_{\mathrm{f}}}{\partial x}+C\boldsymbol{u}_{\mathrm{p}}\boldsymbol{u}_{\mathrm{p}}\frac{\partial\rho_{\mathrm{p}}}{\partial x}\end{aligned}\tag{3.61}$$

$$=(\rho_p\boldsymbol{u}_p\boldsymbol{u}_p-\rho_f\boldsymbol{u}_f\boldsymbol{u}_f)\frac{\partial C}{\partial x}+2\rho_f(1-C)\boldsymbol{u}_f\frac{\partial \boldsymbol{u}_f}{\partial x}+2\rho_p C\boldsymbol{u}_p\frac{\partial \boldsymbol{u}_p}{\partial x}+\left[\frac{(1-C)\boldsymbol{u}_f\boldsymbol{u}_f}{a_f^2}+\frac{C\boldsymbol{u}_p\boldsymbol{u}_p}{a_p^2}\right]\frac{\partial \boldsymbol{P}}{\partial x}$$

$$\begin{aligned}\frac{\partial}{\partial x}\boldsymbol{\tau}_f&=\mu_f\frac{\partial}{\partial x}\left(C\frac{\partial \boldsymbol{u}_f}{\partial x}\right)-\frac{\mu_f}{1+C}\times\frac{\partial}{\partial x}\left[\frac{\partial}{\partial x}C(\boldsymbol{u}_p-\boldsymbol{u}_f)+(\boldsymbol{u}_p-\boldsymbol{u}_f)\frac{\partial}{\partial x}C\right]\\&=\mu_f\frac{\partial \boldsymbol{u}_f}{\partial x}\times\frac{\partial C}{\partial x}+\mu_f C\frac{\partial^2 \boldsymbol{u}_f}{\partial x^2}-\frac{2\mu_f(\boldsymbol{u}_p-\boldsymbol{u}_f)}{1+C}\times\frac{\partial^2 C}{\partial x^2}-\frac{2\mu_f C}{1+C}\left(\frac{\partial \boldsymbol{u}_p}{\partial x}-\frac{\partial \boldsymbol{u}_f}{\partial x}\right)\end{aligned}\tag{3.62}$$

$$\frac{\partial}{\partial x}\tilde{\boldsymbol{\tau}}_f=2\mu_f\frac{\partial^2 \boldsymbol{u}_f}{\partial x^2}-\frac{1}{3}\times\frac{|\boldsymbol{u}_p-\boldsymbol{u}_f|^2}{a_f^2}\times\frac{\partial \boldsymbol{P}}{\partial x}-\frac{2}{3}\rho_f|\boldsymbol{u}_p-\boldsymbol{u}_f|\left|\frac{\partial \boldsymbol{u}_p}{\partial x}-\frac{\partial \boldsymbol{u}_f}{\partial x}\right|\tag{3.63}$$

$$\frac{\partial}{\partial x}\tilde{\boldsymbol{\tau}}_p=\frac{\rho_p}{\rho_f}\mu_f\left(\frac{\partial \boldsymbol{u}_p}{\partial x}\times\frac{\partial C}{\partial x}+C\frac{\partial^2 \boldsymbol{u}_p}{\partial x^2}\right)-\frac{1}{3}\times\frac{|\boldsymbol{u}_p-\boldsymbol{u}_f|^2}{a_p^2}\times\frac{\partial \boldsymbol{P}}{\partial x}-\frac{2}{3}\rho_p|\boldsymbol{u}_p-\boldsymbol{u}_f|\left|\frac{\partial \boldsymbol{u}_p}{\partial x}-\frac{\partial \boldsymbol{u}_f}{\partial x}\right|\tag{3.64}$$

$$\begin{aligned}&\frac{\partial}{\partial t}(C\rho_p)=\rho_p\frac{\partial C}{\partial t}+\frac{C}{a_p^2}\times\frac{\partial \boldsymbol{P}}{\partial t}\\&\nabla(C\rho_p\boldsymbol{u}_p)=\rho_p\boldsymbol{u}_p\frac{\partial C}{\partial x}+\rho_p C\frac{\partial \boldsymbol{u}_p}{\partial x}+\frac{C\boldsymbol{u}_p}{a_p^2}\times\frac{\partial \boldsymbol{P}}{\partial x}\\&\frac{\partial}{\partial t}(C\rho_p\boldsymbol{u}_p)=\rho_p\boldsymbol{u}_p\frac{\partial C}{\partial t}+\rho_p C\frac{\partial \boldsymbol{u}_p}{\partial t}+\frac{C\boldsymbol{u}_p}{a_p^2}\times\frac{\partial \boldsymbol{P}}{\partial t}\\&\frac{\partial}{\partial x}(C\rho_p\boldsymbol{u}_p\boldsymbol{u}_p)=\rho_p\boldsymbol{u}_p\boldsymbol{u}_p\frac{\partial C}{\partial x}+2\rho_p C\boldsymbol{u}_p\frac{\partial \boldsymbol{u}_p}{\partial x}+\frac{C\boldsymbol{u}_p\boldsymbol{u}_p}{a_p^2}\times\frac{\partial \boldsymbol{P}}{\partial x}\end{aligned}\tag{3.65}$$

由于温度对污染油液的影响较小，因此式（3.42）略去混合物以及颗粒污染物的能量方程，涉及 C、$\boldsymbol{u}_f$、$\boldsymbol{u}_p$、$\boldsymbol{P}$ 四个变量的一维方程组为

$$\begin{cases}-\rho_f\dfrac{\partial C}{\partial t}+\dfrac{(1-C)}{a_f^2}\times\dfrac{\partial \boldsymbol{P}}{\partial t}-\rho_f\boldsymbol{u}_f\dfrac{\partial C}{\partial x}+\rho_f(1-C)\dfrac{\partial \boldsymbol{u}_f}{\partial x}+\dfrac{(1-C)\boldsymbol{u}_f}{a_f^2}\times\dfrac{\partial \boldsymbol{P}}{\partial x}=0\\(1-C)\rho_f\dfrac{\partial \boldsymbol{u}_f}{\partial t}+(1-C)\rho_f\boldsymbol{u}_f\dfrac{\partial \boldsymbol{u}_f}{\partial x}+C\rho_p\dfrac{\partial \boldsymbol{u}_p}{\partial t}+C\rho_p\boldsymbol{u}_p\dfrac{\partial \boldsymbol{u}_p}{\partial x}+\dfrac{\partial \boldsymbol{P}}{\partial x}\\=\mu_f\dfrac{\partial \boldsymbol{u}_f}{\partial x}\times\dfrac{\partial C}{\partial x}+\mu_f C\dfrac{\partial^2 \boldsymbol{u}_f}{\partial x^2}-\dfrac{2\mu_f(\boldsymbol{u}_p-\boldsymbol{u}_f)}{1+C}\times\dfrac{\partial^2 C}{\partial x^2}-\dfrac{2\mu_f C}{1+C}\left(\dfrac{\partial \boldsymbol{u}_p}{\partial x}-\dfrac{\partial \boldsymbol{u}_f}{\partial x}\right)\\+2\mu_f\dfrac{\partial^2 \boldsymbol{u}_f}{\partial x^2}-\dfrac{1}{3}\times\dfrac{|\boldsymbol{u}_p-\boldsymbol{u}_f|^2}{a_f^2}\times\dfrac{\partial \boldsymbol{P}}{\partial x}-\dfrac{2}{3}\rho_f|\boldsymbol{u}_p-\boldsymbol{u}_f|\left|\dfrac{\partial \boldsymbol{u}_p}{\partial x}-\dfrac{\partial \boldsymbol{u}_f}{\partial x}\right|\\+\dfrac{\rho_p}{\rho_f}\mu_f\left(\dfrac{\partial \boldsymbol{u}_p}{\partial x}\times\dfrac{\partial C}{\partial x}+C\dfrac{\partial^2 \boldsymbol{u}_p}{\partial x^2}\right)-\dfrac{1}{3}\times\dfrac{|\boldsymbol{u}_p-\boldsymbol{u}_f|^2}{a_p^2}\times\dfrac{\partial \boldsymbol{P}}{\partial x}-\dfrac{2}{3}\rho_p|\boldsymbol{u}_p-\boldsymbol{u}_f|\left|\dfrac{\partial \boldsymbol{u}_p}{\partial x}-\dfrac{\partial \boldsymbol{u}_f}{\partial x}\right|\\\rho_p\dfrac{\partial C}{\partial t}+\dfrac{C}{a_p^2}\times\dfrac{\partial \boldsymbol{P}}{\partial t}+\rho_p\boldsymbol{u}_p\dfrac{\partial C}{\partial x}+\rho_p C\dfrac{\partial \boldsymbol{u}_p}{\partial x}+\dfrac{C\boldsymbol{u}_p}{a_p^2}\times\dfrac{\partial \boldsymbol{P}}{\partial x}=0\\\rho_p C\dfrac{\partial \boldsymbol{u}_p}{\partial t}+\rho_p C\boldsymbol{u}_p\dfrac{\partial \boldsymbol{u}_p}{\partial x}+C\dfrac{\partial \boldsymbol{P}}{\partial x}\\-\dfrac{\rho_p}{\rho_f}\mu_f\left(\dfrac{\partial \boldsymbol{u}_p}{\partial x}\times\dfrac{\partial C}{\partial x}+C\dfrac{\partial^2 \boldsymbol{u}_p}{\partial x^2}\right)+\dfrac{1}{3}\times\dfrac{|\boldsymbol{u}_p-\boldsymbol{u}_f|^2}{a_p^2}\times\dfrac{\partial \boldsymbol{P}}{\partial x}+\dfrac{2}{3}\rho_p|\boldsymbol{u}_p-\boldsymbol{u}_f|\left|\dfrac{\partial \boldsymbol{u}_p}{\partial x}-\dfrac{\partial \boldsymbol{u}_f}{\partial x}\right|\\-\dfrac{18\mu_f C(\boldsymbol{u}_f-\boldsymbol{u}_p)}{D^2}=0\end{cases}\tag{3.66}$$

在油液流动过程中，流速与压力波速相比很小，因而忽略迁移加速度项以及二次项，可简化整理得

$$\begin{cases}-\dfrac{1}{(1-C)}\times\dfrac{\partial C}{\partial t}-\dfrac{\boldsymbol{u}_{\mathrm{f}}}{(1-C)}\times\dfrac{\partial C}{\partial x}+\dfrac{\partial \boldsymbol{u}_{\mathrm{f}}}{\partial x}+\dfrac{1}{\rho_{\mathrm{f}}a_{\mathrm{f}}^{2}}\times\dfrac{\partial \boldsymbol{P}}{\partial t}+\dfrac{\boldsymbol{u}_{\mathrm{f}}}{\rho_{\mathrm{f}}a_{\mathrm{f}}^{2}}\times\dfrac{\partial \boldsymbol{P}}{\partial x}=0\\ \dfrac{\partial \boldsymbol{u}_{\mathrm{f}}}{\partial t}+\left[\boldsymbol{u}_{\mathrm{f}}-\dfrac{2\mu_{\mathrm{f}}C}{\rho_{\mathrm{f}}(1-C^{2})}\right]\dfrac{\partial \boldsymbol{u}_{\mathrm{f}}}{\partial x}+\dfrac{2\mu_{\mathrm{f}}C}{\rho_{\mathrm{f}}(1-C^{2})}\times\dfrac{\partial \boldsymbol{u}_{\mathrm{p}}}{\partial x}+\dfrac{1}{\rho_{\mathrm{f}}}\times\dfrac{\partial \boldsymbol{P}}{\partial x}=-\dfrac{18\mu_{\mathrm{f}}C(\boldsymbol{u}_{\mathrm{f}}-\boldsymbol{u}_{\mathrm{p}})}{\rho_{\mathrm{f}}(1-C)D^{2}}\\ \dfrac{1}{C}\times\dfrac{\partial C}{\partial t}+\dfrac{\boldsymbol{u}_{\mathrm{p}}}{C}\times\dfrac{\partial C}{\partial x}+\dfrac{\partial \boldsymbol{u}_{\mathrm{p}}}{\partial x}+\dfrac{1}{\rho_{\mathrm{p}}a_{\mathrm{p}}^{2}}\times\dfrac{\partial \boldsymbol{P}}{\partial t}+\dfrac{\boldsymbol{u}_{\mathrm{p}}}{\rho_{\mathrm{p}}a_{\mathrm{p}}^{2}}\times\dfrac{\partial \boldsymbol{P}}{\partial x}=0\\ \dfrac{\partial \boldsymbol{u}_{\mathrm{p}}}{\partial t}+\boldsymbol{u}_{\mathrm{p}}\dfrac{\partial \boldsymbol{u}_{\mathrm{p}}}{\partial x}+\dfrac{1}{\rho_{\mathrm{p}}}\times\dfrac{\partial \boldsymbol{P}}{\partial x}=\dfrac{18\mu_{\mathrm{f}}(\boldsymbol{u}_{\mathrm{f}}-\boldsymbol{u}_{\mathrm{p}})}{\rho_{\mathrm{p}}D^{2}}\end{cases}\tag{3.67}$$

3.1.3 污染油液的扩散模型的特征线求解

通过特征线法，上述方程组可转换为分别沿各自积分线的常微分方程组，即特征线方程与相容方程，转换结果如下。

对于式（3.67），设沿特征线方向可求得变量 C、$\boldsymbol{u}_{\mathrm{f}}$、$\boldsymbol{u}_{\mathrm{p}}$、$\boldsymbol{P}$，有

$$\begin{cases}\dfrac{\partial C}{\partial t}+\dfrac{\partial C}{\partial x}\times\dfrac{\mathrm{d}x}{\mathrm{d}t}=\dfrac{\mathrm{d}C}{\mathrm{d}t}\\ \dfrac{\partial \boldsymbol{u}_{\mathrm{f}}}{\partial t}+\dfrac{\partial \boldsymbol{u}_{\mathrm{f}}}{\partial x}\times\dfrac{\mathrm{d}x}{\mathrm{d}t}=\dfrac{\mathrm{d}\boldsymbol{u}_{\mathrm{f}}}{\mathrm{d}t}\\ \dfrac{\partial \boldsymbol{u}_{\mathrm{p}}}{\partial t}+\dfrac{\partial \boldsymbol{u}_{\mathrm{p}}}{\partial x}\times\dfrac{\mathrm{d}x}{\mathrm{d}t}=\dfrac{\mathrm{d}\boldsymbol{u}_{\mathrm{p}}}{\mathrm{d}t}\\ \dfrac{\partial \boldsymbol{P}}{\partial t}+\dfrac{\partial \boldsymbol{P}}{\partial x}\times\dfrac{\mathrm{d}x}{\mathrm{d}t}=\dfrac{\mathrm{d}\boldsymbol{P}}{\mathrm{d}t}\end{cases}\tag{3.68}$$

联立式（3.67）和式（3.68），由于沿特征方向各变量的偏导数不能唯一确定，且对应的系数的比不相等，可得系数行列式为零，即

$$\Delta=\begin{vmatrix}-\dfrac{1}{(1-C)}\left(\dfrac{\mathrm{d}x}{\mathrm{d}t}-\boldsymbol{u}_{\mathrm{f}}\right) & -1 & 0 & \dfrac{1}{\rho_{\mathrm{f}}a_{\mathrm{f}}^{2}}\left(\dfrac{\mathrm{d}x}{\mathrm{d}t}-\boldsymbol{u}_{\mathrm{f}}\right)\\ 0 & \left(\dfrac{\mathrm{d}x}{\mathrm{d}t}-\boldsymbol{u}_{\mathrm{f}}\right)+\dfrac{2C\mu_{\mathrm{f}}}{(1-C^{2})\rho_{\mathrm{f}}} & -\dfrac{2C\mu_{\mathrm{f}}}{(1-C^{2})\rho_{\mathrm{f}}} & -\dfrac{1}{\rho_{\mathrm{f}}}\\ \dfrac{1}{C}\left(\dfrac{\mathrm{d}x}{\mathrm{d}t}-\boldsymbol{u}_{\mathrm{p}}\right) & 0 & -1 & \dfrac{1}{\rho_{\mathrm{p}}a_{\mathrm{p}}^{2}}\left(\dfrac{\mathrm{d}x}{\mathrm{d}t}-\boldsymbol{u}_{\mathrm{p}}\right)\\ 0 & 0 & \dfrac{\mathrm{d}x}{\mathrm{d}t}-\boldsymbol{u}_{\mathrm{p}} & -\dfrac{1}{\rho_{\mathrm{p}}}\end{vmatrix}=0\tag{3.69}$$

设 $\dfrac{\mathrm{d}x}{\mathrm{d}t}=\lambda$（$C$，$\boldsymbol{u}_{\mathrm{f}}$，$\boldsymbol{u}_{\mathrm{p}}$，$\boldsymbol{P}$），可得行列式展开为

$$\begin{aligned}&\left(\frac{1-C}{\rho_{\mathrm{f}}a_{\mathrm{f}}^{2}}+\frac{C}{\rho_{\mathrm{p}}a_{\mathrm{p}}^{2}}\right)(\lambda-\boldsymbol{u}_{\mathrm{f}})^{2}(\lambda-\boldsymbol{u}_{\mathrm{p}})^{2}+\frac{2C\mu_{\mathrm{f}}}{(1-C^{2})\rho_{\mathrm{f}}}\left(\frac{1-C}{\rho_{\mathrm{f}}a_{\mathrm{f}}^{2}}+\frac{C}{\rho_{\mathrm{p}}a_{\mathrm{p}}^{2}}\right)(\lambda-\boldsymbol{u}_{\mathrm{f}})(\lambda-\boldsymbol{u}_{\mathrm{p}})^{2}\\&-\frac{C}{\rho_{\mathrm{p}}}(\lambda-\boldsymbol{u}_{\mathrm{f}})^{2}-\frac{1-C}{\rho_{\mathrm{f}}}(\lambda-\boldsymbol{u}_{\mathrm{p}})^{2}-\frac{2C\mu_{\mathrm{f}}}{(1-C^{2})\rho_{\mathrm{f}}}\left[\frac{1-C}{\rho_{\mathrm{p}}}(\lambda-\boldsymbol{u}_{\mathrm{p}})+\frac{C}{\rho_{\mathrm{p}}}(\lambda-\boldsymbol{u}_{\mathrm{f}})\right]=0\end{aligned}\tag{3.70}$$

设 $\boldsymbol{u}_{\mathrm{fp}}=\boldsymbol{u}_{\mathrm{f}}-\boldsymbol{u}_{\mathrm{p}}$，$\lambda_{\mathrm{f}}=\lambda-\boldsymbol{u}_{\mathrm{f}}$，则 $\lambda-\boldsymbol{u}_{\mathrm{p}}=\lambda-\boldsymbol{u}_{\mathrm{f}}+\boldsymbol{u}_{\mathrm{fp}}=\lambda_{\mathrm{f}}+\boldsymbol{u}_{\mathrm{fp}}$，式（3.70）可变换为

$$\left(\frac{1-C}{\rho_{\rm f}a_{\rm f}^2}+\frac{C}{\rho_{\rm p}a_{\rm p}^2}\right)\lambda_{\rm f}^2(\lambda_{\rm f}+\boldsymbol{u}_{\rm fp})^2-\frac{C}{\rho_{\rm p}}\lambda_{\rm f}^2-\frac{1-C}{\rho_{\rm f}}(\lambda_{\rm f}+\boldsymbol{u}_{\rm fp})^2$$
$$+\frac{2C\mu_{\rm f}}{(1-C^2)\rho_{\rm f}}\left(\frac{1-C}{\rho_{\rm f}a_{\rm f}^2}+\frac{C}{\rho_{\rm p}a_{\rm p}^2}\right)\lambda_{\rm f}(\lambda_{\rm f}+\boldsymbol{u}_{\rm fp})^2-\frac{2C\mu_{\rm f}}{(1-C^2)\rho_{\rm f}}\left[\frac{1-C}{\rho_{\rm p}}(\lambda_{\rm f}+\boldsymbol{u}_{\rm fp})+\frac{C}{\rho_{\rm p}}\lambda_{\rm f}\right]=0 \tag{3.71}$$

下面分析式（3.71）根的情况。

对一种较为简单的情况进行分析，当污染油液的两相速度相等时，即$\boldsymbol{u}_{\rm fp}=\boldsymbol{u}_{\rm f}-\boldsymbol{u}_{\rm p}=0$时，式（3.71）可变换为

$$\left(\frac{1-C}{\rho_{\rm f}a_{\rm f}^2}+\frac{C}{\rho_{\rm p}a_{\rm p}^2}\right)\lambda_{\rm f}^4+\frac{2C\mu_{\rm f}}{(1-C^2)\rho_{\rm f}}\left(\frac{1-C}{\rho_{\rm f}a_{\rm f}^2}+\frac{C}{\rho_{\rm p}a_{\rm p}^2}\right)\lambda_{\rm f}^3-\left(\frac{1-C}{\rho_{\rm f}}+\frac{C}{\rho_{\rm p}}\right)\lambda_{\rm f}^2-\frac{2\mu_{\rm f}}{(1-C^2)\rho_{\rm f}}\times\frac{C}{\rho_{\rm p}}\lambda_{\rm f}=0$$
$$\Rightarrow\begin{cases}\lambda_{\rm f}=0\\ \lambda_{\rm f}^3+\dfrac{2C\mu_{\rm f}}{(1-C^2)\rho_{\rm f}}\lambda_{\rm f}^2-\dfrac{1-C}{\rho_{\rm f}}+\dfrac{C}{\rho_{\rm p}}\Big/\left(\dfrac{1-C}{\rho_{\rm f}a_{\rm f}^2}+\dfrac{C}{\rho_{\rm p}a_{\rm p}^2}\right)\lambda_{\rm f}-\dfrac{2C\mu_{\rm f}}{(1-C^2)\rho_{\rm f}}\times\dfrac{1}{\rho_{\rm p}}\Big/\dfrac{1-C}{\rho_{\rm f}a_{\rm f}^2}+\dfrac{C}{\rho_{\rm p}a_{\rm p}^2}=0\end{cases} \tag{3.72}$$

$$\zeta_1=\sqrt{\frac{\begin{aligned}&-(1-C)^3(1-C^2)^4\rho_{\rm f}a_{\rm f}^2\rho_{\rm p}^2a_{\rm p}^2-\frac{C^2\mu_{\rm f}^2(1-C)^3(1-C^2)^2}{\rho_{\rm f}}\rho_{\rm p}^2a_{\rm p}^2\\&+3C(1-C)^2(1-C^2)^4\rho_{\rm f}^2a_{\rm f}^2\rho_{\rm p}a_{\rm p}^2+2C^2\mu_{\rm f}^2(C-9)(1-C)^2(1-C^2)^2\rho_{\rm p}a_{\rm p}^2\\&-C^3\mu_{\rm r}^2(1-C)^2(1-C^2)^2\rho_{\rm p}a_{\rm f}^2-\frac{16C^4\mu_{\rm f}^4(1-C)^2\rho_{\rm p}a_{\rm p}^2}{\rho_{\rm f}^2a_{\rm f}^2}-3C^2(1-C)(1-C^2)^4\rho_{\rm f}^3a_{\rm f}^2a_{\rm p}^2\\&-C^2\mu_{\rm f}^2(C^2-18C-27)(1-C)(1-C^2)^2\rho_{\rm f}a_{\rm p}^2+2C^3\mu_{\rm f}^2(C-9)(1-C)(1-C^2)^2\rho_{\rm f}a_{\rm f}^2\\&-\frac{32C^5\mu_{\rm f}^4(1-C)}{\rho_{\rm f}}+\frac{C^3(1-C^2)^4\rho_{\rm f}^4a_{\rm f}^2a_{\rm p}^2}{\rho_{\rm p}}-\frac{C^3\mu_{\rm f}^2(C^2-18C-27)(1-C^2)^2\rho_{\rm f}^2a_{\rm f}^2}{\rho_{\rm p}}-\frac{16C^6\mu_{\rm f}^4a_{\rm f}^2}{\rho_{\rm p}a_{\rm p}^2}\end{aligned}}{\dfrac{1-C}{\rho_{\rm f}a_{\rm f}^2}+\dfrac{C}{\rho_{\rm p}a_{\rm p}^2}}}$$

$$\begin{aligned}\zeta_2=&9C\mu_{\rm f}(1-C)(1-C^2)^2\rho_{\rm f}^2a_{\rm f}^2\rho_{\rm p}a_{\rm p}^2+8C^3\mu_{\rm f}^3(1-C)\rho_{\rm p}a_{\rm p}^2-9C\mu_{\rm f}(3+C)(1-C^2)^2\rho_{\rm f}^3a_{\rm f}^2a_{\rm p}^2\\&-3\sqrt{3}\zeta_1(1-C^2)\rho_{\rm f}^2a_{\rm f}a_{\rm p}+8C^4\mu_{\rm f}^3\rho_{\rm f}a_{\rm f}^2\end{aligned}$$

$$\zeta_3=3C(1-C^2)^2\rho_{\rm f}^3a_{\rm f}^2a_{\rm p}^2-3(1-C)(1-C^2)^2\rho_{\rm f}^2a_{\rm f}^2\rho_{\rm p}a_{\rm p}^2-4C^2\mu_{\rm f}^2[C\rho_{\rm f}a_{\rm f}^2+(1-C)\rho_{\rm p}a_{\rm p}^2]$$

$$\zeta_4=-(1-C^2)\rho_{\rm f}a_{\rm f}^2\rho_{\rm p}a_{\rm p}^2\left(\frac{1-C}{\rho_{\rm f}a_{\rm f}^2}+\frac{C}{\rho_{\rm p}a_{\rm p}^2}\right)$$

$$\lambda_{\rm f1}=\frac{1}{3}\times\frac{\sqrt[3]{-(1-C^2)\zeta_2\zeta_4^2}}{-(1-C^2)\zeta_4\rho_{\rm f}}-\frac{1}{3}\times\frac{\zeta_3}{\rho_{\rm f}\sqrt[3]{-(1-C^2)\zeta_2\zeta_4^2}}-\frac{1}{3}\times\frac{2C\mu_{\rm f}}{(1-C^2)\rho_{\rm f}}$$

$$\begin{aligned}\lambda_{\rm f2}=&-\frac{1}{6}\times\frac{\sqrt[3]{-(1-C^2)\zeta_2\zeta_4^2}}{-(1-C^2)\zeta_4\rho_{\rm f}}+\frac{1}{6}\times\frac{\zeta_3}{\rho_{\rm f}\sqrt[3]{-(1-C^2)\zeta_2\zeta_4^2}}-\frac{1}{3}\times\frac{2C\mu_{\rm f}}{(1-C^2)\rho_{\rm f}}\\&+i\frac{\sqrt{3}}{2}\left[\frac{1}{3}\times\frac{\sqrt[3]{-(1-C^2)\zeta_2\zeta_4^2}}{-(1-C^2)\zeta_4\rho_{\rm f}}+\frac{1}{3}\times\frac{\zeta_3}{\rho_{\rm f}\sqrt[3]{-(1-C^2)\zeta_2\zeta_4^2}}\right]\end{aligned} \tag{3.73}$$

$$\lambda_{\rm f3}=-\frac{1}{6}\times\frac{\sqrt[3]{-(1-C^2)\zeta_2\zeta_4^2}}{-(1-C^2)\zeta_4\rho_{\rm f}}+\frac{1}{6}\times\frac{\zeta_3}{\rho_{\rm f}\sqrt[3]{-(1-C^2)\zeta_2\zeta_4^2}}$$

$$-\frac{1}{3}\times\frac{2C\mu_f}{(1-C^2)\rho_f}-i\frac{\sqrt{3}}{2}\left[\frac{1}{3}\times\frac{\sqrt[3]{-(1-C^2)\zeta_2\zeta_4^2}}{-(1-C^2)\zeta_4\rho_f}+\frac{1}{3}\frac{\zeta_3}{\rho_f\sqrt[3]{-(1-C^2)\zeta_2\zeta_4^2}}\right]$$

$$\begin{cases}\lambda_{f1}=\frac{1}{3}\times\frac{\sqrt[3]{-(1-C^2)\zeta_2\zeta_4^2}}{-(1-C^2)\zeta_4\rho_f}-\frac{1}{3}\times\frac{\zeta_3}{\rho_f\sqrt[3]{-(1-C^2)\zeta_2\zeta_4^2}}-\frac{1}{3}\times\frac{2C\mu_f}{(1-C^2)\rho_f}\\ \lambda_{f2}=-\frac{1}{6}\times\frac{\sqrt[3]{-(1-C^2)\zeta_2\zeta_4^2}}{-(1-C^2)\zeta_4\rho_f}+\frac{1}{6}\times\frac{\zeta_3}{\rho_f\sqrt[3]{-(1-C^2)\zeta_2\zeta_4^2}}\\ -\frac{1}{3}\times\frac{2C\mu_f}{(1-C^2)\rho_f}+i\frac{\sqrt{3}}{2}\left[\frac{1}{3}\times\frac{\sqrt[3]{-(1-C^2)\zeta_2\zeta_4^2}}{-(1-C^2)\zeta_4\rho_f}+\frac{1}{3}\times\frac{\zeta_3}{\rho_f\sqrt[3]{-(1-C^2)\zeta_2\zeta_4^2}}\right]\\ \lambda_{f3}=-\frac{1}{6}\times\frac{\sqrt[3]{-(1-C^2)\zeta_2\zeta_4^2}}{-(1-C^2)\zeta_4\rho_f}+\frac{1}{6}\times\frac{\zeta_3}{\rho_f\sqrt[3]{-(1-C^2)\zeta_2\zeta_4^2}}\\ -\frac{1}{3}\times\frac{2C\mu_f}{(1-C^2)\rho_f}-i\frac{\sqrt{3}}{2}\left[\frac{1}{3}\times\frac{\sqrt[3]{-(1-C^2)\zeta_2\zeta_4^2}}{-(1-C^2)\zeta_4\rho_f}+\frac{1}{3}\times\frac{\zeta_3}{\rho_f\sqrt[3]{-(1-C^2)\zeta_2\zeta_4^2}}\right]\end{cases}\tag{3.74}$$

其中

$$\zeta_1=(1-C)(1-C^2)\rho_f\rho_p a_f a_p\sqrt{\left[\frac{2(C-9)}{(1-C)\rho_f\rho_p}-\frac{1}{\rho_f^2}-\frac{C^2-18C-27}{\rho_p^2(1-C)^2}\right]C^2\mu_f^2-\frac{16C^4\mu_f^4}{\rho_p\rho_f^2(1-C)^2(1-C^2)^2}\left(\frac{1-C}{\rho_f a_f^2}+\frac{C}{\rho_p a_p^2}\right)-\frac{\frac{(1-C^2)^2\rho_f^2}{(1-C)^2}\left(\frac{1-C}{\rho_f}-\frac{C}{\rho_p}\right)^3}{\frac{1-C}{\rho_f a_f^2}+\frac{C}{\rho_\rho a_p^2}}}$$

$$\zeta_2=(1-C)(1-C^2)^2\rho_f^2\rho_f a_f^2\rho_p a_p^2\left\{\begin{aligned}&9C\mu_f\left[\frac{1}{\rho_f}-\frac{(3+C)}{(1-C)}\times\frac{1}{\rho_p}\right]+\frac{8C^3\mu_f^3}{(1-C)(1-C^2)^2\rho_f^2}\left(\frac{1-C}{\rho_f a_f^2}+\frac{C}{\rho_p a_p^2}\right)\\&-3\sqrt{3}\sqrt{\left[\frac{2(C-9)}{(1-C)\rho_f\rho_p}-\frac{1}{\rho_f^2}-\frac{C^2-18C-27}{\rho_p^2(1-C)^2}\right]C^2\mu_f^2-\frac{16C^4\mu_f^4}{\rho_p\rho_f^2(1-C)^2(1-C^2)^2}\left(\frac{1-C}{\rho_f a_f^2}+\frac{C}{\rho_p a_p^2}\right)-\frac{\frac{(1-C^2)^2\rho_f^2}{(1-C)^2}\left(\frac{1-C}{\rho_f}-\frac{C}{\rho_p}\right)^3}{\frac{1-C}{\rho_f a_f^2}+\frac{C}{\rho_p a_p^2}}}\end{aligned}\right\}$$

$$\zeta_3=\rho_f^3 a_f^2\rho_p a_p^2\left[3(1-C^2)^2\left(\frac{C}{\rho_p}-\frac{1-C}{\rho_f}\right)-\frac{4C^2\mu_f^2}{\rho_f^2}\left(\frac{1-C}{\rho_f a_f^2}+\frac{C}{\rho_p a_p^2}\right)\right]$$

$$\zeta_4=-(1-C^2)\rho_f a_f^2\rho_p a_p^2\left(\frac{1-C}{\rho_f a_f^2}+\frac{C}{\rho_p a_p^2}\right)\tag{3.75}$$

一般认为方程组中出现复数根的情况初值问题的计算会出现不稳定现象，因而在利用特征线方法时尽量不要出现复特征根的情况。在污染油液中，忽略颗粒污染物动量方程中颗粒污染物的压力差项 $C\dfrac{\partial \boldsymbol{P}}{\partial x}$，则在油液的动量方程中将压差项 $(1-C)\dfrac{\partial \boldsymbol{P}}{\partial x}$用$\dfrac{\partial \boldsymbol{P}}{\partial x}$代替，可得

$$\begin{cases}-\dfrac{1}{(1-C)}\times\dfrac{\partial C}{\partial t}-\dfrac{\boldsymbol{u}_{\mathrm{f}}}{(1-C)}\times\dfrac{\partial C}{\partial x}+\dfrac{\partial \boldsymbol{u}_{\mathrm{f}}}{\partial x}+\dfrac{1}{\rho_{\mathrm{f}}a_{\mathrm{f}}^{2}}\times\dfrac{\partial \boldsymbol{P}}{\partial t}+\dfrac{\boldsymbol{u}_{\mathrm{f}}}{\rho_{\mathrm{f}}a_{\mathrm{f}}^{2}}\times\dfrac{\partial \boldsymbol{P}}{\partial x}=0\\ \dfrac{\partial \boldsymbol{u}_{\mathrm{f}}}{\partial t}+\left[\boldsymbol{u}_{\mathrm{f}}-\dfrac{2\mu_{\mathrm{f}}C}{\rho_{\mathrm{f}}(1-C^{2})}\right]\dfrac{\partial \boldsymbol{u}_{\mathrm{f}}}{\partial x}+\dfrac{2\mu_{\mathrm{f}}C}{\rho_{\mathrm{f}}(1-C^{2})}\times\dfrac{\partial \boldsymbol{u}_{\mathrm{p}}}{\partial x}+\dfrac{1}{\rho_{\mathrm{f}}(1-C)}\times\dfrac{\partial \boldsymbol{P}}{\partial x}=-\dfrac{18\mu_{\mathrm{f}}C(\boldsymbol{u}_{\mathrm{f}}-\boldsymbol{u}_{\mathrm{p}})}{\rho_{\mathrm{f}}(1-C)D^{2}}\\ \dfrac{1}{C}\times\dfrac{\partial C}{\partial t}+\dfrac{\boldsymbol{u}_{\mathrm{p}}}{C}\times\dfrac{\partial C}{\partial x}+\dfrac{\partial \boldsymbol{u}_{\mathrm{p}}}{\partial x}+\dfrac{1}{\rho_{\mathrm{p}}a_{\mathrm{p}}^{2}}\times\dfrac{\partial \boldsymbol{P}}{\partial t}+\dfrac{\boldsymbol{u}_{\mathrm{p}}}{\rho_{\mathrm{p}}a_{\mathrm{p}}^{2}}\times\dfrac{\partial \boldsymbol{P}}{\partial x}=0\\ \dfrac{\partial \boldsymbol{u}_{\mathrm{p}}}{\partial t}+\boldsymbol{u}_{\mathrm{p}}\dfrac{\partial \boldsymbol{u}_{\mathrm{p}}}{\partial x}=\dfrac{18\mu_{\mathrm{f}}(\boldsymbol{u}_{\mathrm{f}}-\boldsymbol{u}_{\mathrm{p}})}{\rho_{\mathrm{p}}D^{2}}\end{cases}\tag{3.76}$$

又因在特征方向上变量是唯一确定的，其偏导数存在，则有

$$\Delta=\begin{vmatrix}-\dfrac{1}{1-C}\left(\dfrac{\mathrm{d}x}{\mathrm{d}t}-\boldsymbol{u}_{\mathrm{f}}\right) & -1 & 0 & \dfrac{1}{\rho_{\mathrm{f}}a_{\mathrm{f}}^{2}}\left(\dfrac{\mathrm{d}x}{\mathrm{d}t}-\boldsymbol{u}_{\mathrm{f}}\right)\\ 0 & \left(\dfrac{\mathrm{d}x}{\mathrm{d}t}-\boldsymbol{u}_{\mathrm{f}}\right)+\dfrac{2C\mu_{\mathrm{f}}}{(1-C^{2})\rho_{\mathrm{f}}} & -\dfrac{2C\mu_{\mathrm{f}}}{(1-C^{2})\rho_{\mathrm{f}}} & -\dfrac{1}{(1-C)\rho_{\mathrm{f}}}\\ \dfrac{1}{C}\left(\dfrac{\mathrm{d}x}{\mathrm{d}t}-\boldsymbol{u}_{\mathrm{p}}\right) & 0 & -1 & \dfrac{1}{\rho_{\mathrm{p}}a_{\mathrm{p}}^{2}}\left(\dfrac{\mathrm{d}x}{\mathrm{d}t}-\boldsymbol{u}_{\mathrm{p}}\right)\\ 0 & 0 & \dfrac{\mathrm{d}x}{\mathrm{d}t}-\boldsymbol{u}_{\mathrm{p}} & 0\end{vmatrix}=0\tag{3.77}$$

设$\dfrac{\mathrm{d}x}{\mathrm{d}t}=\lambda(C,\ \boldsymbol{u}_{\mathrm{f}},\ \boldsymbol{u}_{\mathrm{p}},\ \boldsymbol{P})$，可得行列式展开为

$$\begin{aligned}&\left(\dfrac{1-C}{\rho_{\mathrm{f}}a_{\mathrm{f}}^{2}}+\dfrac{C}{\rho_{\mathrm{p}}a_{\mathrm{p}}^{2}}\right)(\lambda-\boldsymbol{u}_{\mathrm{f}})^{2}(\lambda-\boldsymbol{u}_{\mathrm{p}})^{2}+\dfrac{2C\mu_{\mathrm{f}}}{(1-C^{2})\rho_{\mathrm{f}}}\left(\dfrac{1-C}{\rho_{\mathrm{f}}a_{\mathrm{f}}^{2}}+\dfrac{C}{\rho_{\mathrm{p}}a_{\mathrm{p}}^{2}}\right)(\lambda-\boldsymbol{u}_{\mathrm{f}})(\lambda-\boldsymbol{u}_{\mathrm{p}})^{2}\\&-\dfrac{1}{\rho_{\mathrm{f}}}(\lambda-\boldsymbol{u}_{\mathrm{p}})^{2}=0\end{aligned}\tag{3.78}$$

又因在特征方向上变量是唯一确定的，其偏导数存在，则有

$$\Delta=\begin{vmatrix}-\dfrac{1}{1-C}\times\dfrac{\mathrm{d}C}{\mathrm{d}t}+\dfrac{1}{\rho_{\mathrm{f}}a_{\mathrm{f}}^{2}}\times\dfrac{\mathrm{d}\boldsymbol{P}}{\mathrm{d}t} & -1 & 0 & \dfrac{1}{\rho_{\mathrm{f}}a_{\mathrm{f}}^{2}}\left(\dfrac{\mathrm{d}x}{\mathrm{d}t}-\boldsymbol{u}_{\mathrm{f}}\right)\\ \dfrac{\mathrm{d}\boldsymbol{u}_{\mathrm{f}}}{\mathrm{d}t}+\dfrac{18\mu_{\mathrm{f}}C(\boldsymbol{u}_{\mathrm{f}}-\boldsymbol{u}_{\mathrm{p}})}{(1-C)D^{2}} & \left(\dfrac{\mathrm{d}x}{\mathrm{d}t}-\boldsymbol{u}_{\mathrm{f}}\right)+\dfrac{2C\mu_{\mathrm{f}}}{(1-C^{2})\rho_{\mathrm{f}}} & -\dfrac{2C\mu_{\mathrm{f}}}{(1-C^{2})\rho_{\mathrm{f}}} & -\dfrac{1}{(1-C)\rho_{\mathrm{f}}}\\ \dfrac{1}{C}\times\dfrac{\mathrm{d}C}{\mathrm{d}t}+\dfrac{1}{\rho_{\mathrm{p}}a_{\mathrm{p}}^{2}}\times\dfrac{\mathrm{d}\boldsymbol{P}}{\mathrm{d}t} & 0 & -1 & \dfrac{1}{\rho_{\mathrm{p}}a_{\mathrm{p}}^{2}}\left(\dfrac{\mathrm{d}x}{\mathrm{d}t}-\boldsymbol{u}_{\mathrm{p}}\right)\\ \dfrac{\mathrm{d}\boldsymbol{u}_{\mathrm{p}}}{\mathrm{d}t}-\dfrac{18\mu_{\mathrm{f}}(\boldsymbol{u}_{\mathrm{f}}-\boldsymbol{u}_{\mathrm{p}})}{D^{2}} & 0 & \dfrac{\mathrm{d}x}{\mathrm{d}t}-\boldsymbol{u}_{\mathrm{p}} & 0\end{vmatrix}=0\tag{3.79}$$

展开得相应特征线上的相容方程。

$$\begin{aligned}&\left[-\dfrac{1}{(1-C)\rho_{\mathrm{f}}}+\dfrac{1}{\rho_{\mathrm{f}}a_{\mathrm{f}}^{2}}(\lambda-\boldsymbol{u}_{\mathrm{f}})^{2}+\dfrac{2C\mu_{\mathrm{f}}}{(1-C^{2})\rho_{\mathrm{f}}\rho_{\mathrm{f}}a_{\mathrm{f}}^{2}}(\lambda-\boldsymbol{u}_{\mathrm{f}})-\dfrac{2C\mu_{\mathrm{f}}}{(1-C^{2})\rho_{\mathrm{f}}\rho_{\mathrm{p}}a_{\mathrm{p}}^{2}}(\lambda-\boldsymbol{u}_{\mathrm{p}})\right]\dfrac{\mathrm{d}\boldsymbol{u}_{\mathrm{p}}}{\mathrm{d}t}\\&-\dfrac{1}{\rho_{\mathrm{p}}a_{\mathrm{p}}^{2}}(\lambda-\boldsymbol{u}_{\mathrm{p}})^{2}\dfrac{\mathrm{d}\boldsymbol{u}_{\mathrm{f}}}{\mathrm{d}t}\end{aligned}$$

$$+\left\{\begin{array}{l}\left[\dfrac{1}{\rho_f a_f^2\rho_p a_p^2}(\lambda-\boldsymbol{u}_f)^2+\dfrac{2C\mu_f}{(1-C^2)\rho_f\rho_f a_f^2\rho_p a_p^2}(\lambda-\boldsymbol{u}_f)-\dfrac{1}{(1-C)\rho_f\rho_p a_p^2}\right](\lambda-\boldsymbol{u}_p)\\-\dfrac{1}{\rho_f a_f^2\rho_p a_p^2}(\lambda-\boldsymbol{u}_f)(\lambda-\boldsymbol{u}_p)^2-\dfrac{2C\mu_f}{(1-C^2)\rho_f\rho_f a_f^2\rho_p a_p^2}(\lambda-\boldsymbol{u}_p)^2\end{array}\right\}\frac{\mathrm{d}\boldsymbol{P}}{\mathrm{d}t}$$

$$\left\{\begin{array}{l}\left[\begin{array}{l}\dfrac{1}{C\rho_f a_f^2}(\lambda-\boldsymbol{u}_f)^2+\dfrac{2\mu_f}{(1-C^2)\rho_f\rho_f a_f^2}\\(\lambda-\boldsymbol{u}_f)-\dfrac{1}{(1-C)C\rho_f}\end{array}\right](\lambda-\boldsymbol{u}_p)\\\left[\dfrac{1}{(1-C)\rho_p a_p^2}(\lambda-\boldsymbol{u}_f)+\dfrac{2C\mu_f}{(1-C)(1-C^2)\rho_f\rho_p a_p^2}\right](\lambda-\boldsymbol{u}_p)^2\end{array}\right\}\frac{\mathrm{d}\boldsymbol{C}}{\mathrm{d}t} \tag{3.80}$$

$$+\frac{18\mu_f C(\boldsymbol{u}_f-\boldsymbol{u}_p)}{(1-C)^2\rho_f D^2}-\frac{18\mu_f C(\boldsymbol{u}_f-\boldsymbol{u}_p)}{(1-C)\rho_f a_f^2 D^2}(\lambda-\boldsymbol{u}_f)^2-\frac{36\mu_f^2C^2(\boldsymbol{u}_f-\boldsymbol{u}_p)}{(1-C)(1-C^2)\rho_f\rho_f a_f^2 D^2}(\lambda-\boldsymbol{u}_f)$$

$$-\frac{18\mu_f C(\boldsymbol{u}_f-\boldsymbol{u}_p)}{(1-C)\rho_p a_p^2 D^2}(\lambda-\boldsymbol{u}_p)^2+\frac{36\mu_f^2C^2(\boldsymbol{u}_f-\boldsymbol{u}_p)}{(1-C)(1-C^2)\rho_f\rho_p a_p^2 D^2}(\lambda-\boldsymbol{u}_p)=0$$

$$\left\{\left[\frac{1-C}{\rho_f a_f^2}(\lambda-\boldsymbol{u}_f)+\frac{C}{\rho_p a_p^2}(\lambda-\boldsymbol{u}_p)\right]\left[(\lambda-\boldsymbol{u}_f)+\frac{2C\mu_f}{(1-C^2)\rho_f}\right]-\frac{1}{\rho_f}\right\}(\lambda-\boldsymbol{u}_p)\frac{\mathrm{d}\boldsymbol{C}}{\mathrm{d}t}$$

$$-\frac{C(1-C)}{\rho_p a_p^2}(\lambda-\boldsymbol{u}_p)^2\frac{\mathrm{d}\boldsymbol{u}_f}{\mathrm{d}t}$$

$$+\left\{-\frac{C}{\rho_f}+\frac{C(1-C)}{\rho_f a_f^2}(\lambda-\boldsymbol{u}_f)^2+\frac{2C\mu_f(1-C)}{(1-C^2)\rho_f}\left[\frac{C}{\rho_f a_f^2}(\lambda-\boldsymbol{u}_f)-\frac{C}{\rho_p a_p^2}(\lambda-\boldsymbol{u}_p)\right]\right\}\frac{\mathrm{d}\boldsymbol{u}_p}{\mathrm{d}t}$$

$$-\frac{C}{\rho_p a_p^2}\left\{\frac{1-C}{\rho_f a_f^2}(\boldsymbol{u}_f-\boldsymbol{u}_p)\left[(\lambda-\boldsymbol{u}_f)+\frac{2C\mu_f}{(1-C^2)\rho_f}\right]+\frac{1}{\rho_f}\right\}(\lambda-\boldsymbol{u}_p)\frac{\mathrm{d}\boldsymbol{P}}{\mathrm{d}t} \tag{3.81}$$

$$+\frac{18\mu_f C(\boldsymbol{u}_f-\boldsymbol{u}_p)}{D^2}\left[\begin{array}{l}\dfrac{C}{(1-C)\rho_f}-\dfrac{C}{\rho_f a_f^2}(\lambda-\boldsymbol{u}_f)^2-\dfrac{C}{\rho_p a_p^2}(\lambda-\boldsymbol{u}_p)^2\\-\dfrac{2\mu_f C}{(1-C^2)\rho_f}\left[\dfrac{C}{\rho_f a_f^2}(\lambda-\boldsymbol{u}_f)-\dfrac{C}{\rho_p a_p^2}(\lambda-\boldsymbol{u}_p)\right]\end{array}\right]=0$$

设$\boldsymbol{u}_{fp}=\boldsymbol{u}_f-\boldsymbol{u}_p$，$\lambda_f=\lambda-\boldsymbol{u}_f$，则$\lambda-\boldsymbol{u}_p=\lambda-\boldsymbol{u}_f+\boldsymbol{u}_{fp}=\lambda_f+\boldsymbol{u}_{fp}$，式（3.71）特征方程可变换为

$$\left(\frac{1-C}{\rho_f a_f^2}+\frac{C}{\rho_p a_p^2}\right)\lambda_f^2(\lambda_f+\boldsymbol{u}_{fp})^2+\frac{2C\mu_f}{(1-C^2)\rho_f}\left(\frac{1-C}{\rho_f a_f^2}+\frac{C}{\rho_p a_p^2}\right)\lambda_f(\lambda_f+\boldsymbol{u}_{fp})^2-\frac{1}{\rho_f}(\lambda_f+\boldsymbol{u}_{fp})^2=0$$

$$\Rightarrow\left[\lambda_f^2+\frac{2C\mu_f}{(1-C^2)\rho_f}\lambda_f-\frac{1}{\rho_f\left(\dfrac{1-C}{\rho_f a_f^2}+\dfrac{C}{\rho_p a_p^2}\right)}\right](\lambda_f+\boldsymbol{u}_{fp})^2=0 \tag{3.82}$$

式（3.81）相容方程进一步简化为

$$\left\{\left[\frac{1-C}{\rho_f a_f^2}\lambda_f+\frac{C}{\rho_p a_p^2}(\lambda_f+\boldsymbol{u}_{fp})\right]\left[\lambda_f+\frac{2C\mu_f}{(1-C^2)\rho_f}\right]-\frac{1}{\rho_f}\right\}(\lambda_f+\boldsymbol{u}_{fp})\frac{\mathrm{d}\boldsymbol{C}}{\mathrm{d}t}$$

$$-\frac{C(1-C)}{\rho_{p}a_{p}^{2}}(\lambda_{f}+\boldsymbol{u}_{fp})^{2}\frac{d\boldsymbol{u}_{f}}{dt}+\left\{\begin{aligned}&-\frac{C}{\rho_{f}}+\frac{C(1-C)}{\rho_{f}a_{f}^{2}}\lambda_{f}^{2}\\&+\frac{2C\mu_{f}(1-C)}{(1-C^{2})\rho_{f}}\left[\frac{C}{\rho_{f}a_{f}^{2}}\lambda_{f}-\frac{C}{\rho_{p}a_{p}^{2}}(\lambda_{f}+\boldsymbol{u}_{fp})\right]\end{aligned}\right\}\frac{d\boldsymbol{u}_{p}}{dt}$$

$$-\frac{C}{\rho_{p}a_{p}^{2}}\left\{\frac{1-C}{\rho_{f}a_{f}^{2}}\boldsymbol{u}_{fp}\left[\lambda_{f}+\frac{2C\mu_{f}}{(1-C^{2})\rho_{f}}\right]+\frac{1}{\rho_{f}}\right\}(\lambda_{f}+\boldsymbol{u}_{fp})\frac{d\boldsymbol{P}}{dt} \tag{3.83}$$

$$+\frac{18\mu_{f}C\boldsymbol{u}_{fp}}{D^{2}}\left\{\begin{aligned}&\frac{C}{(1-C)\rho_{f}}-\frac{C}{\rho_{f}a_{f}^{2}}\lambda_{f}^{2}-\frac{C}{\rho_{p}a_{p}^{2}}(\lambda_{f}+\boldsymbol{u}_{fp})^{2}-\frac{2\mu_{f}C}{(1-C^{2})\rho_{f}}\\&\left[\frac{C}{\rho_{f}a_{f}^{2}}\lambda_{f}-\frac{C}{\rho_{p}a_{p}^{2}}(\lambda_{f}+\boldsymbol{u}_{fp})\right]\end{aligned}\right\}=0$$

下面分析式（3.82）根的情况。

(1) 当污染油液的两相速度相等时

当污染油液的两相速度相等时，即$\boldsymbol{u}_{fp}=\boldsymbol{u}_{f}-\boldsymbol{u}_{p}=0$。

$$\left[\lambda_{f}^{2}+\frac{2C\mu_{f}}{(1-C^{2})\rho_{f}}\lambda_{f}-\frac{1}{\rho_{f}\left(\frac{1-C}{\rho_{f}a_{f}^{2}}+\frac{C}{\rho_{p}a_{p}^{2}}\right)}\right]\lambda_{f}^{2}=0\Rightarrow\begin{cases}\lambda_{f}=0\\ \lambda_{f}^{2}+\dfrac{\frac{2C\mu_{f}}{(1-C^{2})\rho_{f}}\lambda_{f}-1}{\rho_{f}\left(\frac{1-C}{\rho_{f}a_{f}^{2}}+\frac{C}{\rho_{p}a_{p}^{2}}\right)}=0\end{cases} \tag{3.84}$$

可得四个特征方向为

$$\begin{cases}\lambda_{1,2}=\pm\boldsymbol{u}_{f}\\ \lambda_{3,4}=\boldsymbol{u}_{f}-\dfrac{C\mu_{f}}{(1-C^{2})\rho_{f}}\pm\sqrt{\dfrac{\left[\frac{C\mu_{f}}{(1-C^{2})\rho_{f}}\right]^{2}+1}{\rho_{f}\left(\frac{1-C}{\rho_{f}a_{f}^{2}}+\frac{C}{\rho_{p}a_{p}^{2}}\right)}}\end{cases} \tag{3.85}$$

可见，在污染油液为均质流时，在管道内的轴向以及时间平面上有两组特征线与均质流的流线一致，其他两条特征线为相对于均质流的流速以一定的扰动量向前、向后进行传播。

当污染油液的两相速度相等时，即$\boldsymbol{u}_{fp}=\boldsymbol{u}_{f}-\boldsymbol{u}_{p}=0$，式（3.83）相容方程变换为

$$\left[\left(\frac{1-C}{\rho_{f}a_{f}^{2}}+\frac{C}{\rho_{p}a_{p}^{2}}\right)\lambda_{f}^{3}+\frac{2C\mu_{f}}{(1-C^{2})\rho_{f}}\left(\frac{1-C}{\rho_{f}a_{f}^{2}}+\frac{C}{\rho_{p}a_{p}^{2}}\right)\lambda_{f}^{2}-\frac{1}{\rho_{f}}\lambda_{f}\right]\frac{d\boldsymbol{C}}{dt}$$

$$-C(1-C)\frac{1}{\rho_{p}a_{p}^{2}}\lambda_{f}^{2}\frac{d\boldsymbol{u}_{f}}{dt} \tag{3.86}$$

$$+C(1-C)\left[\frac{1}{\rho_{f}a_{f}^{2}}\lambda_{f}^{2}+\frac{2C\mu_{f}}{(1-C^{2})\rho_{f}}\left(\frac{1}{\rho_{f}a_{f}^{2}}-\frac{1}{\rho_{p}a_{p}^{2}}\right)\lambda_{f}-\frac{1}{(1-C)\rho_{f}}\right]\frac{d\boldsymbol{u}_{p}}{dt}-\frac{C}{\rho_{p}a_{p}^{2}}\times\frac{1}{\rho_{f}}\lambda_{f}\frac{d\boldsymbol{P}}{dt}=0$$

化简为

$$\left[\left(\frac{1}{\rho_{f}a_{f}^{2}}-\frac{1}{\rho_{p}a_{p}^{2}}\right)\lambda_{f}^{2}+\frac{2C\mu_{f}}{(1-C^{2})\rho_{f}}\left(\frac{1}{\rho_{f}a_{f}^{2}}-\frac{1}{\rho_{p}a_{p}^{2}}\right)\lambda_{f}-\frac{1}{(1-C)\rho_{f}}\right]\frac{d\boldsymbol{u}_{f}}{dt}-\frac{1}{\rho_{p}a_{p}^{2}}\times\frac{1}{(1-C)\rho_{f}}\lambda_{f}\frac{d\boldsymbol{P}}{dt}=0 \tag{3.87}$$

由于污染油液的均质传输响应计算采用特征值法，因此在网格的划分上必须有统一的油液传输时间步长 $\Delta\tau$ 与管道单元步长 Δl，并且管道单元步长与时间步长之间必须满足相容条件所确定的关系 $\lambda_{i}\Delta\tau/\Delta l\leqslant 1$。取管道单元步长与时间步长之间满足关系 $\lambda\Delta\tau\text{-}\Delta l$，则油液特

征线与空间坐标轴的交点正好落于前后两节点上，如图 3.1 所示。

将式(3.83) 和式(3.85) 按照上述方法转换为差分方程，整理可得特征线方程。

$$\begin{cases}\left[\left(\frac{1}{\rho_f a_f^2}-\frac{1}{\rho_p a_p^2}\right)(\lambda_3-\boldsymbol{u}_f^A)^2+\frac{2C\mu_f}{(1-C^2)\rho_f}\left(\frac{1}{\rho_f a_f^2}-\frac{1}{\rho_p a_p^2}\right)(\lambda_3-\boldsymbol{u}_f^A)-\frac{1}{(1-C)\rho_f}\right]\frac{\boldsymbol{u}_f^P\ \boldsymbol{u}_f^A}{dt}\\ -\frac{1}{\rho_p a_p^2}\times\frac{1}{(1-C)\rho_f}(\lambda_3\ \boldsymbol{u}_f^A)\frac{\boldsymbol{P}_f^P-\boldsymbol{P}_f^A}{dt}=0\\ \lambda_3=\boldsymbol{u}_f-\frac{C\mu_f}{(1-C^2)\rho_f}+\sqrt{\left[\frac{C\mu_f}{(1-C^2)\rho_f}\right]^2+\frac{1}{\rho_f\left(\frac{1-C}{\rho_f a_f^2}+\frac{C}{\rho_p a_p^2}\right)}}\end{cases} \tag{3.88}$$

$$\begin{cases}\left[\left(\frac{1}{\rho_f a_f^2}-\frac{1}{\rho_p a_p^2}\right)(\lambda_4-\boldsymbol{u}_f^A)^2+\frac{2C\mu_f}{(1-C^2)\rho_f}\left(\frac{1}{\rho_f a_f^2}-\frac{1}{\rho_p a_p^2}\right)(\lambda_4-\boldsymbol{u}_f^A)-\frac{1}{(1-C)\rho_f}\right]\frac{\boldsymbol{u}_f^P-\boldsymbol{u}_f^D}{dt}\\ -\frac{1}{\rho_p a_p^2}\times\frac{1}{(1-C)\rho_f}(\lambda_4-\boldsymbol{u}_f^A)\frac{\boldsymbol{P}_f^P-\boldsymbol{P}_f^D}{dt}=0\\ \lambda_4=\boldsymbol{u}_f-\frac{C\mu_f}{(1-C^2)\rho_f}-\sqrt{\left[\frac{C\mu_f}{(1-C^2)\rho_f}\right]^2+\frac{1}{\rho_f\left(\frac{1-C}{\rho_f a_f^2}+\frac{C}{\rho_p a_p^2}\right)}}\end{cases} \tag{3.89}$$

(2) 当污染油液的两相速度不相等时

当污染油液的两相速度不相等时，即$\boldsymbol{u}_{fp}=\boldsymbol{u}_f-\boldsymbol{u}_p\neq 0$，式(3.83)可变换为简化后的方程组的特征方向。

$$\left(\frac{1-C}{\rho_f a_f^2}+\frac{C}{\rho_p a_p^2}\right)\lambda_f^2(\lambda_f+\boldsymbol{u}_{fp})^2+\frac{2C\mu_f}{(1-C^2)\rho_f}\left(\frac{1-C}{\rho_f a_f^2}+\frac{C}{\rho_p a_p^2}\right)\lambda_f(\lambda_f+\boldsymbol{u}_{fp})^2-\frac{1}{\rho_f}(\lambda_f+\boldsymbol{u}_{fp})^2=0$$

$$\Rightarrow\left[\lambda_f^2+\frac{2C\mu_f}{(1-C^2)\rho_f}\lambda_f-\frac{1}{\rho_f\left(\frac{1-C}{\rho_f a_f^2}+\frac{C}{\rho_p a_p^2}\right)}\right](\lambda_f+\boldsymbol{u}_{fp})^2=0 \tag{3.90}$$

$$\Rightarrow\begin{cases}\lambda_f=-\boldsymbol{u}_{fp}\\ \lambda_f^2+\frac{2C\mu_f}{(1-C^2)\rho_f}\lambda_f-\frac{1}{\rho_f\left(\frac{1-C}{\rho_f a_f^2}+\frac{C}{\rho_p a_p^2}\right)}=0\end{cases}$$

可得四个特征方向为

$$\begin{cases}\lambda_{1,2}=\pm\boldsymbol{u}_p\\ \lambda_{3,4}=\boldsymbol{u}_f-\frac{C\mu_f}{(1-C^2)\rho_f}\pm\sqrt{\left[\frac{C\mu_f}{(1-C^2)\rho_f}\right]^2+\frac{1}{\rho_f\left(\frac{1-C}{\rho_f a_f^2}+\frac{C}{\rho_p a_p^2}\right)}}\end{cases} \tag{3.91}$$

由于颗粒污染物与油液的相互作用响应计算采用特征值法，因此在网格的划分上必须有统一的时间步长 $\Delta\tau$ 与管道单元步长 Δl，并且管道单元步长与时间步长之间必须满足相容条件所确定的关系 $\lambda_i\Delta\tau/\Delta l\leqslant 1$。因为颗粒污染物的压力波速与油液压力波速之间不一定满足整数倍关系，所以必然有两条特征线（分别为正向与负向）与空间坐标轴的交点落于某两节点之间。通常用插值方法求得该两节点的参数值，根据插值方法的不同又可分为空间插值与时间插值两种。时间插值法与空间插值法相比，所得到的响应结果与空间插值法基本一致，但由于空间插值法是按照油液纵波划分计算网格，而时间插值法是按照颗粒污染物纵波划分计算网格，若管道划分的单元数目相同，则时间插值法的计算时间步长要小于空间插值法的时间步长，所以时间插值法计算量大约是空间插值法计算量的几倍。但从计算结果的精确性上看，时间插值法的计算精度要高于空间插值法。本书采用时间插值法以便得到精度较高好的响应计算结果。

取管道单元步长与时间步长之间满足关系 $\lambda\Delta\tau-\Delta l$，则油液特征线与空间坐标轴的交点正好落于前后两节点上，而颗粒污染物特征线与空间坐标轴的节点落于前几个时间步长的某两节点之间，如图 3.1 所示。

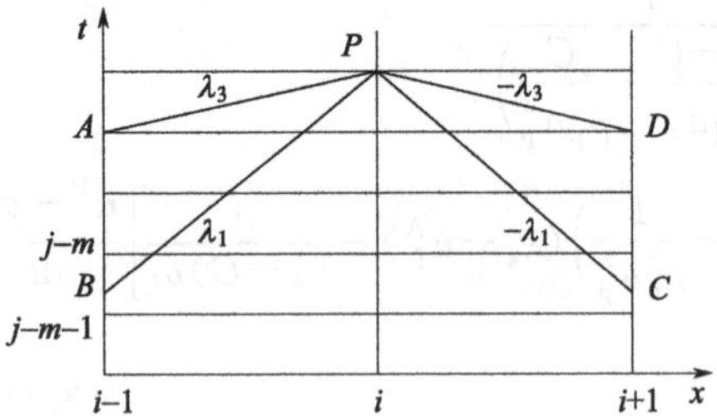

图 3.1 特征线计算网格

如果 $\lambda_1/\lambda_3=m+n$，m 为整数部分，n 为小数部分，则对第 j 时刻第 i 点 P 来说，其油液特征线与空间坐标轴的交点 A 与 D 分别为第 $j-1$ 时刻的 $i-1$ 与 $i+1$ 节点，污染物特征线与空间坐标轴 $i-1$、$i+1$ 的交点为 B 和 C，分别落于 $j-m$ 与 $j-m-1$ 两时刻之间。此点的变量值可由其相邻两点进行插值求得。

将式（3.83）和式（3.91）按照上述方法转换为差分方程，整理可得特征线方程。

$$\left\{\begin{aligned}
&\left\{\left[\frac{1-C}{\rho_f a_f^2}(\lambda_1-\boldsymbol{u}_f^A)+\frac{C}{\rho_p a_p^2}(\lambda_1-\boldsymbol{u}_p^A)\right]\left[(\lambda_1-\boldsymbol{u}_f^A)+\frac{2C\mu_f}{(1-C^2)\rho_f}\right]-\frac{1}{\rho_f}\right\}(\lambda_1-\boldsymbol{u}_p^A)\frac{\boldsymbol{C}^P-\boldsymbol{C}^A}{dt}\\
&-\frac{C(1-C)}{\rho_p a_p^2}(\lambda_1-\boldsymbol{u}_p^A)^2\frac{\boldsymbol{u}_f^P-\boldsymbol{u}_f^A}{dt}\\
&+\left\{-\frac{C}{\rho_f}+\frac{C(1-C)}{\rho_f a_f^2}(\lambda_1-\boldsymbol{u}_f^A)^2+\frac{2C\mu_f(1-C)}{(1-C^2)\rho_f}\left[\frac{C}{\rho_f a_f^2}(\lambda_1-\boldsymbol{u}_f^A)-\frac{C}{\rho_p a_p^2}(\lambda_1-\boldsymbol{u}_p^A)\right]\right\}\frac{\boldsymbol{u}_p^P-\boldsymbol{u}_p^A}{dt}\\
&-\frac{C}{\rho_p a_p^2}\left\{\frac{1-C}{\rho_f a_f^2}(\boldsymbol{u}_f^A-\boldsymbol{u}_p^A)\left[(\lambda_1-\boldsymbol{u}_f^A)+\frac{2C\mu_f}{(1-C^2)\rho_f}\right]+\frac{1}{\rho_f}\right\}(\lambda_1-\boldsymbol{u}_p^A)\frac{\boldsymbol{P}^P-\boldsymbol{P}^A}{dt}\\
&+\frac{18\mu_f C(\boldsymbol{u}_f^P-\boldsymbol{u}_p^P)}{D^2}\left\{\begin{aligned}&\frac{C}{(1-C)\rho_f}-\frac{C}{\rho_f a_f^2}(\lambda_1-\boldsymbol{u}_f^A)^2-\frac{C}{\rho_p a_p^2}(\lambda_1-\boldsymbol{u}_p^A)^2\\&-\frac{2\mu_f C}{(1-C^2)\rho_f}\left[\frac{C}{\rho_f a_f^2}(\lambda_1-\boldsymbol{u}_f^A)-\frac{C}{\rho_p a_p^2}(\lambda_1-\boldsymbol{u}_p^A)\right]\end{aligned}\right\}=0\\
&\lambda_1=\boldsymbol{u}_p^P
\end{aligned}\right. \tag{3.92}$$

$$\left\{\begin{aligned}
&\left\{\left[\frac{1-C}{\rho_f a_f^2}(\lambda_2-\boldsymbol{u}_f^D)+\frac{C}{\rho_p a_p^2}(\lambda_2-\boldsymbol{u}_p^D)\right]\left[(\lambda_2-\boldsymbol{u}_f^D)+\frac{2C\mu_f}{(1-C^2)\rho_f}\right]-\frac{1}{\rho_f}\right\}(\lambda_2-\boldsymbol{u}_p^D)\frac{\boldsymbol{C}^P-\boldsymbol{C}^D}{dt}\\
&-\frac{C(1-C)}{\rho_p a_p^2}(\lambda_2-\boldsymbol{u}_p^D)^2\frac{\boldsymbol{u}_f^P-\boldsymbol{u}_f^D}{dt}\\
&+\left\{-\frac{C}{\rho_f}+\frac{C(1-C)}{\rho_f a_f^2}(\lambda_2-\boldsymbol{u}_f^D)^2+\frac{2C\mu_f(1-C)}{(1-C^2)\rho_f}\left[\frac{C}{\rho_f a_f^2}(\lambda_2-\boldsymbol{u}_f^D)-\frac{C}{\rho_p a_p^2}(\lambda_2-\boldsymbol{u}_p^D)\right]\right\}\frac{\boldsymbol{u}_p^P-\boldsymbol{u}_p^D}{dt}\\
&-\frac{C}{\rho_p a_p^2}\left\{\frac{1-C}{\rho_f a_f^2}(\boldsymbol{u}_f^D-\boldsymbol{u}_p^D)\left[(\lambda_2-\boldsymbol{u}_f^D)+\frac{2C\mu_f}{(1-C^2)\rho_f}\right]+\frac{1}{\rho_f}\right\}(\lambda_2-\boldsymbol{u}_p^D)\frac{\boldsymbol{P}^P-\boldsymbol{P}^D}{dt}
\end{aligned}\right. \tag{3.93}$$

$$
\begin{cases}
+\dfrac{18\mu_f C(\boldsymbol{u}_f^P-\boldsymbol{u}_p^P)}{D^2}\left\{\begin{aligned}&\dfrac{C}{(1-C)\rho_f}-\dfrac{C}{\rho_f a_f^2}(\lambda_2-\boldsymbol{u}_f^D)^2-\dfrac{C}{\rho_p a_p^2}(\lambda_2-\boldsymbol{u}_p^D)^2-\dfrac{2\mu_f C}{(1-C^2)\rho_f}\\&\left[\dfrac{C}{\rho_f a_f^2}(\lambda_2-\boldsymbol{u}_f^D)-\dfrac{C}{\rho_p a_p^2}(\lambda_2-\boldsymbol{u}_p^D)\right]\end{aligned}\right\}=0\\
\lambda_2=-\boldsymbol{u}_p^P
\end{cases}
$$

$$
\begin{cases}
\left\{\left[\dfrac{1-C}{\rho_f a_f^2}(\lambda_3-\boldsymbol{u}_f^B)+\dfrac{C}{\rho_p a_p^2}(\lambda_3-\boldsymbol{u}_p^B)\right]\left[(\lambda_3-\boldsymbol{u}_f^B)+\dfrac{2C\mu_f}{(1-C^2)\rho_f}\right]-\dfrac{1}{\rho_f}\right\}(\lambda_3-\boldsymbol{u}_p^B)\dfrac{\boldsymbol{C}^P-\boldsymbol{C}^B}{\mathrm{d}t}\\
-\dfrac{C(1-C)}{\rho_p a_p^2}(\lambda_3-\boldsymbol{u}_p^B)^2\dfrac{\boldsymbol{u}_f^P-\boldsymbol{u}_f^B}{\mathrm{d}t}\\
+\left\{-\dfrac{C}{\rho_f}+\dfrac{C(1-C)}{\rho_f a_f^2}(\lambda_3-\boldsymbol{u}_f^B)^2+\dfrac{2C\mu_f(1-C)}{(1-C^2)\rho_f}\left[\dfrac{C}{\rho_f a_f^2}(\lambda_3-\boldsymbol{u}_f^B)-\dfrac{C}{\rho_p a_p^2}(\lambda_3-\boldsymbol{u}_p^B)\right]\right\}\dfrac{\boldsymbol{u}_p^P-\boldsymbol{u}_p^B}{\mathrm{d}t}\\
-\dfrac{C}{\rho_p a_p^2}\left\{\dfrac{1-C}{\rho_f a_f^2}(\boldsymbol{u}_f^B-\boldsymbol{u}_p^B)\left[(\lambda_3-\boldsymbol{u}_f^B)+\dfrac{2C\mu_f}{(1-C^2)\rho_f}\right]+\dfrac{1}{\rho_f}\right\}(\lambda_3-\boldsymbol{u}_p^B)\dfrac{\boldsymbol{P}^P-\boldsymbol{P}^B}{\mathrm{d}t}\\
+\dfrac{18\mu_f C(\boldsymbol{u}_f^P-\boldsymbol{u}_p^P)}{D^2}\left\{\begin{aligned}&\dfrac{C}{(1-C)\rho_f}-\dfrac{C}{\rho_f a_f^2}(\lambda_3-\boldsymbol{u}_f^B)^2-\dfrac{C}{\rho_p a_p^2}(\lambda_3-\boldsymbol{u}_p^B)^2\\&-\dfrac{2\mu_f C}{(1-C^2)\rho_f}\left[\dfrac{C}{\rho_f a_f^2}(\lambda_3-\boldsymbol{u}_f^B)-\dfrac{C}{\rho_p a_p^2}(\lambda_3-\boldsymbol{u}_p^B)\right]\end{aligned}\right\}=0\\
\lambda_3=\boldsymbol{u}_f^P-\dfrac{C\mu_f}{(1-C^2)\rho_f}+\sqrt{\left[\dfrac{C\mu_f}{(1-C^2)\rho_f}\right]^2+\dfrac{1}{\rho_f\left(\dfrac{1-C}{\rho_f a_f^2}+\dfrac{C}{\rho_p a_p^2}\right)}}
\end{cases}
\tag{3.94}
$$

$$
\begin{cases}
\left\{\left[\dfrac{1-C}{\rho_f a_f^2}(\lambda_4-\boldsymbol{u}_f^C)+\dfrac{C}{\rho_p a_p^2}(\lambda_4-\boldsymbol{u}_p^C)\right]\left[(\lambda_4-\boldsymbol{u}_f^C)+\dfrac{2C\mu_f}{(1-C^2)\rho_f}\right]-\dfrac{1}{\rho_f}\right\}(\lambda_4-\boldsymbol{u}_p^C)\dfrac{\boldsymbol{C}^P-\boldsymbol{C}^C}{\mathrm{d}t}\\
-\dfrac{C(1-C)}{\rho_p a_p^2}(\lambda_4-\boldsymbol{u}_p^C)^2\dfrac{\boldsymbol{u}_f^P-\boldsymbol{u}_f^C}{\mathrm{d}t}\\
+\left\{-\dfrac{C}{\rho_f}+\dfrac{C(1-C)}{\rho_f a_f^2}(\lambda_4-\boldsymbol{u}_f^C)^2+\dfrac{2C\mu_f(1-C)}{(1-C^2)\rho_f}\left[\dfrac{C}{\rho_f a_f^2}(\lambda_4-\boldsymbol{u}_f^C)-\dfrac{C}{\rho_p a_p^2}(\lambda_4-\boldsymbol{u}_p^C)\right]\right\}\dfrac{\boldsymbol{u}_p^P-\boldsymbol{u}_p^C}{\mathrm{d}t}\\
-\dfrac{C}{\rho_p a_p^2}\left\{\dfrac{1-C}{\rho_f a_f^2}(\boldsymbol{u}_f^C-\boldsymbol{u}_p^C)\left[(\lambda_4-\boldsymbol{u}_f^C)+\dfrac{2C\mu_f}{(1-C^2)\rho_f}\right]+\dfrac{1}{\rho_f}\right\}(\lambda_4-\boldsymbol{u}_p^C)\dfrac{\boldsymbol{P}^P-\boldsymbol{P}^C}{\mathrm{d}t}\\
+\dfrac{18\mu_f C(\boldsymbol{u}_f^P-\boldsymbol{u}_p^P)}{D^2}\left\{\begin{aligned}&\dfrac{C}{(1-C)\rho_f}-\dfrac{C}{\rho_f a_f^2}(\lambda_4-\boldsymbol{u}_f^C)^2-\dfrac{C}{\rho_p a_p^2}(\lambda_4-\boldsymbol{u}_p^C)^2-\dfrac{2\mu_f C}{(1-C^2)\rho_f}\\&\left[\dfrac{C}{\rho_f a_f^2}(\lambda_4-\boldsymbol{u}_f^C)-\dfrac{C}{\rho_p a_p^2}(\lambda_4-\boldsymbol{u}_p^C)\right]\end{aligned}\right\}=0\\
\lambda_4=\boldsymbol{u}_f^P-\dfrac{C\mu_f}{(1-C^2)\rho_f}-\sqrt{\left[\dfrac{C\mu_f}{(1-C^2)\rho_f}\right]^2+\dfrac{1}{\rho_f\left(\dfrac{1-C}{\rho_f a_f^2}+\dfrac{C}{\rho_p a_p^2}\right)}}
\end{cases}
\tag{3.95}
$$

(3) 污染油液的压力波传递速度

油液传输的动态特性与油液的压缩性和质量密切相关，这两者的相互关系又与压力波速相关，因而先分析颗粒污染物含量与其传输的压力波速大小的关系。

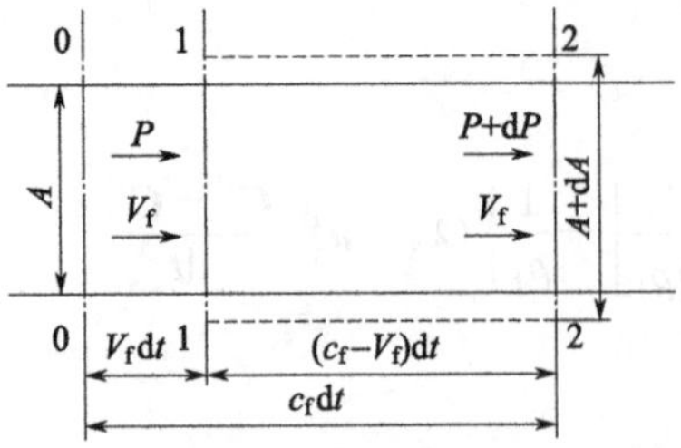

图 3.2 油液的一段断面为 A 的管体

取油液的一段端面为 A 的管体如图 3.2 所示，0—0 断面为油液静止时所在的位置，当油液在压力 P 作用下以速度$\mathbf{V}_f$ 向右运动 dt 时间后到达 1—1 端面。假定油液可压缩，则油液在 dt 时间内由 0—0 断面流动到 1—1 断面的过程中，1—1 断面的右侧油液受到压缩，也引起管体膨胀，使管体截面积由 A 增大了 dA，油液的压力增加了 dP，从而产生压力波以速度 c_f 向右传播，在 dt 时间内到达 2—2 端面。

定义油液中污染物含量为 C，油液和颗粒污染物的密度分别为 ρ_f 及 ρ_p。由式(3.67) 得

$$\begin{cases}\left[-\dfrac{1}{(1-C)}\partial C+\dfrac{1}{\rho_f}\partial\rho_f\right]a_f-\dfrac{\boldsymbol{u}_f}{(1-C)}\partial C+\partial\boldsymbol{u}_f+\dfrac{\boldsymbol{u}_f}{\rho_f}\partial\rho_f=0\\ \partial\boldsymbol{u}_f a_f+\left[\boldsymbol{u}_f-\dfrac{2\mu_f C}{\rho_f(1-C^2)}\right]\partial\boldsymbol{u}_f+\dfrac{2\mu_f C}{\rho_f(1-C^2)}\partial\boldsymbol{u}_p+\dfrac{1}{\rho_f}\partial\boldsymbol{P}=-\dfrac{18\mu_f C(\boldsymbol{u}_f-\boldsymbol{u}_p)}{\rho_f(1-C)D^2}\partial x\\ \left(\dfrac{1}{C}\partial C+\dfrac{1}{\rho_p}\partial\rho_p\right)(a_p+\boldsymbol{u}_p)+\partial\boldsymbol{u}_p=0\\ (a_p+\boldsymbol{u}_p)\partial\boldsymbol{u}_p+\dfrac{1}{\rho_p}\partial\boldsymbol{P}=\dfrac{18\mu_f(\boldsymbol{u}_f-\boldsymbol{u}_p)}{\rho_f D^2}\partial x\end{cases}\tag{3.96}$$

$$\begin{cases}\left[-\dfrac{1}{(1-C)}\partial C+\dfrac{1}{\rho_f}\partial\rho_f\right]a_f-\dfrac{\boldsymbol{u}_f}{(1-C)}\partial C+\partial\boldsymbol{u}_f+\dfrac{\boldsymbol{u}_f}{\rho_f}\partial\rho_f=0\\ \partial\boldsymbol{u}_f a_f+\left[\boldsymbol{u}_f-\dfrac{2\mu_f C}{\rho_f(1-C^2)}\right]\partial\boldsymbol{u}_f+\dfrac{2\mu_f C}{\rho_f(1-C^2)}\partial\boldsymbol{u}_p+\dfrac{1}{\rho_f}\partial\boldsymbol{P}=-\dfrac{18\mu_f C(\boldsymbol{u}_f-\boldsymbol{u}_p)}{\rho_f(1-C)D^2}\partial x\end{cases}$$

$$\Rightarrow\begin{cases}\left[-\dfrac{1}{(1-C)}\partial C+\dfrac{1}{\rho_f}\partial\rho_f\right](a_f+\boldsymbol{u}_f)+\partial\boldsymbol{u}_f=0\\ \left[a_f+\boldsymbol{u}_f-\dfrac{2\mu_f C}{\rho_f(1-C^2)}\right]\partial\boldsymbol{u}_f=\dfrac{1}{\rho_f}\left[\dfrac{2\mu_f C}{(1-C^2)}\times\dfrac{1}{\rho_p(a_p+\boldsymbol{u}_p)}-1\right]\partial\boldsymbol{P}\end{cases}$$

$$\Rightarrow-\left[a_f+\boldsymbol{u}_f-\frac{2\mu_f C}{\rho_f(1-C^2)}\right]\partial\left[(1-C)\rho_f\right](a_f+\boldsymbol{u}_f)=(1-C)\left[\frac{2\mu_f C}{(1-C^2)}\times\frac{1}{\sqrt{\rho_p K_p}}-1\right]\partial\boldsymbol{P}$$

$$\Rightarrow(a_f+\boldsymbol{u}_f)^2=\frac{(1-C)\left[1-\dfrac{2\mu_f C}{(1-C^2)}\times\dfrac{1}{\sqrt{\rho_p K_p}}\right]\partial\boldsymbol{P}}{\partial\left[(1-C)\rho_f\right]}=\frac{K_f}{\rho_f}\left[1-\frac{2\mu_f C}{(1-C^2)}\times\frac{1}{\sqrt{\rho_p K_p}}\right]$$

$$\Rightarrow a_f=\sqrt{\frac{K_f}{\rho_f}\left[1-\frac{2\mu_f C}{(1-C^2)}\times\frac{1}{\sqrt{\rho_p K_p}}\right]}\tag{3.97}$$

$$\begin{cases}\partial \boldsymbol{u}_{\mathrm{p}}=-\left(\dfrac{1}{C}\partial C+\dfrac{1}{\rho_{\mathrm{p}}}\partial\rho_{\mathrm{p}}\right)(a_{\mathrm{p}}+\boldsymbol{u}_{\mathrm{p}})\\ -\left(\dfrac{1}{C}\partial C+\dfrac{1}{\rho_{\mathrm{p}}}\partial\rho_{\mathrm{p}}\right)(a_{\mathrm{p}}+\boldsymbol{u}_{\mathrm{p}})^{2}+\dfrac{1}{\rho_{\mathrm{p}}}\partial\boldsymbol{P}=0\end{cases}$$

$$\Rightarrow-\left(\frac{1}{C}\partial C+\frac{1}{\rho_{\mathrm{p}}}\partial\rho_{\mathrm{p}}\right)(a_{\mathrm{p}}+\boldsymbol{u}_{\mathrm{p}})^{2}=-\frac{1}{\rho_{\mathrm{p}}}\partial\boldsymbol{P} \tag{3.98}$$

$$\Rightarrow-\partial(C\rho_{\mathrm{p}})(a_{\mathrm{p}}+\boldsymbol{u}_{\mathrm{p}})^{2}=-C\partial\boldsymbol{P}$$

$$\Rightarrow(a_{\mathrm{p}}+\boldsymbol{u}_{\mathrm{p}})^{2}=\frac{C\partial\boldsymbol{P}}{\partial(C\rho_{\mathrm{p}})}\Rightarrow a_{\mathrm{p}}^{2}=\frac{K_{\mathrm{p}}}{\rho_{\mathrm{p}}}$$

可见，当油液中颗粒污染物含量取不同值时，油液的压力波传递速度随之变化。如 $C=0$ 时，即流体为纯油液在管道中压力波水击的波速表达式与 Kortweg 推导的公式一致；当 C 取值为 0～1 时，即油液中颗粒污染物含量对油液的压力波波速的影响如式（3.98）所示，油液的黏度也会对波速产生影响。

本小节上述各式中的符号表示的物理意义如表 3.5 所示。

表 3.5 本小节公式中物理量含义

物理量	含义	物理量	含义
ρ	连续相的密度	τ_{rp}	颗粒松弛时间
ρ_{p}	颗粒的密度	τ_{f}	连续相的湍流时间标尺
u_i	连续相速度	C_{D}	曳力系数
$u_{\mathrm{p}i}$	颗粒速度	Re_{p}	颗粒雷诺数
μ	连续相的动力黏度	g_i	i 方向上的重力加速度分量
μ_{t}	连续相的湍流黏性系数	τ_{int}	连续相与颗粒的相互作用时间
μ_{eff}	连续相的有效动力黏度	$u_{\mathrm{p}},v_{\mathrm{p}},w_{\mathrm{p}}$	颗粒的轴向、径向、切向瞬时速度分量
k	连续相湍动动能	$\bar{u},\bar{v},\bar{w}$	连续相的轴向、径向、切向时均速度分量
ε	连续相湍动动能耗散率	u',v',w'	连续相的轴向、径向、切向脉动速度分量
σ_{k}	连续相湍动动能普朗特数	R_1,R_3,R_5	正态分布的随机数
σ_{ε}	连续相湍动动能耗散率普朗特数	R_2,R_4,R_6	(0,1)均匀分布的随机数
G_{k}	湍动能发生率	A_1,A_2,A_3	根据湍流脉动频谱所确定的频率 ω_i 下的脉动幅值
p	连续相的压强	ν	连续相动力黏度
$C_{1\varepsilon},C_{2\varepsilon}$	连续相湍流模型常数	下标 f	连续相
d_{p}	颗粒的直径	下标 p	颗粒
ζ	高斯分布的随机数	下标 o	油液
u_i'	连续相脉动速度矢量	下标 i	三维坐标系下的 3 个方向
$u_{\mathrm{p}i}'$	颗粒脉动速度矢量	下标 j	三维坐标系下 i 的任一确定的方向

采用 Lagrangian 方程计算颗粒污染物的运动轨迹建立了油样中污染物的随机轨道模型。从而将“连续相对离散相的湍流作用”和“离散相的经历效应”两方面结合起来；且通过 Fourier 级数方法对连续相脉动速度进行描述，能有效模拟两相流动中离散相的湍流弥散。增强了离散相的湍流扩散和计算颗粒的位置随机性，可以得到合理的离散相湍动能分布，为构建油液与污染物的全耦合振动动力学模型提供基础。

3.2 油液污染的动态特性

3.2.1 数值计算的系统参数

运用以上所建的污染油液全耦合模型计算颗粒污染物与油液相互作用情况下的油液压力、速度以及颗粒污染物的浓度、速度的动态情况。系统的计算参数为：污染油液的管道长度 $L=500\text{mm}$，管道等效直径为 49.66mm，颗粒污染物的弹性模量 E 为 2.1GPa，颗粒密度 ρ_p 为 7800kg/m^3，油源压力为 0.15MPa，管道终端油液压力为 0.1MPa，油液密度 ρ_f 为 895kg/m^3，油液体积模量 K_f 为 1.2GPa，动力黏度为 10.74Pa·s，颗粒污染物的浓度为 0.0001 个/mL。

将配置的油样检测 5 次后进行平均，得到每个油样的平均污染度如表 3.6 所示，将表中各个油样根据颗粒污染物的粒径以及数量，换算为油液中颗粒污染物的浓度。

表 3.6 实验油样的污染度

污染度	4.5μm	4.7μm	4.9μm	5μm	15μm	25μm	50μm	100μm	浓度/(个/mL)
17/13	1441	1421	1366	1339	97.87	8.935	1.283	0	6.48×10^{-7}
18/14	2277	2241	2137	2087	88.22	7.938	3.344	0.1	9.71×10^{-7}
19/15	5674	5591	5352	5233	289	29.73	10.81	0.6	3.00×10^{-6}
20/16	10085	9943	9543	9338	619.8	58.96	10.17	0.2	4.57×10^{-6}
21/17	15423	15254	14760	14510	1166	72.36	5.861	0.2	6.58×10^{-6}
22/19	26377	26149	25440	25067	3308	274.1	5.471	0.1	1.44×10^{-5}
23/20	43010	42676	41626	41082	6557	597.4	34.79	0.3	2.85×10^{-5}

3.2.2 数值计算的初始条件、边界条件

(1) 初始条件

根据系统运行的状况，可得污染油液的初始条件如下。

① 初始条件为

$$\begin{cases}C_0=0.01\\ \boldsymbol{u}_{f0}=0.1033\text{m/s}\\ \boldsymbol{u}_{p0}=0.1033\text{m/s}\\ \boldsymbol{P}_0=0.15\text{MPa}\end{cases}\tag{3.99}$$

② 始端边界条件为

$$\begin{cases}\boldsymbol{u}_{f1}=0.1033\sin(30t+\varphi)\text{m/s}\\ \boldsymbol{u}_{p1}=0.1033\sin(30t+\varphi)\text{m/s}\end{cases}\tag{3.100}$$

③ 其末端边界条件相当于有固定压力的自由边界，以及污染油液的密度不变，即

$$\begin{cases}C_n=\dfrac{(1-C_0)\rho_f+C_0\rho_p-\rho_f}{\rho_p-\rho_f}\\ \boldsymbol{P}_n=0\end{cases}\tag{3.101}$$

(2) 模型验证

为了预测一个水平管路中两相流的压差，会涉及管路内流体的速度和固体的浓度这些量

的界定问题。然而流体中固体的浓度在水平管路的截面上的分布并不是均一的，它们会在各种力的作用下最终沉降在管路底部，即管路上半截面的浓度低于下半截面，这种浓度的不均匀性会影响流体的速度分布，会使管路上部的流速较大。

Sunrata 基于低浓度细颗粒针对水沙输送管路提出一个对悬浮流的全压差的模型，基于以下基本假设：①管路流体是伪均质流；②牛顿黏性流体；③完全发展的湍流状态，在工业应用中取得较好的应用效果。

另外一个专门从事流固管路输送的机构 Saskatchewan Research Coumcil（SRC），对水沙输送管路进行了实验数据的采集，采用的实验系统参数为（为了清晰比较，采用实验所用单位）：沙水的相对密度为 2.65，平均粒径（d_{50}）为 0.175mm，管路直径 D 为 2.056in（1in＝2.54cm），水的动力黏度为 $1.217\times10^{-5}\text{ft}^2/\text{s}$（1ft＝0.30m，下同），颗粒体积浓度为 0.118 个/mL，混合物的相对密度为 1.2，流速范围为 2～11ft/s。将 Sunrata 模型以及 SRC 实验数据与本书中所建模型进行比对，结果如图 3.3 所示。

根据实验参数，可以计算出水中沙子的终端速度。

假定单个沙子颗粒在水中受到重力、浮力、曳力、Magnus 力以及附加质量力，在这些力的作用下颗粒的初始速度为 v_0，颗粒加速下沉。随着颗粒速度的增加，曳力也增加，最终达到力的平衡，颗粒以恒定速度下降。此时 Magnus 力以及附加质量力与重力、浮力、曳力相比较小，可以忽略不计，因而建立颗粒的力平衡方程为

$$\rho_s g\pi\frac{d_s^3}{6}-\rho_w g\pi\frac{d_s^3}{6}-C_D\rho_w v_s^2\pi\frac{d_s^2}{8}=\rho_s\pi\frac{d_s^3}{6}a_s \tag{3.102}$$

当颗粒达到终端速度时，加速度为零，则有

$$\begin{aligned}&\rho_s g\pi\frac{d_s^3}{6}-\rho_w g\pi\frac{d_s^3}{6}-C_D\rho_w v_s^2\pi\frac{d_s^2}{8}=0\\&\Rightarrow v_s=\sqrt{\frac{4gd_s(\rho_s-\rho_w)}{3C_D\rho_w}}\end{aligned} \tag{3.103}$$

根据实验条件，假定悬浮流为过渡区，阻力系数与颗粒雷诺数有关，$C_D=18.5/Re_s^{0.6}$，$Re_s=\rho_w d_s v_s/\mu_w$，可得

$$\begin{cases}v_s=\sqrt{\dfrac{4gd_s(\rho_s-\rho_w)}{3C_D\rho_w}}\\C_D=\dfrac{18.5}{\left(\dfrac{\rho_w d_s v_s}{\mu_w}\right)^{0.6}}\end{cases}\Rightarrow v_s=\left[\frac{4gd_s(\rho_s-\rho_w)}{3\times18.5\rho_w}\left(\frac{\rho_w d_s}{\mu_w}\right)^{0.6}\right]^{\frac{1}{1.4}} \tag{3.104}$$

将实验参数代入式（3.104）得

$$\begin{aligned}v_s&=\left[\frac{4gd_s(\rho_s-\rho_w)}{3\times18.5\rho_w}\left(\frac{\rho_w d_s}{\mu_w}\right)^{0.6}\right]^{\frac{1}{1.4}}=\left[\frac{4\times9.8\times0.175\times10^{-3}\times2.65}{3\times18.5}\times\left(\frac{10^3\times0.175\times10^{-3}}{1.1306\times10^{-3}}\right)^{0.6}\right]^{\frac{1}{1.4}}\\&=0.0281(\text{m/s})\end{aligned}$$

则流体的雷诺数为

$$Re_s=\frac{\rho_w d_s v_s}{\mu_w}=\frac{10^3\times0.175\times10^{-3}\times0.0281}{1.1306\times10^{-3}}=4.3561 \tag{3.105}$$

与假定悬浮流在过渡区一致。

由图 3.3 可见，所建模型与实验数据的吻合较好，能够反映出管路压降随着流速的增加而逐渐升高的趋势；在速度为 2～4ft/s 区域，实验数据的压降增加速度基本不变，而模型

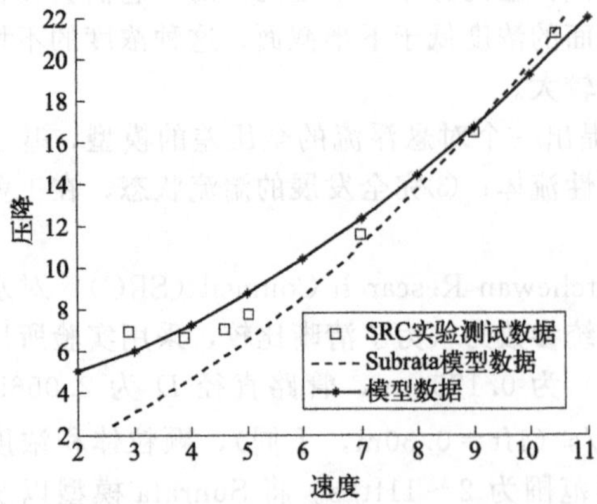

图 3.3 本书中模型与实验数据比较

描述的压降增加速度呈上升趋势，在 3ft/s 时两者的最大差值为 0.933ft；在速度的中间区域 4～9ft/s，模型的预测值稍大于实验值，最大差值为 0.991ft，这是由于所建模型的摩擦项系数取为流体雷诺数的比值，随着速度的变化出现一定的滞后，在速度大于 9ft/s 之后，模型描述的压降又小于实验值，最大差值为 0.78ft，可见从整个发展趋势上看，所建模型的预测值与实验值误差较小。

所建模型的预测值与 Sunrata 模型预测值比较可见，在低速区域，Sunrata 模型预测值明显与实验数据的误差逐渐增大。从整体发展趋势看，Sunrata 模型基本呈直线状态，而本书中所建模型在流速的整个实验范围的误差基本一致，因而利用所建模型可以对污染油液进行仿真，来预测颗粒污染物对油液的影响。

3.2.3 污染油液的运动特性

3.2.3.1 污染油液的运动分析

现将式(3.76) 改写为矩阵形式。

$$A\frac{\partial}{\partial t}\boldsymbol{\Psi}(x,t)+B\frac{\partial}{\partial x}\boldsymbol{\Psi}(x,t)=\boldsymbol{\psi}(x,t) \tag{3.106}$$

式中，系数 A、B 分别为 4×4 阶矩阵；$\boldsymbol{\Psi}(x,\ t)$ 为 4×1 阶矩阵；$\boldsymbol{\psi}(x,\ t)$ 为广义阻力项 4×1 阶矩阵。

$$\boldsymbol{A}=\begin{bmatrix}-\dfrac{1}{1-C} & 0 & 0 & \dfrac{1}{\rho_{\mathrm{f}}a_{\mathrm{f}}^{2}}\\ 0 & 1 & 0 & 0\\ \dfrac{1}{C} & 0 & 0 & \dfrac{1}{\rho_{\mathrm{p}}a_{\mathrm{p}}^{2}}\\ 0 & 0 & 1 & 0\end{bmatrix}\quad \boldsymbol{B}=\begin{bmatrix}-\dfrac{\boldsymbol{u}_{\mathrm{f}}}{1-C} & 1 & 0 & \dfrac{\boldsymbol{u}_{\mathrm{f}}}{\rho_{\mathrm{f}}a_{\mathrm{f}}^{2}}\\ 0 & \left[\boldsymbol{u}_{\mathrm{f}}-\dfrac{2\mu_{\mathrm{f}}C}{\rho_{\mathrm{f}}(1-C^{2})}\right] & \dfrac{2\mu_{\mathrm{f}}C}{\rho_{\mathrm{f}}(1-C^{2})} & \dfrac{1}{\rho_{\mathrm{f}}(1-C)}\\ \dfrac{\boldsymbol{u}_{\mathrm{p}}}{C} & 0 & 1 & \dfrac{\boldsymbol{u}_{\mathrm{p}}}{\rho_{\mathrm{p}}a_{\mathrm{p}}^{2}}\\ 0 & 0 & \boldsymbol{u}_{\mathrm{p}} & 0\end{bmatrix}$$

$$\boldsymbol{\psi}=\begin{bmatrix}0\\ -\dfrac{18\mu_{\mathrm{f}}C(\boldsymbol{u}_{\mathrm{f}}-\boldsymbol{u}_{\mathrm{p}})}{\rho_{\mathrm{f}}(1-C)D^{2}}\\ 0\\ \dfrac{18\mu_{\mathrm{f}}(\boldsymbol{u}_{\mathrm{f}}-\boldsymbol{u}_{\mathrm{p}})}{\rho_{\mathrm{p}}D^{2}}\end{bmatrix}\quad \boldsymbol{\Psi}=\begin{bmatrix}C\\ \boldsymbol{u}_{\mathrm{f}}\\ \boldsymbol{u}_{\mathrm{p}}\\ \boldsymbol{P}\end{bmatrix}$$

根据污染油液系统在振动模态是线性的关系，用 4×4 阶变换矩阵 H 代换，即

$$\boldsymbol{\Psi}(x,t)=H\boldsymbol{\varphi}(x,t) \tag{3.107}$$

将式(3.107) 代入式(3.106) 中得

$$AH\frac{\partial}{\partial t}\boldsymbol{\varphi}(x,t)+BH\frac{\partial}{\partial x}\boldsymbol{\varphi}(x,t)=\boldsymbol{\psi}(x,t) \tag{3.108}$$

进一步变换为

$$\frac{\partial}{\partial t}\boldsymbol{\varphi}(x,t)+J\frac{\partial}{\partial x}\boldsymbol{\varphi}(x,t)=\boldsymbol{\varphi}_{\mathrm{r}}(x,t) \tag{3.109}$$

式中，$J=H^{-1}A^{-1}BH$，$\boldsymbol{\varphi}_{\mathrm{r}}(x,\ t)=H^{-1}A^{-1}\boldsymbol{\psi}(x,\ t)$。

当 J 为对角阵且对角元素满足以下关系时

$$\det(B-\lambda A)=0 \tag{3.110}$$

则 H 为系统的特征向量组，式(3.109) 实现了数学上的解耦，根据待求解的未知变量就可以分别得出

$$\frac{\partial}{\partial t}\boldsymbol{\varphi}_i(x,t)+\lambda_i\frac{\partial}{\partial x}\boldsymbol{\varphi}_i(x,t)=\boldsymbol{\varphi}_{ri}(x,t)\quad(i=1,2,3,4) \tag{3.111}$$

根据式(3.110) 可得特性值，与式(3.82) 的结果相同。

$$\left[\lambda_{\mathrm{f}}^2+\frac{2C\mu_{\mathrm{f}}}{(1-C^2)\rho_{\mathrm{f}}}\lambda_{\mathrm{f}}-\frac{1}{\rho_{\mathrm{f}}\left(\dfrac{1-C}{\rho_{\mathrm{f}}a_{\mathrm{f}}^2}+\dfrac{C}{\rho_{\mathrm{p}}a_{\mathrm{p}}^2}\right)}\right](\lambda_{\mathrm{f}}+\boldsymbol{u}_{\mathrm{fp}})^2=0 \tag{3.112}$$

可见，四个特征值有两个与颗粒污染物的运动速度一致，另外两个是一种二阶有阻尼振荡特征方程形式。根据二阶系统标准形式，有

$$\begin{cases}\zeta=-i\dfrac{C\mu_{\mathrm{f}}}{(1-C^2)\rho_{\mathrm{f}}}\sqrt{\rho_{\mathrm{f}}\left(\dfrac{1-C}{\rho_{\mathrm{f}}a_{\mathrm{f}}^2}+\dfrac{C}{\rho_{\mathrm{p}}a_{\mathrm{p}}^2}\right)}\\ \omega_{\mathrm{n}}=i\dfrac{1}{\sqrt{\rho_{\mathrm{f}}\left(\dfrac{1-C}{\rho_{\mathrm{f}}a_{\mathrm{f}}^2}+\dfrac{C}{\rho_{\mathrm{p}}a_{\mathrm{p}}^2}\right)}}\end{cases} \tag{3.113}$$

分别运用以上所建的污染油液动力学模型计算颗粒污染物与油液相互作用下油液压力、速度以及颗粒污染物的浓度、速度的动态情况。系统的计算参数为：污染油液的管道长度$L=500\text{mm}$，管道等效直径为 49.66mm，颗粒污染物的弹性模量 $E=1.2\text{GPa}$，颗粒密度$\rho_{\mathrm{p}}=7800\text{kg/m}^3$，油源压力为 0.15MPa，管道终端油液压力为 0.1MPa，油液密度 $\rho_{\mathrm{f}}=895\text{kg/m}^3$，油液体积模量 $K_{\mathrm{f}}=1.2\text{GPa}$，动力黏度为 10.74Pa·s，颗粒污染物的浓度为 0.0001 个/mL。

根据污染油液的系统参数，利用所建的全耦合模型，获得轴向油液入口端各流场参数随时间的变化，如图 3.4 所示。

由图 3.4 可见，污染油液在入口端以速度 0.1033m/s［图 3.4(b)、(c)］输送时，混合物的压力以脉动形式逐渐衰减［图 3.4(a)］，脉动周期 T 为 19.3611s。这是由于颗粒污染物粒径较小，在 100μm 以内（d_{50} 为 15μm），且浓度较小为 0.01%，因而污染油液可看作是一个伪均质流体。当施加一定混合物压力后，会产生一个纵向的压力波（波速为 a_{f}，正向波），考虑混合物自身存在压缩性情况下，在 $0<t<T/4$ 时刻压力波传播到管路终端。在终端由于施加的混合物压力大于外界压力，而使油液流速增加，压力下降直至为零（等于管路终端的压力），压力波此时为降压波，反向传播到达管路始端处，由于管内流速大于入口流速，则压力会持续下降，这两个过程由于入口端流速恒定，因而 $T/4<t<3T/4$ 时刻压力一直在最低压力－1.5MPa 振荡；此时压力小于管路终端的压力，这时压力波沿轴向反向传播（波速为 $-a_{\mathrm{f}}$，反向波），直至到达管路始端完成一个周期循环。

从图 3.4(d) 可见，颗粒污染物的浓度随着压力的脉动呈现有规律的变化。当始端压力降低时，颗粒受到的压缩性较小，分散性大，因而浓度较小；反之当压力逐渐升高，颗粒受到“挤压”作用，浓度达到最大值。

由图 3.5(a) 可见，在 $0<t<T/8$ 时刻，在管路的微段 δ_{L} 内流体的压力由 0 升高到

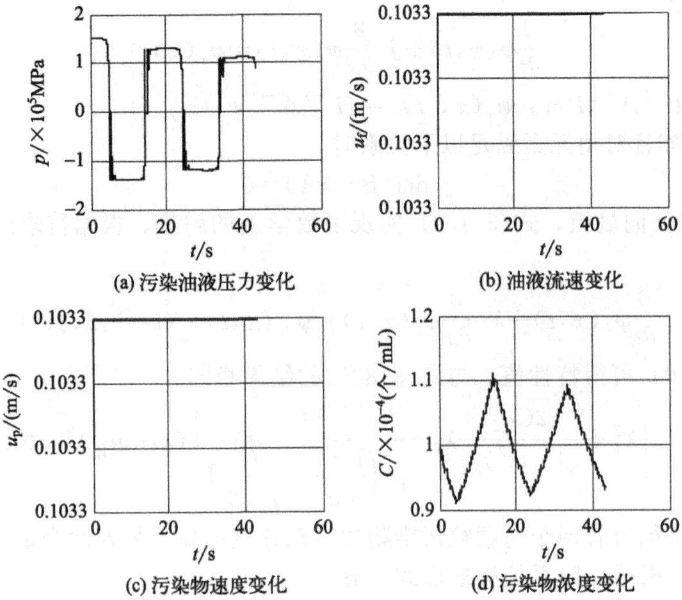

(a) 污染油液压力变化　(b) 油液流速变化

(c) 污染物速度变化　(d) 污染物浓度变化

图 3.4　入口端各流场参数随时间的变化

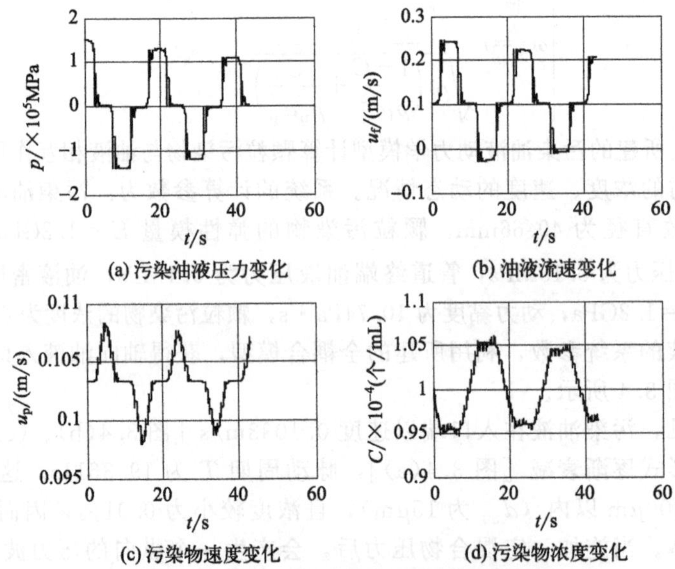

(a) 污染油液压力变化　(b) 油液流速变化

(c) 污染物速度变化　(d) 污染物浓度变化

图 3.5　中间段各流场参数随时间的变化

1.5MPa，使 δ_L 内流体质量不断增加，流体受到压缩作用。在这个压力作用下，微段 δ_L 内流体的压力波阵面向管道出口端方向迁移，压力波为升压波（正向波），而流体继续以速度 0.1033m/s 在管内流动［图 3.5(b)］。

当 $t=T/8$ 时刻，在压力作用下流体的势能转化为动能，管道出口处的微段 δ_L 内流体的速度增大为 0.24m/s，流体压力由 1.5MPa 降低为 0；由于 δ_L 内流体速度增加，使微段 δ_L 内流体质量减少，引起流体密度减少，流体速度的增加以及密度的减少。在足以维持压力降低时，则流体的这种变化向管道进口端方向迁移，直到管道入口端，此时段压力波为降压波（反向波）。

当压力波在 $t=3T/8$ 时刻传播到管道中间段时，由于管道微段 δ_L 内流体流速由 0.24m/s 变为 0.1033m/s，则 δ_L 内流体质量增加，相应的密度增加，压力下降为 −1.5MPa 以维持密度增加后，流体以 0.1033m/s 向管道出口端方向迁移，该部分发生的压力波为水击波，是降压波。

在 $t=5T/8$ 时刻流体压力到达出口端时，在压差作用下，流体的势能转化为动能，管道出口处的一微段 δ_L 内流体的速度由 0.1033m/s 变为 0.04m/s，流速方向与原来方向一致，流体的压力升高为 0；由于 δ_L 内的速度比流入速度 0.1033m/s 小，则 δ_L 内流体质量增加，引起流体密度增加；流体密度的增加在足以维持压力升高后，流体向管道中间段方向迁移，压力波（反向波）在管道内传播，直至整个管道压强、密度恢复到初始状态，形成一个完整的周期。同理污染油液的压力、流速随着时间的延长逐渐衰减。

由图 3.5(c) 可见，颗粒污染物的速度变化趋势与油液流速一致，只是由于颗粒受到油液拖曳力作用，其跟随特性表现得比较明显，即在油液流速的最值区域变化较快时，颗粒的最值变成一个个"尖峰"，且峰值也较小。颗粒污染物的浓度分布也随着油液流速的变化而呈现规律性的变化 [图 3.5(d)]，在油液流速最大时刻，颗粒浓度较小，相反浓度最大时对应油液流速的最小区域。这是由于颗粒污染物是跟随运动，当油液流速较大时对颗粒污染物的拖曳作用也较大，从而使颗粒浓度降低，反之亦然。

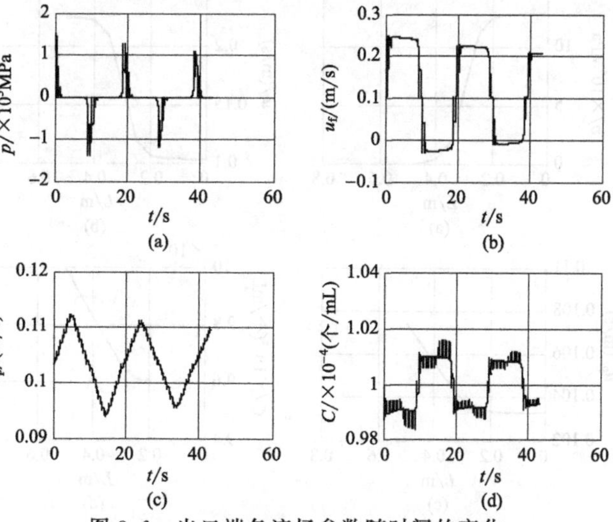

图 3.6 出口端各流场参数随时间的变化

图 3.6 是同一管路的终端流场参数的变化情况曲线，由图 3.4 及图 3.5 的分析可知，管路终端的初始时刻流体参数的变化是在压力波历经 $T/4$ 后的情况。图 3.6(a) 中压力在 $T/4$ 的奇数倍时刻产生跃变，因为在 $(2n+1)T/4$ 时（其中 n 为自然数）管内压力与终端压力有压差。同理当终端压力降低时，相应的流速增加直至下一个压力跃变到达，速度才得以降低，如图 3.6(b) 所示。由于颗粒污染物在油液中的跟随作用，其速度变化趋势与流体速度相似，只是变化比流体速度"陡峭" [图 3.6(c)]，则在流体速度较大区域内颗粒污染物的浓度是最低的，在流体速度较小时，颗粒污染物浓度较大，如图 3.6(d) 所示。

图 3.7 是初始时刻流场参数沿管长的变化情况。图 3.7(a) 表明，在初始时刻管路内压力呈直线衰减趋势，这是由于初始时刻时，流体的压力只受到管路的摩擦因子的影响，而摩擦因子与流体速度有关，流体速度只是一个恒定值，因而压力变化趋势较为简单。图 3.7(b)～(d) 分别是初始时刻流体的流速、颗粒污染物的速度及其浓度的变化情况，这些参量作为模拟计算的初始条件，因而较为直观。

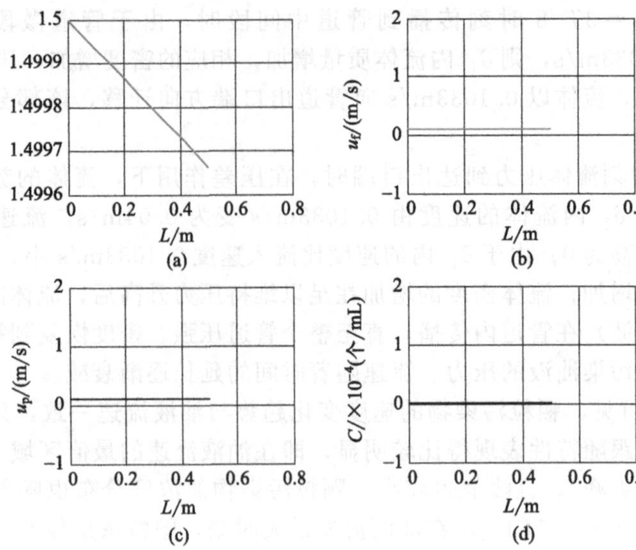

图 3.7 输送初期各流场参数随管路长度的变化

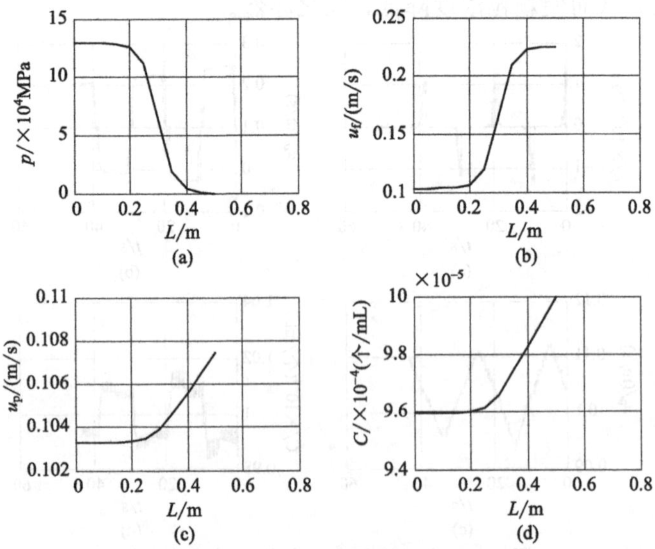

图 3.8 输送中期各流场参数随管路长度变化

图 3.8 是污染油液输送中间时刻各参量的变化情况。在本模拟范围内，设定的模拟时间为 43.3s，因而在历经 21.65s 后，即经过 1.1 个 T 后，相当于在图 3.6 的基础上，历经 2.29s＜$T/4$＝4.84s 时间，在管路中间部分油液的压力下降趋势较大，在管路两端一段时间内维持一个定值，如图 3.8(a) 所示。这是由于管路压力的衰减与流体速度有关，由图 3.8(b) 可见，流体速度的变化趋势与压力的趋势相反。图 3.8(c) 中明显看出颗粒污染物跟随流体的状态，其速度稍稍滞后于流体速度，因而在管路终端没有平缓变化的情况出现。颗粒污染物的浓度变化如图 3.8(d) 所示，呈现出与流体速度随管长变化较为一致的现象，这是由于经过一个周期的变化后，管路各处颗粒的浓度不同，随着管路长度的增加，颗粒浓度较大的缘故，由图 3.4～图 3.6 可以观察到这种变化情况。

在输运终了时刻，管内各参量的变化情况如图 3.9 所示。由图 3.9(a) 可见，油液压力在管路始端最大，但以较大的趋势沿管长降低；根据模拟设定的输送时间 t 为流体脉动周期的 2.24 倍，即这个时刻可看作是初始时刻 4.58s＜$T/4$＝4.84s 同样的过程，与图 3.8(a)

相比，更接近压力将要变化的时刻。同理由图 3.9(b) 可见，流体速度的变化也在趋于上升的临界区域内。图 3.9(c) 是颗粒污染物的速度变化趋势，是颗粒污染物跟随流体速度的结果。图 3.9(d) 是颗粒浓度在沿管路各段在流场参量变化 $2T$ 后发展的结果。

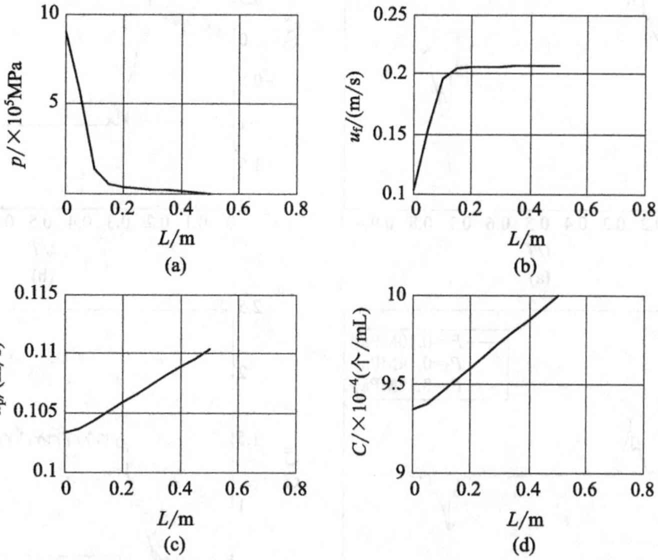

图 3.9 输运终期各流场参数随管路长度变化

3.2.3.2 系统压力对油液影响分析

分析在系统压力为 0.10MPa、0.14MPa、0.18MPa 下油液的运动参数以及悬浮颗粒的速度、浓度变化规律。

由数值模拟结果可知，管路内各相的运动都是周期性脉动流，根据系统参数，计算得到脉动周期 $T=L/V_0=12.9032(\mathrm{s})$。因而在分析各相随压力的变化规律时，以一个脉动周期范围内进行分析，即各相参数的变化图的横坐标是时间与周期 T 的比值，纵坐标是各相参数与对应的参数初值的比值。

(1) 压力对管路始端油液的运动特性分析

在管路始端流场（含悬浮颗粒油液）各参数随时间的变化如图 3.10 所示。从图 3.10(a)、(b) 中可见，油液的流速、压力分别在 $T/4$ 的奇数倍（1、3 倍）时发生跃变，而油液流速发生跃变后持续时间较短，很快恢复到初始速度，压力产生跃变后一直持续 $T/2$ 时间，且它们的跃变幅值都随着压力的升高而增加。这是由于当系统开始运行时刻，在管路始端施加的压力初始值大于管路终端的压力值，产生一个向前传播的压力波。达到管路终端时由于压差的作用，使油液流速增大 δ_V，产生跃变，同时压力产生下降跃变 δ_P，以 $V_0+\delta_V$ 的速度向管路始端传播，经过 $T/4$ 后达到始端；在管路始端由于流速比原来的速度大，因而压力继续下降 δ_P（反向升高），使速度恢复到 V_0。这个过程很快，因而在速度曲线上表现为一个持续很短的阶跃，而压力将会维持这个值一直到管路终端，由于小于终端压力值，油液速度再次降低 δ_V，经过 $T/4$ 时间达到管路始端；由于流速较低（为 $V_0-\delta_V$），压力升高到初始值，以 V_0 向前传播，完成一个循环。

可见，流体流动过程中压力、速度的增减幅值 δ_P、δ_V 与管路两端施加的初值有关，因而在不同的系统压力作用下，在流体输运中压力、速度的增减幅值 δ_P、δ_V 时一定的，就会出现它们的跃变幅值都随着压力的升高而增加的现象。

图 3.10(c) 为不同压力作用下悬浮颗粒的速度随时间变化情况，可见悬浮颗粒的

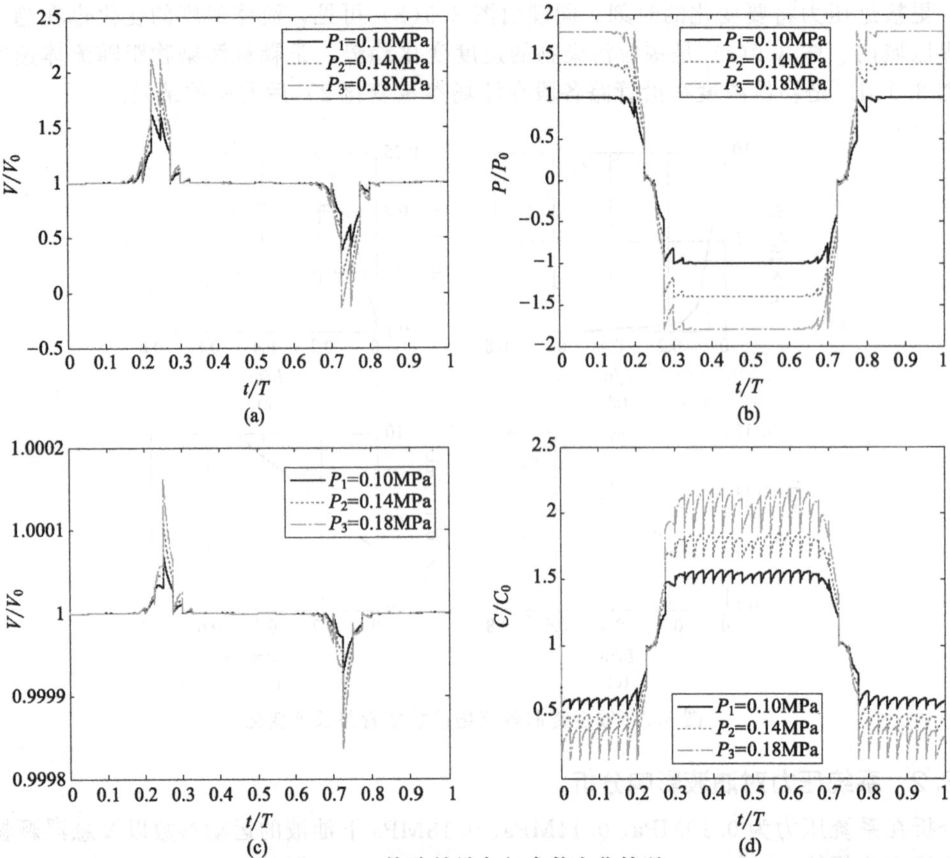

图 3.10 管路始端各相参数变化情况

速度与油液的速度变化趋势基本一致，只是在幅值上远小于油液速度幅值，说明颗粒在始端受油液的影响较小，其发生跃变的原因从两流体角度来看是由其自身的脉动特性决定的。

从图 3.10(d) 悬浮颗粒的浓度分布特征上看，悬浮颗粒受油液压力影响较大，悬浮颗粒的浓度分布趋势与油液压力的变化趋势完全相反。这是由于在 0～$T/4$ 时管路内流速较高，始端悬浮颗粒很快进入管路内，使得始端的浓度较低；相反在 $T/4$～$3T/4$ 时段，管路内的流速较低，颗粒浓度向始端聚集。从图 3.8(c)、(d) 可以看出，随着压力的升高，它们的变化幅值也会增加，特别是当压力较高时，其浓度变化的幅值更大。

(2) 压力对管路中段油液的运动特性分析

图 3.11 是管路中段在不同压力下含悬浮颗粒油液的各相参数变化趋势。从图 3.11(a)、(b) 可以看出，管路中段油液压力、速度的变化时刻与图 3.10(a)、(b) 相差 $T/8$ 周期，即它们产生阶跃的时刻是 $T/8$ 的奇数倍（1 倍、3 倍、5 倍、7 倍）；且它们的幅值随着系统压力的增加而增大。这是由于系统的脉动产生位置在管路终端，经过 $T/8$ 到达管路中段，再经过 $T/8$ 才到达管路始端的缘故。与管路始端不同的是，中段是流场完全发展的区域，不受施加的初始条件和边界条件影响，因而当流场脉动经过中段，不管是正向波还是反向波都是历经 $T/4$ 时间，在形式上就表现出很好的规律性，把流速和压力的相互作用关系很好地关联起来。图 3.11(c) 是悬浮颗粒的速度随时间的变化情况，可以看出，在不同的压力作用下，颗粒的速度也不相同，随着压力的增加而增大；同一个周期内颗粒速度发生跃变的时刻点也为 $T/8$ 的奇数倍。与油液速度不同的是，当油液速度处于最大（或最小）速度时段，

颗粒速度呈现出“尖峰”现象，这是由于颗粒尽管受到油液的曳力相比压力较小，但对给颗粒产生影响，当油液速度较大时，使颗粒速度逐步升高，当油液速度较小时，颗粒速度就会逐渐下降。图 3.11(d) 是悬浮颗粒浓度的分布情况，可见与管路始端的情况一致，受油液压力的影响较强，其变化趋势与压力变化趋势相反，且随着系统压力的增加，浓度变化的幅值也增大。

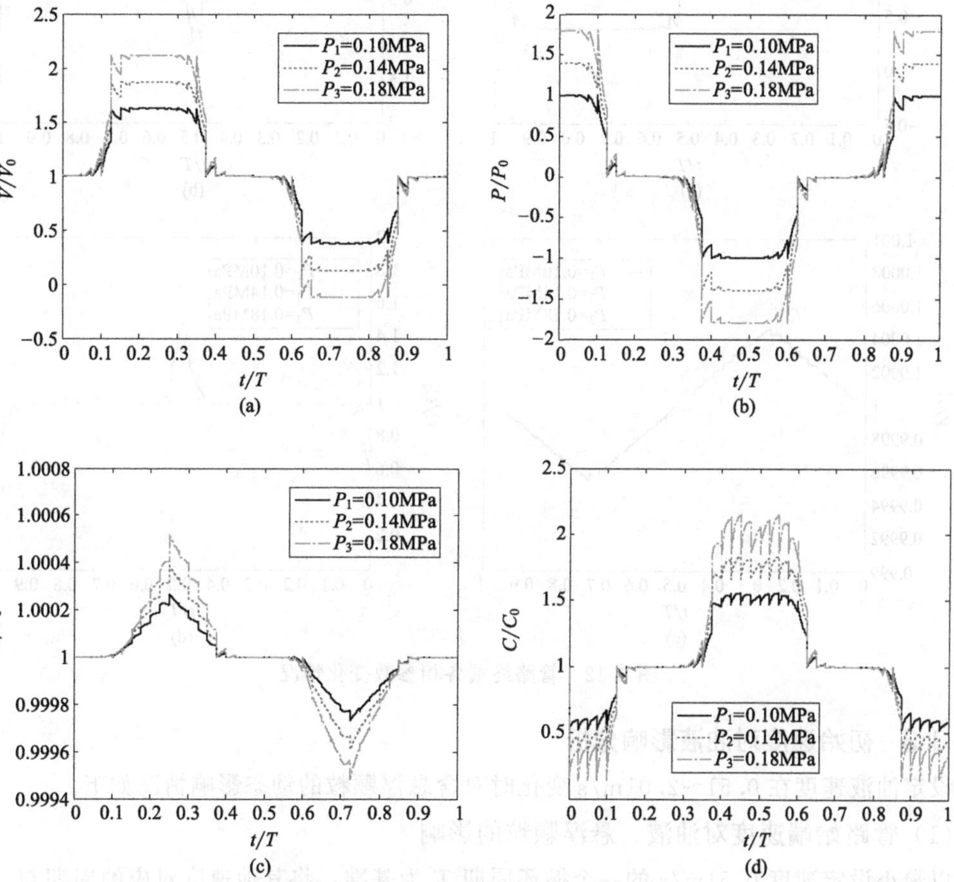

图 3.11 管路中段各相参数变化情况

(3) 压力对管路终端油液的运动特性分析

管路终端的流场各相参数随不同压力的变化情况如图 3.12 所示。管路终端是流场脉动的始发点，但由于受到边界条件的影响，在油液压力趋势上出现跃变［图 3.12(b)］；从图 3.12(a)、(b) 可以看出，油液速度、压力发生跃变的时刻分别是 $T/4$ 的偶数倍（0 倍、2 倍、4 倍），这是因为管路终端油液要历经从管路终端到始端，再由始端到终端这个过程，管路终端油液的参数才会出现变化。由图 3.12(a)、(b)，可见随着系统压力的增加，它们的变化幅值也增加。

由图 3.12(c) 可知，随着系统压力的增加，悬浮颗粒的速度也增加，与图 3.11(c) 相比，颗粒速度的变化机理更加明显，对应图 3.12(a) 油液速度的变化，可看出油液对悬浮颗粒的曳力影响，油液速度较大时对颗粒的拖曳作用使颗粒速度也增加，反之则降低。图 3.12(d) 是颗粒浓度随压力变化的趋势，其跃变幅值随压力的增加而增大；在油液压力减小时，管路内的油液速度较大，使颗粒持续聚集到管路终端，因而使终端颗粒浓度呈增大趋势，反之亦然。

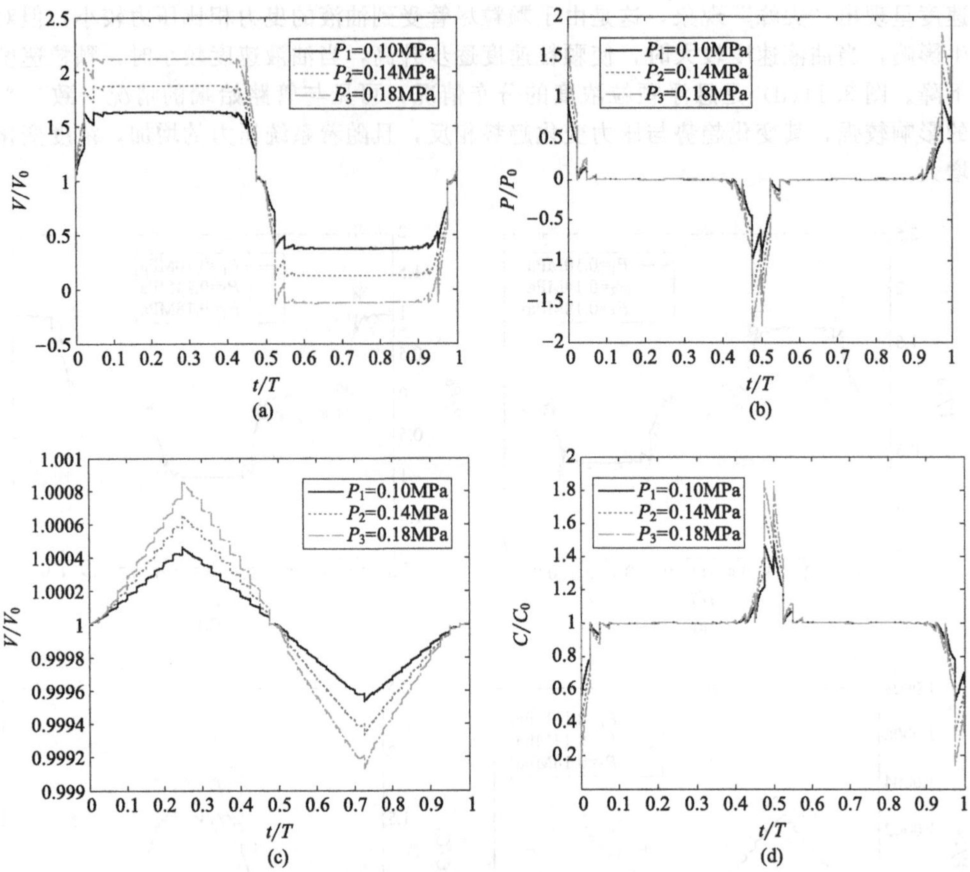

图 3.12　管路终端各相参数变化情况

3.2.3.3　初始速度对油液影响分析

设定油液速度在 0.51～2.01m/s 变化时对含悬浮颗粒的动态影响情况如下。

（1）管路始端速度对油液、悬浮颗粒的影响

以最小设定速度 0.51m/s 的一个循环周期 T 为基准，将其他速度对应的周期与 T 相比得到的值为横坐标，分别将压力、浓度、速度与对应的初始压力 $P_0=0.15$MPa、初始浓度 $C_0=0.01\%$ 以及最小设定速度 V_0 的比值作为纵坐标，获得不同油液速度条件下油液压力、速度以及颗粒的速度、浓度的自模化变化趋势图。在管路始端不同油液速度下油液压力以及悬浮颗粒的浓度分布随时间的变化如图 3.13 所示。

最小设定速度 0.51m/s 的循环周期为 $4L/V_0=3.9216$(s)。由图 3.13(a) 可见，最小设定速度 0.51m/s 的速度曲线分别在 $T/4$、$3T/4$ 时，即 $T/4$ 的奇数倍时有一个跃变，对应图 3.13(b) 中最小速度时油液压力同时产生变化。这是由于管路始端、末端存在压力差，当始端压力作用在油液中时，会产生一个向前传播的压力波，使波后的油液密度增加，压力增加，则整个管路的压力为始端压力 P_0，油液处于压缩状态。在末端处油液受压状态得到释放，流速增加，压力降低，产生反向传播的压力波，经过 $T/4$ 时间［图 3.13(b) 中的 0～$T/4$ 段］传播到管路始端，此时在始端油液速度增大，密度减小，使得压力再次降低，使始端减少的油液很快得到补充，因而油液速度很快降低到设定速度，但管内其他部分仍为较大的速度，出现速度的第一个阶跃［图 3.13(a) 中的 0～$T/4$ 段］；油液以 V_0 传播到末端，由于管内压力小于末端压力，则流速降低，压力升高，压力波反向传播到管路始端。这

样经过 $T/2$ 时间，在管路始端管内压力小于始端压力，流速恢复到 V_0，出现速度的第二个阶跃［图 3.13(a) 中的 $T/4\sim3T/4$ 段］；压力再次升高［图 3.13(b) 中的 $T/4\sim3T/4$ 段］，完成一个循环。

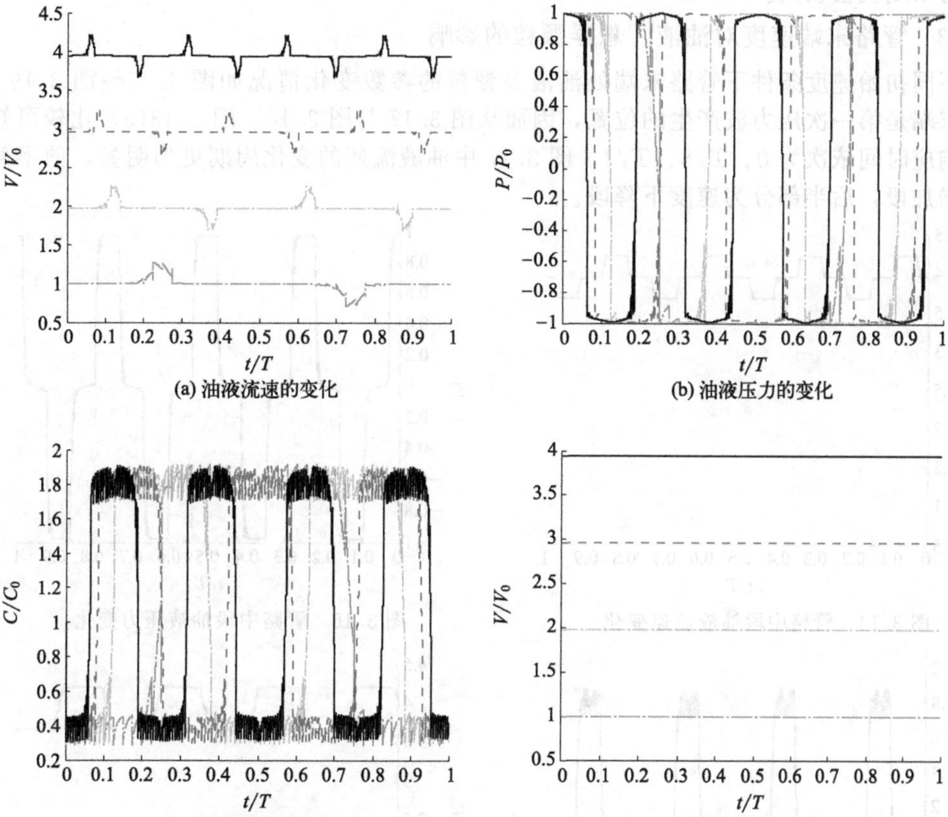

(a) 油液流速的变化　(b) 油液压力的变化

(c) 颗粒浓度的分布　(d) 颗粒速度的变化

图 3.13　管路始端各相参量的变化规律

在图 3.13(a)、(b) 中，不同速度条件下油液的流速、压力的变化趋势都和最小速度情况一致，只是它们的变化周期不同。可以看出初始速度越大，油液的流速、压力的变化周期越小。同理在图 3.13(c) 中颗粒浓度的变化规律与油液压力完全相反，因为油液压力由高到低变化时，会使颗粒受压缩状态得以缓解，从而使其浓度升高，反之亦然。不同流速情况下，颗粒浓度的变化频率不同，从而说明了油液中颗粒的浓度与压力变化密切相关。

图 3.13(d) 表示颗粒的速度与设定始端速度一致，不随着时间发生变化，与油液流速、压力的变化规律迥然不同。

(2) 管路中段速度对油液、悬浮颗粒的影响

图 3.14～图 3.16 为不同流速条件下管路中段油液和颗粒的参数变化情况。图 3.14 是不同流速的变化规律，可以看出在管路中段流速的脉动规律性较强，图 3.14 比图 3.13(a) 提前 $T/8$ 时间进行变化。在 $T/8$ 时刻第一次反向压力波由管路末端到达中段时，速度增加，密度减小，压力下降（图 3.15），直至压力波到达管路始端，然后更小的初速度、压力正向传播到中段，压力、流速出现下降跃变，经过 $T/4$ 时间一直保持到反向的更小流速以及增加的压力到来，从而完成一个循环周期。随着初始速度的增加，油液的压力、速度变化的周期减小，但它们的变化趋势一致。

图 3.16 是不同初始速度条件下悬浮颗粒浓度的分布情况，可见颗粒浓度的变化趋势与压力趋势相反，在同一个速度条件下它们的周期不变。这是由于在高压时颗粒受到的压降较大，有快速迁移的内在作用力；反之，当压力较低时颗粒受到反向“挤压”的作用力，因而颗粒的浓度就会较大。

(3) 管路末端速度对油液、悬浮颗粒的影响

不同初始速度条件下管路末端处油液及颗粒的参数变化情况如图 3.17～图 3.19 所示。管路末端是第一次压力波产生的位置，因而从图 3.17 与图 3.14、图 3.13(a) 比较可知，它们的响应时间依次为 0、$T/8$、$T/4$。图 3.17 中油液流速的变化周期更加明显，前半部分为速度增加段，后半部分为速度下降段。

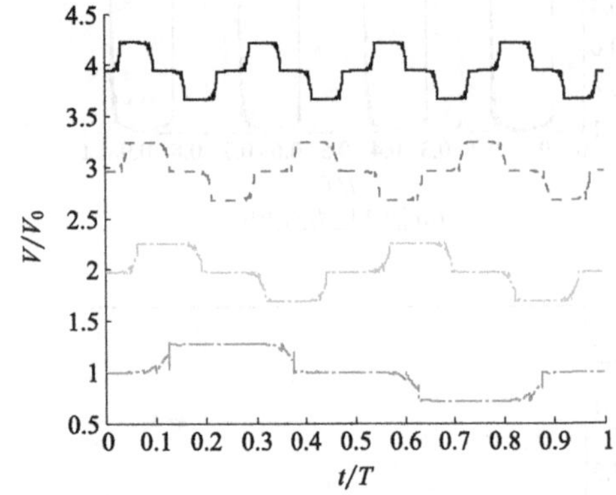

图 3.14 管路中段油液流速变化

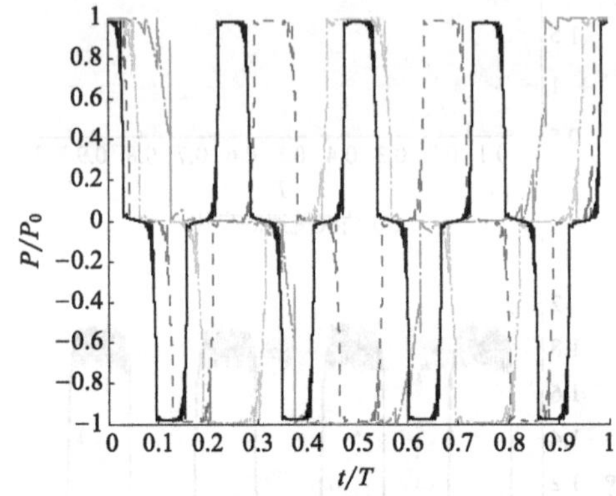

图 3.15 管路中段油液压力变化

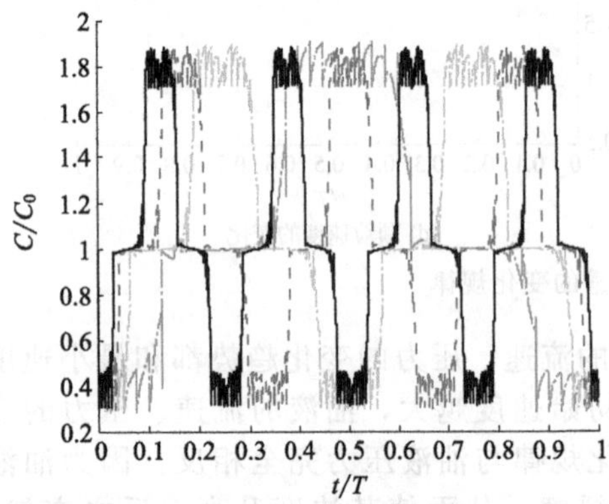

图 3.16 管路中段颗粒浓度分布

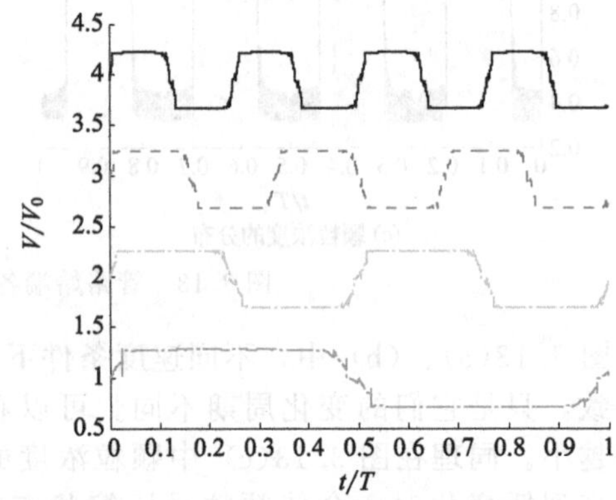

图 3.17 管路末端油液流速变化

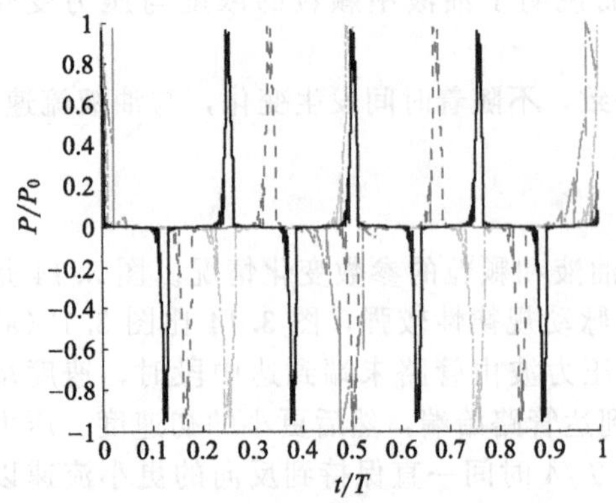

图 3.18 管路末端油液压力变化

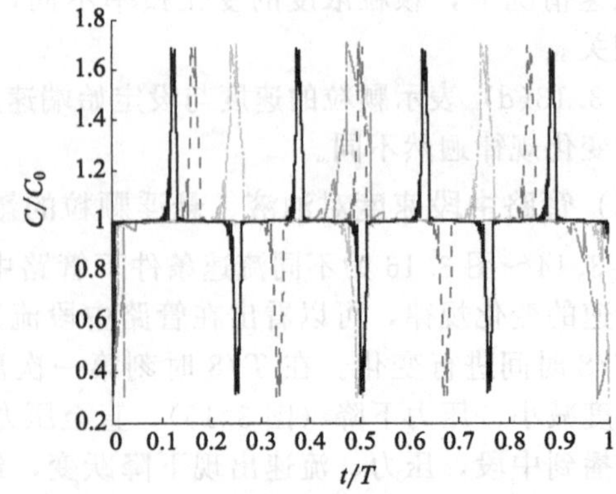

图 3.19 管路末端颗粒浓度分布

由于管路末端压力的设定原因，在图 3.18 中油液压力分别在 0、$T/2$、T 时刻，即 $T/4$ 的偶数倍时产生跃变，很快就恢复到设定压力值。同理油液的流速和压力的脉动周期随着初始速度的增加而减小。图 3.19 为不同初始速度条件下悬浮颗粒的浓度分布情况，可以看出，颗粒浓度与油液压力是密切相关的，当任一初始速度下油液压力下降时，颗粒浓度得以释放而升高。

3.2.3.4 油液黏度对油液影响分析

计算不同黏度条件下油液压力 P_f、速度 u_f 以及颗粒物的浓度 C、速度 u_p 的动态情况。

(1) 管路始端含悬浮颗粒油液的运动特性分析

根据含悬浮颗粒油液的系统参数，利用所建模型，将悬浮流中各相随时间的变化规律的横坐标用时间与脉动周期的比值表示，其中脉动周期为管道内悬浮流的压力或流速从一定值变化后再恢复到该值所用的时间；纵坐标用相应参数与初始值的比值表示，可获得轴向油液始端各流场参数随时间的变化，如图 3.20 所示。

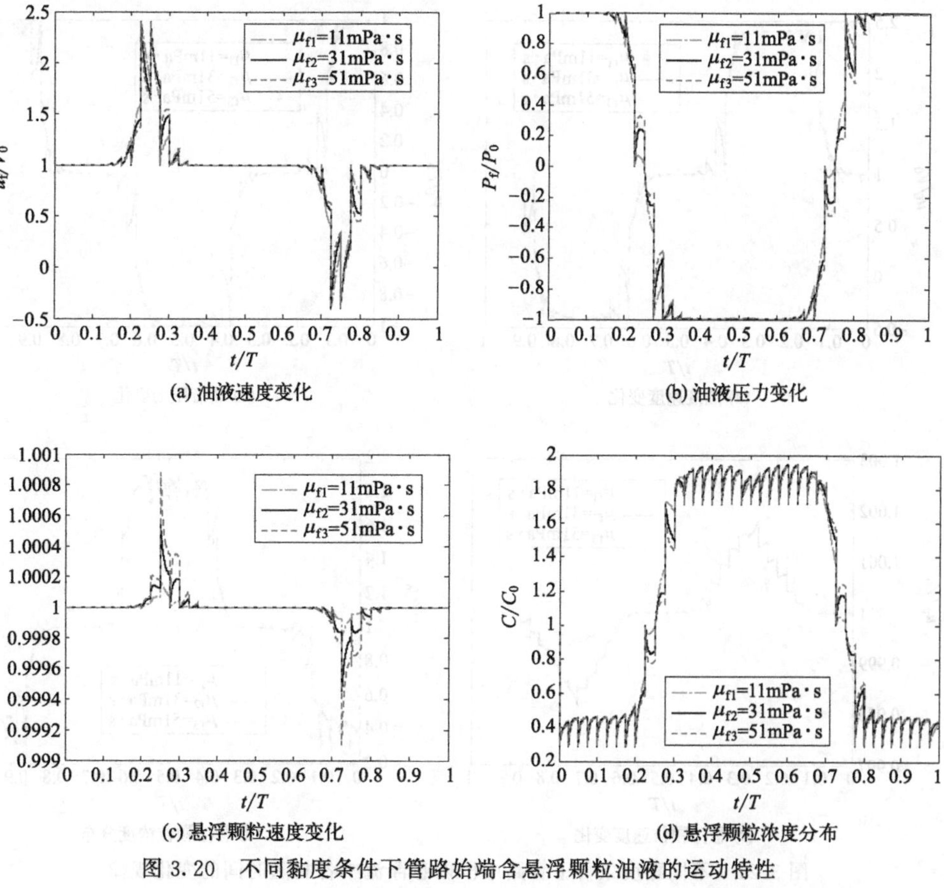

图 3.20　不同黏度条件下管路始端含悬浮颗粒油液的运动特性

图 3.20(a)、(b) 表示的是在不同黏度条件下油液流速、压力的变化情况。可以看出油液流速在 $T/4$ 时刻发生加速跃变，幅值达到原来的 2.4 倍，但是这个幅值持续时间较短，很快就恢复到初始值；同样在 $3T/4$ 时刻，油液速度发生减速跃变；对应于油液压力的变化曲线在流速从加速跃变到减速跃变期间的 $T/2$ 时间内，一直处压力降低状态。这是由于当含悬浮颗粒油液受到系统压力作用后，在管路末端由于压差作用使流速增大，压力降低；增大速度的油液反向传播，经过 $T/4$ 时间后到达管路始端引起加速跃变，但是初始速度条件

的限制使这个加速过程很快恢复，压力持续下降以补充油液使压力由正向转为反向；这个状态的油液到达管路末端后，与脉动的压力相比较小，则使油液速度进一步降低，压力升高到末端压力，反向传播到达管路始端；在管路始端由于受到大于管路的内压力，使流速增加，恢复到初始速度，完成一个循环。

在不同油液黏度条件下，由于油液压力、速度的变化幅值较大，使黏度对它们的影响不明显；但是从图 3.20(a)、(b) 可见，油液黏度越大，它们产生跃变的相对幅值较小。

图 3.20(c) 是悬浮颗粒在不同油液黏度条件下随时间的变化规律，可见与油液速度的变化趋势一致，分别在 $T/4$、$3T/4$ 时刻产生加速、减速跃变；说明悬浮颗粒对油液的跟随作用明显，特别是油液黏度越大，颗粒的速度跃变幅值就越大。图 3.20(d) 是悬浮颗粒的浓度分布情况，其变化趋势与油液压力的趋势完全相反，这就是说油液压力减小区域（反向压力）颗粒受到“挤压”作用，从而使其浓度升高，反之亦然；在不同的油液黏度条件下，颗粒浓度随着油液黏度的增大而增大，这是由于油液黏度越大，对颗粒的拖曳作用就越大的缘故。

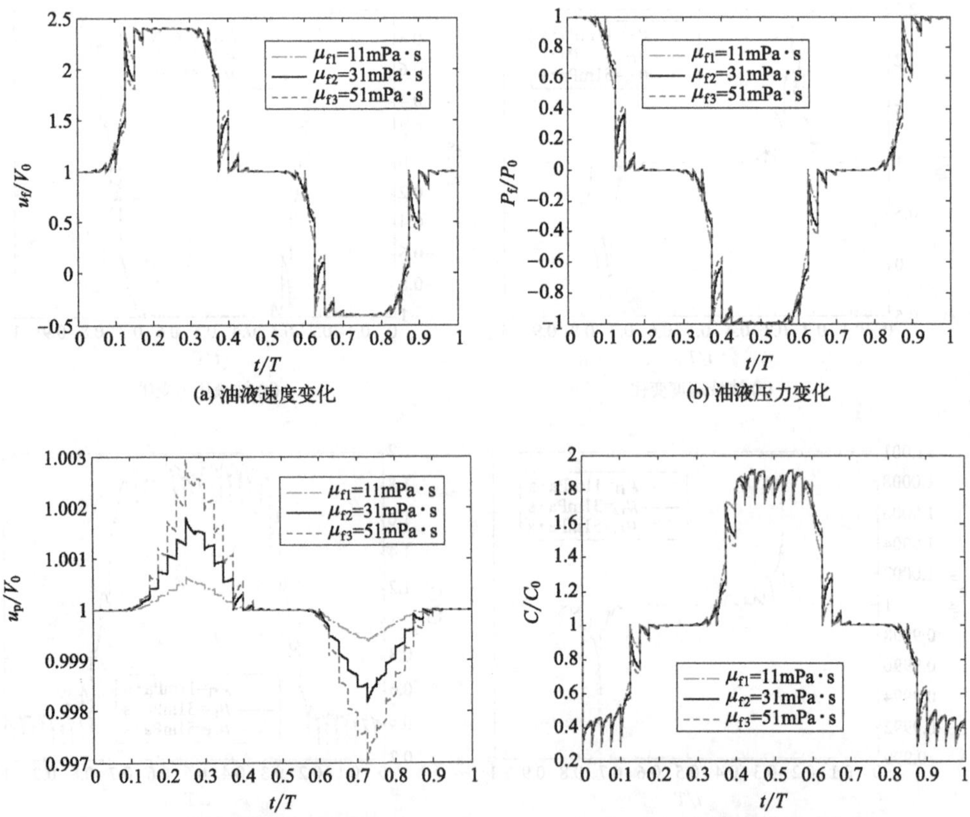

(a) 油液速度变化　(b) 油液压力变化

(c) 悬浮颗粒速度变化　(d) 悬浮颗粒浓度分布

图 3.21　不同黏度条件下管路中段内悬浮流中各相随时间的变化规律

(2) 管路中段含悬浮颗粒油液的运动特性分析

图 3.21 为不同油液黏度条件下管路中段内悬浮流中各相随时间的变化规律。

从图 3.21(a)、(b) 油液的流速和压力变化曲线中可知，它们分别在 $T/8$ 的奇数倍处发生跃变，与图 3.20(a)、(b) 相比发生跃变的时刻提前 $T/8$ 时间，跃变的幅值基本一致。这是由于在管路末端油液加速后反向传播首先到达管路中段，则此刻速度升高、压力下降为零，一直持续到该反向波传播到管路始端，速度降为初始速度，压力为反向压力后到达中段，历经 $T/4$ 时间；同样以初始速度、反向压力的流体向管路末端传播，变化为低速、零压反向传播到中段时参数跃变；这种波继续传播到始端，变化为正向高压、初始速度后到达中段，完成一个循环。同理由于油液速度、压力的跃变幅值较大，在不同油液黏度条件下黏度对其跃变幅值的增量较小，也可看出随着黏度的增加，油液速度、压力的幅值呈减小趋势。

从图 3.21(c) 可见悬浮颗粒在不同油液黏度条件下，其跃变幅值变化非常显著，油液黏度越大，颗粒的速度跃变幅值也越大。这是由于悬浮颗粒受到油液速度的拖曳作用，黏度较大的油液对悬浮颗粒的拖曳作用就越强，从而使其发生跃变的幅值越大；悬浮颗粒的变化趋势与油液速度的趋势基本一致，不同的是在油液速度处于极值区域，悬浮颗粒的速度呈现"尖峰"现象，说明颗粒受的是油液的拖曳作用。

图 3.21(d) 是在不同油液黏度条件下悬浮颗粒的浓度分布情况。可以看到，在压力下降时油液黏度越大，颗粒浓度分布越小，反之压力上升时黏度越大，颗粒浓度越大。这是由于黏度大的油液使颗粒的变化频率变缓，因而在压力变化最小的时间段内积聚的颗粒数就越多，可见颗粒浓度受油液压力的影响较大。

(3) 不同黏度条件下管路末端含悬浮颗粒油液的运动特性分析

图 3.22 是不同油液黏度条件下管路末端悬浮流中各相随时间的变化情况。

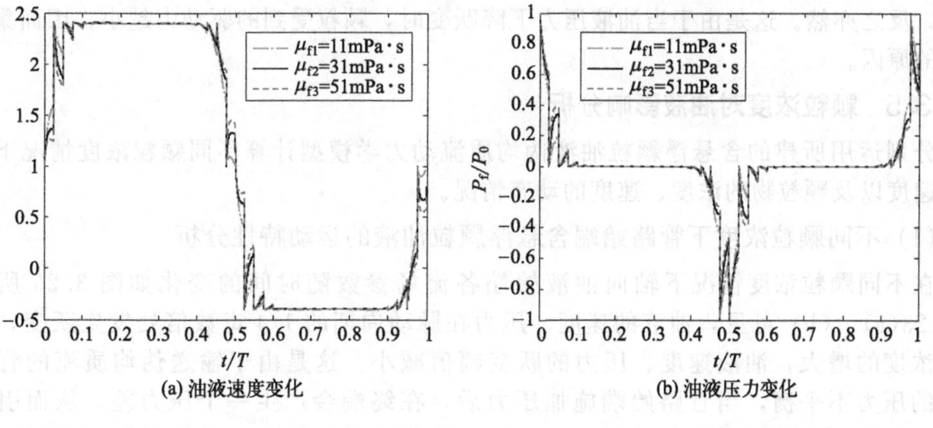

(a) 油液速度变化　(b) 油液压力变化

(c) 悬浮颗粒速度变化　(d) 悬浮颗粒浓度分布

图 3.22　不同黏度条件下管路末端悬浮流中各相随时间的变化情况

图 3.22(a)、(b) 是不同油液黏度条件下油液速度、压力的变化趋势，可见随着油液黏度的增加，它们的跃变幅值呈微弱的变化趋势，即压力下降时油液黏度越大，压力下降越

小，反之亦然。这是由于黏度对油液速度、压力的影响相比油液自身产生的跃变幅值较小。它们产生跃变的时刻是 $T/4$ 的偶数倍，与管路中段、始端的油液速度、压力变化趋势比较可知，它们跃变的时间分别提前 $T/8$、$T/4$，跃变幅值基本不变；由于悬浮流产生跃变的初始位置在管路末端，当加速跃变反向传播时，分别经过 $T/8$、$T/4$ 时间到达中段、始端，然后以初始速度、反向高压的状态正向传播，历经 $T/4$ 到达管路末端，因而在 $T/2$ 时间内，末端的速度一直持续在加速状态，而压力发生高压跃变后基于边界条件的影响很快恢复到初始值；同样在末端由于反向高压，油液以减速、零压状态反向传播到管路始端，产生一个初始速度、正向高压的波传播到管路末端，这时末端油液由减速、零压状态跃变为初始速度、正向高压状态，完成一个循环。

图 3.22(c) 是悬浮颗粒在不同油液黏度条件下随时间的变化情况，可见当油液速度处于最大值时［图 3.22(a)］，悬浮颗粒的速度逐渐趋于最大，反之，当油液速度最小时颗粒速度逐渐趋于最小；且随着油液黏度的增大，悬浮颗粒的跟随速度的幅值也增大，这是由于悬浮颗粒对油液具有较好的跟随作用，黏度越大的油液，对悬浮颗粒的拖曳力就越大的缘故。

不同油液黏度条件下悬浮颗粒的浓度分布如图 3.22(d) 所示。由图可见，悬浮颗粒随着油液黏度的增大，其发生跃变的幅值就越大，即压力下降时油液黏度越大，颗粒浓度越小，反之亦然。且其变化规律与油液压力的规律相反，油液压力产生下降跃变时，颗粒浓度升高，反之亦然。这是由于当油液压力下降跃变时，颗粒受到的驱动力越小，因而集聚程度较高的原因。

3.2.3.5 颗粒浓度对油液影响分析

分别运用所建的含悬浮颗粒油液伪均质流动力学模型计算不同颗粒浓度情况下油液压力、速度以及颗粒物的浓度、速度的动态情况。

(1) 不同颗粒浓度下管路始端含悬浮颗粒油液的运动特性分析

在不同颗粒浓度情况下轴向油液始端各流场参数随时间的变化如图 3.23 所示。由图 3.23(a)、(b) 可见，油液的速度、压力在脉动周期的 1/4 奇数倍处发生跃变，且随着颗粒浓度的增大，油液速度、压力的跃变幅值减小。这是由于输送伪均质流的管路首末两端的压力不平衡，当管路始端施加压力后，在终端会产生一个压力差，从而引起流速升高，幅值达到原始值的 1.4 倍，随之压力下降的跃变发生，历经 $T/4$ 时间后到达管路始端。在管路始端压力仍大于管路内的压力，以及管路内的流速很大，因而为了维持初始速度，始端的压力持续下降（为反向高压），则油液速度的跃变很快就降为初始速度，压力直接反转为反向高压。这种状态的油液正向传播 $T/4$ 时间到达管路终端，由于终端的压力大于管路内压力，油液速度下降为－0.4m/s（为初始速度的 1.4 倍），压力升高为 0，再经过 $T/4$ 时间到达管路始端。始端的压力大于管路内的压力，因而压力作用下油液速度升高到初始速度，速度曲线上的下降峰值持续时间就很小，压力由反向高压升为正向高压，完成一个循环周期。

由于颗粒浓度的增大，使油液的拖曳力变大，消耗了油液的动能，因而油液的速度、压力跃变幅值减小。

从图 3.23(c) 中可以看到，在不同颗粒浓度情况下，颗粒的速度变化趋势与油液速度的趋势一致，其跃变的时刻也为 $T/4$ 的奇数倍，但是随着颗粒浓度的增大，其速度的跃变幅值也增大，这是因为颗粒浓度增大，消耗油液的动能较多，使油液的拖曳力增大。

图 3.23(d) 是不同颗粒浓度情况下颗粒浓度的变化规律，可见颗粒浓度越大，其受油液压力变化的影响也越大，即其跃变的幅值越大；当油液压力处于反向高压状态时，颗粒受

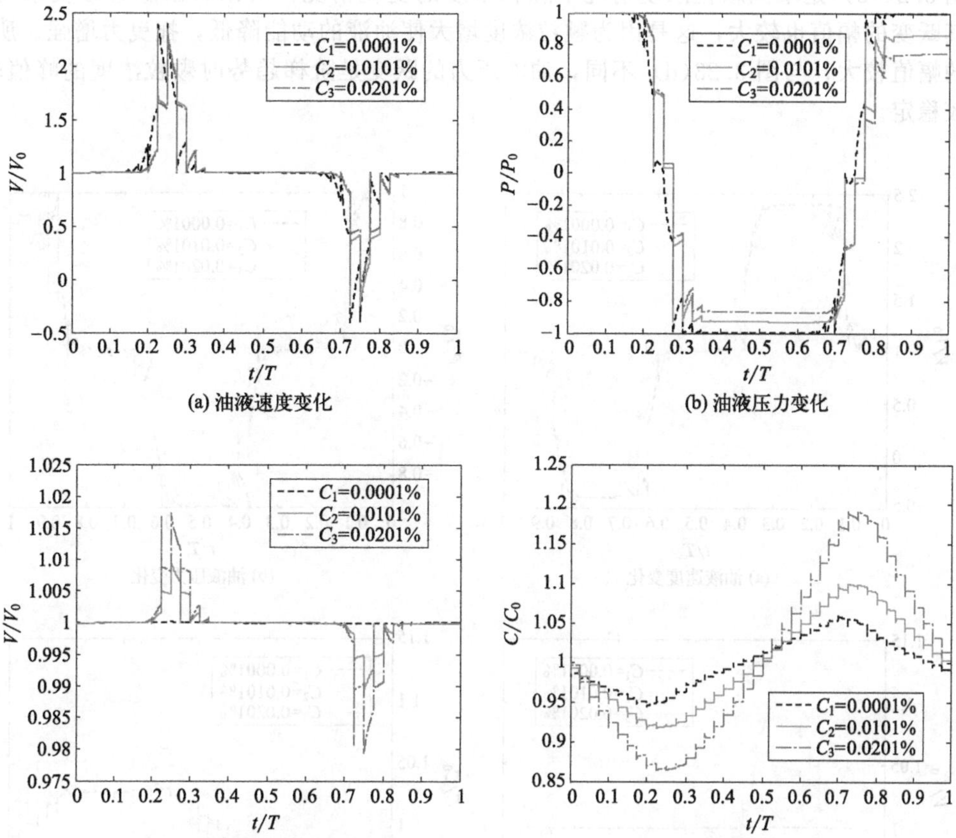

(a) 油液速度变化　(b) 油液压力变化

(c) 颗粒速度的变化　(d) 颗粒浓度的分布

图 3.23　不同颗粒浓度情况下轴向油液始端各流场参数随时间的变化

到“挤压”作用，因而其浓度逐渐集聚的程度就高，颗粒浓度越大，受挤压的作用越大，因而集聚的颗粒数量就越多。

(2) 不同颗粒浓度下管路中段含悬浮颗粒油液的运动特性分析

图 3.24 是不同颗粒浓度下管路中段各相参数的变化。从图 3.24(a)、(b) 中可以看出，油液速度、压力发生跃变的时刻同样为 $T/8$ 的奇数倍，随着颗粒浓度的增大，它们跃变的幅值减小；与图 3.23(a)、(b) 比较可知，图 3.24(a)、(b) 发生跃变的时间提前 $T/8$，它们的变化规律性更强。这是由于当管路终端的高速、0MPa 的压力流体波历经 $T/8$ 后到达管路中段，使油液的速度、压力发生第一次跃变。这种状态的流体波持续向管路始端传播，到达速度后改变为初始速度、反向高压的流体波正向传播，历时 $T/4$ 时间到达中段，发生第二次跃变。流体波继续传播到管路终端，改变为低速、0MPa 的流体波反向传播，总历时 $T/4$ 到达中段发生第三次跃变。这种波传播到管路始端后变化为初始速度、正向高压的流体波正向传播，再历经 $T/4$ 到达中段，油液速度、压力发生第四次跃变，从而形成一个循环周期。

同理由于颗粒浓度的增大，使油液的动能减小，则油液发生跃变的幅值就会减小。

从图 3.24(c) 中可以看出，颗粒浓度的变化对颗粒速度产生的影响较大，随着颗粒浓度的增大，颗粒速度跃变的幅值增大，这是由于颗粒浓度增大使油液的拖曳力增强的缘故；颗粒速度的跃变周期与油液速度的周期一致，在油液速度的最值时段，颗粒速度呈“尖峰”趋势，说明油液对悬浮颗粒的拖曳作用较强。

图 3.24(d) 是不同颗粒浓度情况下颗粒浓度的变化情况，可以看出随着颗粒浓度的增大，其跃变的幅值也较大，这是因为颗粒浓度增大使油液的动能降低，拖曳力增强，所以其跃变的幅值较大；与图 3.23(d) 不同，油液压力的跃变是阶梯趋势时颗粒浓度的峰值较小，但比较稳定。

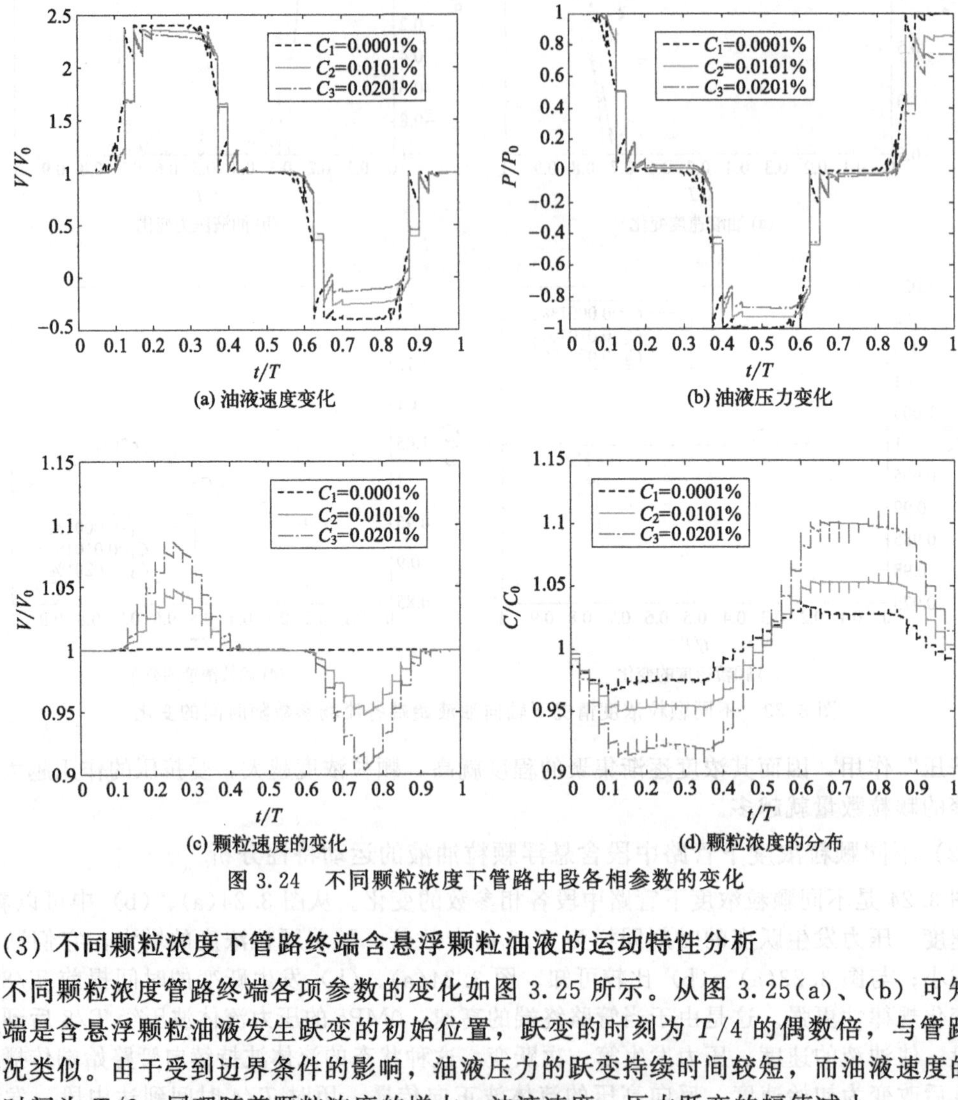

图 3.24 不同颗粒浓度下管路中段各相参数的变化

(3) 不同颗粒浓度下管路终端含悬浮颗粒油液的运动特性分析

不同颗粒浓度管路终端各项参数的变化如图 3.25 所示。从图 3.25(a)、(b) 可知，管路终端是含悬浮颗粒油液发生跃变的初始位置，跃变的时刻为 $T/4$ 的偶数倍，与管路始端的情况类似。由于受到边界条件的影响，油液压力的跃变持续时间较短，而油液速度的跃变持续时间为 $T/2$；同理随着颗粒浓度的增大，油液速度、压力跃变的幅值减小。

图 3.25(c) 为不同颗粒浓度情况下颗粒速度的变化趋势。由图 3.25(c) 可见，随着油液的速度在最值的时间延长，颗粒速度的峰值也较大，但仍是“尖峰”形态；同理随着颗粒浓度的增大，颗粒速度的跃变幅值随着管长增大而增大，与管路始端、中段的趋势一致。

图 3.25(d) 所示为颗粒浓度的跃变情况，明显看出颗粒浓度在管路终端的跃变已由管路始端的“尖峰”渐缓到平缓的形态变化；随着颗粒浓度的增大，其跃变的幅值也增大，与管路始端、中段颗粒浓度的跃变幅值相比，管路终端的跃变幅值较小。

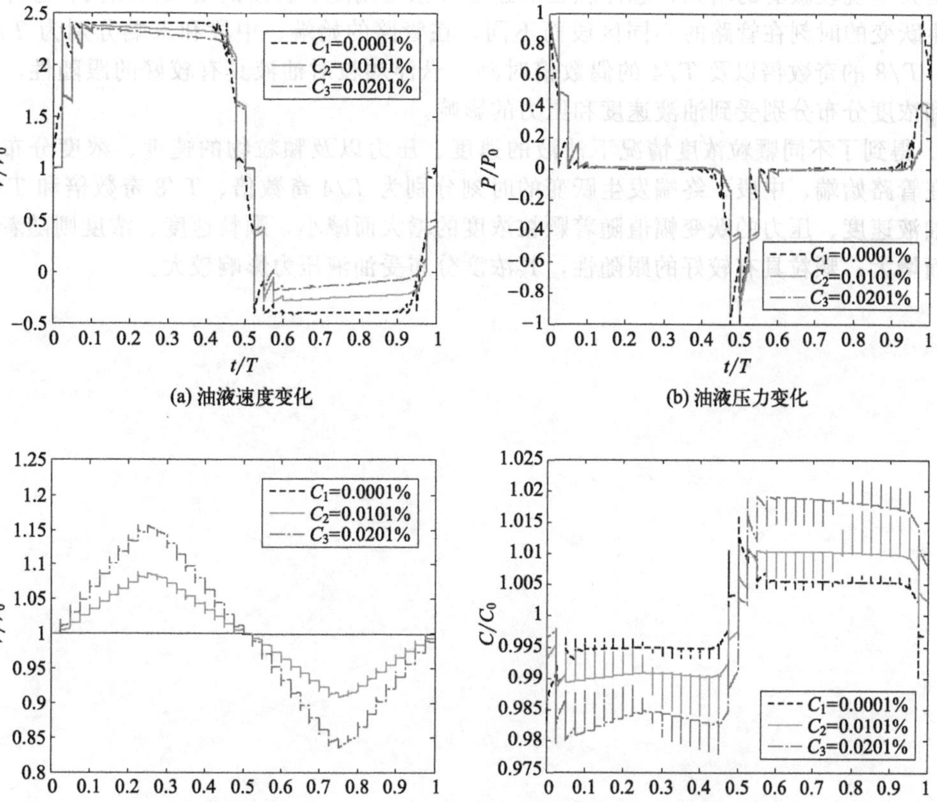

(a) 油液速度变化　　(b) 油液压力变化

(c) 颗粒速度的变化　　(d) 颗粒浓度的分布

图 3.25　不同颗粒浓度下管路终端各相参数的变化

3.3 本章小结

① 对于污染物在油液中相互作用过程，考虑两种耦合，即污染物跟随运动和交叉轨迹运动的耦合，油液和污染物运动的耦合，建立了油液与污染物的全耦合振动动力学模型，分析了污染物种类、污染度以及操作参数等各个影响因素对污染物动态特征的影响规律；并对污染物沿轴向、横向的体积浓度分布、速度分布以及轨迹等情况进行了分析研究。

② 将油液的激振作用力作为源项，求解得到油液中污染物的运动方程，获取了含不同污染物种类、污染度的谐振信号的油液调制信号，为下一步对油液振动特征信号的提取奠定基础。

a. 探讨了不同系统压力条件下各相的脉动规律，表明流场中各相的参数的脉动幅值随着系统压力的增加而增大；管路始端、终端各相参数的脉动时刻分别位于 $T/4$ 的奇数倍、偶数倍处，管路中段各相参数的脉动时刻则位于 $T/8$ 的奇数倍处。

b. 分析了在不同初始速度条件下各相参数的变化趋势，表明不同初始速度条件下管路始端、中段和终端油液的压力、流速都分别在 $T/4$ 的奇数倍、整数倍、偶数倍时刻产生跃变，且它们的周期都随着初始速度的增加而减小；颗粒的浓度分布与油液压力的变化趋势相反。

c. 获得了不同油液黏度的各相的动态特征，表明油液的速度、压力的跃变幅值随着黏度的增大呈现较微弱的增大，悬浮颗粒的速度和浓度则随着黏度的增大而增大；悬浮流中各相发生跃变的时刻在管路的不同区段而不同，在管路的始端、中段和末端分别为 $T/4$ 的奇数倍、$T/8$ 的奇数倍以及 $T/4$ 的偶数倍时刻；悬浮颗粒对油液具有较好的跟随性，颗粒的速度和浓度分布分别受到油液速度和压力的影响。

d. 得到了不同颗粒浓度情况下油液的速度、压力以及颗粒物的速度、浓度分布。表明油样在管路始端、中段、终端发生跃变的时刻分别为 $T/4$ 奇数倍、$T/8$ 奇数倍和 $T/4$ 偶数倍；油液速度、压力的跃变幅值随着颗粒浓度的增大而减小，颗粒速度、浓度则随着浓度的增大而增大；颗粒具有较好的跟随性，其浓度分布受油液压力影响较大。

第4章 油液污染振动信号分析

根据油液脉动流的压力信号具有多层次、多尺度的振动特征，对单一浓度污染物油样进行了小波分析、小波包分析、HHT 分解以及 VMD 分解，获得了油液污染信号的特征频谱，探讨了油液的湍流脉动特性。首先利用 Morlet 小波函数对油液污染信号进行了 6 层分解，得到相应的小波系数，从小波系数的实部、模值、模值平方以及方差几个方面进行了压力信号的能量密度、能量谱以及振动能量沿时间序列的分布的分析。再根据小波基函数分解的主要频率、重构信号与原始压力信号的均方根误差，选择 sym8 小波作为小波基函数对压力信号进行小波包分解及重构，获得了相应压力的各节点小波系数；探讨了小波包分解各节点的能量值及其分布规律。

利用 Hilbert-Huang 变换（HHT）方法对油液脉动流的压力信号进行分析，根据经验模态函数（EMD）把信号分解为多个固有模态函数（imf），再进行 Hilbert 变换和包络解调，获取了压力信号的 Hilbert 谱和信号能量特征，分析了不同频段上的能量分布和调幅调频特征。油液脉动流的压力信号是一种多组分的信号，为了实现压力的多组分信号的有效分离，利用变分模态分解（variational mode decomposition，VMD）对压力信号进行了分解，并提出利用中心频率斜率判据来确定 VMD 分解的分量数量，以及能量值判断信号主要分量的方法；对获取的主要分量进行了 Hilbert 包络解调分析。

针对不同含量和粒径的污染物油样，分析了油中颗粒浓度对油液的压力信号的影响，利用 Morlet 小波函数对其进行了 6 层分解，从小波系数的实部以及方差两个方面进行了压力信号的能量密度以及振动能量沿时间序列分布的分析。选择了 sym8 小波作为小波基函数对压力信号进行了小波包 4 层分解，获得了压力信号相应的各节点小波系数；探讨了不同颗粒浓度对压力信号经过小波包分解各节点的能量值及其分布规律的影响。

利用 Hilbert-Huang 变换方法对含不同颗粒浓度的油液脉动流的压力信号进行分析，探讨颗粒浓度对压力信号的振动特征的影响规律。利用经验模态函数（EMD）方法把压力信号分解为多个固有模态函数（imf），以及 Hilbert 变换和包络解调，获取了压力信号的 Hilbert 谱和信号能量特征，分析了不同颗粒浓度压力信号的能量分布和调幅调频特征以及调制信号的瞬时频率。

利用变分模态分解（variational mode decomposition，VMD）对含不同颗粒浓度的油液压力信号进行了分解，提出了利用 VMD 分解的各分量中心频率的斜率与分量主频联合比较的判据来确定 VMD 分解的分量数量，以及平均能量值判断信号主要分量的方法，对各压力信号的能量值最大的分量进行了 Hilbert 包络解调分析。

4.1 油液污染信号采集

4.1.1 采集系统

油液污染信号采集系统主要由动力源、试验段以及 LabVIEW 油液数据采集系统三个部分组成，如图 4.1 所示。

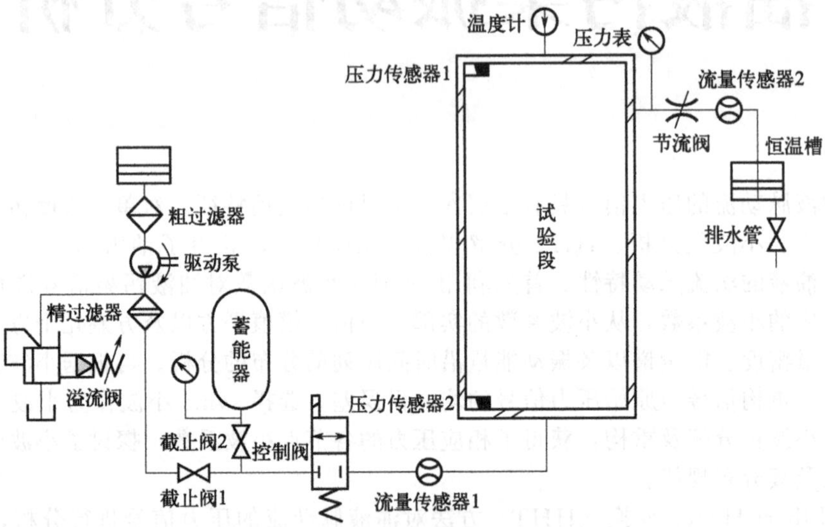

图 4.1 油液污染信号采集系统

其中动力源为液压电机叶片泵（0.8L/min）。试验段设置：截面为 0.04m×0.04m、长为 0.50m 的方形管路，管路前壁面和顶面由透明钢化玻璃制成，底面和后壁面由钢板制成，两端分别有一个直径为 24.00mm 的圆形进出口。数据采集系统主要包括油液压力、温度、流量等变送器和管路振动变送器，NI 公司的 PXI 数据采集卡，以及 LabVIEW 数据分析处理软件等。其中压力变送器采用 YP-01S 型，量程为－0.1～2.0MPa，精度为 0.2%，输出为 0～5V，用于采集实验管道进出口油液的压力变化信号；流量变送器设置在实验管路的出口端，是 LWGB-6 型，精度为 1%，用于获取油液流量信号；采用 HSL-HW-SX 型的温度变送器，精度为 0.25%FS，用于检测油液运行中温度的变化情况；设置在实验管路出口端的振动变送器采用 LC0123 型，精度为 0.08%，将实验管路的振动信号检测出来。系统采集的压力、流量、温度和振动等实时数据通过 PXI 采集板，传输给计算机中的 LabVIEW 软件，对油液的压力、加速度、流量、温度的动态参数信息进行滤波去噪和分析处理。传感器与数据采集卡的连接方法是依据 IN MAX 下的 DAQmx 任务连接的，进出口压力传感器为三线模式，其中传感器正极线连接电源正极，信号线连接数据采集卡接线盒的 SCB-68/30 端口，负极线连接电源负极以及数据采集卡接线盒的 SCB-68/63 端口。然后将其传输给计算机中的 LabVIEW 软件，对采集到的压力信号进行实时显示和储存。对 NI-DAQmx 任务信号的连接方式、采样率、采样点数和采样方式等参数进行选择。参数选择如表 4.1 所示。

表 4.1　参数选择

名称	连接方式	采样率	采样点数/个	采样方式
压力通道	RSE	1000	6000	连续
加速度通道	伪差分	1000	6000	连续

4.1.2　污染油样的配制

应用新疆克拉玛依 25# 变压器油作为实验油液，并对其进行真空过滤得到初始油液，以防止出厂油在生产、运输过程中混入的颗粒物对实验造成干扰。将铜粉（10.00g）和二氧化硅粉（10.00g）作为颗粒污染物，混合放入 500.00mL 初始油液中，利用超声波振荡器进行均匀混合，至少振荡 2h，以配制高污染度油液。待高污染度油液混合均匀后，进行不同孔径的滤纸抽滤，得到中径为 5μm、15μm、25μm、50μm，浓度为 14.4×10^{-6} 的油样。按一定的体积比例向此浓度油样中加入初始油样，经过 8h（温度 30～60℃）超声波振荡器振荡均匀，分别得到不同中径下，浓度分别为 14.40×10^{-6}、6.58×10^{-6}、4.57×10^{-6}、3.00×10^{-6}、0.971×10^{-6} 梯度等级的含颗粒物油样。将配好的油液置于油箱中，经过液压电机叶片泵输入实验管路，油液经过管路发展段后进入测试段，再经尾段进入油箱，形成一个循环。油液进入实验管路运行 10min，待系统中油液的各项指标变化较为平稳后，开始各参数的数据采样。

为了最大限度地获取油液在实验管路中的压力振动特征信号，利用数据采集系统采集的经过滤波后的不同信号进一步处理。首先将进口压力和出口压力进行相减，获取实验管路两端的压力差，以表征油液在测试管段内的压力相对变化量。但这个压差值包含了管路自身的振动组分，因而将压差值再减去振动（加速度）变送器的信号，最终获取的差值为实验管路中油液的脉动流压力信号。实验中由于油液的流量、温度保持恒定，且采集到的流量和温度信号没有出现异常点，因而在实验中仅作为一个参考信号。

4.2　小波分析

4.2.1　污染油液信号的小波分析

油液由于压力的时域变化引起质量流速的周期性变化称为脉动流，脉动流的存在除了系统施加的外在脉动激励外，其内在机理是由于在壁面油液黏性作用下，在边界层随时间不断发生变化，油液中的拟序结构在剪切波的激励下从壁面产生，进入黏性子层发展为发卡涡或马蹄涡，以至于到主流的大尺度涡旋，大尺度涡旋破裂为小尺度涡旋，直至溃灭的过程。而油液在运行过程中不可避免地从外部侵入或内部生成一些颗粒污染物，这些颗粒污染物的存在会改变油液的湍流特性，影响油液的湍流拟序结构及其脉动特性。

目前国内外在脉动流研究中一般应用 LDA 或者 PIV 等技术对应用脉动特征进行间接测试，由于这些方法自身频带的限制，对油液脉动流的特征辨识难以全面、准确地进行分析与评估。随着传感技术和信号采集技术的发展，对管路内油液脉动信号进行直接测试和特征提取已成为可能。油液的脉动流是典型的非定常、非稳态流动问题，且由于油液中混入的颗粒污染物的粒径和数量是一个随机分布问题，其在时域、频域上流动动力参数的表现形式均为剧烈变化的趋势；影响油液运动的外在因素如机械功能的动作方式、管路连接形式等差异性较大，致使测试获取的信号成分相对较为复杂，如何对脉动流信号进行有效的提取和分析是急需解决的关键性问题。

而目前信号分析中适用于平稳信号特征提取的短时傅里叶变换，在分析具有非定常、非稳态的脉动流问题时已不具备物理意义。小波分析在非平稳信号的处理上得到了广泛的应用，但是小波函数的选择是需要根据所分析信号的特点进行的，不同的小波函数处理后的结果有一定的差异。常见的小波函数如Daubechies小波函数是由世界著名的小波分析学者Inrid Daubecbies构造的小波函数，其中db1就是Haar小波，然而该小波的其他小波没有明确的表达式。Mexico小波作为广泛使用的Gauss平滑函数的二阶导数，常用于视觉信息加工研究与边缘检测方面。Morlet是复值小波，能提取被分析的时间过程或信号的幅值与相位信息。它的尺度函数不存在，且不具有正交性，是地球物理过程以及流体湍流的分析研究中经常使用的小波。小波变换能够同时提供信号在时域和频域的局部化信息，在诸多领域得到了应用。与傅里叶变换比较，可以使得一组数据在时域与频域方面皆有良好局部性质；可以检测一组时间序列中的突变信息，分析它的主要变化周期，同时可以得到这些周期在不同时段的影响大小。基于这些优点，Daubechies曾指出小波变换非常适合研究对尺度的时间序列具有周期性变化的事件。

油液脉动流的压力信号属于非平稳序列，具有拟周期性、趋势性的同时，还有随机性、突变性等特点，是一种多层次、多尺度结构和局部时变特征的信号，因而选择Morlet小波对油液脉动流的压力信号进行分析，探讨油液脉动流的压力信号特征的小波提取方法，建立油液压力信号与其振动特征的内在关系。

首先选取油液脉动流的数据采集的其中1000个数据点进行数据延展，以消除采集数据两端的“边界效应”。利用MATLAB编制对称性两端数据延展程序，将压力信号的数据前后各延展了12个数据。然后对压力信号进行Morlet小波6层分解，获取各层小波系数。再将小波系数按照采样的数据长度进行数据截断处理，得到油液脉动流的压力信号的小波分析系数。

根据Morlet小波分解的6层共64组小波系数，它们的模值、模值平方以及方差分别代表了油液脉动流的能量密度、能量谱以及脉动能量分解在不同尺度上的分布情况。为了能够分析油液脉动流在时间序列中的多周期变化特征，以及在不同的时间尺度上的变化趋势，分别就小波分解后的小波系数进行模值、模值平方以及方差分析。

(1) 不同尺度上小波系数的实部沿时间的分布

如图4.2所示为油液脉动流经过Morlet小波分解后的小波系数实部在不同尺度下沿时间的分布情况。

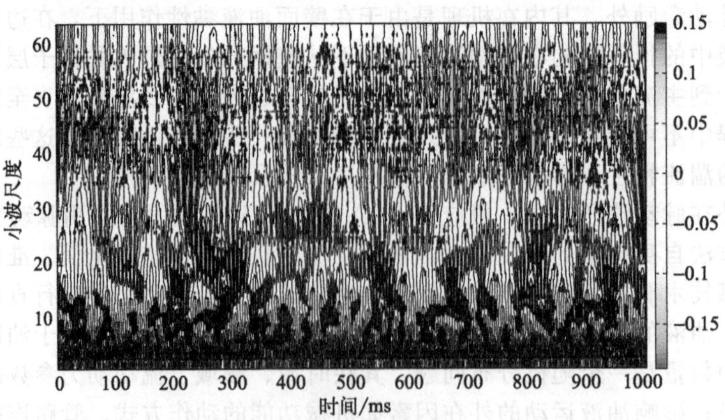

图4.2 小波系数实部沿时间的分布

可见小波系数实部的分布反映了油液脉动流的周期性变化特征，在尺度为 35～64 时，油液脉动流出现明显的周期性变化趋势，在整个时间序列中有 33 个小波系数的极大值和 32 个小波系数的极小值，且在时间序列的两端极大值和极小值的差值较大，从 0.14 到－0.13，幅值达 0.27；在时间序列 287～612 范围内两者的差值相对较小，从 0.032 到－0.001，幅值为 0.031，表明在此时间序列范围内，脉动流的周期变化趋势较弱。

随着小波分解的尺度降低，小波系数的实部沿时间序列分布的极大值与极小值的差值减弱，即周期性明显变化的区域减少。这是由于随着小波分解尺度的减小，对脉动流的频率分辨率就会减小，时间分辨率增加。在小分解尺度情况下，可以看到在时间序列的某一时刻，脉动流的压力信号幅值产生了突变。也就是说在较大分解尺度下，图 4.2 呈现了脉动流的第一主周期的情况，分解尺度越小，脉动流的第二、第三等主周期会相互作用，很难与第一主周期一样可以明显表征出来。

(2) 不同尺度上小波系数的模值沿时间的分布

如图 4.3 所示为油液脉动流经过 Morlet 小波分解后的小波系数模值在不同尺度下沿时间的分布情况。可以看到小波系数模值较大的区域，与图 4.2 中小波系数的实部沿时间序列分布的极大值与极小值的差值较大的区域一致，表明小波系数的模值能够反映出在不同小波分解尺度下油液脉动流沿时间序列的能量密度的分布情况，其模值越大，脉动流的周期性就越明显。可见油液脉动流在小波分解尺度 40～50、20～30 以及 10～15 范围内的小波系数模值较大，说明在这些小波分解尺度下能够展现脉动流的周期变化趋势较为明显。但是在不同的小波分解尺度下，小波系数模值极大值沿时间序列分布区域随着分解尺度的降低而减小，表明随着小波分解尺度的降低，脉动流的周期性变化趋势越来越低。

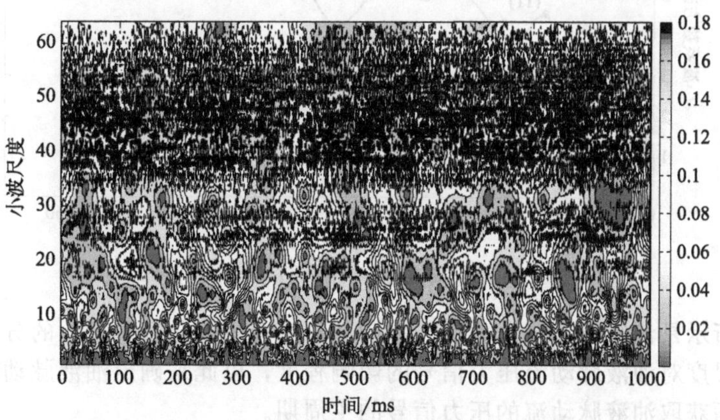

图 4.3　小波系数模值在不同尺度下沿时间的分布

(3) 不同尺度上小波系数的模值平方沿时间的分布

如图 4.4 所示为油液脉动流经过 Morlet 小波分解后的小波系数模值平方在不同尺度下沿时间的分布情况。小波系数的模值平方是油液脉动流的压力在不同振动周期内的能量沿时间序列的分布情况，可以看出油液脉动流在不同的小波分解尺度下，其能量沿时间序列的分布在分解尺度 40～50 范围内最强，表明在该小波分解尺度下油液脉动流的周期性变化趋势最为明显；同时可见油液脉动流的沿时间序列分布的局部性和间断性，在整个时间序列内，每一点的能量都不同，它们的周期性变化趋势的明显程度也不同，进一步表明了油液脉动流的压力信号的多尺度、多层次的复杂特征。

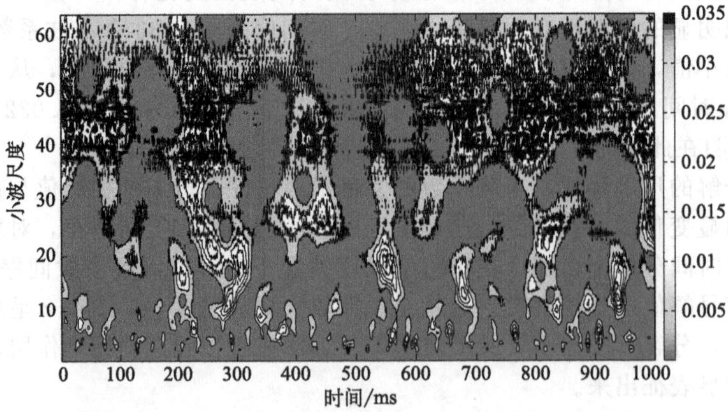

图 4.4 小波系数模值平方在不同尺度下沿时间的分布

(4) 不同尺度上小波系数方差沿尺度的分布

如图 4.5 所示为油液脉动流经过 Morlet 小波分解后的小波系数方差在不同尺度下的分布情况。

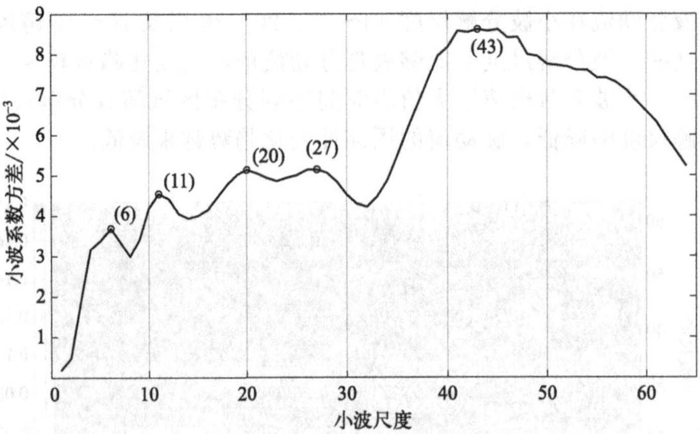

图 4.5 小波系数方差在不同尺度下的分布

如图 4.5 所示是油液脉动流压力信号振动的能量在小波分解尺度上的分布，可以得到不同的小波分解尺度对油液脉动流压力信号的影响程度，以此来确定油液脉动流的小波分解的主要尺度，从而获取油液脉动流的压力信号的主周期。

如图 4.5 所示，小波系数方差在分解尺度上的分布呈现出 5 个极大值，分别对应小波尺度为 6、11、20、27 和 43 的情况，其中小波分解尺度为 43 的方差幅值最大，表明在这个分解尺度下油液脉动流的压力信号的振动能量最强，周期性也最为明显，即为油液脉动流的压力信号变化的第一主周期。据此可得油液脉动流压力信号的第二至第五主周期依次为 27、20、11、6 小波分解尺度。同时第一主周期的方差幅值为 8.6×10^{-3}，是第二至第五方差幅值的 1.69、1.71、1.91、2.32 倍，且第二至第五方差幅值之间的差值相对较小，因而可见油液脉动流的压力信号的振动是以第一主周期为主、其他主周期为辅的相互作用结果。根据小波系数的方差分析结果，可得各个主周期的小波系数沿时间序列的分布情况，如图 4.6 所示。图 4.6(a)～(e) 分别对应油液脉动流的压力信号的振动第一至第五主周期的小波系数沿时间序列的分布情况。

从图 4.6 可以看出，油液脉动流的压力信号具有明显的调制特征，且随着油液脉动流压力信号的振动主周期的依次增加，压力信号的振动周期依次减小。从图 4.6(a) 可见，油液脉动流的压力信号的振动频率为 32.2588Hz，与油液的驱动泵的主轴转速 1800r/min 对应的频率 30Hz 相近；图 4.6(b) 的压力信号频率为 56.6973Hz，近似为第一主周期（主轴转速）的频率的 2 倍；图 4.6(c) 的压力信号频率为 78.2031Hz，为第一主周期（主轴转速）的频率的 2.4 倍，且小波系数分布与图 4.6(b) 的分布近似，表明这个主周期所对应的小波分解尺度是被信号的噪声污染而形成的峰值。

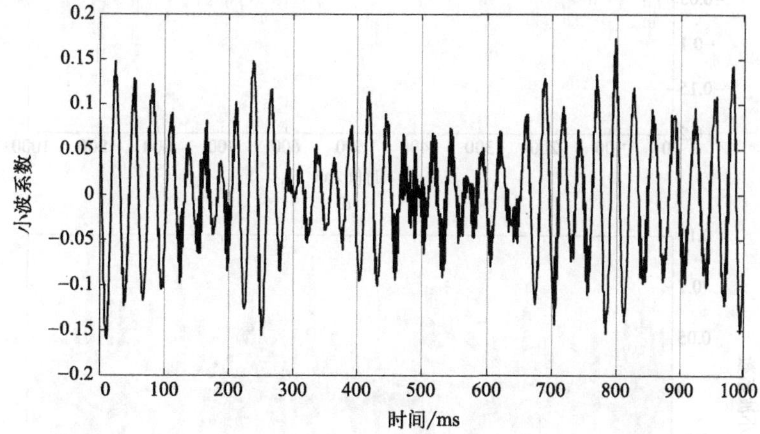

(a)

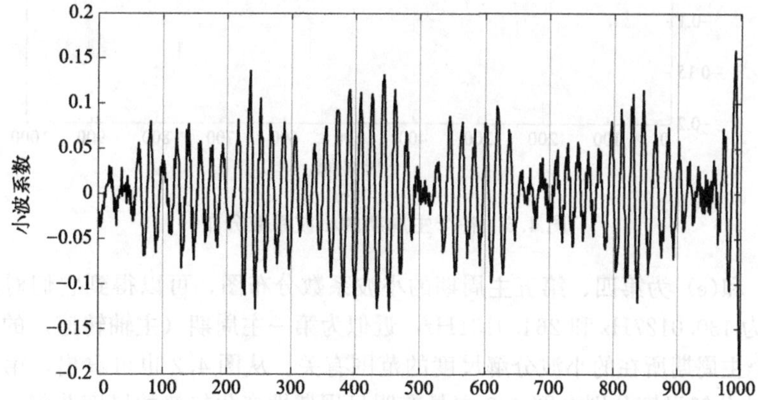

(b)

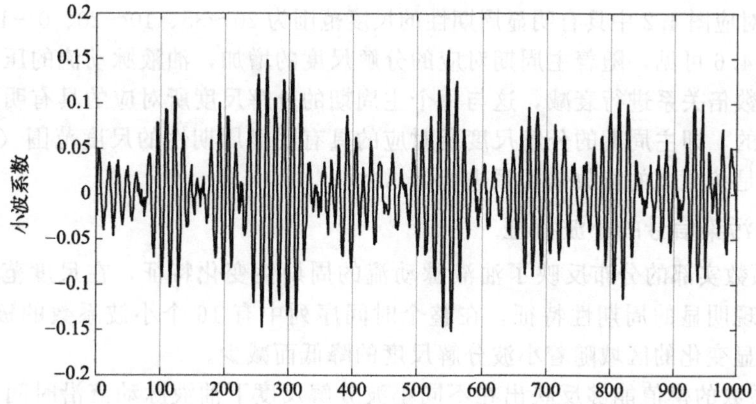

(c)

图 4.6

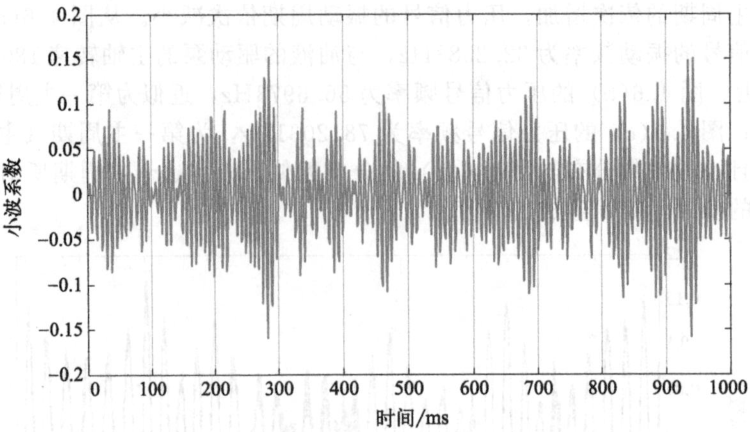

(d)

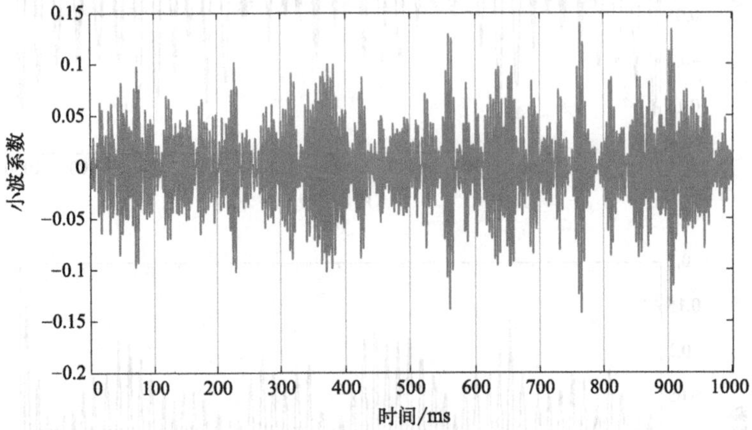

(e)

图 4.6 各个主周期的小波系数分布

图 4.6(d) 和(e) 为第四、第五主周期的小波系数分布图，可以得到它们对应的压力信号变化频率分别为 130.0127Hz 和 264.9131Hz，近似为第一主周期（主轴转速）的频率的 4 倍和 8 倍，这与每个主周期所在的小波分解尺度的范围有关。从图 4.2 也可看出，第一至第五主周期所对应的小波分解尺度分别在图 4.2 中具有明显周期性变化趋势的尺度范围，如第一主周期的分解尺度为 43，对应图 4.2 中 35～64 这个具有明显周期性的尺度范围，同理第二至第五的分解尺度分别对应图 4.2 中具有明显周期性的尺度范围为 20～35、10～20、0～10。

另外从图 4.6 可见，随着主周期对应的分解尺度的增加，油液脉动流的压力信号的振动频率以 2 的指数倍关系进行衰减，这与每个主周期的分解尺度所对应的具有明显周期性的尺度范围是一致的，即主周期的分解尺度所对应的具有明显周期性的尺度范围（6、11、20 和 43）基本上也是按照 2 的指数倍关系进行递增的。

(5) 油液污染信号的小波特征

① 小波系数实部的分布反映了油液脉动流的周期性变化特征，在尺度范围为 35～64，油液脉动流出现明显的周期性特征，在整个时间序列中有 16 个小波系数的极大、极小值，而且周期性明显变化的区域随着小波分解尺度的降低而减少。

② 小波系数的模值能够反映出在不同小波分解尺度下油液脉动流沿时间序列的能量密度的分布情况，其模值越大，脉动流的周期性就越明显。

③ 油液脉动流振动能量沿时间序列的分布在分解尺度范围 40～50 最强，油液脉动流的

沿时间序列分布具有局部性和间断性特点。

④ 油液脉动流的压力信号变化具有5个主周期，且具有明显的调制特征，随着主周期对应的分解尺度的增加，油液脉动流的压力信号的振动频率以2的指数倍关系进行衰减。

4.2.2 污染浓度影响的小波分析

根据油液脉动流的多尺度拟周期特征，对含颗粒污染物的油液压力信号进行小波分析处理，分析颗粒浓度对油液的压力信号特征提取方法及其影响，探讨油液脉动流压力信号随着颗粒浓度变化的内在关系。

(1) 不同尺度上小波系数的实部沿时间的分布

根据Morlet小波分解的各组油样的6层共64组小波系数，小波系数实部在不同尺度下沿时间的分布情况如图4.7所示，其中图4.7(a)～(e) 分别表示含颗粒浓度为0.971×10^{-6}、3.00×10^{-6}、4.57×10^{-6}、6.58×10^{-6}、14.40×10^{-6}的油样。

由图4.7(a) 可见，小波系数实部的分布反映了含颗粒浓度为0.971×10^{-6}油液脉动流的周期性变化特征，在整个时间序列中有27个小波系数的极大值和26个小波系数的极小值，油液脉动流在小波分解尺度范围为30～64时，周期性变化趋势最为明显。在时间序列0～73、252～332、436～602、631～732、768～1000的两个时间序列内极大值和极小值的差值较大，从0.2到－0.2，幅值达0.4；在其他时间序列范围内两者的差值相对较小，脉动流的周期变化趋势较弱，从0.039到－0.067，幅值为0.106。随着小波分解尺度范围降低，小波系数的实部沿时间序列分布的极大值与极小值的差值较大的情况较少，即有明显周期性变化的区域减少。

图4.7(b) 为含颗粒浓度为3.00×10^{-6}的油液脉动流在不同尺度下小波分解的小波系数实部沿时间序列的分布情况，可见在小波分解尺度范围为30～64时，小波系数的实部的极大值和极小值的差值较大，说明此范围内油液脉动流的周期性较为明显。可以看到在整个时间序列中小波系数的实部存在25个极大值和24个极小值，但它们的差值达到最大0.4的范围相对图4.7(a) 减少，仅有0～62、415～568以及969～1000这3个时间序列范围内的极值差值较大；其余部分的极值差值为0.041，相对图4.7(a) 同样差值幅度减小。

从图4.7(c) 可见，含颗粒浓度为4.57×10^{-6}的油液脉动流的小波系数实部沿时间序列的分布，在分解尺度范围为30～64时，有24极大值和23个极小值，极值差值较大的时间序列范围为86～205和940～1000两个，其余部分的差值从0.028～0.093变化。

图4.7(d) 是含颗粒浓度为6.58×10^{-6}的油液脉动流的小波系数实部在不同分解尺度范围下沿时间序列的分布情况，可见在分解尺度范围为30～64时，有24个小波系数实部的极大值和23个极小值，且在0～25、505～543、934～1000这3个时间序列范围内的极值差值较大，其余部分的差值较小；同理从含颗粒浓度为14.40×10^{-6}的油液脉动流的小波系数实部在不同分解尺度范围下沿时间序列的分布情况［图4.7(e)］可以看到，在分解尺度范围为30～64时，有23个小波系数实部的极大值和22个极小值，且在0～79、138～269、374～440、914～1000这4个时间序列范围内的极值差值较大，其余部分的差值较小。

可见随着油中颗粒浓度的增加，油液脉动流的小波系数实部沿时间序列的分布在30～64的小波分解尺度范围内极值数量以及其差值范围减少，则其周期性程度逐渐降低；且在同样颗粒浓度的油液中，脉动流的周期性随着小波分解尺度的降低而减弱。因而从油液脉动流的小波系数实部分布图中表征出了油液脉动流压力信号的多层次、多尺度的振动特征，这些具有一定程度区分的周期性正是探讨脉动流压力信号的多个周期的综合作用的结果。

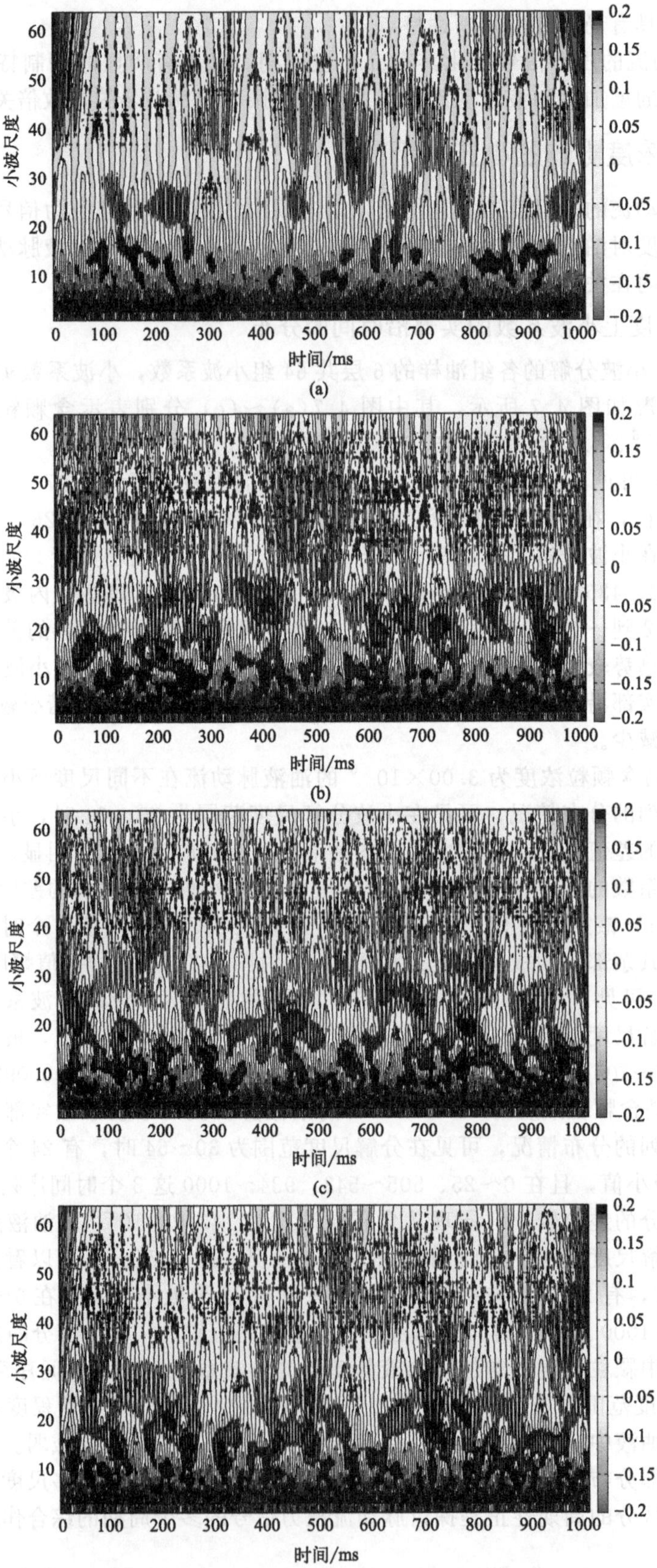

(a)

(b)

(c)

(d)

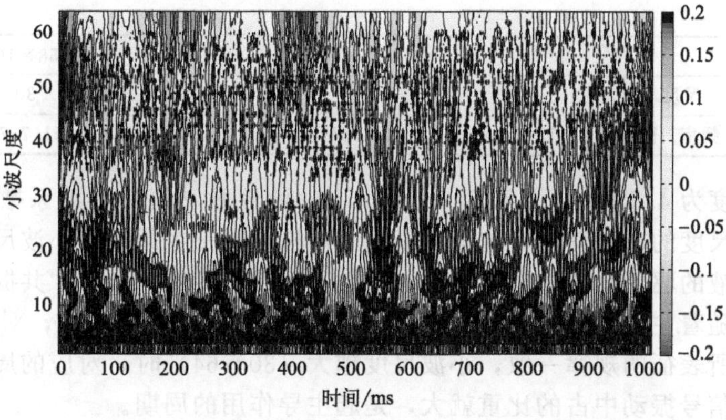

(e)

图 4.7　小波系数实部在不同尺度下沿时间的分布

(2) 不同尺度上小波系数方差沿尺度的分布

如图 4.8 所示为含不同颗粒浓度的油液脉动流的压力信号，经过 Morlet 小波 6 层分解后的小波系数方差在不同尺度下的分布情况，同时也是油液脉动流压力信号振动能量在小波分解尺度上的分布。可见在含有相同颗粒浓度的油液压力信号经过不同的小波分解尺度后，小波分解尺度对油液脉动流压力信号的影响程度也有所不同，根据小波系数方差的幅值大小可确定油液脉动流小波分解的主要尺度，进一步得到油液脉动流压力信号的主周期。

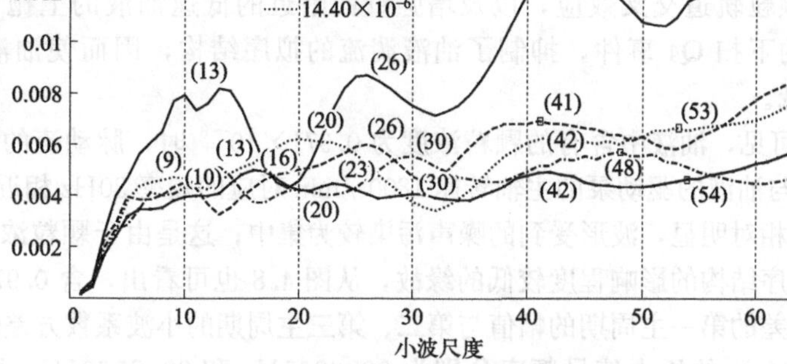

图 4.8　小波系数方差在不同尺度下的分布

如图 4.8 所示，含不同颗粒浓度的油液脉动流的压力信号小波系数方差在分解尺度上分布分别呈现出不同数量的极大值；随着颗粒浓度的增加，第一、第二主周期对应的小波尺度呈现逐渐增大的趋势，每个小波系数方差的极大值对应的小波尺度如表 4.2 所示。

表 4.2　主周期对应的小波尺度和频率

项目		0.971×10^{-6}	3.00×10^{-6}	4.57×10^{-6}	6.58×10^{-6}	14.40×10^{-6}
第一主周期	尺度	43	41	48	54	53
	频率/Hz	35.1562	32.2265	29.2969	26.3936	27.3711
第二主周期	尺度	26	26	30	42	42
	频率/Hz	63.4765	56.6406	54.6875	38.0859	37.1094
第三主周期	尺度	13		13	16	20
	频率/Hz	117.1875		118.1641	93.7504	77.1484

续表

项目		0.971×10^{-6}	3.00×10^{-6}	4.57×10^{-6}	6.58×10^{-6}	14.40×10^{-6}
第四主周期	尺度	10	10	20	30	9
	频率/Hz	155.4025	152.3438	67.3828	51.7578	166.0156

可见颗粒浓度为 4.57×10^{-6} 和 6.58×10^{-6} 的油液脉动流的小波系数方差的第三、第四主周期的小波尺度的次序反转，这是由于两个油样在第三主周期的小波尺度对应的油样振动频率分别与油液的驱动泵的主轴频率的 3 倍频和 4 倍频接近，形成“共振”所致；而其余油样的小波尺度随着主周期的数量递增而依次降低，即主周期数越大，对应的小波尺度越小；这与图 4.7 所表征的规律一致，小波尺度越大（30～64）时，对应的周期性越强，在油液脉动流的压力信号振动中占的比重就大，是起主导作用的周期。

图 4.8 中将每一种油样的第一主周期对应的小波尺度值用矩形框标示出来，它们都是相应油样经过小波分解 6 层后的小波系数方差的相对较大值，从图中可以看到随着小波尺度的增加，小波系数方差的幅值仍在增加。这是由于油液脉动流的压力信号经过小波分解的层数越大，其分解尺度越大，频率的分辨率越大，越易产生一些虚假的频率所致。

根据图 4.8 对不同颗粒浓度的油液脉动流压力信号小波系数的方差分析结果，可得各个主周期的小波系数沿时间序列的频率，如表 4.2 所示，其中每个油样的第一主周期小波系数沿时间序列的分布情况如图 4.9 所示。图 4.9 中(a)～(e) 分别对应含颗粒浓度分别为 0.971×10^{-6}、3.00×10^{-6}、4.57×10^{-6}、6.58×10^{-6}、14.40×10^{-6} 的油样脉动流的压力信号的振动第一主周期的小波系数沿时间序列的分布情况。

从图 4.9 可以看出，含不同颗粒浓度的油样脉动流的压力信号具有明显的调制特征，且随着油中颗粒浓度的增加，油液脉动流压力信号的振动频率依次减小。这是由于油中颗粒浓度的增加增强了颗粒轨道交叉效应，以及增强壁面附近的低速油液的上抛 Q2 事件，降低了中心区高速油液的下扫 Q4 事件，抑制了油液湍流的拟序结构，因而使油液脉动流的压力信号的振动频率降低。

从图 4.9(a) 可见，油液中含有的颗粒浓度为 0.971×10^{-6} 时，脉动流的压力信号的振动频率为 35.1562Hz，与油液的驱动泵的主轴转速 1800r/min 对应的频率 30Hz 相近；其振动幅值相对较大，周期性变化相对明显，波形受到的噪声污染较为集中；这是由于颗粒浓度相对较低，颗粒对油液脉动流的拟序结构的影响程度较低的缘故，从图 4.8 也可看出，含 0.971×10^{-6} 的油液脉动流的小波系数方差的第一主周期的幅值与第二、第三主周期的小波系数方差的幅值较大。

图 4.9(b) 和(c) 的压力信号频率分别为 32.2265Hz 和 29.2969Hz，两者的小波系数分布幅值近似，基本上是油液的驱动泵的主轴转速对应的频率 30Hz，表明颗粒浓度的逐渐增加，油液脉动流的湍流拟序结构逐渐受到抑制，但在油液驱动压力作用下，仍然可以保持脉动流的压力信号的振动在 30Hz 附近波动。

从图 4.9(d) 和(e) 明显看到，颗粒浓度的持续增加，油液脉动流的湍流拟序结构抑制程度增强，它们对应的压力信号变化频率分别为 26.3936Hz 和 27.3711Hz，并且它们的小波系数的幅值相对较低，这与它们第一主周期对应的小波尺度的范围较大有关。

另外从表 4.2 以及图 4.9 可以看出，随着油中颗粒浓度的增加，油液脉动流的压力信号的第一、第二主周期的振动频率依次降低，且它们对应的小波分解尺度依次增大。这与随着主周期对应的分解尺度的增加，油液脉动流的压力信号的振动频率逐渐衰减的规律一致。

(3) 污染浓度的小波特征

① 随着油中颗粒浓度的增加，油液脉动流的小波系数实部沿时间序列的分布在 30～64 的小波尺度范围内极值数量以及其差值范围减少，其周期性程度逐渐降低；且在同样颗粒浓

度的油液中，脉动流的周期性随着小波分解尺度的降低而减弱。

② 随着颗粒浓度的增加，第一、第二主周期对应的小波分解尺度逐渐增大，随着主周期的数量递增，小波尺度依次降低，主周期数越大，对应的小波尺度越小。

③ 含不同颗粒浓度的油样脉动流的压力信号具有明显的调制特征，且随着油中颗粒浓度的增加，油液脉动流压力信号的第一、第二主周期的振动频率依次减小。

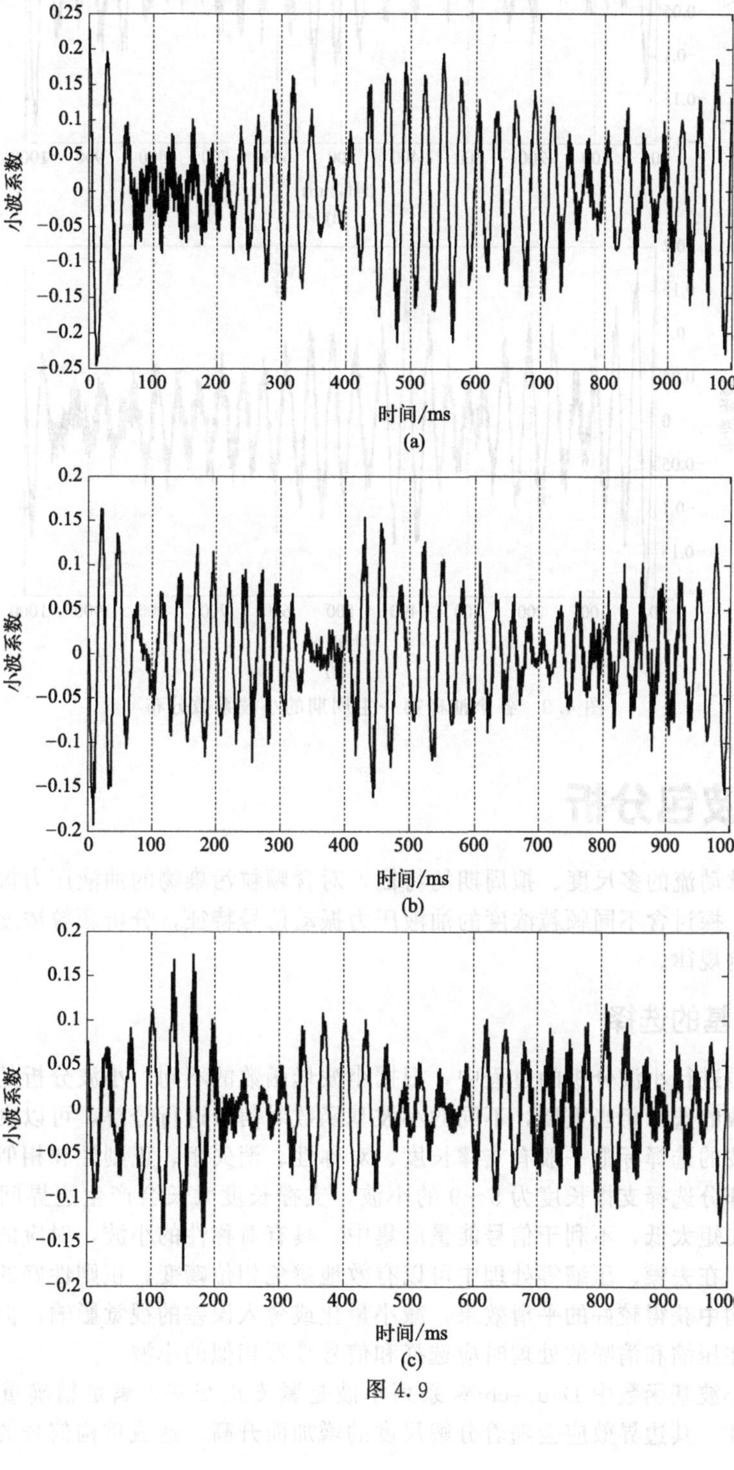

图 4.9

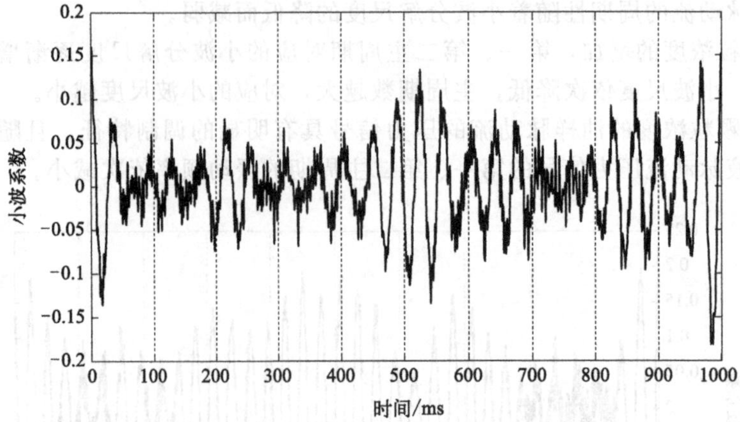

(d)

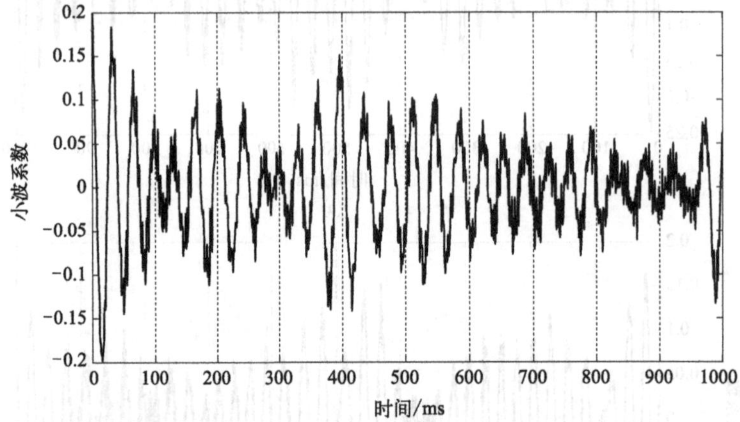

(e)

图 4.9 各个油样第一主周期的小波系数分布

4.3 小波包分析

根据油液脉动流的多尺度、拟周期的特征，对含颗粒污染物的油液压力振动信号进行小波包分析处理，探讨含不同颗粒浓度的油液压力振动信号特征，分析颗粒浓度对油液脉动流压力信号的影响规律。

4.3.1 小波基的选择

对振动信号进行小波分析的过程中，根据小波母函数的不同，小波分析的结果也不尽相同。小波基函数的选择相当重要，不同的小波基函数对信号进行分解，可以突出不同特点的信号特征。小波的选择标准一般有支撑长度、对称性、消失矩、正则性和相似性几个方面的条件。其中大部分选择支撑长度为 5～9 的小波，支撑长度太长会产生边界问题；反之支撑长度太短则消失矩太低，不利于信号能量的集中。具有对称性的小波，对应的滤波器具有线性相位的特点，在去噪、压缩等处理中可以有效地避免相位畸变；正则性好的小波，能在信号或图像的重构中获得较好的平滑效果，减小量化或舍入误差的视觉影响，但正则性好，支撑长度就长。在压缩和消噪的处理时应选择和信号波形相似的小波。

在常见的小波基函数中 Daubechies 系列小波是紧支正交基，满足精确重建条件，但由于不具有对称性，其边界效应会随着分解尺度的增加而升高，造成重构信号的失真。Symlet

小波函数是对 db 函数的一种改进，具备较好的正则性，与 dbN 小波相比，在连续性、支集长度、滤波器长度等方面与 dbN 小波一致，但 symN 小波具有更好的对称性，即一定程度上能够减少对信号进行分析和重构时的相位失真。Meyer 小波的小波函数和尺度函数都是在频率域中进行定义的，它不是紧支撑的，但它的收敛速度很快。Mexican Hat 函数在时域和频率都有很好的局部化，由于不存在尺度函数，则不具有正交性。样条小波是一种非紧支正交的对称小波，只要采取合理的延拓方法，可很好地消除边界效应。

根据文献［116］得出，在振动信号的噪声分离中，考虑到小波函数的降噪、重构能力、边沿效应以及能量集中程度等因素，采用 db 系列中 db10、db16 小波基，sym 系列中 sym8 小波基以及 coif4 小波基对油液脉动流的压力信号进行 3 层小波分析。

如图 4.10 所示为各个小波基函数对压力信号的第 2 个节点的小波包系数的频谱，图 4.10 中(a)～(d) 分别对应的小波基函数为 db10、db16、sym8、coif4。

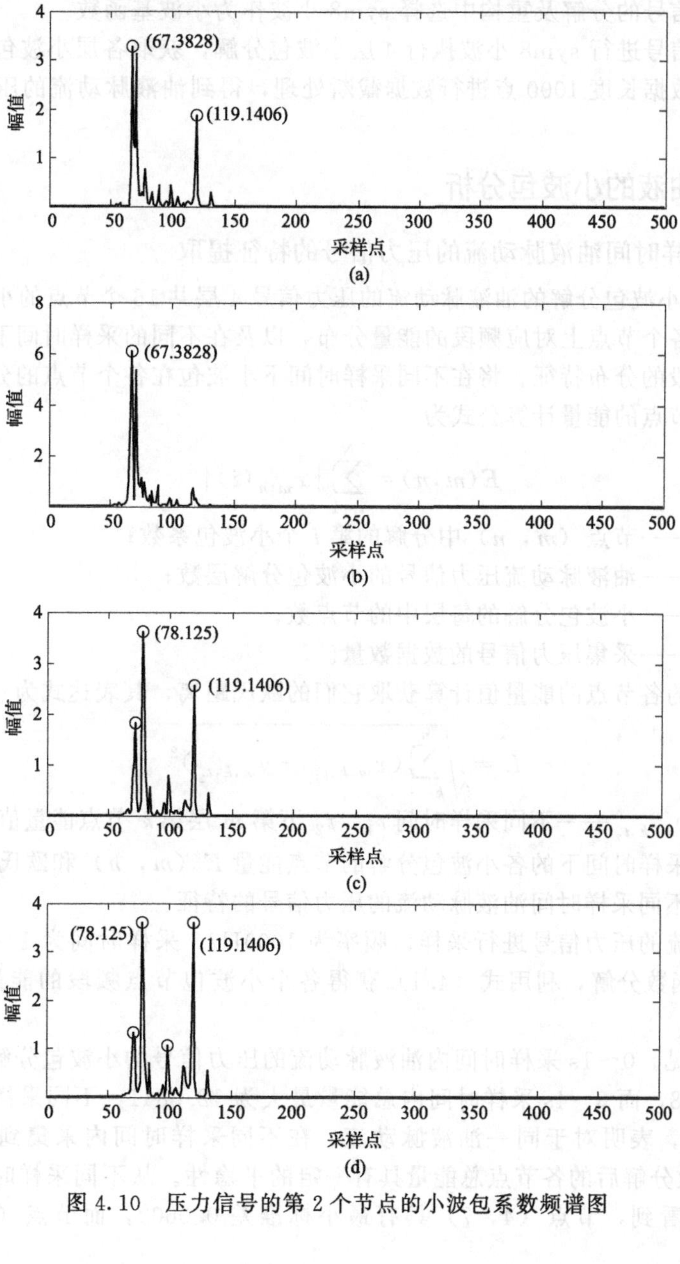

图 4.10　压力信号的第 2 个节点的小波包系数频谱图

由图 4.10 可见，各个小波基函数都可以将脉动流的压力信号在节点频段内的主要频率表示出来，但它们的区别还是比较明显的。由于不同的小波基函数的中心频率的差异，导致分解后的节点的频率有所不同，如图 4.10(a) 和(b) 同属 db 系列小波基函数，将信号中的 67.3828Hz 的成分识别出来，但是 db16 小波基却对 119.1406Hz 的成分抑制剧烈，使小波包的重构信号产生失真；图 4.10(c) 和(d) 获取的信号主要频率成分比较一致，但是图 4.10(d) 中谐频成分的幅值相对较大，不利于信号的去噪和压缩处理。因而从这几个小波基函数对压力信号的主要频率分解结果看，db10 和 sym8 两个小波基函数对油液脉动流压力信号的分解效果较为合适。

将 db10、db16、sym8、coif4 这 4 个小波基函数对油液脉动流压力信号的小波包分析结果进行重构，得到重构信号与原始压力信号的均方根误差，分别为 0.1013、0.0094、0.0040、0.7878。可见 sym8 小波基函数对压力信号的重构信号与原始信号的均方根误差最小，因而对压力信号的分解及重构中选择 sym8 小波作为小波基函数。

然后对压力信号进行 sym8 小波执行 4 层小波包分解，获取各层小波包系数。再将小波系数按照采样的数据长度 1000 点进行数据截断处理，得到油液脉动流的压力信号的小波包分析系数。

4.3.2 污染油液的小波包分析

(1) 不同采样时间油液脉动流的压力信号的特征提取

根据 Morlet 小波包分解的油液脉动流的压力信号 4 层共 16 个节点的小波包系数，可以获取压力信号的各个节点上对应频段的能量分布，以及在不同的采样时间下获取的采样数据的不同节点上频段的分布特征。将在不同采样时间下小波包在各个节点的分解系数换算各节点的能量值，各节点的能量计算公式为

$$E(m,n)=\sum_{i=1}^{N}|x_{m,n}(i)|^2 \tag{4.1}$$

式中 $x_{m,n}(i)$ ——节点（m，n）中分解的第 i 个小波包系数；

m——油液脉动流压力信号的小波包分解层数；

n——小波包分解的每层中的节点数；

N——采集压力信号的数据数量。

由压力信号的各节点的能量值计算获取它们的欧氏距离，其表达式为

$$L=\sqrt{\sum_{k=1}^{n}(x_{m,k,t_1}-y_{m,k,t_2})^2} \tag{4.2}$$

式中 x_{m,k,t_1}，y_{m,k,t_2}——不同采样时间 t_1，t_2 下第 m 层第 k 节点能量值。

将这些不同采样时间下的各小波包分解的节点能量 E（m，n）和欧氏距离 L 进行比较和分析，以获取不同采样时间油液脉动流的压力信号的特征。

对油液脉动流的压力信号进行采样，频率为 1000Hz，采样时间为 1～6s 的数据进行 4 层 sym8 小波基函数分解，利用式（4.1）获得各个小波包节点频段的能量值及其总能量，如表 4.3 所示。

由表 4.3 可见，0～1s 采样时间内油液脉动流的压力信号的小波包分解的各节点总能量较小，为 10.6058，而 3～4s 采样时间内总能量最大为 12.3841，不同采样时间内总能量的标准差为 0.5619，表明对于同一油液脉动流，在不同采样时间内采集到的压力信号经过 sym8 小波基函数分解后的各节点总能量具有一定的平稳性。从不同采样时间的同一节点的能量标准差也可看到，节点（4，7）具有最小标准差 0.0602，而节点（4，0）的标准差

0.1847 为最大值。同样表明不同采样时间内油液脉动流的压力信号在小波包分解后各节点的能量具有稳定性，用各节点的能量对压力信号进行特征表征是可行的。

表 4.3　不同采样时间下小波包节点频段的能量值

项目		0～1s	1～2s	2～3s	3～4s	4～5s	5～6s	标准差
小波包各个节点的能量值	(4,0)	0.882948	0.814358	0.708377	0.818867	0.910958	1.291984	0.18465
	(4,1)	0.821406	0.683553	0.796025	0.990843	0.830734	0.864763	0.091054
	(4,3)	0.595423	0.713283	0.970778	1.039647	0.634554	0.801708	0.164829
	(4,2)	0.587448	0.763347	0.585276	0.634065	0.738066	0.566025	0.077352
	(4,6)	0.74653	1.017551	0.684368	0.75756	0.648745	0.626905	0.129942
	(4,7)	0.747775	0.829489	0.691962	0.762302	0.751011	0.635759	0.060253
	(4,5)	0.619904	1.053976	0.516983	0.600189	0.761301	0.644005	0.174195
	(4,4)	0.692625	0.784325	0.628607	0.932249	0.55812	0.712667	0.118692
	(4,12)	0.540115	0.77481	0.611022	0.604592	0.870054	0.682732	0.111898
	(4,13)	0.676164	0.644023	0.72812	0.641146	0.755345	0.891463	0.0862
	(4,15)	0.666568	0.56901	0.882167	0.802614	0.905149	0.568787	0.138445
	(4,14)	0.40761	0.759396	0.984371	0.772326	0.654932	0.85352	0.178762
	(4,10)	0.625546	0.800335	0.696301	0.660424	0.581183	0.696916	0.068415
	(4,11)	0.731471	0.494056	0.78064	0.537276	0.620183	0.728798	0.106316
	(4,9)	0.685061	0.85248	0.594085	1.033178	0.550672	0.586	0.172857
	(4,8)	0.581862	0.479181	0.847721	0.796846	0.521844	0.512138	0.144696
总能量		10.6058	12.0332	11.7068	12.3841	11.2929	11.6642	0.561868

将不同采样时间内油液脉动流的压力信号小波包分解后的各节点能量值按照式 (4.2) 计算，可得不同采样时间内油液脉动流的压力信号的欧氏距离，如表 4.4 所示。

表 4.4　不同采样时间内压力信号的欧氏距离

时间	0～1s	1～2s	2～3s	3～4s	4～5s	5～6s
0～1s	—	0.8126	0.8167	0.8085	0.5848	0.7314
1～2s		—	1.0211	0.8697	0.7868	0.9421
2～3s			—	0.6939	0.7563	0.8164
3～4s				—	0.9035	0.9128
4～5s						0.6986
5～6s						—

表 4.4 表示了不同采样时间内经过小波包分解后油液脉动流压力信号的欧氏距离在 0.5848～1.0211 之间变化；0～1s 采样时间内的压力信号与 4～5s 采样时间内的压力信号欧氏距离最小，为 0.5848，两者的压力信号差异性相对较小；同理 1～2s 采样时间内的压力信号与 2～3s 采样时间内的压力信号欧氏距离最大，为 1.0211，两者的压力信号差异性相对较大；可见同一油液脉动流压力信号在不同采样时间内的小波包分解的各节点能量变化幅度不大，进一步说明用各节点能量进行压力信号的振动特征提取是有效的。

(2) 小波包分解的各节点能量分布特征

根据不同采样时间内经过小波包 4 层分解后油液脉动流压力信号的各节点能量值及其欧氏距离的分析，可得利用 sym8 小波基函数分解的各节点能量能够作为压力信号的振动特征，因而得到 0～1s 采样时间内的各节点的能量值的分布，如图 4.11 所示。可见油液脉动流压力信号分解为不同的小波包节点后，各个小波包节点对应的油液脉动流压力信号的能量值也有所不同，则根据各节点能量的幅值大小可确定油液脉动流的小波包分解的主要节点，进一步得到油液脉动流的压力信号的主频段。

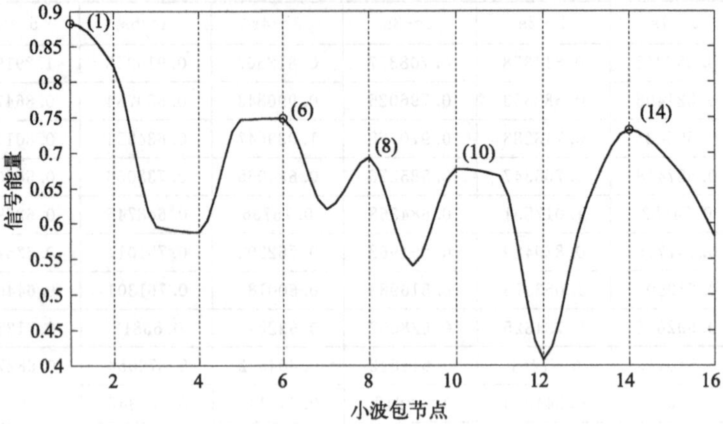

图 4.11 各节点的能量值的分布

如图 4.11 和表 4.3 所示，油液脉动流的压力信号在各个节点上的能量分布呈现出 5 个极大值，由大到小依次分别为第 1、6、14、8、10 号节点，按照各个节点的频段的依次增加，则分别对应（4，0）、（4，7）、（4，11）、（4，4）和（4，13）这几个节点。将最大极值的节点（4，0）对应的频段称为第一主频段，表明在这个节点的频段内油液脉动流的压力信号的振动最强，周期性比较明显。据此可得油液脉动流压力信号的第二至第五主频段对应的节点，同时第一主频段的能量幅值为 0.8829，第二至第五主频段的幅值分别为 0.7478、0.7315、0.6926、0.6762；第一主频段的能量幅值是第二至第五方差幅值的 1.18、1.21、1.27、1.31 倍，且第二至第五主频段的能量幅值差别较小，可见油液脉动流的压力信号的振动是以第一主频段内频率为主、其他主频段内频率为辅相互作用的结果。

根据小波包分解的各节点能量分布分析结果，可得各个主频段的小波包系数沿时间序列的分布情况，如图 4.12 所示。图 4.12(a)～(e) 分别对应油液脉动流的压力信号的振动第一至第五主频段的小波包系数沿时间序列的分布情况。

从图 4.12 可以看出，油样脉动流的压力信号具有明显的调制特征，且随着油液脉动流压力信号的小波包分解的各节点对应频段的依次增加，油液脉动流压力信号主频段的主要振动频率对压力信号的影响依次减弱。

从图 4.12(a) 可见，油液脉动流的压力信号在此频段内的主要振动频率为 8.7891Hz，其节点的能量幅值较大，表明压力信号在这个频率下的振动幅值相对较大，周期性变化相对明显。图 4.12(b) 和(c) 的压力信号的相应节点上的能量幅值接近，但它们对应的主要频率分别为 177.7344Hz 和 437.5Hz；图 4.12(d) 和(e) 在对应小波包分解的节点上的压力信号变化主要频率分别为 236.3281Hz 和 310.5469Hz，且它们的能量幅值相对较低。从图 4.12(b)～(e) 可见，小波包分解的各节点小波包系数随时间序列的变化是它们的主要频率受到第一主频段的主要频率调制的结果，随着各主频段的能量分布的依次降低，第一主频段对其调制的影响逐渐减弱，即图 4.12(b)～(e) 被第一主频段的主要频率调制后产生的谐频的功率谱幅值依次降低。

油液脉动流的压力信号经过 sym8 小波基函数 4 层分解后，获得的节点上的主频段除了第二主频段外，随着主频段的主要频率的增加，对应的能量值逐渐衰减，表明主频段上的主要频率对压力信号的振动影响减弱。即油液脉动流的压力信号的振动主要受第一主频段对应

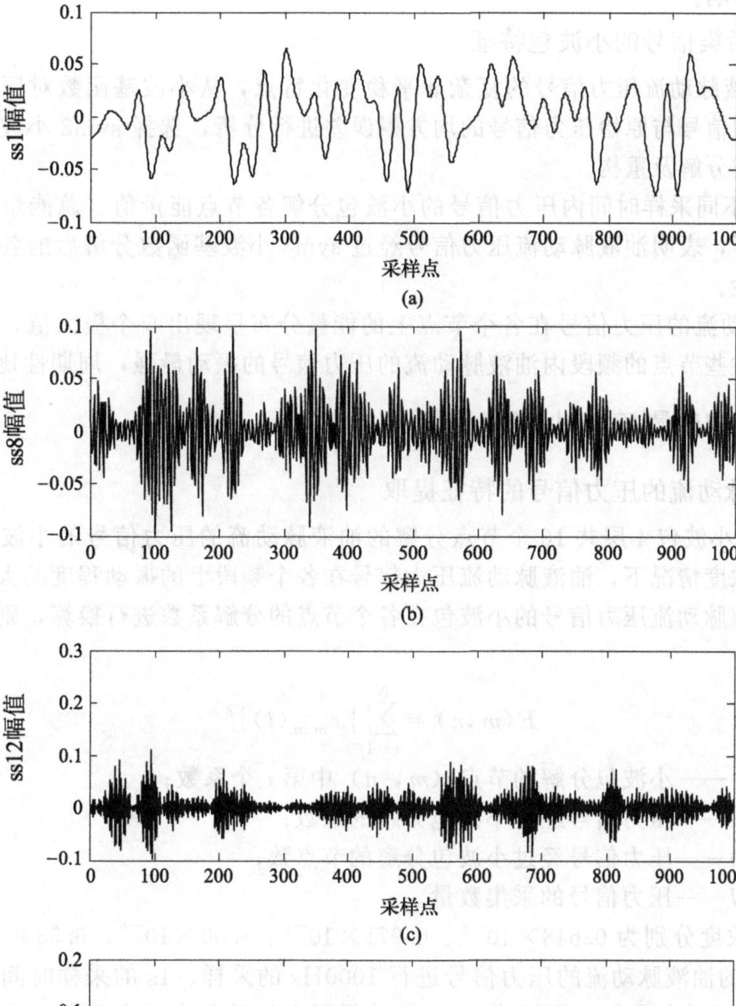

图 4.12　各个油样第一主周期的小波系数分布

的主要频率的影响。

(3) 油液污染信号的小波包特征

① 根据油液脉动流压力信号的复杂非平稳变化特点，从小波基函数对压力信号分解的主要频率、重构信号与原始压力信号的均方根误差进行分析，选择 sym8 小波作为小波基函数对压力信号的分解及重构。

② 根据对不同采样时间内压力信号的小波包分解各节点能量值、总能量的标准差以及欧氏距离的分析，表明油液脉动流压力信号经过 sym8 小波基函数分解后的各节点总能量具有一定的平稳性。

③ 油液脉动流的压力信号在各个节点上的能量分布呈现出 5 个极大值，获得了 5 个主频段，表明在这些节点的频段内油液脉动流的压力信号的振动最强，周期性比较明显。

4.3.3 污染浓度影响的小波包分析

(1) 油液脉动流的压力信号的特征提取

经过 sym8 小波包 4 层共 16 个节点分解的油液脉动流的压力信号的小波包系数，表示了在不同颗粒浓度情况下，油液脉动流压力信号在各个频段上的振动程度的大小。将在不同颗粒浓度的油液脉动流压力信号的小波包在各个节点的分解系数进行换算，则各节点的能量值计算公式为

$$E(m,n)=\sum_{i=1}^{N}\left|x_{m,n}(i)\right|^{2} \tag{4.3}$$

式中 $x_{m,n}(i)$——小波包分解的节点 (m,n) 中第 i 个系数；

m——压力信号经过小波包分解的层数；

n——压力信号经过小波包分解的节点数；

N——压力信号的采集数量。

对含颗粒浓度分别为 0.648×10^{-6}、0.971×10^{-6}、3.00×10^{-6}、6.58×10^{-6}、28.50×10^{-6} 梯度等级的油液脉动流的压力信号进行 1000Hz 的采样、1s 的采样时间内获取的数据进行 4 层 sym8 小波包分解，利用式 (4.3) 获得了它们的各个节点频段的能量值及其总能量，如表 4.5 所示。

表 4.5 不同颗粒浓度下节点频段的能量值

项目		0.648×10^{-6}	0.971×10^{-6}	3.00×10^{-6}	6.58×10^{-6}	28.50×10^{-6}	标准差
小波包各个节点的能量值	(4,0)	1.041679	1.246776	0.698971	1.283302	0.878406	0.2208
	(4,1)	1.036297	1.380293	0.836932	0.484776	0.855986	0.2918
	(4,2)	0.931651	1.380165	0.51619	0.713972	0.704587	0.2962
	(4,3)	0.759277	0.811091	0.844321	0.759882	0.731101	0.0408
	(4,4)	0.788612	1.185907	0.76629	0.782131	0.724121	0.1697
	(4,5)	0.850774	0.934563	0.694324	0.646024	0.541964	0.1415
	(4,6)	0.822641	1.182679	0.648849	0.657292	0.69318	0.2008
	(4,7)	0.559789	1.406491	0.815653	0.691126	0.541462	0.3167
	(4,8)	0.746046	1.078531	1.055917	0.674339	0.748716	0.1709
	(4,9)	0.689894	0.807052	0.761656	0.65921	0.552876	0.0878
	(4,10)	0.591504	0.913904	0.986237	0.579222	0.881694	0.1709

续表

项目		0.648×10^{-6}	0.971×10^{-6}	3.00×10^{-6}	6.58×10^{-6}	28.50×10^{-6}	标准差
小波包各个节点的能量值	(4,11)	0.87042	0.981053	0.730002	0.654909	0.76589	0.1139
	(4,12)	0.622112	1.00768	0.795946	0.580101	0.750963	0.1508
	(4,13)	0.726146	1.242932	0.850988	0.604027	0.71233	0.2221
	(4,14)	0.61094	1.283753	0.557165	0.488322	0.884297	0.2922
	(4,15)	0.708925	0.866391	0.697475	0.806063	0.844612	0.0694
总能量		12.35671	17.70926	12.25692	11.0647	11.81219	2.3787

由表 4.5 可见，含不同颗粒浓度的油液脉动流压力信号经过小波包分解后各节点的能量在前 3 个节点上能量和与总能量相比所占的比例较大，依次为 24.36%、22.63%、16.74%、22.43%和 20.65%，且它们的标准差相对较大，表明每一组不同颗粒浓度的油液脉动流压力信号经过 sym8 小波包分解后的前 3 个节点是信号的主要频段部分，且不同颗粒浓度的油液脉动流压力信号在前 3 个节点的小波包系数换算的能量差距较大，这有利于对它们的区分和辨别。从不同颗粒浓度油液脉动流的压力信号的总能量值上看，含 6.58×10^{-6} 颗粒浓度的油液脉动流的压力信号的小波包分解总能量较小为 11.0647，则 0.971×10^{-6} 颗粒浓度的油液压力信号的小波包分解总能量最大为 17.7093，不同颗粒浓度的总能量的标准差为 2.3787，表明对于油液脉动流在不同颗粒浓度下采集到的压力信号经过 sym8 小波基函数分解后的各节点总能量可以有效区分这些信号。

另外从不同颗粒浓度油液脉动流压力信号小波包分解的同一节点的能量标准差也可看到，节点（4，3）具有最小标准差 0.0408，而节点（4，7）的标准差 0.3167 为最大值。同样表明含不同颗粒浓度油液脉动流的压力信号在小波包分解后各节点的能量之间具有差异性，用各节点的能量对压力信号进行特征表征是可行的。

为了进一步表征不同颗粒浓度下油液脉动流压力信号的相互依存关系，由式（4.3）得到的压力信号能量值计算欧氏距离，其表达式为

$$L=\sqrt{\sum_{k=1}^{n}(x_{m,k}-y_{m,k})^2} \tag{4.4}$$

式中 $x_{m,k}$，$y_{m,k}$——不同颗粒浓度下压力信号经过小波包分解的第 m 层中第 k 个节点的能量。

将含不同颗粒浓度的油液脉动流的压力信号小波包分解后的各节点能量值按照式（4.4）进行计算，可得含不同颗粒浓度油液脉动流的压力信号的欧氏距离，如表 4.6 所示。

表 4.6 含不同颗粒浓度油液压力信号的欧氏距离

项目	0.648×10^{-6}	0.971×10^{-6}	3.00×10^{-6}	6.58×10^{-6}	28.50×10^{-6}
0.648×10^{-6}	—	1.5841	0.8850	0.7683	0.6723
0.971×10^{-6}		—	1.7426	1.9786	1.7196
3.00×10^{-6}			—	0.9906	0.6951
6.58×10^{-6}				—	0.8126
28.50×10^{-6}					—

表 4.6 中表示了含不同颗粒浓度油液脉动流压力信号经过小波包分解后的欧氏距离在 0.6723～1.9786 之间变化，变化幅度较大；其中含 0.648×10^{-6} 颗粒浓度的油液压力信号与含 28.50×10^{-6} 颗粒浓度的油液压力信号欧氏距离最小，为 0.6723，表明两者的压力信号差异性相对较小；含 0.971×10^{-6} 颗粒浓度的油液压力信号与含 6.58×10^{-6} 颗粒浓度的油液压力信号欧氏距离最大，为 1.9786，表明两者的压力信号差异性相对较大。

除了最大欧氏距离的两组颗粒浓度的油液脉动流压力信号外，基本上随着油液中颗粒浓度的增加，它们之间的欧氏距离随之降低，表明油中颗粒浓度的增加在一定程度上可降低油液脉动流压力信号之间的差异性；当颗粒浓度大于 0.971×10^{-6} 时，欧氏距离随颗粒浓度增加而降低的幅度较大，即随着颗粒浓度的持续增加，这种作用强度得到增强，与文献［118］所述的由于颗粒在油液（流体）中具有复杂轨迹的跳跃运动，显著增强了颗粒的轨道交叉效应，破碎了湍流拟序结构有关。含不同颗粒浓度的油液脉动流压力信号在小波包分解的各节点能量变化幅度较大，进一步说明利用各节点能量以及欧氏距离等参数进行压力信号的振动特征提取是有效的，即可将含不同颗粒浓度的油液脉动流压力信号的各小波包分解的节点能量 $E(m, n)$ 和欧氏距离 L 进行比较与分析，以获取不同采样时间油液脉动流的压力信号的特征。

(2) 不同颗粒浓度的压力信号的特征分布

根据含不同颗粒浓度的油液脉动流压力信号经过小波包 4 层分解后各节点能量值及其欧氏距离的分析，可见利用 sym8 小波基函数分解的各节点能量能够作为压力信号的振动特征，因而得到各节点的能量值的分布，如图 4.13 所示。可见含不同颗粒浓度油液脉动流压力信号分解为小波包节点后，各个小波包节点对应的油液脉动流压力信号的能量值极值也有所不同，则根据各节点能量极值的幅值大小可确定油液脉动流的小波包分解的主要节点，进一步得到对应含不同颗粒浓度油液脉动流的压力信号的主频段。

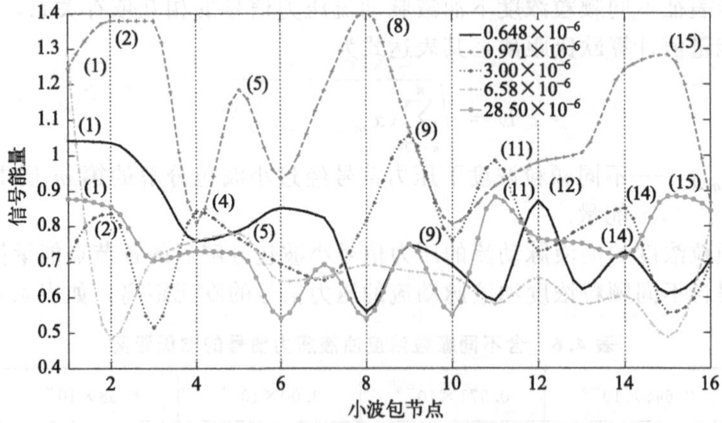

图 4.13　各节点的能量值的分布

如图 4.13 所示，含不同颗粒浓度的油液脉动流的压力信号在各个节点上的能量分布呈现出不同数量的极大值，这些极值对应着相应节点处信号的能量所占比例较大，对信号振动的特征影响较大，称为信号的主节点，对应的频段为主频段。表明在这个节点的频段内油液脉动流的压力信号的振动最强，周期性比较明显。含不同颗粒浓度的油液脉动流的压力信号的主节点和主频段内的主要频率如表 4.7 所示。

表4.7 主节点对应的主要频率

项目		0.648×10^{-6}	0.971×10^{-6}	3.00×10^{-6}	6.58×10^{-6}	28.50×10^{-6}
1	主节点	(4,0)	(4,0)	(4,0)	(4,0)	(4,0)
	主频率/Hz	10.74	8.79	7.81	5.86	7.81
2	主节点	(4,5)	(4,1)	(4,1)	(4,4)	(4,4)
	主频率/Hz	210.94	35.16	56.61	233.41	218.80
3	主节点	(4,8)	(4,4)	(4,3)	(4,7)	(4,6)
	主频率/Hz	473.63	246.09	79.10	169.90	134.80
4	主节点	(4,11)	(4,7)	(4,8)	(4,11)	(4,8)
	主频率/Hz	395.51	164.06	484.00	420.90	477.50
5	主节点	(4,13)	(4,14)	(4,10)	(4,13)	(4,10)
	主频率/Hz	280.27	287.11	389.60	293.00	389.60

由表4.7可见，各个含不同颗粒浓度的油液脉动流压力信号的主节点（4，0）上的主频段内的主要频率基本上呈现随着颗粒浓度的增加而依次减小的变化趋势，只是在28.50×10^{-6}颗粒浓度的油液脉动流压力信号的主要频率有所回升，可能是由于颗粒浓度超过一定程度后，油中颗粒的沉降作用增强，形成了粗糙壁面条件，增强了湍流猝发行为，从而导致流体的振动程度增大的缘故。

另外在各个不同颗粒浓度的油液脉动流压力信号中，（4，4）、（4，6）和（4，8）这些偶数序号的主节点对应的主频段内的主要频率随着油中颗粒浓度的增加而逐渐减小，同时（4，1）、（4，7）、（4，11）和（4，13）这些奇数序号的主节点对应的主频段内的主要频率随着油中颗粒浓度的增加而逐渐增加，但是偶数序号的主节点内主要频率减小的程度相对奇数序号主节点内主要频率增加的程度大，因而从整体变化趋势来看，随着油中颗粒浓度的增加，压力信号的主节点对应主频段内主要频率逐渐减小。这与油中颗粒浓度的增加，明显改变了湍流的拟序结构，进而降低了油液脉动流的振动强度的结论是一致的。

根据含不同颗粒浓度油液脉动流压力信号经过小波包分解的各节点能量分布分析结果，可得各个不同颗粒浓度的油液在主节点（4，0）对应的主频段的小波包系数沿时间序列的分布情况，如图4.14所示。图4.14(a)～(e)分别对应含颗粒浓度分别为0.648×10^{-6}、0.971×10^{-6}、3.00×10^{-6}、6.58×10^{-6}、28.50×10^{-6}梯度等级的油液脉动流的压力信号的小波包系数沿时间序列的分布情况。

从图4.14可以看出，除了28.50×10^{-6}颗粒浓度的油液脉动流压力信号外，随着油液中颗粒浓度的增加，脉动流压力信号的小波包分解的各节点对应频段的主要频率依次减小，且它们的压力信号振动幅值逐渐衰减，表明油中颗粒对油液脉动流压力信号影响较大。

从图4.14(a)可见，含0.648×10^{-6}颗粒浓度的油液脉动流的压力信号在此频段内的主要振动频率为10.74Hz，其节点的能量幅值为1.042，相对其他节点的能量较大，压力信号在这个频率下的振动幅值也相对较大，表明在（4，0）这个节点上压力信号的周期性变化相对明显。图4.14(b)和(c)的压力信号的（4，0）节点对应的主要频率分别为8.79Hz和7.81Hz，图4.14(d)和(e)在对应小波包分解的（4，0）节点上的压力信号变化主要频率分别为5.86Hz和7.81Hz，它们在（4，0）节点上的能量幅值与相应油液的其他节点能量相比较小，则信号振动幅值相对图4.14(a)较低。从图4.14可见，小波包分解的各节点小波包系数随时间序列的变化是在它们各个主节点对应的主频段内的主要频率调制的结果，随着各主频段的能量分布的不同，调制的影响程度也呈现出了不同的结果。

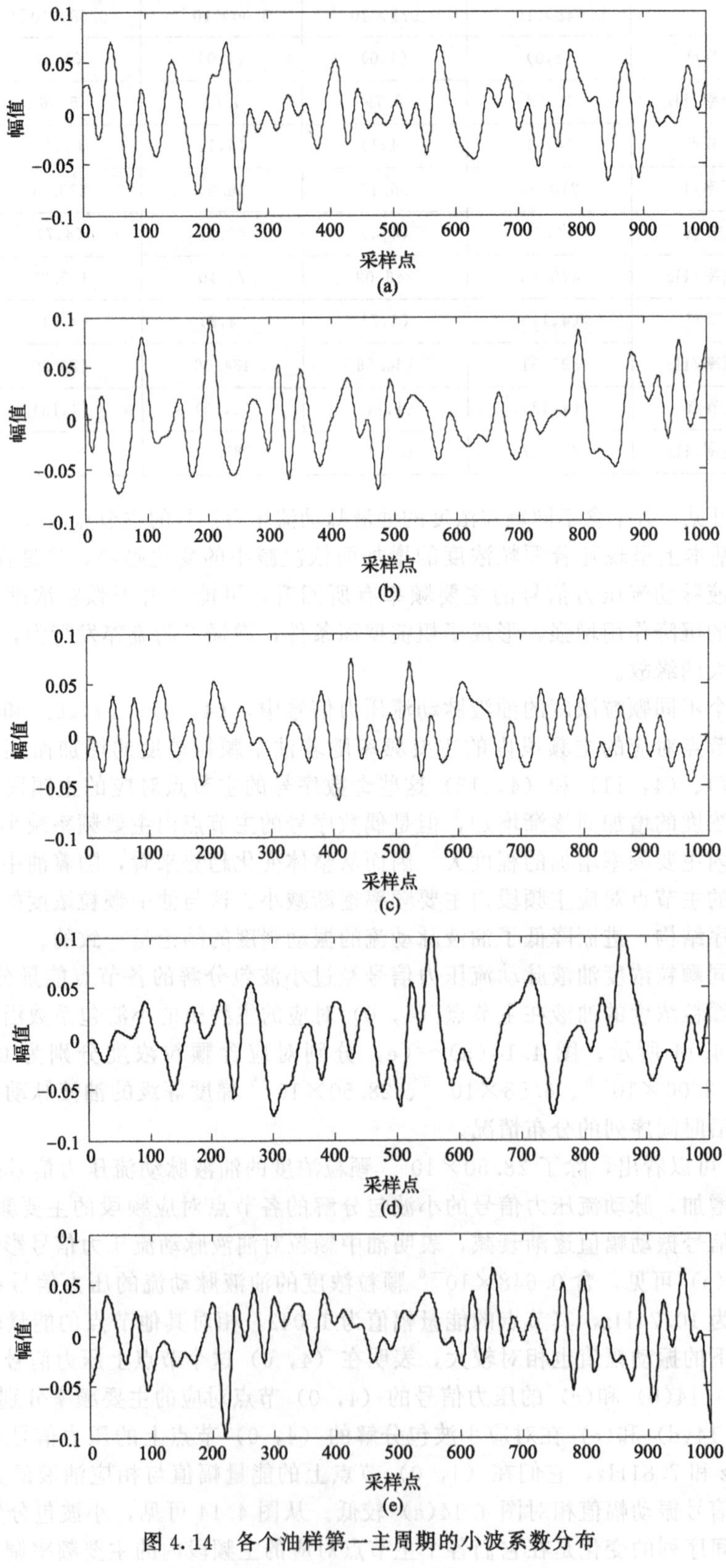

图 4.14 各个油样第一主周期的小波系数分布

(3) 污染浓度的小波包特征

① 含不同颗粒浓度的油液脉动流压力信号经过 sym8 小波包分解后各节点的能量在前 3 个节点上所占的比例较大，依次为 24.36%、22.63%、16.74%、22.43%和 20.65%，且它们之间的标准差相对较大，表明每一组不同颗粒浓度的油液脉动流压力信号前 3 个节点都是信号的主要频段部分，能量差距较大，有利于对它们的区分和辨别。

② 含不同颗粒浓度油液脉动流压力信号的欧氏距离在 0.6723～1.9786 之间变化，变化幅度较大；基本上随着油液中颗粒浓度的增加，它们之间的欧氏距离随之降低。

③ 除了 28.50×10^{-6} 颗粒浓度的油液脉动流压力信号外，各个含不同颗粒浓度的油液脉动流压力信号的主节点（4，0）上的主频段内的主要频率基本上呈现随着颗粒浓度的增加而依次减小的变化趋势。

④ 各个不同颗粒浓度的油液脉动流压力信号中偶数序号的主节点对应的主频段内的主要频率随着油中颗粒浓度的增加而逐渐减小，奇数序号的主节点对应的主频段内的主要频率随着油中颗粒浓度的增加而逐渐增加，偶数序号主要频率减小的程度较大，因而随着油中颗粒浓度的增加，压力信号的主节点对应主频段内主要频率逐渐减小。

4.4 HHT 分析

油液的脉动流本身是典型的非线性、非稳态流动问题，由于油液中混入的颗粒污染物的粒径和数量是一个随机分布问题，使油液在时域、频域上流动动力参数的变化增加了更为复杂的不确定因素。小波分析虽然可以通过小波基函数的伸缩和平移对非平稳信号进行时频局部化分析，但是由于到分析的信号的特征不同，小波基函数的选择带有较大的不确定性和非适应性，且小波基函数一旦选择，在信号分析过程中不能随意更改。希尔伯特-黄变换（Hilbert-Huang transform，HHT）采用经验模态分解（empirical mode Decomposition，EMD）方法将采集的信号分解为多个本征模态函数（intrinsic mode function，IMF），根据信号自身的特点进行信号分析，不受信号线性和平稳性的约束，是一种适合非线性、非平稳信号的时频分析方法。

根据油液脉动流的多尺度、拟周期的特征，对油液压力振动信号进行 HHT 分析处理，利用 HHT 方法可获得由于脉动流压力振动信号的 Hilbert 时频谱，从压力信号的 EMD 分解中抽取 IMF 的能量作为特征向量；划分不同信号特征的频带，并在不同频带内的 Hilbert 时频谱对频率积分，则压力信号在不同频带的瞬时能量谱就可以得到，再将压力信号的瞬时能量谱对时间进行积分，则可得到一定频带内压力信号的能量值，进而获取压力信号的 Hilbert 能量图，探讨油液的压力振动信号特征的提取方法及其影响。

4.4.1 污染油液的 HHT 提取

(1) 压力信号的 Hilbert 谱分析

污染度为 20/16、浓度为 4.57×10^{-6} 油液的压力信号经过 EMD 分解后的各个 imf 分量如图 4.15 所示，可见 EMD 将压力振动信号从高频到低频分解为 8 个（imf1～8）分量以及 1 个剩余分量（imf9）。其中 imf1～8 分量具有调幅和调频两种形式，且它们由于固有模态函数的自身特性而具有对时间轴是对称分布的特点，振动幅值逐渐降低；从剩余分量 imf9 可见采集的压力信号的趋势项是一个半正弦的振动形状。

图 4.16 为压力信号经过 HHT 变换后各个 imf 分量的瞬时频率沿时间的分布，可以看到 imf1 分量的瞬时频率随时间的变化幅值最大为 500Hz，最小为 480Hz，波动较大，均值

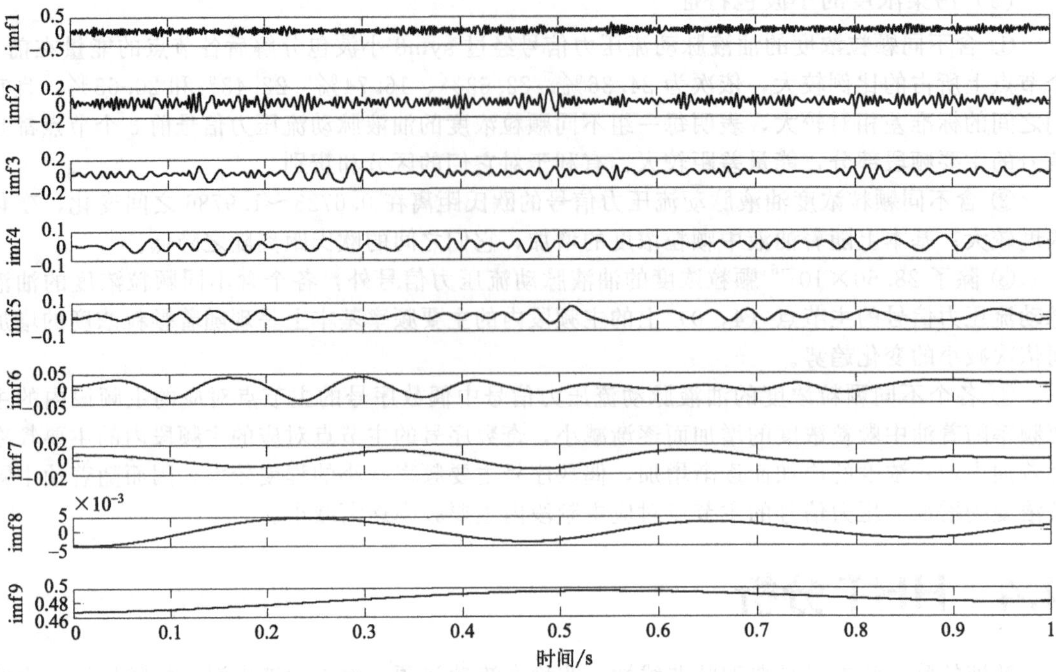

图 4.15 压力信号的 imf 分量

为 270.0676Hz，表明压力信号在高频范围内的调频特征，从图 4.15 中 imf1 分量随时间的变化曲线也可看到信号疏密相间分布的调频特征。imf2 分量的时频图较 imf1 分量变化相对缓慢，在采集的 1s 时间内出现 4 次 500Hz 的频率正峰值和 2 次频率为 411Hz、412Hz 的负峰值，imf2 的瞬时频率均值为 165.0150Hz。图 4.15 中 imf2 分量随时间的变化幅值较 imf1 小，信号的疏密相间的程度也较小，但仍与 imf1 分量一样表征了压力信号的调频特征。imf3 分量的瞬时频率在时间上的变化幅值均值为 78.0539Hz，出现 181Hz、163Hz、241Hz、322Hz 以及 218Hz 共 5 个正峰值，imf1 和 imf2 相比，瞬时频率的峰值数量和幅度都相应地减少。同理从 imf4～8 分量的瞬时频率变换趋势可以看到，随着分解的 imf 分量的数量增加，每个 imf 分量的瞬时频率的变化幅值逐渐降低，在时间轴上的变化逐渐趋于平稳，对应的瞬时频率的均值也逐渐减小。从图 4.15 分解的各个 imf 分量以及图 4.16 各个 imf 分量的瞬时频率随时间的变化可得，imf1～3 分量对压力信号的调频特点的表征较为明显，imf4～5 分量表征调频特点相对较弱，imf6～8 分量基本上看不到调频的特征。

图 4.17 为压力信号的 Hilbert 时频，表明了压力信号的振动能量幅值在时间和频率轴上的分布情况。可见在时间和频率轴上压力信号的振动幅值的分布是非平稳的，反映了油液脉动流的非线性和非平稳的压力信号振动特征；压力振动幅值较大的情况在时间轴上较为均匀，在瞬时频率轴上主要集中在 50Hz 以上的范围，与图 4.15 一致表明了在压力信号相对高的频率范围内具有调频的特征。在 50Hz 以下可以明显看到时间轴上有 3 条曲线分布，分别对应了瞬时频率为 38.9972Hz、19.9629Hz 和 7.0070Hz 的 3 个频率的均值，表明在较低的瞬时频率下压力信号的振动幅值相对较为稳定。

图 4.18 为压力信号的边际谱图，能够反映出油液脉动流的压力信号较为真实的振动频率成分。从图 4.18 中可以看到压力信号的振动频率主要集中在 0～10Hz 的低频部分，此部分的振动幅值较大，是压力振动信号的主频率区。而 10～50Hz 的振动频率范围的幅值较小，可以看作是压力信号的次频率区，高于 50Hz 的压力信号的振动频率的幅值小于 0.001，

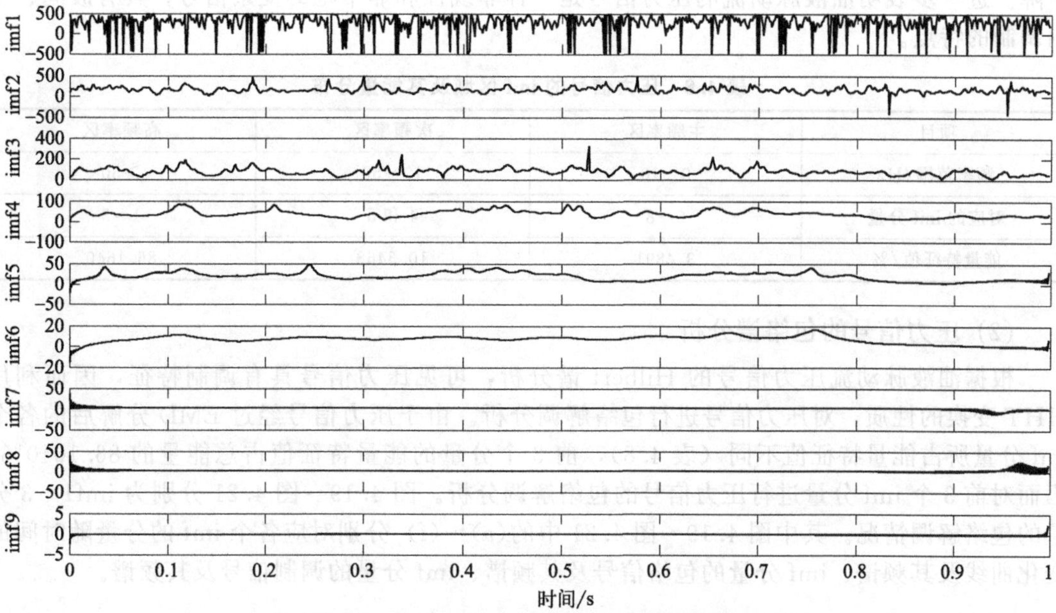

图 4.16　压力信号的 imf 分量的瞬时频率图

是高频率区。再根据图 4.16 压力信号的各个 imf 的瞬时频率可得，主频率区 0～10Hz 对应的 imf6～8 分量的瞬时频率，次频率区 10～50Hz 对应的 imf4 和 5 分量的瞬时频率，高频率区 50Hz 以上对应的 imf1～3 分量的瞬时频率。

图 4.17　压力信号的时频

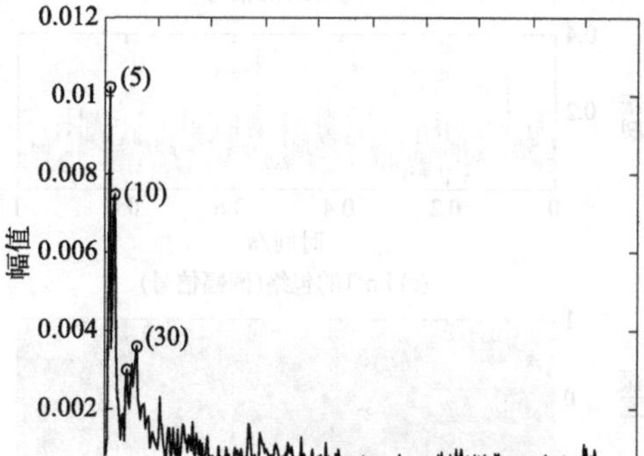

图 4.18　压力信号的边际谱

为了定量分析油液脉动流压力信号的振动特征，根据图 4.17 压力信号的 EMD 分解的 imf 分量的瞬时频率以及图 4.18 边际谱图的分析结果，将 imf 分量按照瞬时频率的大小划分为 3 个区域，如表 4.8 所示。50Hz 以上的为高频率区，对应的 imf 分量为 1～3；10～50Hz 以上的为次频率区，对应的 imf 分量为 4 和 5；0～10Hz 以上的为主频率区，对应的 imf 分量为 6～8。

将压力信号分解的 imf 分量对应的各个频段的能量占信号总能量的比例作为各个频段的能量特征值，则可得压力信号的总能量为 11.5705，各个频段的能量特征值如表 4.8 所示。可见压力信号的能量主要集中在高频率区，从图 4.16 也可看出 imf1～3 的分量幅值相对较大，也是表征压力信号调制较为明显的区域，随着分解的 imf 数量的增加，能量特征值逐渐下降。进一步表明油液脉动流的压力信号是一种非线性和非平稳的复杂信号，具有波间、波内调制的特点。

表 4.8 压力信号的 imf 区域及其能量分布

项目	主频率区	次频率区	高频率区
频率范围/Hz	0～10	10～50	>50
对应的 imf 分量	6～8	4 和 5	1～3
能量特征值/%	3.4891	10.3468	86.1640

(2) 压力信号的包络谱分析

根据油液脉动流压力信号的 Hilbert 谱分析，可见压力信号具有调制特征，因而利用 HHT 变换的性质，对压力信号进行包络解调分析。由于压力信号经过 EMD 分解后的各个 imf 分量所占能量特征值不同（表 4.8），前 3 个分量的能量特征值占总能量的 86.1640%，因而对前 3 个 imf 分量进行压力信号的包络解调分析。图 4.19～图 4.21 分别为 imf1～3 分量的包络解调情况。其中图 4.19～图 4.21 中的(a)～(f) 分别对应各个 imf 的分量随时间的变化曲线及其频谱、imf 分量的包络信号及其频谱、imf 分量的调制信号及其频谱。

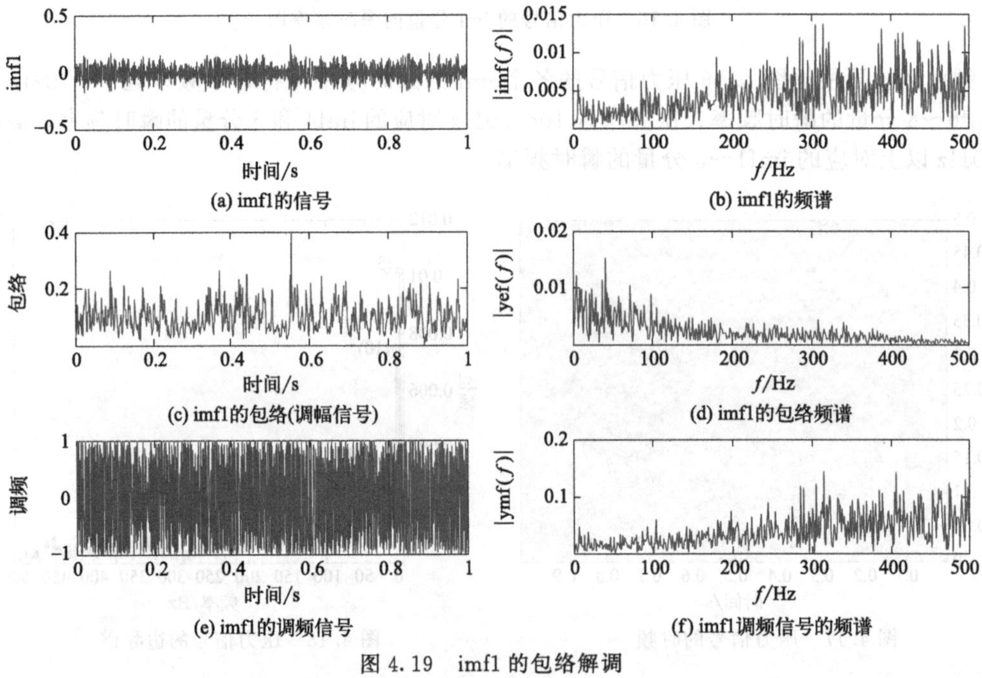

图 4.19 imf1 的包络解调

从图 4.19 可见，imf1 分量的调频、调幅调制特征在图 4.19(c) 和(e) 中非常明显地表现出来，由图 4.19(b) imf 的频谱可见其频率带宽较大，在整个采样频率范围内的各个频率的幅值较大，表明 imf1 信号的频率是由调制信号频率和载波信号频率进行调制的结果。经过包络解调后的调制信号疏密相间的特点表明它是一个调频信号，由其频谱图 4.19(f) 可见，频率带宽较大，主要在 200～500Hz 范围内；相应地经过分解的 imf1 分量的包络信号[图 4.19(c)] 的频率带宽在 0～100 范围内。

从图 4.20 可见，imf2 分量的调幅调制特征在图 4.20(c) 和(d) 中非常明显地表现出来，由其包络频谱可见其频率带宽在 0～62Hz 范围内，相对于图 4.19(c) 的频率带宽在

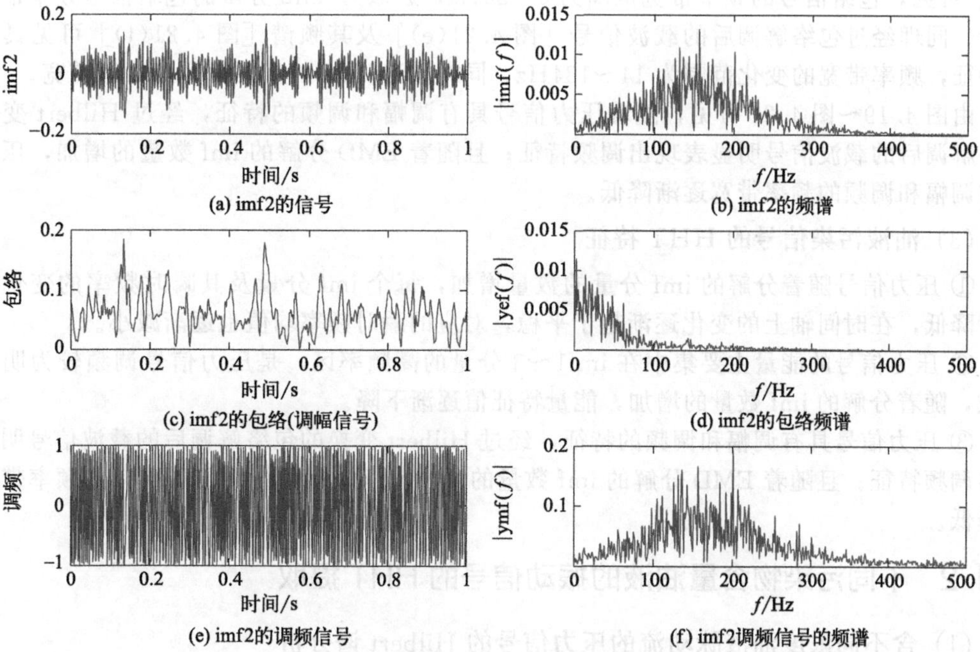

图 4.20　imf2 的包络解调

0～100 范围内，包络频率较小。经过包络解调后的载波信号［图 4.20(e)］有疏密相间的特点，可以看作是一个调频信号，由其频谱［图 4.20(f)］可见，其频率带宽与 imf2 的频率带宽一致，主要在 50～250Hz 范围内；imf2 分量相比于 imf1 分量的调制特征调幅信号的频率带宽减小，载波信号的调频带宽同样减小。

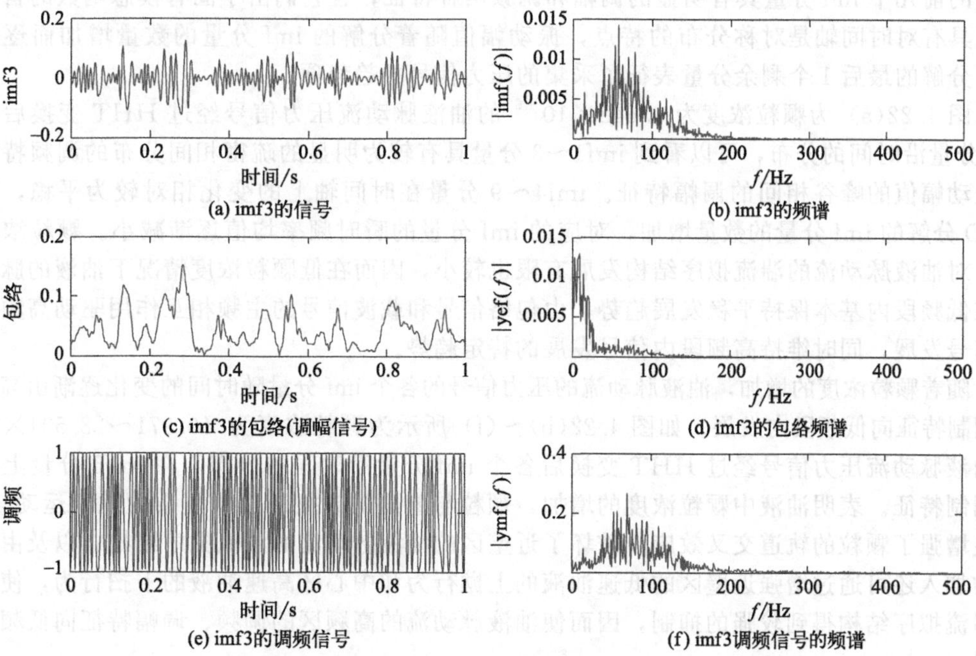

图 4.21　imf3 的包络解调

图 4.21 为 imf3 分量的解调情况，由 imf3 的包络信号［图 4.21(c)］及其频谱［图 4.21

(d)] 可见，包络信号的频率带宽范围为 0～26Hz，近似为 imf2 分量的包络信号频率带宽的一半。同理经过包络解调后的载波信号 [图 4.21(e)] 及其频谱 [图 4.21(f)] 可见具有调频特征，频率带宽的变化范围为 14～134Hz，同样小于 imf2 的载波信号的频率带宽。

由图 4.19～图 4.21 可见，随着压力信号具有调幅和调频的特征，经过 Hilbert 变换的包络解调后的载波信号明显表现出调频特征；且随着 EMD 分解的 imf 数量的增加，压力信号的调幅和调频的频率带宽逐渐降低。

(3) 油液污染信号的 HHT 特征

① 压力信号随着分解的 imf 分量的数量增加，每个 imf 分量及其瞬时频率的变化幅值逐渐降低，在时间轴上的变化逐渐趋于平稳，对应的瞬时频率均值也逐渐减小。

② 压力信号的能量主要集中在 imf1～3 分量的高频率区，是压力信号调频较为明显的区域，随着分解的 imf 数量的增加，能量特征值逐渐下降。

③ 压力信号具有调幅和调频的特征，经过 Hilbert 变换的包络解调后的载波信号明显表现出调频特征；且随着 EMD 分解的 imf 数量的增加，压力信号的调幅和调频的频率带宽逐渐降低。

4.4.2 不同污染物含量油液的振动信号的 HHT 提取

(1) 含不同浓度油液脉动流的压力信号的 Hilbert 谱分析

含不同颗粒浓度油液脉动流的压力信号经过 EMD 分解后的各个 imf 分量如图 4.22 所示，图 4.22 中(a)～(f) 分别是油液中颗粒浓度为 0.648×10^{-6}、0.971×10^{-6}、3.00×10^{-6}、4.57×10^{-6}、14.40×10^{-6} 和 28.50×10^{-6} 的油液脉动流压力信号的 imf 分量。可见 EMD 根据不同的压力振动信号从高频到低频分解为不同数量的 imf 分量，这也是 HHT 变换的一个优势，对信号的分解是依据信号本身的特征进行的具有自适应性。每个压力信号分解的前几个 imf 分量具有明显的调幅和调频两种特征，且它们由于固有模态函数的自身特性而具有对时间轴是对称分布的特点，振动幅值随着分解的 imf 分量的数量增加而逐渐降低，分解的最后 1 个剩余分量表征了采集的压力信号的趋势项。

图 4.22(a) 为颗粒浓度为 0.648×10^{-6} 的油液脉动流压力信号经过 HHT 变换后各个 imf 分量沿时间的分布，可以看到 imf1～3 分量具有较为明显的疏密相间分布的调频特征以及振动幅值的峰谷相间的调幅特征。imf4～9 分量在时间轴上的变化相对较为平稳，随着 EMD 分解的 imf 分量的数量增加，对应的 imf 分量的瞬时频率均值逐渐减小。颗粒浓度较小，对油液脉动流的湍流拟序结构发展有限也较小，因而在低颗粒浓度情况下油液的脉动特性在低频段内基本保持平稳发展趋势，由包络信号和载波信号的主频相互作用驱动高频段内的信号发展，同时维持高频段内信号发展的特定趋势。

随着颗粒浓度的增加，油液脉动流的压力信号的各个 imf 分量随时间的变化逐渐由高频段的调制特征向低频段内发展。如图 4.22(b)～(f) 所示为颗粒浓度为 $(0.971\sim28.50)\times10^{-6}$ 的油液脉动流压力信号经过 HHT 变换后各个 imf 分量沿时间的分布，在 imf5 分量上表现出调制特征。表明油液中颗粒浓度的增加，颗粒与壁面的碰撞形成了复杂的跳跃运动轨迹，明显增强了颗粒的轨道交叉效应，破坏了近壁区的油液脉动流的湍流拟序结构；以及由于颗粒的加入还可通过增强近壁区的低速油液的上抛行为和中心区高速油液的下扫行为，使油液的湍流拟序结构得到较强的抑制，因而使油液脉动流的高频区的调频、调幅特征向低频段内发展。

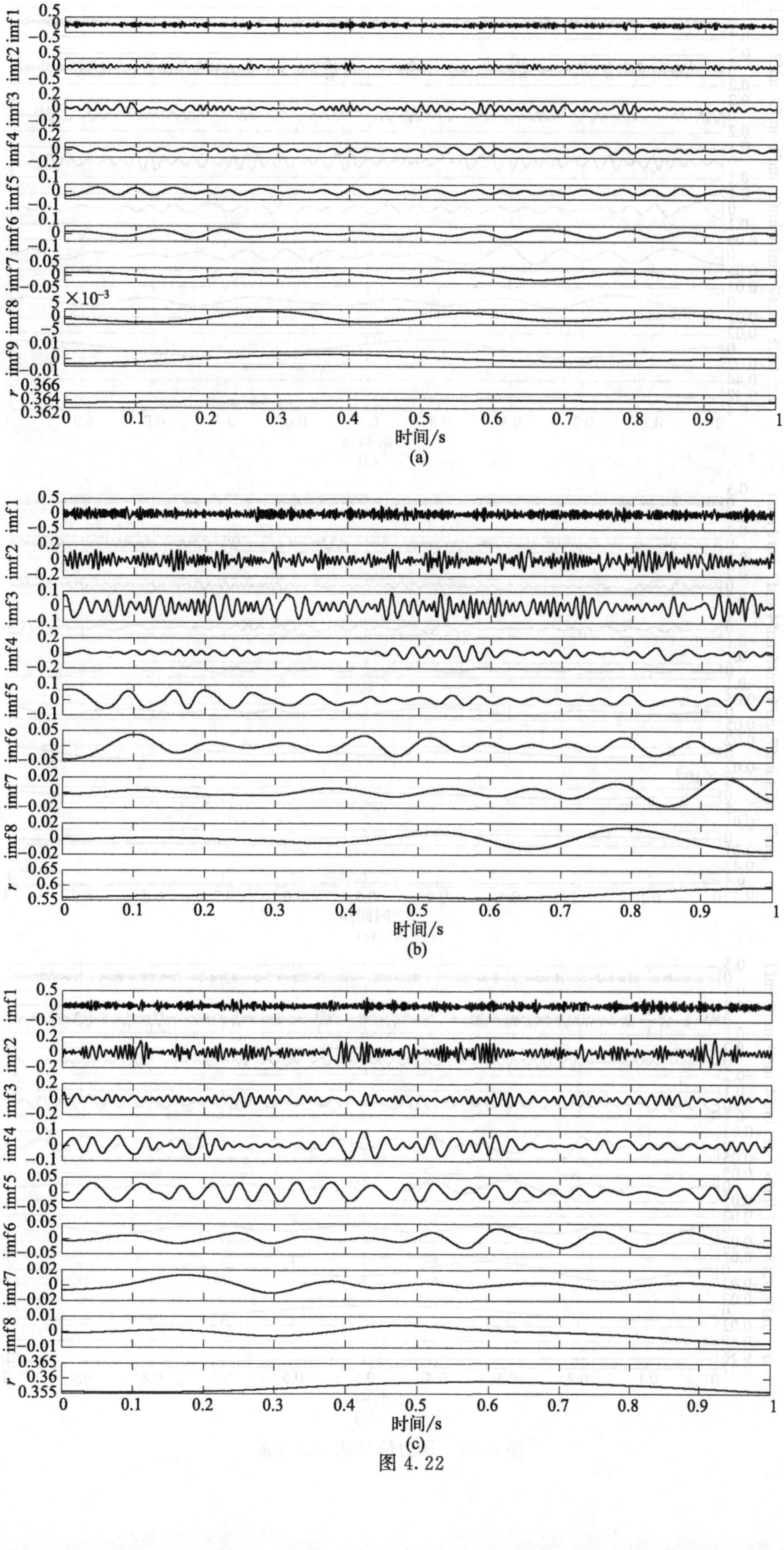

图 4.22

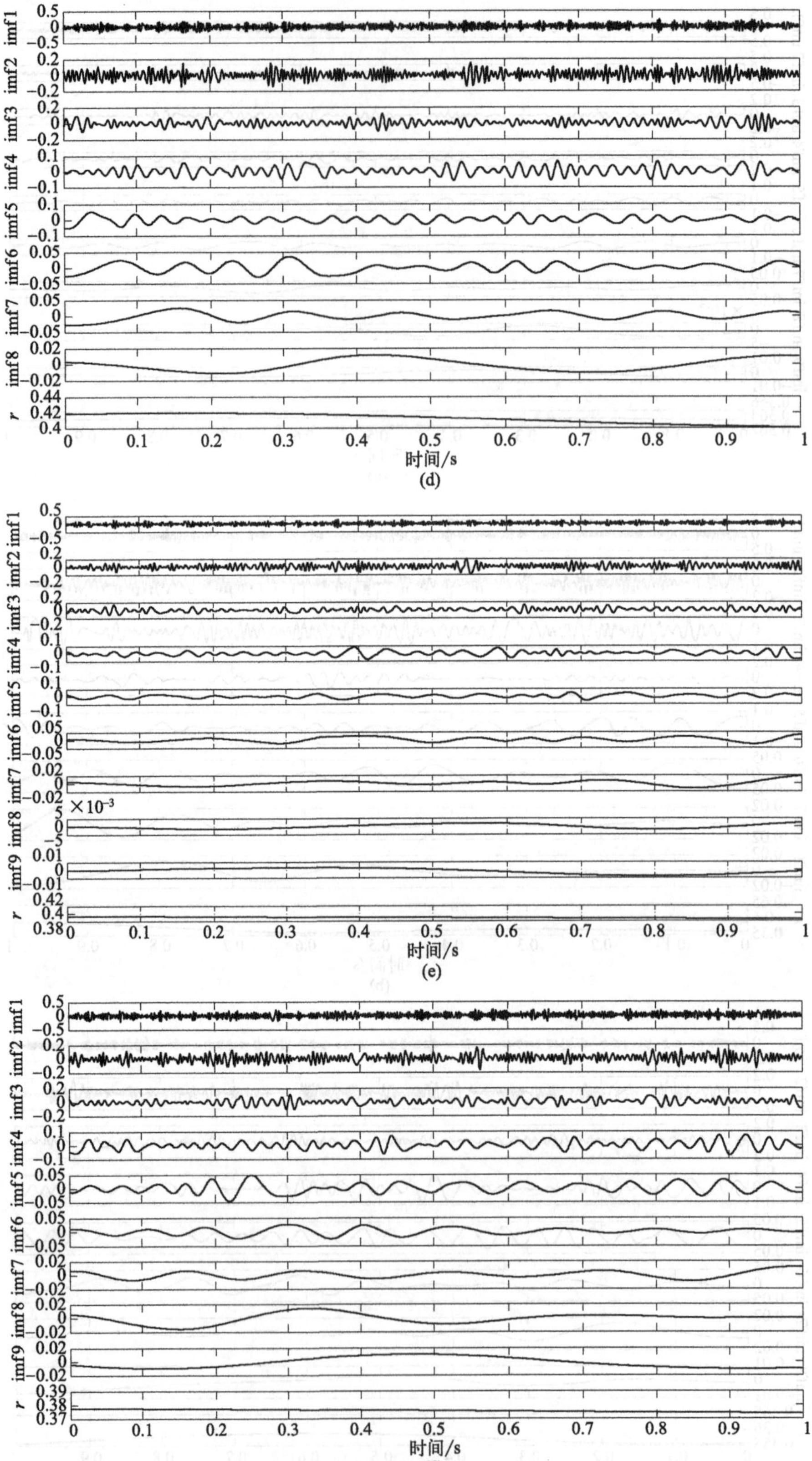

图 4.22 压力信号的 imf 分量

表 4.9 为含不同浓度的油液的压力信号经过 EMD 分解后各个 imf 分量的瞬时频率的均值。可以看到随着压力信号经过 EMD 分解的 imf 分量数量的增加，其对应的瞬时频率的均值逐渐减小；且在不同的油中颗粒浓度的各个 imf 分量对应的瞬时频率均值变化不大。而 imf1～3 分量对应的瞬时频率均值都在 50Hz 以上，由图 4.22 可知它们的振动幅值较大，可以看作是压力信号的主频率区，高于 50Hz 的压力信号的振动频率的幅值小于 0.001，是高频率区；则次频率区 10～50Hz 对应的 imf4～6 分量的瞬时频率均值，0～10Hz 对应的 imf7～8 分量的瞬时频率均值，可将油液脉动流的压力信号的各个 imf 分量划分为 3 个频段，如表 4.10 所示。

表 4.9 不同颗粒浓度的压力信号 imf 的瞬时频率均值

项目	imf1	imf2	imf3	imf4	imf5	imf6	imf7	imf8	imf9
0.648×10^{-6}	263.8234	164.1248	78.9244	40.9994	21.9240	9.9949	4.9343	3.0066	1.9154
0.971×10^{-6}	273.9860	155.2151	76.9583	41.9259	20.0156	10.9355	5.8804	2.9187	
3.00×10^{-6}	262.0042	162.8341	77.9932	42.7521	21.8996	7.9278	4.9769	1.9291	
4.57×10^{-6}	270.5202	178.8403	95.9508	49.9412	24.9395	12.9187	5.9150	1.9386	
14.40×10^{-6}	256.8904	163.9860	74.8980	35.9073	15.8809	6.9176	3.9208	1.9112	0.9673
28.50×10^{-6}	267.8867	165.1374	79.9093	34.9938	14.9912	8.8947	4.9645	2.8536	0.9377

表 4.10 压力信号的 imf 区域及其边际谱的累积分布

项目	低频率区	中频率区	高频率区
频率范围/Hz	0～10	10～50	>50
对应的 imf 分量	7 和 8	4～6	1～3
0.648×10^{-6}	0.1042	0.2771	0.6187
0.971×10^{-6}	0.0849	0.2167	0.6984
3.00×10^{-6}	0.0750	0.2128	0.7122
4.57×10^{-6}	0.1050	0.1756	0.7194
14.40×10^{-6}	0.1061	0.1990	0.6949
28.50×10^{-6}	0.1203	0.2170	0.6627

由表 4.10 可见，当油液脉动流中颗粒浓度为 0.648×10^{-6} 时，其压力信号的高频率区的边际谱累积分布保持在 0.6187，同时中频率区的累积分布在 0.2771，由于油液中颗粒浓度较低，颗粒的轨道交叉效应较弱，油液湍流的拟序结构发展受到颗粒的影响也较小，因而压力信号的高频率成分较少。随着颗粒浓度的增加，在颗粒浓度为 $(0.971\sim14.40)\times10^{-6}$ 时，可以看到在压力信号边际谱的高频率区的累积分布基本维持在 0.7 左右范围内，在中频率区出现下降的趋势，进而在低频率区呈现上升的态势。可见油液中颗粒浓度的增加使油液湍流的拟序结构得到一定程度的抑制，使中频率区的分布向低频率区转移。当油液中颗粒浓度为 28.50×10^{-6} 时，压力信号的边际谱表现出明显的发展趋势，在低频率区的累积分布明显增大，同时高频率区的累积分布呈下降趋势。

图 4.23 为压力信号的边际谱图，能够反映出油液脉动流的压力信号较为真实的振动频率成分，从图 4.23 中可以看到压力信号在频率轴上的振动幅值分布是非平稳的，反映了油液脉动流的非线性和非平稳的压力信号振动特征；其中在 50Hz 以上的频率范围内振动幅值

相对较小，但其频率成分较多，表明在压力信号相对高的频率范围内具有调频的特征。在50Hz以下可以明显看到有峰值出现，表明在较低的瞬时频率下压力信号的振动幅值在某一频率下相对较为稳定。与图4.22的各个压力信号的imf分量随着分量数量的增加，其振动频率较低，但其较为平稳的特征是一致的。

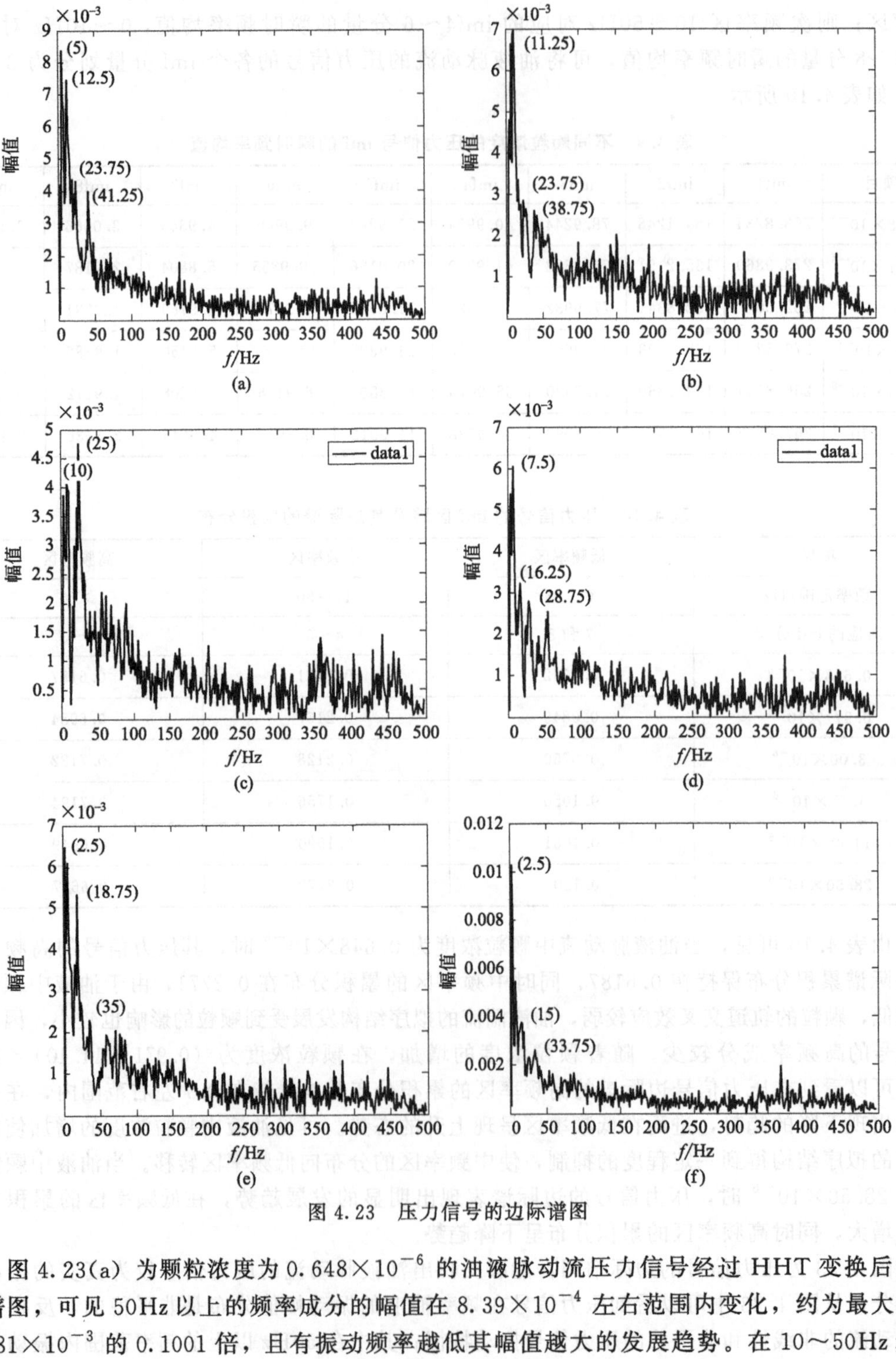

图4.23 压力信号的边际谱图

图4.23(a)为颗粒浓度为0.648×10^{-6}的油液脉动流压力信号经过HHT变换后的边际谱图，可见50Hz以上的频率成分的幅值在8.39×10^{-4}左右范围内变化，约为最大幅值8.381×10^{-3}的0.1001倍，且有振动频率越低其幅值越大的发展趋势。在10～50Hz频段

内出现了 3 个峰值，分别为 12.5Hz、23.75Hz 和 41.25Hz，它们的幅值依次为 7.476×10^{-3}、4.322×10^{-3}、4×10^{-3}，如表 4.11 所示。

表 4.11 边际谱图的主要频率成分

项目		低频率区（0～10Hz）	中频率区（10～10Hz）			高频率区（50Hz 以上）
0.648×10^{-6}	频率/Hz	5	12.5	23.75	41.25	
	幅值/$\times10^{-3}$	8.381	7.476	4.322	4	0.839
0.971×10^{-6}	频率/Hz	7.5	11.25	23.75	38.75	
	幅值/$\times10^{-3}$	6.638	6.974	2.86	2.612	0.861
3.00×10^{-6}	频率/Hz	10		25		
	幅值/$\times10^{-3}$	3.968		4.761		0.753
4.57×10^{-6}	频率/Hz	7.5	16.25	28.75		
	幅值/$\times10^{-3}$	6.06	3.225	2.789		0.763
14.40×10^{-6}	频率/Hz	2.5	18.75		35	
	幅值/$\times10^{-3}$	6.461	5.321	2.286		0.779
28.50×10^{-6}	频率/Hz	2.5	15		33.75	
	幅值/$\times10^{-3}$	10.28	3.729	2.618		0.754

图 4.23(b) 中，当颗粒浓度为 0.971×10^{-6} 时，油液脉动流的压力信号的边际谱中，在中频率区出现 11.25Hz 的最大振动幅值对应的峰值，50Hz 以上的高频率区的平均幅值为 0.861，约为最大幅值的 0.1235 倍，在低频率区出现 7.5Hz 的峰值。图 4.23(c) 中，当颗粒浓度为 3.00×10^{-6} 时，油液脉动流的压力信号的边际谱中，在中频率区出现最大振动幅值的对应的 25Hz 峰值，在低频率区出现 10Hz 的峰值；50Hz 以上的高频率区的平均幅值为 0.753，约为最大幅值的 0.1583 倍。图 4.23(d) 中，当颗粒浓度为 4.57×10^{-6} 时，油液脉动流的压力信号的边际谱中在低频率区出现 7.5Hz 的峰值，对应整个边际谱的最大振动幅值，在中频率区出现 16.25Hz 和 28.75Hz 的两个的峰值，50Hz 以上的高频率区的平均幅值为 0.763，约为最大幅值的 0.1259 倍。图 4.23(e) 中，当颗粒浓度为 14.40×10^{-6}时，油液脉动流的压力信号的边际谱中，在低频率区出现 2.5Hz 的峰值对应边际谱图中最大振动幅值，在中频率区出现 18.75Hz 和 35Hz 的两个峰值，50Hz 以上的高频率区的平均幅值为 0.779，约为最大幅值的 0.1206 倍。图 4.23(f) 中，当颗粒浓度为 0.971×10^{-6} 时，油液脉动流的压力信号的边际谱中，在中频率区出现 15Hz 和 33.75Hz 的峰值，在低频率区出现最大振动幅值对应于 2.5Hz 的峰值，50Hz 以上的高频率区的平均幅值为 0.754，约为最大幅值的 0.0733 倍。

可见随着油液中颗粒浓度的增加，高频率区的边际谱平均幅值呈现先增加后降低的发展趋势，与表 4.10 的边际谱累积分布的规律一致，油液中颗粒浓度的增加，增强了颗粒的轨道交叉效应，使油液湍流的脉动程度降低。同时由表 4.11 可知，压力信号的中低频率成分的幅值随着颗粒浓度的增加而呈增加的趋势。

(2) 压力信号的能量分析

为了定量分析含不同颗粒浓度的油液脉动流压力信号的振动特征，根据图 4.23 边际谱图的分析结果，将压力信号分解的 imf 分量对应的各个频段的能量占信号总能量的比例作为各个频段的能量特征值，则可得压力信号的各个 imf 分量的各个区域频段的能量特征值。将各个 imf 分量的能量以及其按照瞬时频率均值的大小划分为 3 个区域的能量分布情况，如表 4.12 所示。

可见含不同颗粒浓度的油液脉动流压力信号的能量主要集中在高频率区，从图 4.22 也可看出 imf1～3 的分量幅值相对较大，也是表征压力信号调制较为明显的区域。从不同颗粒浓度的压力信号的各个 imf 分量的标准差可见，分解的 imf 分量阶数越大，标准差越小，表明 imf 的阶数越大，不同颗粒浓度油液脉动流的压力信号之间的差别越小；同理从 3 个区域的标准差可见中高频率区的标准差的相对值要大于低频率区，同样说明了压力信号分解的低阶数 imf 分量具有较高的颗粒浓度分辨能力。当油液中颗粒浓度为 0.648×10^{-6} 时，分解得到的各个 imf 分量的总能量为 14.4755，高频率区 imf1～3 的能量特征值为 82.4527%，中频率区的能量特征值为 16.4362%；随着颗粒浓度从 0.971×10^{-6}～28.50×10^{-6} 的增加，各个压力信号的总能量出现下降趋势，高频率区的能量特征值基本上变化不大，中频率区的能量特征值呈逐渐衰减的变化趋势，低频率区的变化较为复杂，基本上有上升的趋势。随着分解的 imf 数量的增加，能量特征值逐渐下降。进一步表明油液脉动流的压力信号是一种非线性和非平稳的复杂信号，具有波间、波内调制的特点。

表 4.12　各个 imf 分量的能量及其区域能量分布

项目	imf1	imf2	imf3	imf4	imf5	imf6	imf7	imf8	总能量	imf1～3/%	imf4～6/%	imf7 和 8/%
0.648×10^{-6}	7.2239	2.8380	1.8831	1.1404	0.5822	0.6585	0.1448	0.0045	14.4755	82.4527	16.4362	1.1112
0.971×10^{-6}	10.9069	3.3747	1.4485	0.8458	0.7901	0.3061	0.0411	0.0509	17.7640	88.5502	10.9321	0.5177
3.00×10^{-6}	8.0300	2.9168	1.1550	0.8982	0.2933	0.1913	0.0239	0.0082	13.5168	89.5317	10.2311	0.2372
4.57×10^{-6}	6.6356	2.6385	1.2250	0.6525	0.3478	0.1881	0.1487	0.0561	11.8922	88.2853	9.9932	1.7215
14.40×10^{-6}	7.5205	2.9588	1.7133	0.7138	0.4156	0.1773	0.0342	0.0016	13.5352	89.9541	9.6409	0.4050
28.50×10^{-6}	7.4832	2.3757	1.2531	0.7676	0.2949	0.1260	0.0241	0.0492	12.3736	89.3567	9.5569	1.0864
标准差	1.3787	0.3059	0.2687	0.1581	0.1795	0.1800	0.0550	0.0238	1.9104	2.5547	2.4148	0.5111

将含不同颗粒浓度的油液脉动流的压力信号经过 EMD 分解后的各阶 imf 分量进行欧氏距离的换算，如表 4.13 所示。

表 4.13　各阶 imf 分量的欧氏距离

项目	0.648×10^{-6}	0.971×10^{-6}	3.00×10^{-6}	4.57×10^{-6}	14.40×10^{-6}	28.50×10^{-6}
0.648×10^{-6}	—	3.7827	1.2495	1.1559	0.7648	1.0953
0.971×10^{-6}		—	2.9727	4.3697	3.4478	3.6114
3.00×10^{-6}			—	1.4519	0.7889	0.7903
4.57×10^{-6}				—	1.0718	0.9076
14.40×10^{-6}					—	0.7588
28.50×10^{-6}						—

由表 4.13 可见，含 0.971×10^{-6} 颗粒浓度的油液脉动流压力信号的各阶 imf 分量与其他颗粒浓度的压力信号的分解 imf 分量的欧氏距离最大，说明油中颗粒浓度较小的变化就会引起压力信号的各阶 imf 分量的变化，这一点与在表 4.12 中该颗粒浓度含量的压力信号的总能量最大是一致的。随着油液中颗粒浓度的增加，压力信号的各阶 imf 分量的欧氏距离越来越小，表明颗粒浓度的增加到一定值后，对油液湍流的拟序结构的抑制作用减小，即对压力信号的振动的衰减作用减弱。

(3) 压力信号的包络谱分析

根据含不同颗粒浓度的油液脉动流压力信号的 Hilbert 谱分析可知压力信号具有调制特征，因而利用 HHT 变换的性质，对各个压力信号进行包络解调分析，以分析压力信号振动的主要频率。由表 4.12 可见，含不同颗粒浓度的压力信号经过 EMD 分解后的各阶 imf 分量的能量特征值不同，第 1～4 阶 imf 分量的能量特征值占总能量较大，因而以第 4 阶 imf 分量进行压力信号的包络解调分析。

如图 4.24～图 4.29 所示分别为含不同颗粒浓度的压力信号 imf4 分量的包络解调情况。其中图 4.24～图 4.29 中的(a)～(f) 分别对应 imf4 分量随时间的变化曲线及其频谱、imf4 分量的包络信号及其频谱、imf4 分量的调制信号及其频谱。

从图 4.24 可见，含 0.648×10^{-6} 颗粒浓度的油液脉动流压力信号的 imf4 分量的调频、调幅调制特征在图 4.23(c)、(e) 中非常明显地表现出来，由图 4.24(b) imf4 分量的频谱可见，其频率带宽在 0～82Hz 范围内，最大幅值对应的频率为 34.18Hz。在主频的两侧分布有 24.41Hz、28.32Hz、39.06Hz、44.92Hz 和 48.83Hz，可见主频 34.18Hz 与其两侧峰值是 4.883Hz 以及 5.86Hz 的倍频，就是说 imf4 分量的信号是在主频为 34.18Hz 的信号被中心频率为 4.883Hz 的信号所调制的结果。经过包络解调后，由图 4.24(d) 可见，经过 Hilbert 解调后的包络信号的中心频率为 4.883Hz；由图 4.24(e) 调制信号疏密相间的特点表明它是一个调频信号，由其瞬时频率图 4.24(f) 可见，其瞬时频率的均值为 40.9994Hz，调制信号在 0.241s 时刻瞬时频率的幅值较大，表明在此时刻出现较大的调制频率对信号进行调制的特征。

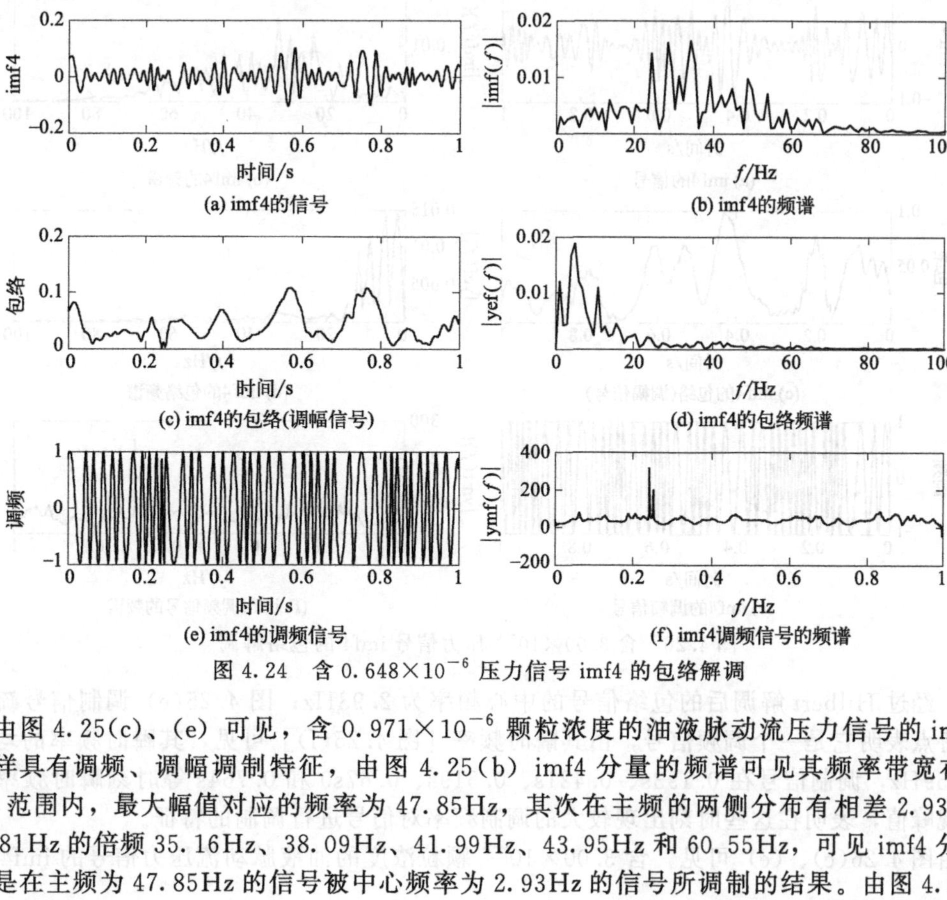

图 4.24 含 0.648×10^{-6} 压力信号 imf4 的包络解调

由图 4.25(c)、(e) 可见，含 0.971×10^{-6} 颗粒浓度的油液脉动流压力信号的 imf4 分量同样具有调频、调幅调制特征，由图 4.25(b) imf4 分量的频谱可见其频率带宽在 0～95Hz 范围内，最大幅值对应的频率为 47.85Hz，其次在主频的两侧分布有相差 2.93Hz 以及 7.81Hz 的倍频 35.16Hz、38.09Hz、41.99Hz、43.95Hz 和 60.55Hz，可见 imf4 分量的信号是在主频为 47.85Hz 的信号被中心频率为 2.93Hz 的信号所调制的结果。由图 4.25(d)

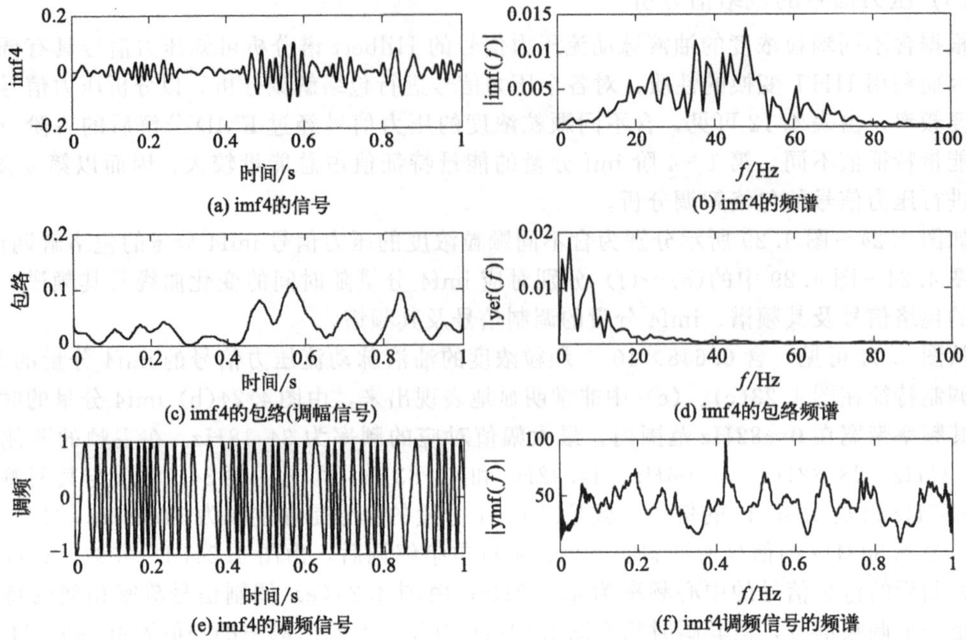

图 4.25　含 0.971×10^{-6} 压力信号 imf4 的包络解调

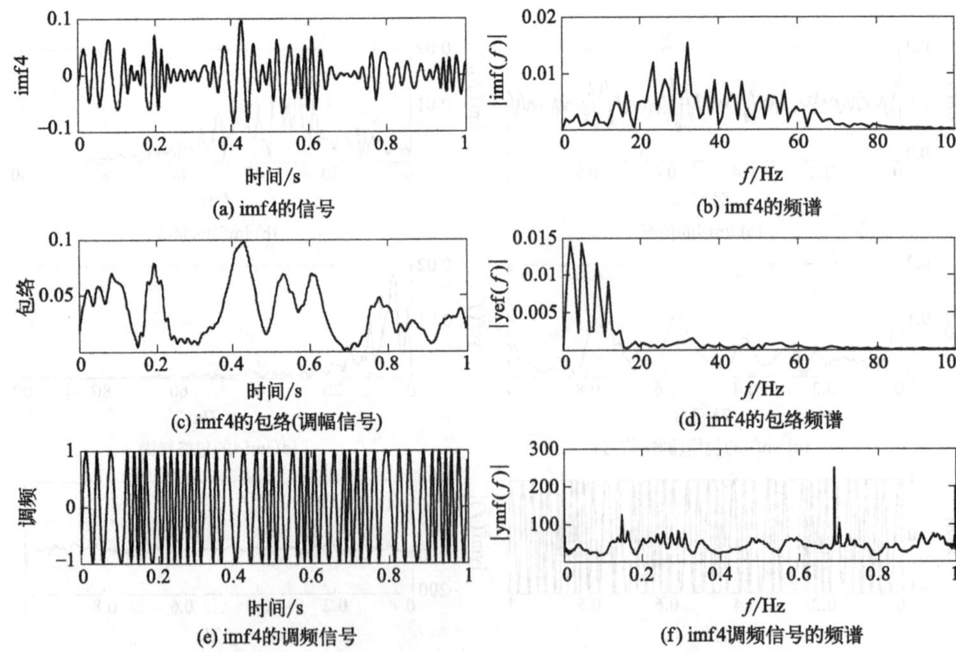

图 4.26　含 3.00×10^{-6} 压力信号 imf4 的包络解调

可见，经过 Hilbert 解调后的包络信号的中心频率为 2.93Hz；图 4.25(e) 调制信号疏密相间的特点表明它是一个调频信号，由其瞬时频率［图 4.25(f)］可见，其瞬时频率的均值为 41.9259Hz，调制信号在 0.193s、0.421s、0.519s、0.67s0 和 0.764s 等时刻瞬时频率的幅值出现峰值，表明在这些时刻出现较大的调制频率对信号进行调制的特征。

由图 4.26(c)、(e) 可见，含 3.00×10^{-6} 颗粒浓度的油液脉动流压力信号的 imf4 分量

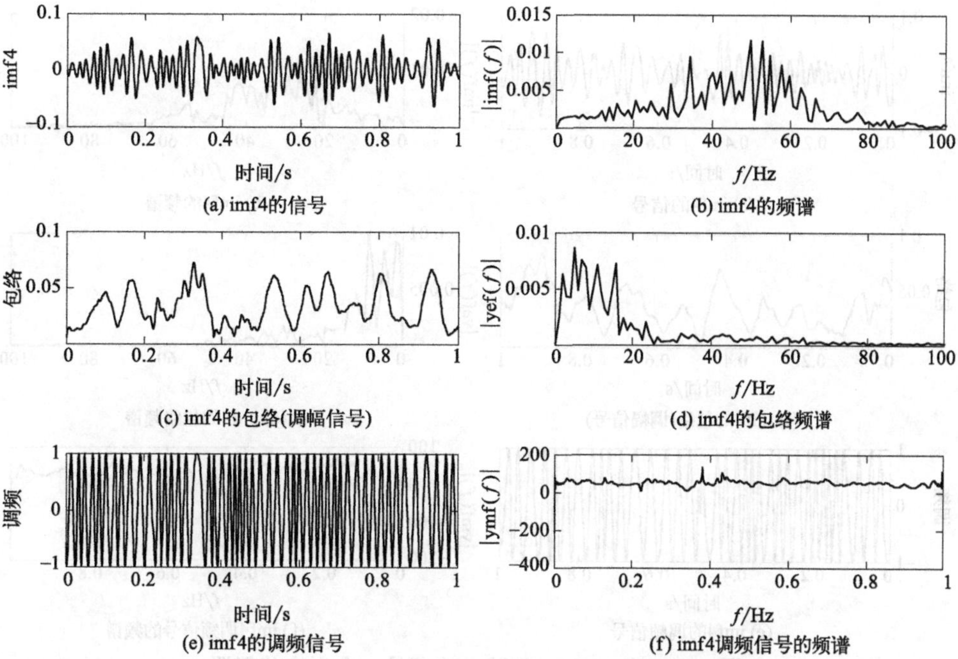

图 4.27　含 4.57×10^{-6} 压力信号 imf4 的包络解调

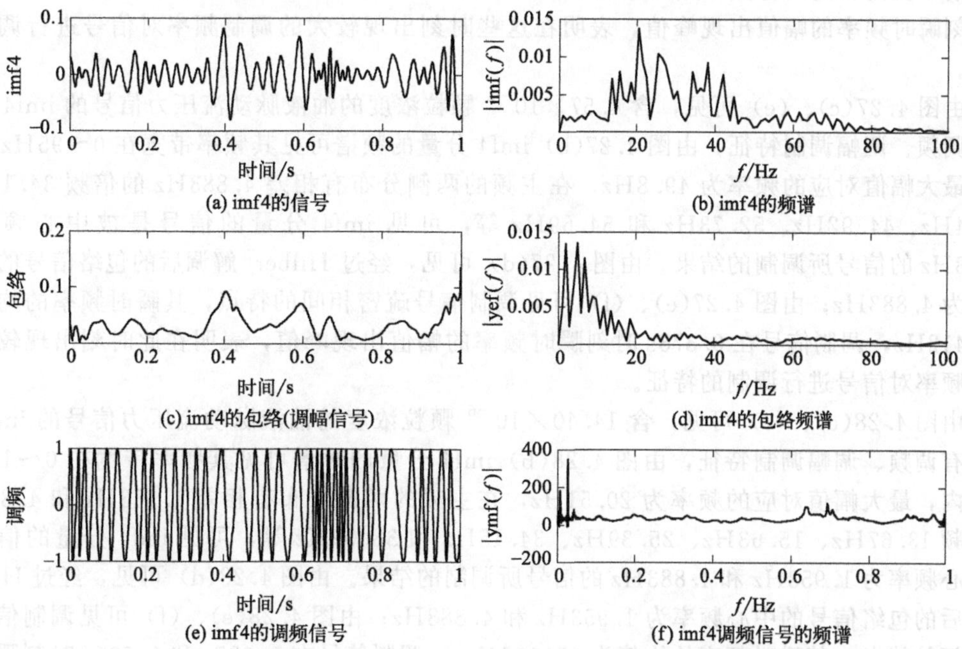

图 4.28　含 14.40×10^{-6} 压力信号 imf4 的包络解调

具有调频、调幅调制特征，由图 4.26(b) imf4 分量的频谱可见其频率带宽在 0～95Hz 范围内，最大幅值对应的频率为 32.23Hz，在主频的两侧分布有相差 1.953Hz 以及 4.883Hz 的倍频 23.44Hz、26.37Hz、29.3Hz、37.11Hz 和 39.06Hz，可见 imf4 分量的信号是被中心频率为 1.953Hz 和 4.883Hz 的信号所调制的结果。经过包络解调后，由图 4.26(d) 可见，经过 Hilbert 解调后的包络信号的中心频率为 1.953Hz、4.883Hz；由图 4.26(e)、(f) 可见

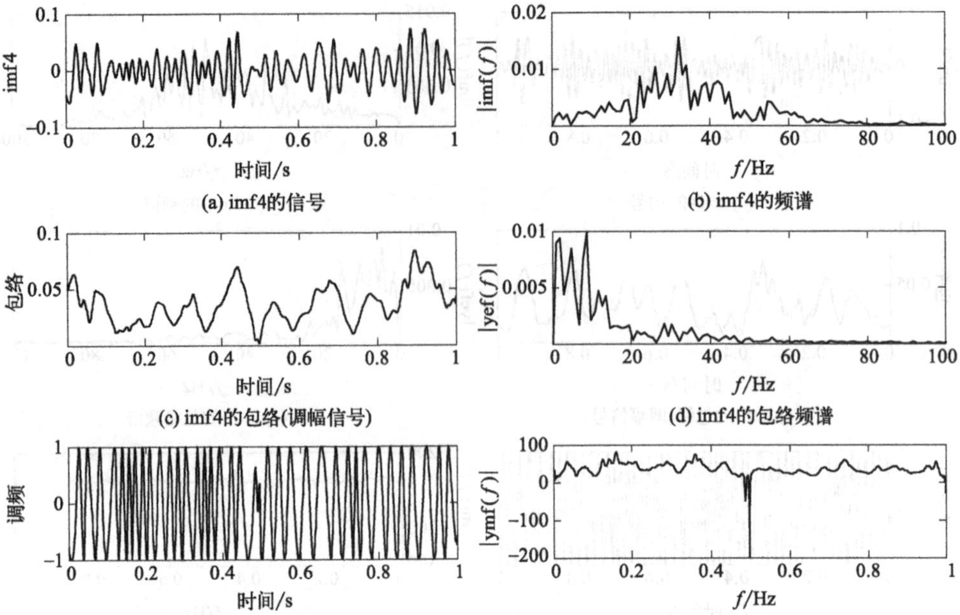

(a) imf4的信号　(b) imf4的频谱

(c) imf4的包络(调幅信号)　(d) imf4的包络频谱

(e) imf4的调频信号　(f) imf4调频信号的频谱

图 4.29　含 28.50×10^{-6} 压力信号 imf4 的包络解调

调制信号疏密相间的特点，其瞬时频率的均值为 42.7521Hz，调制信号在 0.148s 和 0.688s 等时刻瞬时频率的幅值出现峰值，表明在这些时刻出现较大的调制频率对信号进行调制的特征。

由图 4.27(c)、(e) 可见，含 4.57×10^{-6} 颗粒浓度的油液脉动流压力信号的 imf4 分量具有调频、调幅调制特征，由图 4.27(b) imf4 分量的频谱可见其频率带宽在 0～95Hz 范围内，最大幅值对应的频率为 49.8Hz，在主频的两侧分布有相差 4.883Hz 的倍频 34.18Hz、40.04Hz、44.92Hz、52.73Hz 和 54.69Hz 等，可见 imf4 分量的信号是被中心频率为 4.883Hz 的信号所调制的结果。由图 4.27(d) 可见，经过 Hilbert 解调后的包络信号的中心频率为 4.883Hz；由图 4.27(e)、(f) 可见调制信号疏密相间的特点，其瞬时频率的均值为 49.9412Hz，调制信号在 0.378s 时刻瞬时频率的幅值出现峰值，表明在此时刻出现较大的调制频率对信号进行调制的特征。

由图 4.28(c)、(e) 可见，含 14.40×10^{-6} 颗粒浓度的油液脉动流压力信号的 imf4 分量具有调频、调幅调制特征，由图 4.28(b) imf4 分量的频谱可见其频率带宽在 0～100Hz 范围内，最大幅值对应的频率为 20.51Hz，在主频的两侧分布有相差 1.953Hz 和 4.883Hz 的倍频 13.67Hz、15.63Hz、25.39Hz、34.18Hz 和 38.09Hz 等，可见 imf4 分量的信号是被中心频率为 1.953Hz 和 4.883Hz 的信号所调制的结果。由图 4.28(d) 可见，经过 Hilbert 解调后的包络信号的中心频率为 1.953Hz 和 4.883Hz；由图 4.28(e)、(f) 可见调制信号疏密相间的特点，其瞬时频率的均值为 35.9073Hz，调制信号在 0.027s 和 0.695s 时刻瞬时频率的幅值出现峰值，表明在这些时刻出现较大的调制频率对信号进行调制的特征。

由图 4.29(c)、(e) 可见，含 28.50×10^{-6} 颗粒浓度的油液脉动流压力信号的 imf4 分量具有调频、调幅调制特征，由图 4.29(b) imf4 分量的频谱可见其频率带宽在 0～80Hz 范围内，最大幅值对应的频率为 32.23Hz，在主频的两侧分布有相差 1.953Hz、4.883Hz 以及 8.789Hz 的倍频 22.46Hz、26.37Hz、29.3Hz、39.06Hz 和 41.99Hz，可见 imf4 分量的信号是被中心频率为 1.953Hz、4.883Hz 以及 8.789Hz 的信号所调制的结果。由图 4.29(d) 可见，经过 Hilbert 解调后的包络信号的中心频率为 1.953Hz、4.883Hz 以及 8.789Hz；由图 4.29(e)、(f) 可见调制信号疏密相间的特点，其瞬时频率的均值为 34.9938Hz，调制信号在 0.495s 时刻瞬时频率的幅值出现峰值，表明在此时刻出现较大的调制频率对信号进行调制的特征。

各个污染物浓度下油液的压力信号的 imf4 分量的包络解调频率分布情况如表 4.14 所示。

表 4.14　imf4 分量的包络解调频率

项目	调制信号主频/Hz	包络信号主频/Hz	解调信号的瞬时频率均值/Hz
0.648×10^{-6}	34.18	4.883	40.9994
0.971×10^{-6}	47.85	2.93	41.9259
3.00×10^{-6}	32.23	1.953	42.7521
4.57×10^{-6}	49.8	4.883	49.9412
14.40×10^{-6}	20.51	4.883	35.9073
28.50×10^{-6}	32.23	8.789	34.9938

压力信号经过 Hilbert 变换的包络解调后的载波信号明显表现出调频特征；随着油液中颗粒浓度的增加，压力信号经过 EMD 分解后的第 4 阶 imf 分量的 Hilbert 包络解调后，解调信号的瞬时频率均值呈先增加后下降的发展趋势。这是由于油液中颗粒的存在会增强近壁区的湍流猝发行为，从而使油液脉动流的高频率区的成分增加；当油液中颗粒浓度增加到一定含量时，颗粒对油液的壁面附近的湍流拟序结构进行破坏，进而抑制了湍流拟序结构的发展，因而造成颗粒浓度增加解调信号的瞬时频率均值反而下降的现象。

(4) 污染浓度的 HHT 特征

① 压力信号分解的前几阶 imf 分量具有明显的调幅和调频两种特征，且具有对时间轴是对称分布的特点，振动幅值随着分解的 imf 分量的阶数增加而逐渐降低；随着颗粒浓度的增加，油液脉动流的压力信号的各阶 imf 分量随时间的变化逐渐由高频段的调制特征向低频段内发展。

② 随着颗粒浓度的增加，压力信号边际谱的高频率区的累积分布在 0.7 左右范围内，在中频率区出现下降、低频率区呈现上升的态势；随着油液中颗粒浓度的增加，高频率区的边际谱平均幅值呈现先增加后降低的发展趋势，中低频率成分的幅值呈增加的趋势。

③ 随着颗粒浓度的增加，压力信号的各阶 imf 分量的欧氏距离越来越小，它们的总能量出现下降趋势，高频率区的能量特征值基本上变化不大，中频率区的能量特征值呈逐渐衰减的变化趋势，低频率区基本上有上升的趋势。

④ 随着油液中颗粒浓度的增加，压力信号经过 Hilbert 变换的包络解调后的载波信号明显表现出调频特征，Hilbert 包络解调信号的瞬时频率均值呈先增加后下降的发展趋势。

4.5 VMD 分析

变分模态分解（variational mode decomposition，VMD）是近年来提出的非平稳信号分解方法，通过将信号分解问题转化为变分约束问题，从而实现多变量信号的模态分离。国内外研究者获取了一些较为重要的成果，如李志农等提出一种基于 VMD 的机械故障诊断方法，并与集合经验模态分解（EEMD）方法进行对比分析，认为 VMD 能有效地分解出信号的固有模态，能够揭示出碰摩故障数据的频率结构，区分碰摩故障的严重程度。利用 VMD 结合其他方法进行信号的特征提取得到了一些进展，如基于变分模态分解（VMD）和多尺度熵（MSE）的特征向量提取方法等。变分模态分解由于需要根据先验知识和信号特点来确定惩罚函数和分量分解数量等参数，以及在信号分析中人为主观选择等方面存在弊端，许多研究者提出了多种改进方法，如根据惩罚因子及分量数量的设置对 VMD 方法滤波特性的影响提出的广义变分模态分解方法等。为了自适应确定其分解分量的数量，有以互信息判据、双阈值筛选、中心频率筛选、中心频率观察与残差指标最小化准则以及能量准则停止条件等方法。

根据油液脉动流的多尺度、拟周期的非平稳信号特征，对油液压力波动信号进行 VMD 分析处理，提出了利用中心频率斜率判据来确定 VMD 分解的分量数量，以及能量值判断信号主要分量的方法。采用 VMD 对压力振动信号进行本征模态函数 IMF 分解，得到若干 IMF 分量；然后利用 Hilbert 变换估计各主要分量的信号包络，获取各主要分量的频率成分信息。

4.5.1 污染油液的 VMD 提取

(1) 提出新的 VMD 分量数量的确定方法

VMD 将信号分解为几个固有模态函数 imf，是一种自适应、非递归的信号分解方法，基于约束变分优化问题，利用交互方向乘子算法进行求解过程。各个分量的带宽的估计步骤为：

① 将实信号利用 Hilbert 变换为解析信号，进而获取信号的单边频谱；

② 将各分量中心频率的频谱调制到基频带上；

③ 通过 H^1 高斯平滑解调信号来估计分量的带宽。

则 VMD 的约束变分问题的模型为

$$\min_{\{y_k\}\ \{\omega_k\}} \left\{\sum_{k=1}^{K}\left\|\partial_t\left\{\left[\delta(t)+\frac{j}{\pi t}\right]y_k(t)\right\}\mathrm{e}^{-j\omega_k t}\right\|_2^2\right\} \quad \text{s.t.} \sum_{k=1}^{K} y_k(t)=y(t) \tag{4.5}$$

式中 K——VMD 分解的分量数量；

$y_k(t)$——信号 $y(t)$ 的第 k 阶分量；

$\{y_k\}$，$\{\omega_k\}$——VMD 分解后的各个分量以及其中心频率。

式 (4.5) 的约束优化问题可应用二次惩罚参数以及 Lagrangian 乘子转化为非约束优化问题，相应地用 Lagrangian 乘子调整后的方程为

$$L(\{y_k\},\{\omega_k\},\lambda)=\alpha\sum_{k=1}^{K}\left\|\partial_t\left\{\left[\delta(t)+\frac{j}{\pi t}\right]y_k(t)\right\}\mathrm{e}^{-j\omega_k t}\right\|_2^2+\left\|y(t)-\sum_{k=1}^{K}y_k(t)\right\|_2^2+\left\langle\lambda(t),y(t)-\sum_{k=1}^{K}y_k(t)\right\rangle \tag{4.6}$$

式中 α——二次惩罚参数；

$\lambda(t)$——Lagrangian 乘子。

将式 (4.6) 应用交互方向乘子算法求解，在频域中各分量的估计值为

$$\hat{Y}_k^{n+1}(\omega)=\frac{\hat{Y}(\omega)-\sum\limits_{i\neq k}\hat{Y}_i(\omega)+\dfrac{\hat{\lambda}(\omega)}{2}}{1+2\alpha(\omega-\omega_k)^2} \tag{4.7}$$

式中 $\hat{Y}(\omega)$，$\hat{Y}_i(\omega)$，$\hat{\lambda}(\omega)$，$\hat{Y}_k^{n+1}(\omega)$——$y(t)$、$y_i(t)$、$\lambda(t)$、$y_k^{n+1}(t)$ 的 Fourier 变换式。

式 (4.7) 包含了 Wiener 滤波结构，各分量的时域表达式可通过滤波信号的 Fourier 变

换的实部获取。

各分量的中心频率的更新表达式为

$$\omega_k^{n+1}=\frac{\int_0^{\infty}\omega\left|\hat{Y}_k(\omega)\right|^2\mathrm{d}\omega}{\int_0^{\infty}\left|\hat{Y}_k(\omega)\right|^2\mathrm{d}\omega} \tag{4.8}$$

VMD在分解过程中需要先确定分解分量的数量 K，不同的信号特征不同，VMD 分解的分量数量也不相同。根据 VMD 分解的各分量中心频率的斜率提出一种中心频率斜率判据来确定 VMD 分解的分量数量。经过 VMD 分解的各分量进行 Hilbert 变换，则待分析的信号表示为

$$y(t)=\mathrm{Re}\left[\sum_{k=1}^{K}a_k(t)\mathrm{e}^{j\theta_k(t)}\right] \tag{4.9}$$

式中　$a_k(t)$——各分量的瞬时幅值；

$\theta_k(t)$——各分量的瞬时相位角。

则各分量的瞬时频率为

$$f_k(t)=\frac{\mathrm{d}\theta_k(t)}{2\pi\mathrm{d}t} \tag{4.10}$$

如果一个 K 组分的信号经过 VMD 分解的各分量的中心频率按照从小到大的顺序进行迭代，它们随分量数量的斜率是递增的趋势，则各分量的瞬时频率的均值随分量数量的斜率发展趋势与中心频率的变化趋势一致。如果不一致，就很可能是 VMD 出现过分解，以此为判据确定 VMD 的分解数量。具体实施步骤为：

① 对 VMD 的分解数量 K 初始化，$K=1$；

② $K=K+1$，实施 VMD 的迭代分解过程；

③ 对分解后的各个分量实施 Hilbert 变换，求取各分量的中心频率 $f_{zk}(t)=\omega_k(t)/(2\pi)$ 以及瞬时频率均值 $\bar{f}_k(t)$；

④ 比较各分量的中心频率、瞬时频率均值的斜率，如果$\frac{\mathrm{d}\bar{f}_k(t)}{\mathrm{d}t}$与$\frac{\mathrm{d}f_{zk}(t)}{\mathrm{d}t}$的符号一致，则重复执行②～④，否则结束 VMD 程序，$K=K-1$，得到 VMD 分解的分量数量。

(2) VMD 分析方法的验证

为了验证所提出的 VMD-SVD 的压力振动信号的特征提取的有效性，考察一个具有典型特征的多组分仿真信号 $x(t)$，包含 $x_1(t)$ 调幅调频的时变信号、$x_2(t)$ 拍振信号、$x_3(t)$ 指数衰减的冲击信号以及 $x_4(t)$ 噪声模拟信号（其中 N 为数据长度），其数学表达式为

$$\begin{cases}x_1(t)=[1+\sin(2\pi\times5t)]\sin(2\pi\times60t+2\pi\times60t^2)\\x_2(t)=0.3\cos(2\pi\times200t)+0.3\cos(2\pi\times210t)\\x_3(t)=100\mathrm{e}^{-30t}\cos(2\pi\times20t)\qquad t>0.1\\x_4(t)=0.7randn(1,N)\\x(t)=x_1(t)+x_2(t)+x_3(t)+x_4(t)\end{cases} \tag{4.11}$$

对信号 $x(t)$ 按照采样频率 1000Hz 进行采样 1s，绘制各分量的时域及其频域图，如图 4.30 所示。

利用中心频率斜率判据来确定 VMD 分解的分量数量 K，经过 VMD 进行分解 14 次后各分量的中心频率以及瞬时频率均值如表 4.15 所示。当 $K=14$ 时，压力信号分解的第 14 个分量的瞬时频率均值为 413.9253Hz，小于 $K=13$ 时的分量对应的瞬时频率均值

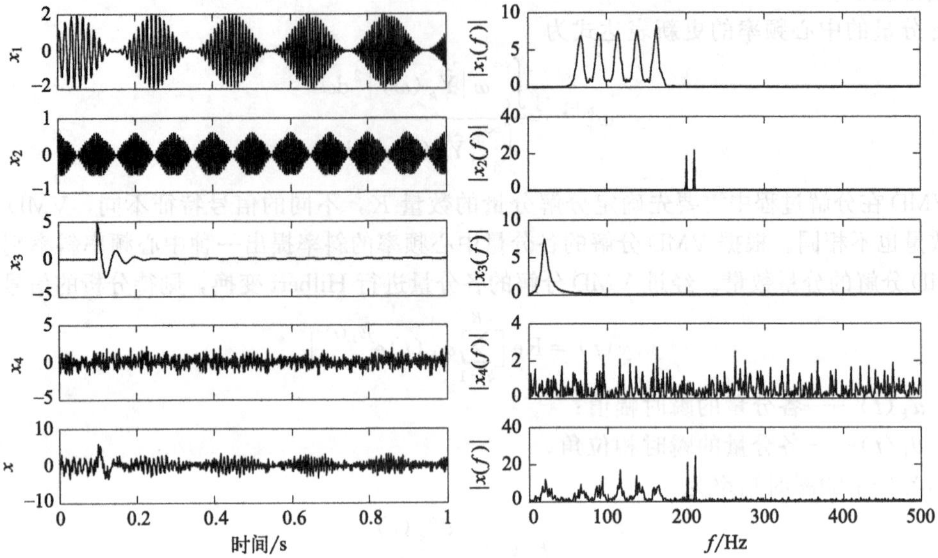

图 4.30 仿真信号的各分量的时域及其频域图

430.9767Hz；同时 K 为 13 和 14 时 VMD 分解的分量的中心频率分别为 450.2397Hz 和 482.9588Hz，可见在 K 为 14 时 VMD 分解的分量的瞬时频率均值的斜率与中心频率的斜率相比发生了变化，表明 VMD 分解到第 13 次后再进一步进行分解，就会在分量的相位差上进行与前面分解的上升趋势相反的方向（下降趋势）的调整，从数据上表现为瞬时频率均值出现下降的现象，也就是出现了过分解现象。因而利用中心频率斜率判据来确定 VMD 分解的分量数量 K 的方法是可行的。

表 4.15 各分量的中心频率以及瞬时频率均值 单位：Hz

项目	f_z	f_k
1	21.6214	20.9825
2	65.7379	65.8180
3	89.5505	89.8295
4	114.6743	118.8020
5	138.2358	135.7863
6	162.3067	164.7838
7	204.6448	201.9950
8	255.1097	254.8936
9	291.1580	289.9943
10	329.3023	327.9909
11	372.8922	370.9821
12	416.6536	413.9947
13	450.2397	430.9766
14	482.9588	413.9253

对仿真信号进行 VMD 分解，得到的 13 个分量的时域波形，如图 4.31 所示。由图 4.31 可见，仿真信号的各个分量被很好地分解出来，其中 mode1 就是仿真信号的 x_3 的冲击信号，在 0.1s 出现较大的冲击幅值，随后按指数规律进行衰减；mode2～5 则是仿真信号的 x_1 的调幅调频信号的分解分量；可以看到随着时间的延长，信号的主频逐渐增加，且有拍

振的调幅现象；从 mode4 和 5 可见，在采样时间 0.6～0.7s 间隔内出现一个幅值较小的波包，这与 x_1 的信号表达式中在 VMD 分解的各分量上有 5 个主频是一致的；mode6 则是仿真信号 x_2 的分解分量，即 mode6 是频率为 200Hz 和 210Hz 的余弦信号形成的拍振调幅现象。Mode7～13 是仿真信号 x_4 噪声的分量。

对 VMD 分解的 13 个分量进行能量值比较发现，前 6 个分量的能量值均大于仿真信号的能量均值 82.9714（表 4.16）。另外从分解的各分量与仿真信号的相关性上看，前 6 个分量与仿真信号的相关性较为明显，则利用中心频率斜率判据来确定 VMD 分解的分量数量，再加上分量能量值判断就可以获取信号真实分量。

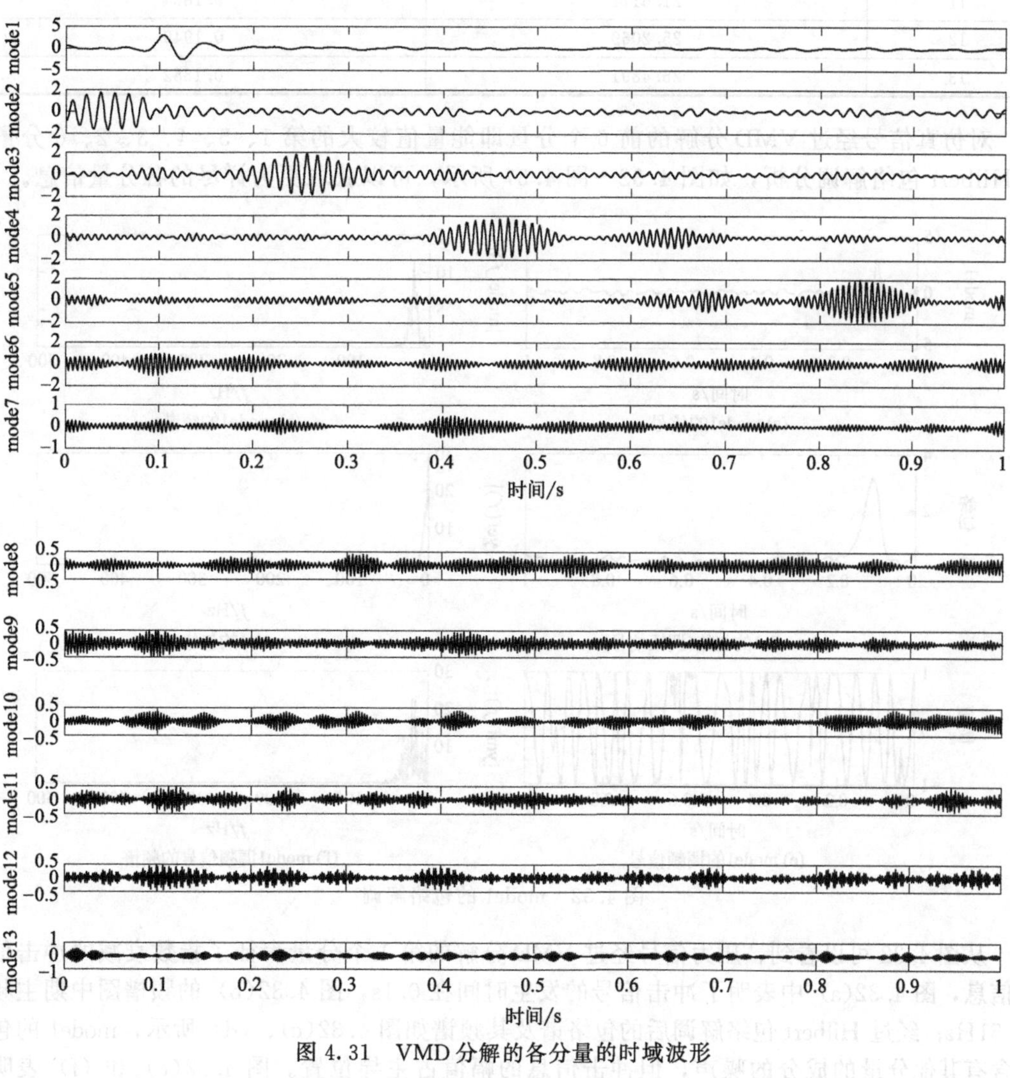

图 4.31 VMD 分解的各分量的时域波形

表 4.16 各分量的能量值以及相关性

序号	能量值	相关性
1	209.4777	0.4173
2	123.9044	0.3620
3	148.9425	0.3955
4	166.1096	0.4571

续表

序号	能量值	相关性
5	167.7486	0.4419
6	99.8151	0.3208
7	18.9376	0.2051
8	24.5480	0.1953
9	25.0651	0.1910
10	20.7660	0.1845
11	21.6171	0.1824
12	25.2069	0.1949
13	26.4891	0.1852

对仿真信号经过 VMD 分解的前 6 个分量即能量值较大的第 1、5、4、3、2、6 分量进行 Hilbert 包络解调分析，如图 4.32～图 4.37 所示，可以获取更为详尽的各分量信息。

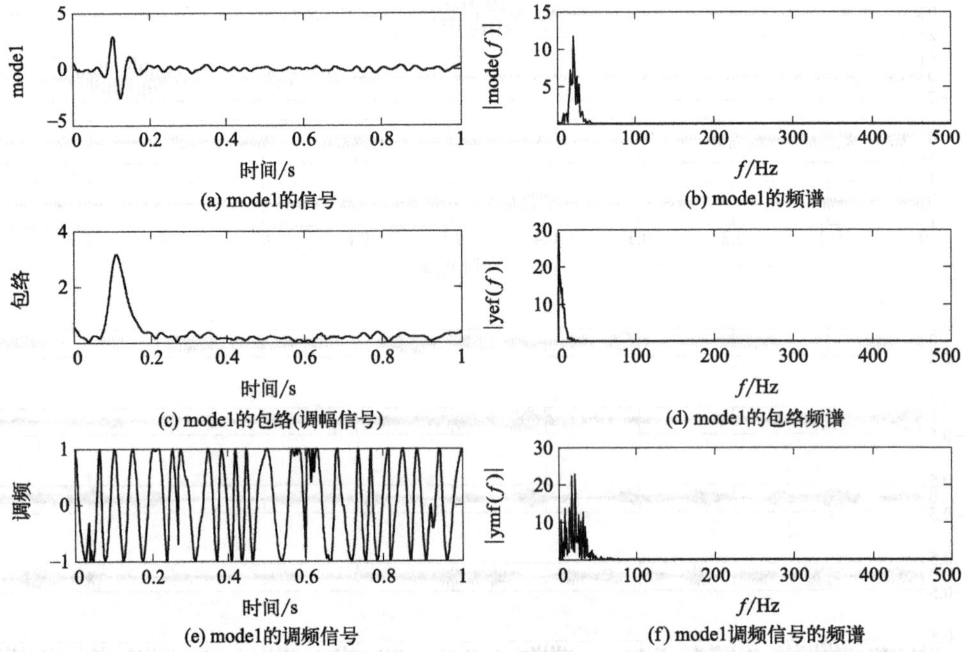

图 4.32 model 的包络解调

从图 4.32 可以看到，压力信号经过 VMD 分解的第 1 个分量表征了指数衰减的冲击信号的信息，图 4.32(a) 中表明了冲击信号的发生时间在 0.1s，图 4.32(b) 的频谱图中期主频为 20.51Hz；经过 Hilbert 包络解调后的包络谱及其频谱如图 4.32(c)、(d) 所示，model 的包络中含有其他分量的成分的噪声，但冲击信息的幅值占主导位置。图 4.32(e) 和 (f) 表明了 model 分解后的载波信号及其频谱，可见其载波信号是一个主频为 20.51Hz 的调频信号。

图 4.33～图 4.36 是第 2～5 分量的包络解调信息，它们是 x_1 调幅调频信号分解后的分量。从图 4.33～图 4.36 的(a) 中可见，各分量在不同时刻的幅值不同，沿 mode2～5 依次递增分布；图 4.33～图 4.36(b) 中，不同分量的频谱同样依次递增。

图 4.37 是 x_2 拍振信号的体现。从图 4.37(a) 可见，信号的拍振现象非常明显，图 4.37(b) 和(f) 表现出 mode6 及其解调后的载波信号的主频都为 200Hz 和 210Hz，图 4.37(c) 和(d) 是包络波形及其频谱，频率为 10Hz。

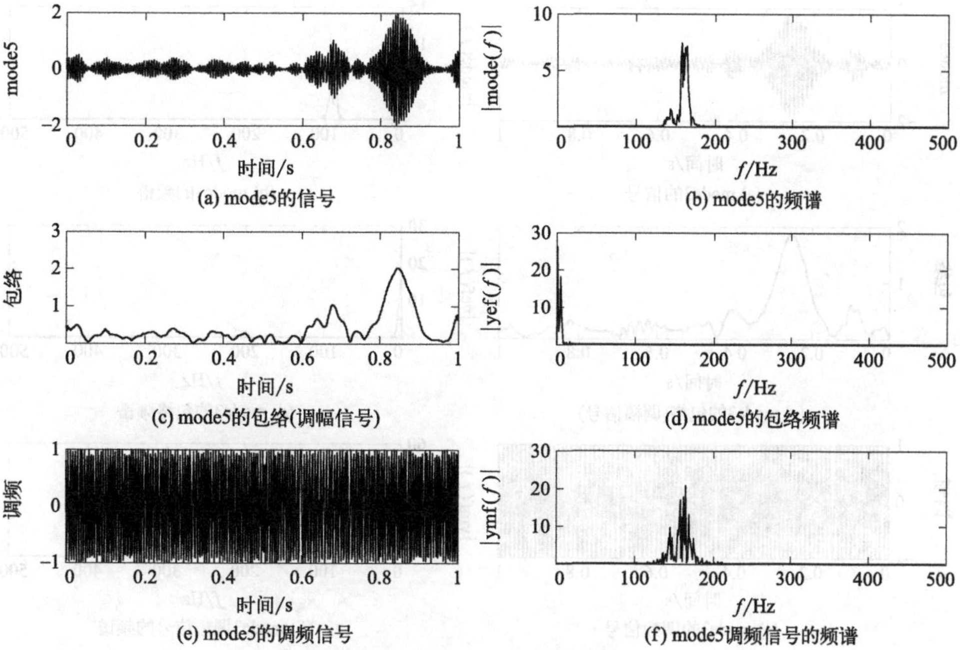

图 4.33 mode5 的包络解调

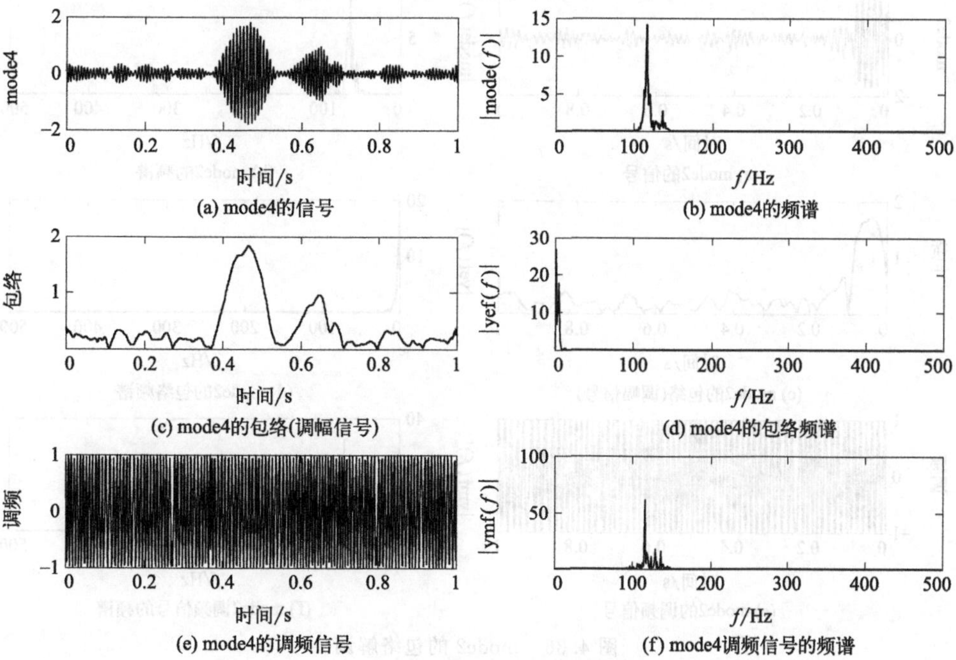

图 4.34 mode4 的包络解调

图 4.38 为仿真信号经过 VMD 分解后各分量的时频图，可见频率为 20Hz 的冲击信号在 0.1s 的幅值最大，调幅调频信号的频率在不同时刻的幅值不同，整体上是一条直线，即 chirp 信号；而拍振信号由于幅值较小，在时频图中幅值较小。可见利用中心频率斜率判据来确定 VMD 分解的分量数量，以及能量值的判断，可以获取信号的真实分量。

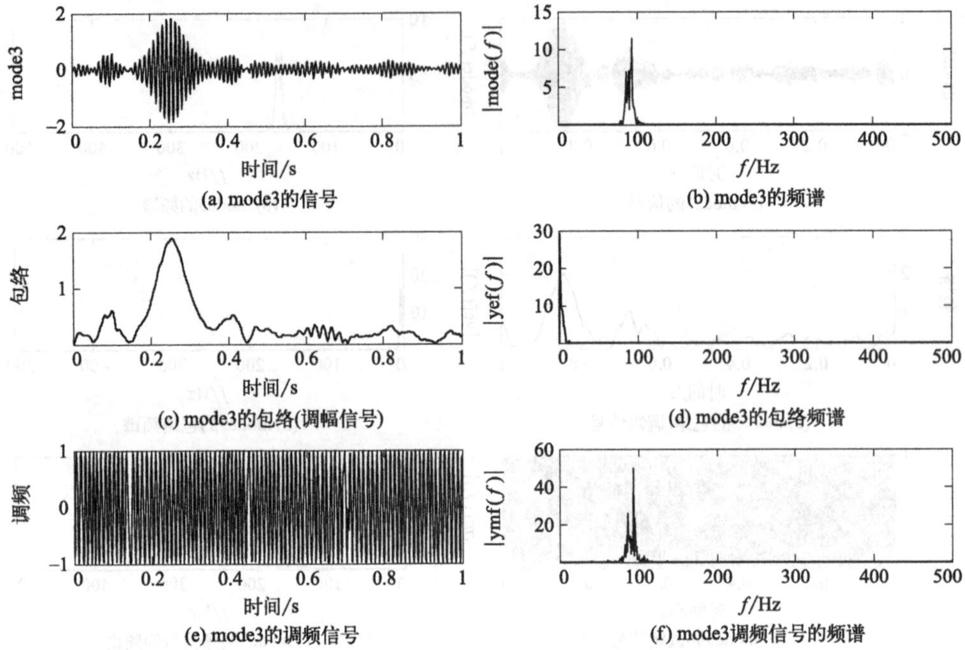

图 4.35　mode3 的包络解调

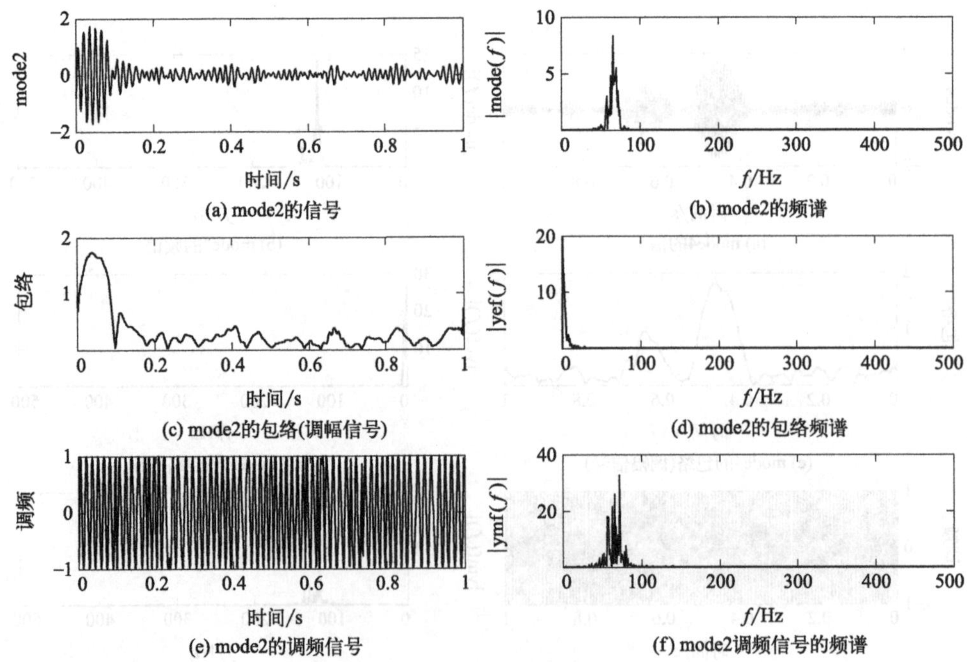

图 4.36　mode2 的包络解调

(3) 压力信号的 VMD 分解

污染度为 21/17、浓度为 6.58×10^{-6} 油液的压力信号的时域分布与频谱如图 4.39 所示。

可以看出压力信号是一个包含脉动冲击成分的多组分信号的集合，从时域分布中很难分辨出这些成分的幅值和发生时刻等信息；频域图中可得到一些幅值较大的频率值，如 8.789Hz、57.62Hz、155.3Hz、200.2Hz、314.5Hz 以及 409.2Hz 等，但它们的成分较为

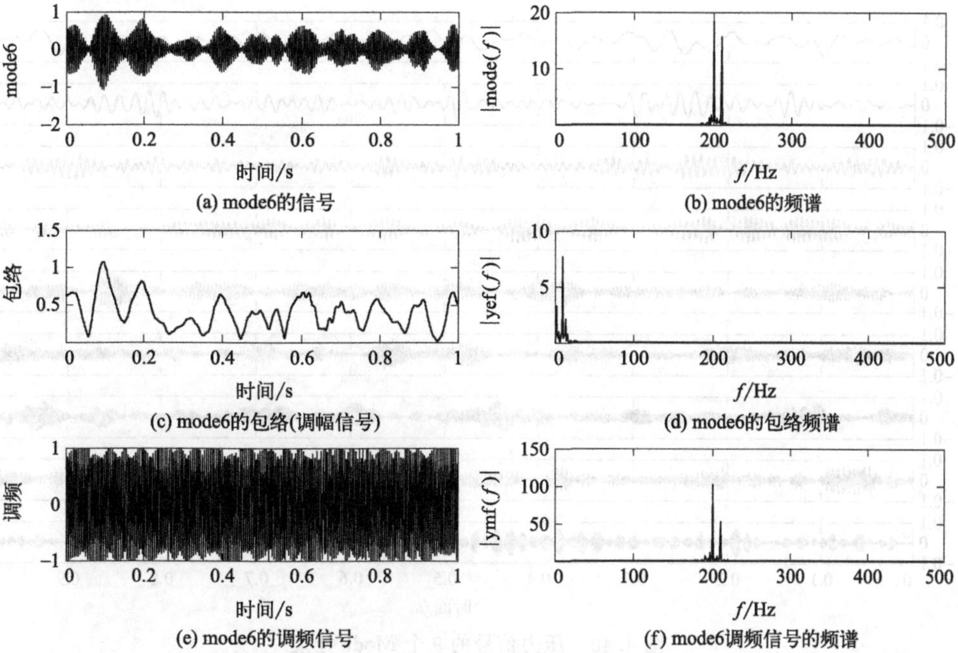

(a) mode6的信号　(b) mode6的频谱
(c) mode6的包络(调幅信号)　(d) mode6的包络频谱
(e) mode6的调频信号　(f) mode6调频信号的频谱

图 4.37　mode6 的包络解调

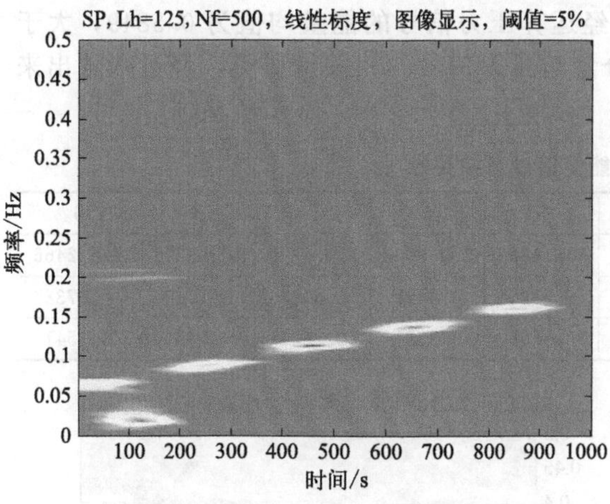

图 4.38　各分量的时频图

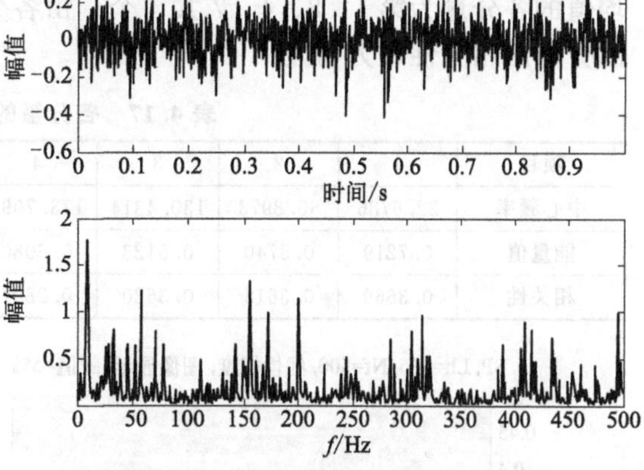

图 4.39　压力信号的时域分布与频谱

复杂，难以进行深入分析。

对压力信号进行 VMD 分解，并采用中心频率斜率判据来确定 VMD 分解的分量数量，得到 9 个 mode 分量，如图 4.40 所示。

由图 4.40 可见，压力信号经过 VMD 分解的主要分量 mode1 为一个周期性的调幅信号，表征了压力信号的基本发展趋势；mode4、mode7、mode8 分别为不同频率的拍振信号；这 4 个分量是压力信号的主要分量。而 mode2、mode3、mode5、mode6 以及 mode9 则是主要分量之间的过渡分量，所占的能量值较小。从图 4.41 各分量的时频图中可见，经过 VMD 分解的 9 个分量的时频分布［图 4.41(a)］在不同时刻、不同频率下呈现不同的幅值，分解的 9 个分量的频率相互独立，不存在频率成分混淆现象，但是在各个分量的带宽较大，有频率混叠现象。从主要分量的时频图［图 4.41(b)］中可见，各分量的幅值在采样时间内的分布较为明显，但各分量的带宽仍较大，因而对它们进行包络解调分析。

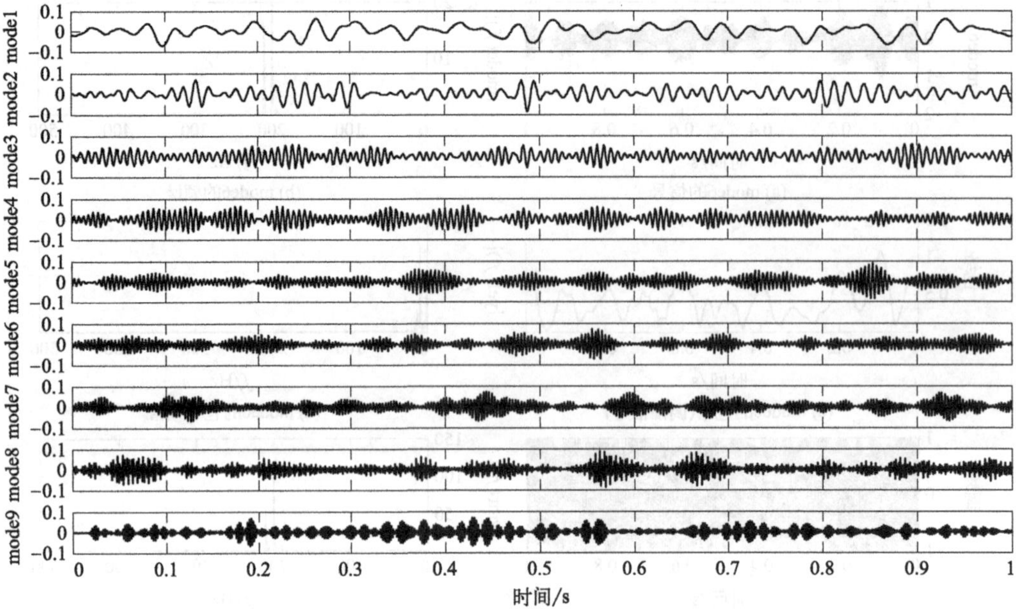

图 4.40　压力信号的 9 个 Mode 分量

其中各分量对应的中心频率能量值以及与压力信号的相关性如表 4.17 所示，由各分量的能量值与能量均值进行比较找出主要分量。经运算压力信号的能量均值为 0.5849，大于均值的各分量为第 1、8、4、7 共 4 个。由各分量与压力信号的相关性可见，经过筛选出来的分量的相关性较为明显。

表 4.17　各分量的能量值以及相关性

项目	1	2	3	4	5	6	7	8	9
中心频率	22.6786	66.8973	130.4314	173.7091	235.4988	279.9022	320.1375	408.5228	466.2466
能量值	0.7219	0.5740	0.5123	0.6080	0.5320	0.4418	0.5963	0.7045	0.5738
相关性	0.3669	0.3615	0.3620	0.2831	0.3605	0.3381	0.3601	0.3881	0.3541

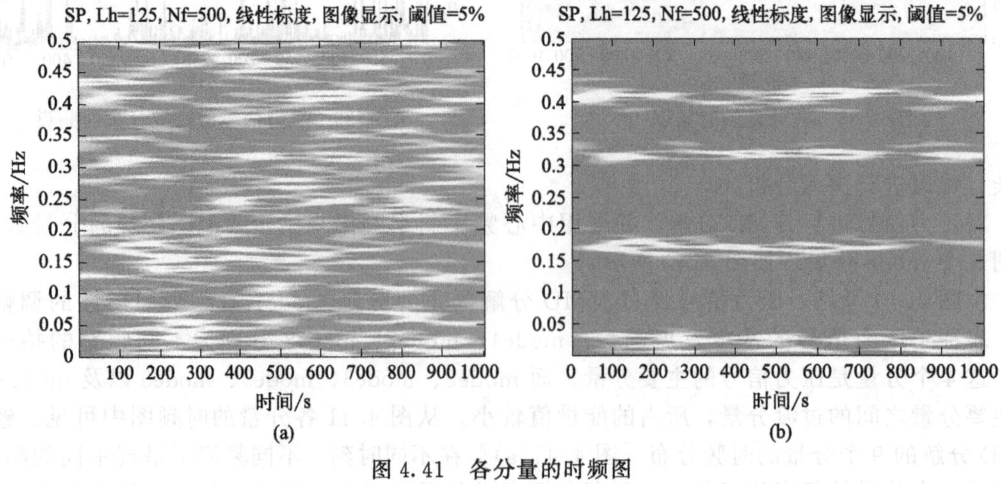

图 4.41　各分量的时频图

(4) 主要分量的包络解调分布

图 4.42～图 4.45 分别为压力信号经过 VMD 分解后主要分量包络解调分布图。

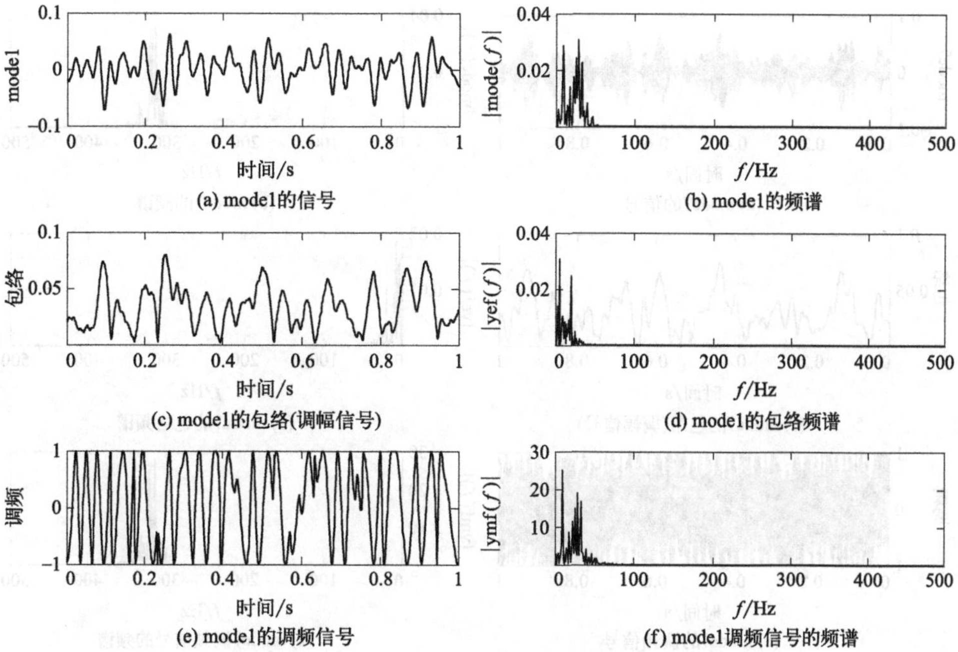

图 4.42　mode1 的包络解调

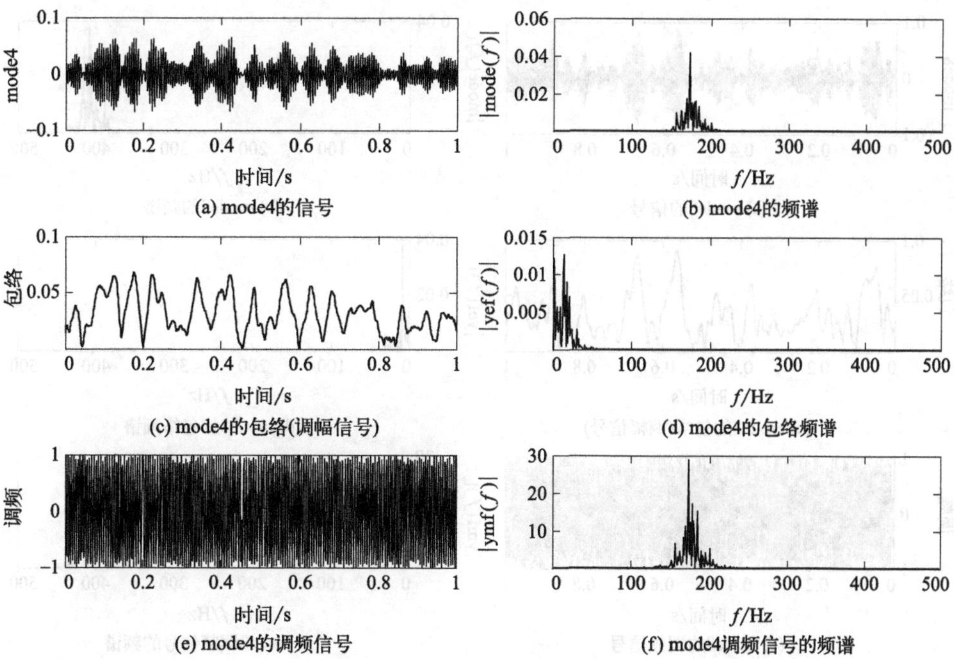

图 4.43　mode4 的包络解调

由图 4.42 可见，mode1 的频谱［图 4.42(a)］有两个主频 8.79Hz 和 28.32Hz，而 28.32Hz 与系统的输送泵的转轴频率 30Hz 接近，包络解调的频率为 4.88Hz 和 19.53Hz［图 4.42(d)］，则 mode1 是一个主轴转动的频率经过 19.53Hz 的调制信号幅值调制的结果。在图 4.42(f) 中可以看到，mode1 包络解调后的载波信号在频率 28.32Hz 的两侧有间隔为 4.88Hz 的边频出现，则载波信号是一个调频信号。

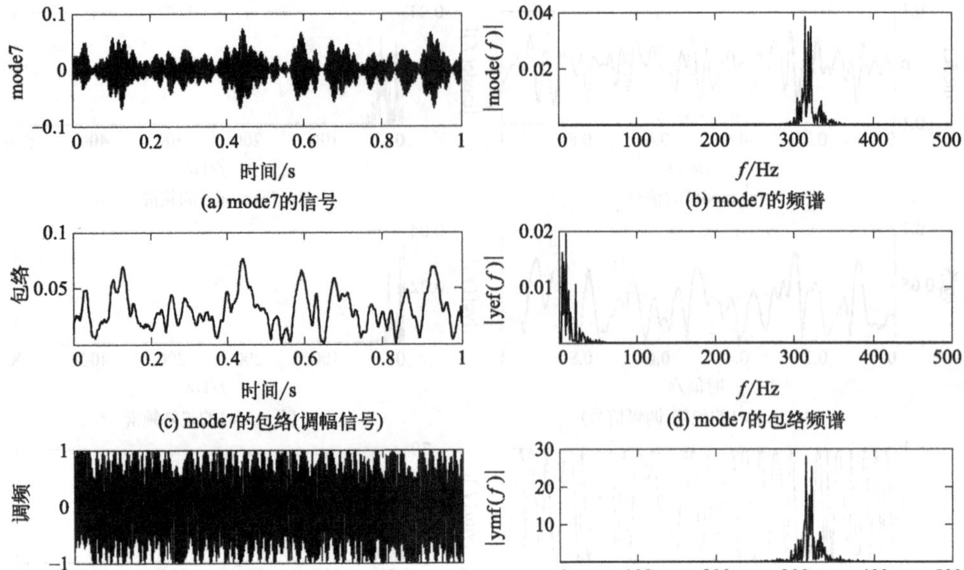

(a) mode7的信号 (b) mode7的频谱

(c) mode7的包络(调幅信号) (d) mode7的包络频谱

(e) mode7的调频信号 (f) mode7调频信号的频谱

图 4.44 mode7 的包络解调

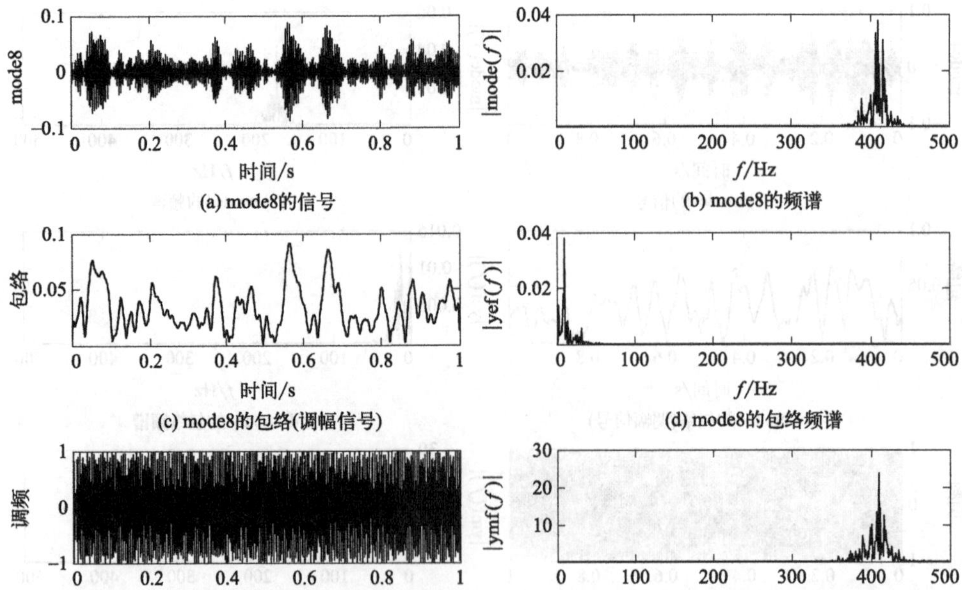

(a) mode8的信号 (b) mode8的频谱

(c) mode8的包络(调幅信号) (d) mode8的包络频谱

(e) mode8的调频信号 (f) mode8调频信号的频谱

图 4.45 mode8 的包络解调

图 4.43 为 mode4 的包络解调分布，由图 4.43(a) 可知 mode4 具有拍振的特征，经过 Hilbert 包络解调后的包络频率为 13.67Hz [图 4.43(d)]，在图 4.43(b) 和(f) 中可见 mode4 及其载波的频谱主频为 171.9Hz，是 mode1 主频 28.32Hz 的 6 倍频；在其两侧分布有多个边频，其中在 158.23～185.57Hz 的频带内频率的幅值较大，这是由拍振的特征所决定的。即主频分别为 158.23Hz、185.57Hz 的两个余弦信号相加，结果是两者主频相减的一

半的余弦与两者主频之和的一半的正弦之积，可得 mode4 的主频 171.9Hz［即（158.23＋185.57)/2Hz］以及包络主频 13.67Hz［即（185.57－158.23)/2Hz］。

图 4.44 是 mode7 的包络解调分布情况，由图 4.44(b) 可知 mode7 的频谱包含两个主频，为 314.5Hz（mode1 主频 28.32Hz 的 11 倍频）和 335Hz；它们包络解调后的频率为 3.906Hz、8.789Hz 和 21.48Hz 共 3 个幅值较大的频率，且从图 4.44(e) 载波信号的波形可见经过 Hilbert 包络解调后的载波信号仍有小幅度的调幅特征，因而将 mode7 进一步分解得到两个主频分别为 314.5Hz 和 335Hz 的分量，这两个分量的包络频率分别为 3.906Hz、4.883Hz；可见图 4.44 中包络谱频率的 8.789Hz 为 3.906Hz 与 4.883Hz 的和，而 21.48Hz 为 314.5Hz 和 335Hz 之差的一半，是两个相近频率的信号调幅的特征。

图 4.45 是 mode8 的 Hilbert 包络解调的分布情况，可以看到图 4.45(b) 中在主频 409.2Hz 的两侧分布有 388.7Hz、398.9Hz 以及 416Hz、425.8Hz 等幅值较大的频率值，它们的间隔基本上为 9.766Hz，由图 4.45(d) 可知这是包络谱的主频；另外由图 4.45(f) 载波信号的频谱边频 398.9Hz 可知，是 mode1 主频 28.32Hz 的 14 倍频。

压力信号采用中心频率斜率判据来确定 VMD 分解的分量数量，经过 VMD 分解后再根据各分量的能量值得到 4 个主要分量，这些主要分量的主频分别是系统主轴转动的频率的 1 倍频、6 倍频、11 倍频和 14 倍频的体现。经过 Hilbert 包络解调后可知，它们都是两个频率接近的余弦信号的之和的信号，具有典型的拍振特征。

(5) 油液污染信号的 VMD 特征

① 通过仿真信号的分析可知利用中心频率斜率判据来确定 VMD 分解的分量数量，以及能量值的判断可以获取信号的真实分量。

② 对油液脉动流压力信号进行 VMD 分解得到 9 个分量，由各分量与压力信号的相关性以及各分量的能量值运算获取压力信号的第 1、8、4、7 共 4 个分量为主要分量。

③ 压力信号的主要分量主频分别是系统主轴转动的频率的 1 倍频、6 倍频、11 倍频和 14 倍频；它们都是两个频率接近的余弦信号的之和的信号，具有典型的拍振特征。

4.5.2 不同污染物浓度油液的振动信号的 VMD 提取

根据含不同颗粒浓度的油液脉动流的多尺度、拟周期的非平稳信号特征，对油液压力波动信号进行 VMD 分析处理，利用 VMD 分解的各分量中心频率的斜率与分量主频联合比较的判据来确定 VMD 分解的分量数量，以及平均能量值判断信号主要分量的方法，以实现不同颗粒浓度的油液压力信号的 VMD 的各主要分量的提取和分析，然后利用 Hilbert 包络解调对能量值最大的分量进行分析，探讨浓度分别为 0.648×10^{-6}、0.971×10^{-6}、3.00×10^{-6}、4.57×10^{-6}、6.58×10^{-6}、14.40×10^{-6}、28.50×10^{-6} 梯度等级的含颗粒物油样对压力信号的频率成分的影响规律。

(1) 压力信号的 VMD 分解

将颗粒浓度分别为 0.648×10^{-6}、0.971×10^{-6}、3.00×10^{-6}、4.57×10^{-6}、6.58×10^{-6}、14.40×10^{-6}、28.50×10^{-6} 油液脉动流压力信号进行 VMD 分解，并采用中心频率斜率与主频联合判据来确定 VMD 分解的分量数量，得到含不同颗粒浓度的油液脉动流压力信号的 Mode 分量数量。由于压力信号中各分量能量值表征了该分量在信号中的主次顺序，经过仿真信号的分析验证认为分量的能量值大于 VMD 分解的所有分量的能量均值的分量是信号的主要分量；据此获取不同颗粒浓度油液的压力信号的 VMD 分解的主要分量数量，如表 4.18 所示。则各个颗粒浓度下压力信号经过 VMD 分解的主要分量数占总分量数之比随着颗粒浓度的增加而呈上升趋势，即油液中颗粒浓度越大，VMD 分解获取的主要分量数就越大；表明油中颗粒浓度较大的压力信号所含的主要分量较多。然而在不同颗粒浓度的压力信号的单位浓度（$\times10^{-6}$）下，主要分量的占比随着颗粒浓度的增加而呈单调衰减趋势。说明虽然油中颗粒浓度较大时压力信号所含的分量数较多，但是相对于低颗粒浓度下对VMD分解的所有分量的利用率较高，即低颗粒浓度下VMD分解的主要分量占比较大，分量包含的压力信号信息较多。

表 4.18　不同颗粒浓度压力信号的 VMD 分解分量数

项目	0.648×10^{-6}	0.971×10^{-6}	3.00×10^{-6}	4.57×10^{-6}	6.58×10^{-6}	14.40×10^{-6}	28.50×10^{-6}
分量数	23	13	24	18	28	24	14
主分量数	8	6	11	7	12	14	7
（主分量数/分量数）/%	34.78	46.85	45.83	38.89	42.86	58.33	50.00
（主分量数/分量数）/$\times10^{-6}$%	53.67	48.25	15.28	8.51	6.51	4.05	1.75

根据不同颗粒浓度下压力信号经过VMD分解得到的主要分量的序号，按照对应能量比值由大到小的顺序，将其主要分量的中心频率、瞬时频率均值及其分量的主频进行比较，如表4.19所示。

由表4.18可见，对于含0.648×10^{-6}颗粒浓度的油液压力信号，经过VMD分解的主要分量为8个，其中mode1的能力比值最大；各主要分量的中心频率与瞬时频率均值吻合较好，误差为－0.98%～3.74%。而由于对压力信号进行VMD分解的分量数量的判据是采用各分量中心频率的斜率与分量主频联合比较的判据，其中能量值最大的分量中心频率与对应分量傅里叶变换的主频进行比较，可见在主频为10.7422Hz时最终获取该压力信号的VMD分解分量数量为23，各主要分量的主频与对应的分量中心频率的吻合度相对于分量的中心频率与瞬时频率的吻合度较差，其误差为－4.91%～13.89%。由于各主要分量的中心频率是经过约束变分模型的优化迭代获取的，因而以各分量的主频来分析各主要分量的关系。

可以看到含0.648×10^{-6}颗粒浓度的压力信号的主要分量mode1的主频10.7422Hz是该颗粒浓度下压力信号的基频，mode2的主频28.3203Hz与压力输送泵的转轴频率30Hz相接近，是该颗粒浓度下压力信号的调制频率。因而在能量值第2大的分量mode3的主频49.8047Hz与基频的差值就是基频和调制频率之和39.0625Hz；mode4的主频74.2188Hz与mode6的主频109.3750Hz的差值为基频和调制频率之差17.5781Hz的2倍；将频率74.2188Hz减去基频和调制频率之差17.5781Hz的2倍，得到的频率是基频和调制频率之和39.0625Hz；可见mode4、mode6以及mode1和mode2之间是载波为74.2188Hz被基频和调制频率之差17.5781Hz的2倍的信号进行调幅调制，出现了109.3750Hz的信号。将基频和调制频率之差17.5781Hz的2倍减去基频后的2倍频就是mode5和mode3的主频差值48.8281Hz；mode7的主频与mode3的主频差值是48.8281Hz的2倍；Mode19的主频416.9922Hz是mode5的主频98.6328Hz与39.0625Hz（基频和调制频率之和）之差的7倍频。

同理含颗粒浓度为0.971×10^{-6}的压力信号经过VMD分解了13个分量，有6个主要分量；各主要分量的中心频率与瞬时频率均值的误差范围为－0.24%～9.93%，各主要分量的主频与对应的中心频率的误差范围为－13.95%～49.09%，可见在该颗粒浓度下VMD对压力信号的分解在满足能量值最大的分量主频与中心频率一致的情况下，其他主要分量的中心频率的优化迭代结果不太理想，但是对分量关系的分析只针对各主要分量的主频进行，除了能量值最大分量的误差较小外，其他分量的误差对结果的影响可以忽略不计。

表4.19 各压力信号的VMD分解的主要分量对应的参数

项目		1	2	3	4	5	6	7	8	9	10	11	12	13	14
0.648×10^{-6}	分量序号	1	3	5	2	7	19	4	6						
	中心频率/Hz	12.4746	49.4158	98.1344	29.2171	145.7102	418.8027	70.7434	115.3201						
	瞬时频率均值/Hz	12.0078	49.9018	97.8019	28.9281	143.8054	418.7164	69.8473	115.7946						
	主频/Hz	10.7422	49.8047	98.6328	28.3203	147.4609	416.9922	74.2188	109.3750						
	能量比值/%	6.9539	6.1866	5.8422	5.6056	5.2772	5.0908	4.9075	4.3641						
0.971×10^{-6}	分量序号	5	1	13	7	2	11								
	中心频率/Hz	156.5655	17.2646	480.6538	223.8143	55.7071	383.5825								
	瞬时频率均值/Hz	156.9407	15.9798	432.9451	220.7591	53.9770	382.8037								
	主频/Hz	155.2734	8.7891	479.4922	222.6563	63.4766	376.9531								
	能量比值/%	9.4775	9.4108	8.2492	8.1286	8.0904	7.9931								
3.00×10^{-6}	分量序号	15	24	17	3	2	12	6	23	14	18	4			
	中心频率/Hz	308.8536	491.6064	359.0506	56.3583	32.1022	246.9168	134.3140	475.3123	288.8709	385.1594	78.9075			
	瞬时频率均值/Hz	308.9981	448.9567	358.9665	55.9966	33.8459	246.9987	132.7942	462.9792	288.7457	386.9987	78.9733			
	主频/Hz	305.6641	492.1875	359.3750	56.6406	32.2266	248.0469	135.7422	474.6094	286.1328	387.6953	73.2422			
	能量比值/%	6.5018	5.7017	5.5575	5.4341	5.0064	4.5497	4.5078	4.4251	4.4207	4.3740	4.2470			

续表

项目		1	2	3	4	5	6	7	8	9	10	11	12	13	14
4.57×10^{-6}	分量序号	18	1	14	8	2	15	4							
	中心频率/Hz	481.1794	10.5136	369.4842	211.4595	46.7305	392.8097	107.6682							
	瞬时频率均值/Hz	452.9676	11.8994	370.7531	209.8780	48.8102	394.0015	105.9812							
	主频/Hz	481.4453	7.8125	371.0938	212.8906	49.8047	393.5547	106.4453							
	能量比值/%	8.4706	7.9391	6.3822	6.0765	6.0425	5.9722	5.7510							
6.58×10^{-6}	分量序号	1	7	22	16	5	18	19	6	2	24	15	3		
	中心频率/Hz	9.1664	136.5315	402.0045	290.9124	93.3416	323.6849	340.9576	111.1838	37.7677	438.9064	269.7733	62.5781		
	瞬时频率均值/Hz	9.9833	137.8078	399.7110	289.9754	93.8203	322.0049	341.0053	109.9909	35.8967	437.9980	269.8376	63.8524		
	主频/Hz	6.8359	137.6953	403.3203	292.9688	93.7500	322.2656	339.8438	109.3750	41.9922	437.5000	270.5078	67.3828		
	能量比值/%	12.0407	4.4406	4.3368	4.1769	4.1207	4.0861	4.0006	3.7044	3.6325	3.6302	3.6287	3.6139		
14.40×10^{-6}	分量序号	1	11	7	12	4	20	13	10	21	6	3	14	17	23
	中心频率/Hz	15.8776	227.9220	145.1128	254.5610	78.4988	412.3586	273.6036	205.8436	438.3044	117.1365	60.9909	290.1792	348.7258	480.1993
	瞬时频率均值/Hz	17.8349	227.9605	145.8581	253.8979	79.8234	411.7686	272.9960	206.9259	435.9979	117.7894	60.8801	290.0018	346.7883	459.5901
	主频/Hz	20.5078	227.5391	142.5781	256.8359	77.1484	414.0625	271.4844	206.0547	440.4297	120.1172	62.5000	288.0859	353.5156	483.3984
	能量比值/%	7.1595	6.1393	5.1768	4.8664	4.5976	4.4164	4.4069	4.3764	4.3746	4.3731	4.2448	4.1938	4.1798	4.1699
28.50×10^{-6}	分量序号	12	2	8	14	10	7	5							
	中心频率/Hz	396.4055	35.9787	259.1664	482.4391	324.7663	216.2101	134.7566							
	瞬时频率均值/Hz	393.9916	36.8479	259.9767	435.9586	324.9732	214.8934	133.9911							
	主频/Hz	393.5547	39.0625	264.6484	477.5391	321.2891	218.7500	134.7656							
	能量比值/%	11.7249	8.2808	8.1979	8.1886	7.4744	7.3642	7.1777							

mode5 分量的能量值最大，其主频在该颗粒浓度的压力信号中的作用同样较大。可以看到 mode1 的主频 8.7891Hz 为该颗粒浓度下的油液压力信号的基频，其他分量的主频分别是基频的倍频。mode2、mode5、mode7、mode11、mode13 的主频 63.4766Hz、155.2734Hz、222.6563Hz、376.9531Hz、479.4922Hz 分别是基频的 7、18、25、43、55 倍，可以看出 mode2 与 mode5 的主频之和约等于 mode7 的主频；mode5 和 mode7 的主频之和约等于 mode11 的主频；mode1 和 mode11 的主频之和与 mode5 和 mode2 的主频差值这两者之和约等于 mode13 的主频。可见 mode7 的主频 222.6563Hz 经过 mode5 的主频 155.2734Hz 调幅调制后出现 mode2 的主频 63.4766Hz 以及 mode11 的主频 376.9531Hz。

颗粒浓度为 3.00×10^{-6} 的油液压力信号经过 VMD 分解为 24 个分量，其中主要分量为 11 个。各主要分量的中心频率与其对应的分量瞬时频率均值的误差范围为 −5.43%～8.68%，与其对应的分量主频误差范围为 −1.06%～7.18%，可见该颗粒浓度下压力信号所分解的分量中心频率与其对应的分量主频之间的误差较小。

由表 4.19 可知分量 mode2 的主频为 32.2266Hz 与油液压力输送泵的转轴频率 30Hz 接近，因而该分量对应于压力信号的基频，基频的 2 倍频减去 7.8126Hz 就为分量 mode3 的主频 56.6406Hz，同理基频的 2 倍频加上 7.8126Hz 约为分量 mode4 的主频 73.2422Hz；则 56.6406Hz 与 73.2422Hz 是 2 倍基频经过 7.8126Hz 调幅调制的结果。主要分量中 mode18 的主频 387.6953Hz 约为压力信号基频的 12 倍频，该分量主频经过频率为 mode2 的主频 32.2266Hz 与 mode4 的主频 73.2422Hz 之和 105.4688Hz 的调幅信号调制后出现 mode14 的主频 286.1328Hz 以及 mode24 的主频 492.1875Hz。分量 mode18 的主频 387.6953Hz 减去 mode2 的主频 32.2266Hz 与 mode4 的主频 73.2422Hz 之差的 2 倍，可得能量值最大的 Mode15 的主频 305.6641Hz，该主频经过分量 mode3 的主频 56.6406Hz 的 3 倍频调幅调制后出现 mode6 的主频 135.7422Hz 以及 mode23 的主频 474.6094Hz。将 mode15 的主频 305.6641Hz 减去 mode3 的主频 56.6406Hz 可得 mode12 的主频 248.0469Hz，经过分量 mode3 的主频 56.6406Hz 的 2 倍频调幅调制后出现 mode6 的主频 135.7422Hz 以及 mode17 的主频 359.3750Hz。

VMD 将颗粒浓度为 4.57×10^{-6} 的油液压力信号进行分解得到 19 个分量，其中有 7 个主要分量。各主要分量的中心频率与其对应的分量瞬时频率均值的误差范围为 −13.18%～5.86%，与其对应的分量主频误差为 −6.58%～25.69%。尽管各主要分量的中心频率与其对应的分量主频的误差较大，但是能量值最大的分量 mode18 的误差为 −0.055%，较小。

该颗粒浓度下的压力信号分解的分量 mode1 的主频 7.8125Hz 是信号的基频，分量 mode4 的主频 106.4453Hz 约为基频的 14 倍；而 106.4453Hz 的 2 倍频为 mode8 的主频 212.8906Hz；mode8 的主频 212.8906Hz 减去 21 倍基频为 mode2 的主频 49.8047Hz，其加上 21 倍基频为 mode14 的主频 371.0938Hz；mode14 的主频 371.0938Hz 加上 14 倍基频为能量值最大分量 mode18 的主频 481.4453Hz；同理 mode14 的主频 371.0938Hz 加上 3 倍基频为分量 mode15 的主频 393.5547Hz。

含颗粒浓度为 6.58×10^{-6} 的油液压力信号经过 VMD 分解为 28 个分量，有 12 个主要分量。其中各主要分量的中心频率与其对应的瞬时频率均值的误差范围为 −8.91%～4.95%，与其对应的分量主频误差范围为 −11.19%～25.42%。该信号的主要分量的主频成分较多，但都是能量值最大的分量主频 6.8359Hz 的倍频。如 mode2、mode3、mode5、mode6、mode7、mode15、mode16、mode18、mode19、mode22 和 mode24 的主频分别约是基频 6.8359Hz 的 6 倍频、10 倍频、14 倍频、16 倍频、20 倍频、40 倍频、44 倍频、47 倍频、50 倍频、59 倍频和 64 倍频；而分量 mode16 和 mode18 的主频分别约是油液压力输送泵的转轴频率 30Hz 的 10 倍频和 11 倍频。另外有 mode15 的主频 270.5078Hz 作为载波信号频率，经过调幅信号频率为19倍基频的调制后为mode7和mode22的主频137.6953Hz及403.3203Hz。

含颗粒浓度为14.40×10^{-6}的油液压力信号经过VMD分解的分量数为24个，其中主要分量为14个。各主要分量的中心频率与其对应的瞬时频率均值的误差范围为−12.33%～4.29%，与其对应的分量主频误差范围为−29.16%～1.75%。mode1的主频20.5078Hz为压力信号的基频，则分量mode3、mode6、mode7、mode10、mode11和mode14的主频分别是基频的3倍频、6倍频、7倍频、10倍频、11倍频、14倍频；其中4倍基频减去4.8828Hz为mode4的主频77.1484Hz；13倍基频加上4.8828Hz就是mode13的主频271.4844Hz，mode13的主频271.4844Hz加上4倍基频为mode17的主频353.5156Hz，加上7倍基频为mode20的主频414.0625Hz；mode11的主频227.5391Hz加上油液压力输送泵的转轴频率30Hz为mode12的主频256.8359Hz，再加上30Hz为mode14的主频288.0859Hz；mode12的主频256.8359Hz加上9倍基频为mode21的主频440.4297Hz，mode14的主频288.0859Hz加上4.8828Hz的40倍为mode23的主频483.3984Hz。

含颗粒浓度为28.50×10^{-6}的油液压力信号经过VMD分解的分量数为14个，主要分量为7个。其中各主要分量的中心频率与其对应的瞬时频率均值的误差范围为−2.42%～9.63%，与其对应的分量主频误差范围为−8.57%～1.07%。

由表4.19可知mode2的主频39.0625Hz可分解为4.8828Hz和7.8126Hz，都为压力信号的基频，基频的10倍频为能量值最大的分量mode12的主频393.5547Hz；油液压力输送泵的转轴频率30Hz的9倍频为mode8的主频264.6484Hz；mode8的主频264.6484Hz在调幅信号频率为132Hz的作用下出现mode5的主频134.7656Hz以及mode12的主频393.5547Hz；由mode5和mode8的主频之和减去2倍基频可得mode10的主频321.2891Hz；将mode10的主频加上3倍基频得到mode7的主频218.7500Hz的2倍频；将mode10的主频加上4倍基频可得node14的主频477.5391Hz。

可见各个不同颗粒浓度的油液压力信号经过VMD分解后的主要分量的主频是自身信号的基频或与油液压力输送泵的转轴频率30Hz结合的倍频，一些分量之间呈现出调幅调制关系；各压力信号的基频一般出现在第1个分量上，其余各分量之间呈倍频关系，如含0.971×10^{-6}、4.57×10^{-6}、6.58×10^{-6}颗粒浓度的压力信号各分量是基频的倍数关系；在颗粒浓度为3.00×10^{-6}、14.40×10^{-6}和28.50×10^{-6}的压力信号中基频隐含在分量中；颗粒浓度为0.648×10^{-6}、3.00×10^{-6}、6.58×10^{-6}、14.40×10^{-6}、28.50×10^{-6}的压力信号中出现了油液压力输送泵的转轴频率30Hz及其倍频；随着颗粒浓度的增加，压力信号的基频依次降低。

图4.46为不同颗粒浓度的油液压力信号经过VMD分解的各主要分量的时频分布图。

从图4.46(a)中可见，颗粒浓度为0.648×10^{-6}的油液压力信号经过VMD分解的8个主要分量的时频分布在不同时刻不同频率下呈现不同的幅值；除了mode19分量外，其余各个分量的带宽较大，有频率混叠现象；mode1作为信号的基频在137～271s内的幅值最大，mode1和mode2两个分量在790～880s内两个主频之间出现明显的连接线，表明两者相互耦合组成其余各分量的倍频关系。

图4.46(b)中可见，颗粒浓度为0.971×10^{-6}的油液压力信号经过VMD分解的6个主要分量的时频分布，可见mode5分量的在整个采样时间内的幅值最大；mode1在44～251s内的幅值较大；分解的6个分量的频率相互独立，不存在频率成分混淆现象，但它们的带宽在265～850s内较大。

图 4.46(c) 中可见，颗粒浓度为 3.00×10^{-6} 的油液压力信号经过 VMD 分解的 11 个主要分量的时频分布，可以看到 mode12、mode15 和 mode18 这 3 个分量的两侧对称分布有相应的分量，表明这些分量是调幅调制的结果；在压力信号的基频以及能量值最大的分量 mode15 的附近各分量之间的频率成分存在混淆现象。

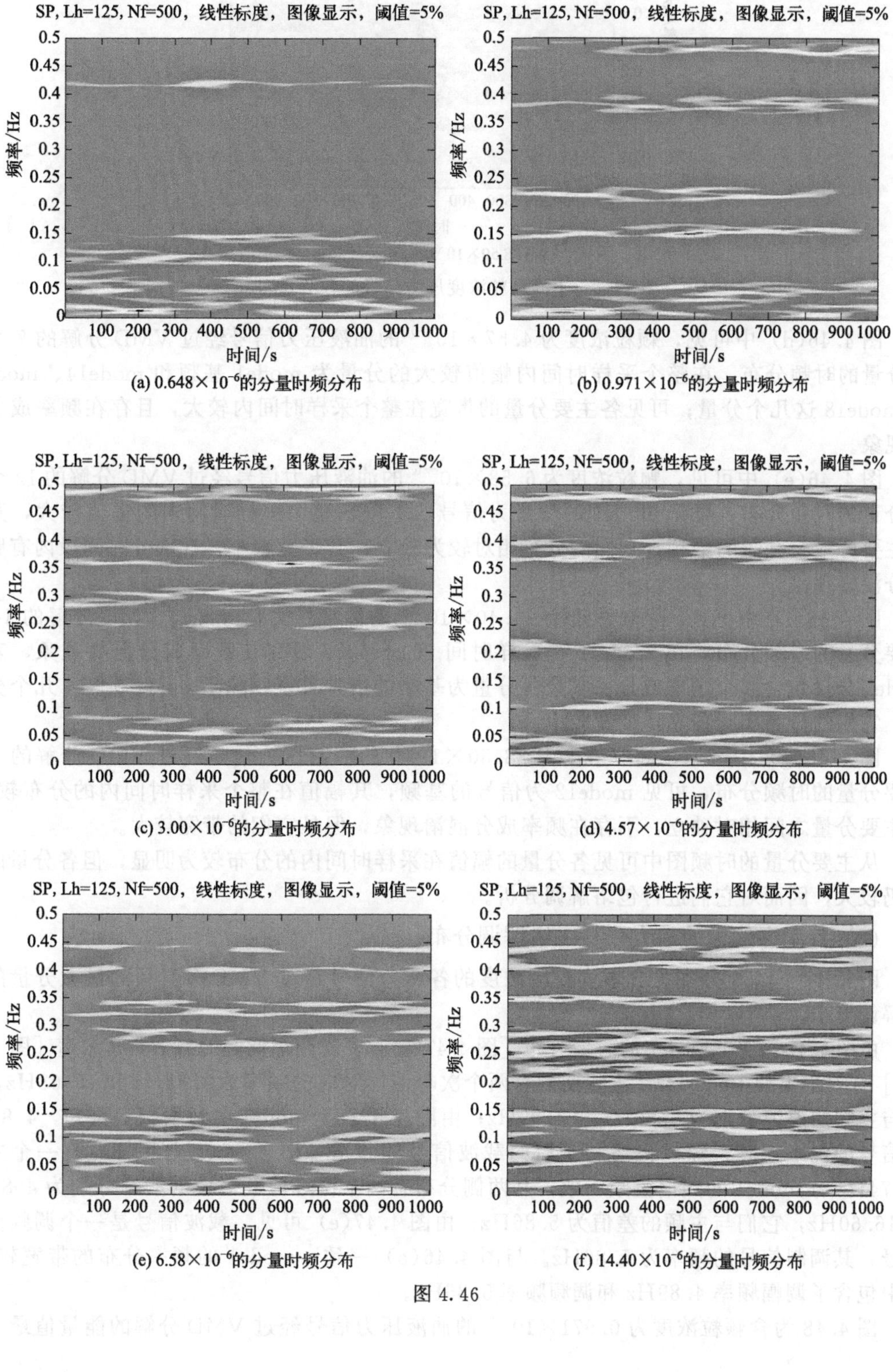

(a) 0.648×10^{-6}的分量时频分布　(b) 0.971×10^{-6}的分量时频分布

(c) 3.00×10^{-6}的分量时频分布　(d) 4.57×10^{-6}的分量时频分布

(e) 6.58×10^{-6}的分量时频分布　(f) 14.40×10^{-6}的分量时频分布

图 4.46

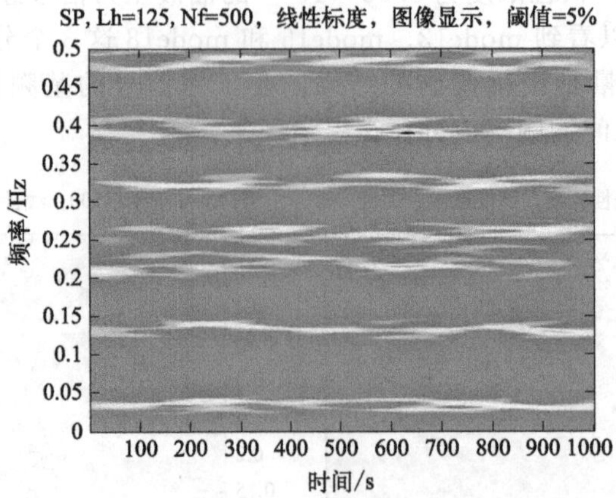

(g) 28.50×10⁻⁶的分量时频分布

图 4.46　不同颗粒浓度压力信号的各分量时频

图 4.46(d) 中可见，颗粒浓度为 4.57×10^{-6} 的油液压力信号经过 VMD 分解的 7 个主要分量的时频分布，在整个采样时间内幅值较大的分量为 mode1 基频和 mode14、mode15 和 mode18 这几个分量；可见各主要分量的带宽在整个采样时间内较大，且存在频率成分混淆现象。

图 4.46(e) 中可见，颗粒浓度为 6.58×10^{-6} 的油液压力信号经过 VMD 分解的 12 个主要分量的时频分布，可见 mode1 的分量为信号的基频在整个采样时间内的幅值较大，其余各主要分量为基频的倍频，它们的分布相对较为独立，其带宽较小，在部分时间段内有频率成分混叠现象。

图 4.46(f) 中可见，颗粒浓度为 14.40×10^{-6} 的油液压力信号经过 VMD 分解的 14 个主要分量的时频分布，在 mode 1 在采样时间 291～498s 内存在频率成分混叠现象，表明 mode1 分量包含多个频率成分；其余各分量为基频的倍频关系，除了 mode10～14 几个分量外，它们的分布相对独立，带宽较小。

图 4.46(g) 中可见，颗粒浓度为 28.50×10^{-6} 的油液压力信号经过 VMD 分解的 7 个主要分量的时频分布，可见 mode12 为信号的基频，其幅值在整个采样时间内的分布较大，各主要分量之间相对独立，不存在频率成分混淆现象，但是它们的带宽较大。

从主要分量的时频图中可见各分量的幅值在采样时间内的分布较为明显，但各分量的带宽仍较大，因而对它们进行包络解调分析。

(2) 各压力信号的最大分量包络解调分布

图 4.47～4.53 分别为含不同颗粒浓度的各压力信号经过 VMD 分解后的最大分量的包络解调分布。

由图 4.47 可见，mode1 的时域分布［图 4.47(a)］呈现调幅调制的特征，其频谱［图 4.47(b)］有一个主频 10.74Hz，主频两侧有两个次峰值，对应的频率为 4.88Hz 和 15.63Hz，它们与主频的差值分别为 5.86Hz 和 4.89Hz；由图 4.47(d) mode1 的包络频谱可知，4.89Hz 为信号的包络主频；经过包络解调后的载波信号的频谱［图 4.47(f)］可知，有一个主频 10.74Hz 与 mode1 的频谱主频一致，其两侧分布有两个次峰值，对应的频率分别为 4.88Hz 和 16.60Hz，它们与主频的差值为 5.86Hz；由图 4.47(e) 可见，载波信号是一个调频调制信号，其调制信号的频率为 5.86Hz。与图 4.46(a) 一致，mode1 的频率分布的带宽较大，其中包含了调幅频率 4.89Hz 和调频频率 5.86Hz。

图 4.48 为含颗粒浓度为 0.971×10^{-6} 的油液压力信号经过 VMD 分解的能量值最大分

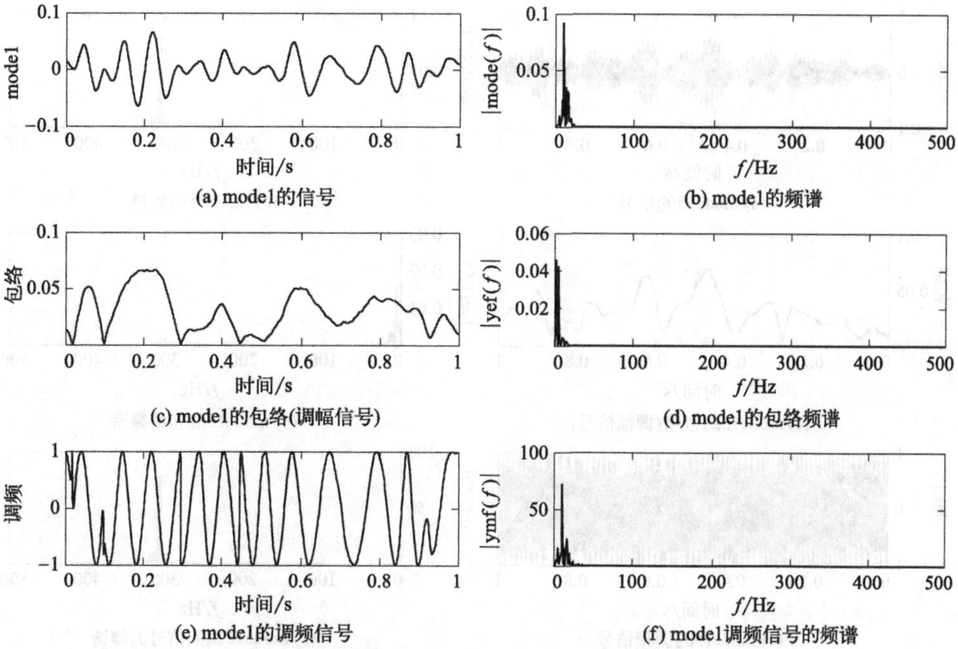

图 4.47　0.648×10^{-6} 的最大分量的包络解调

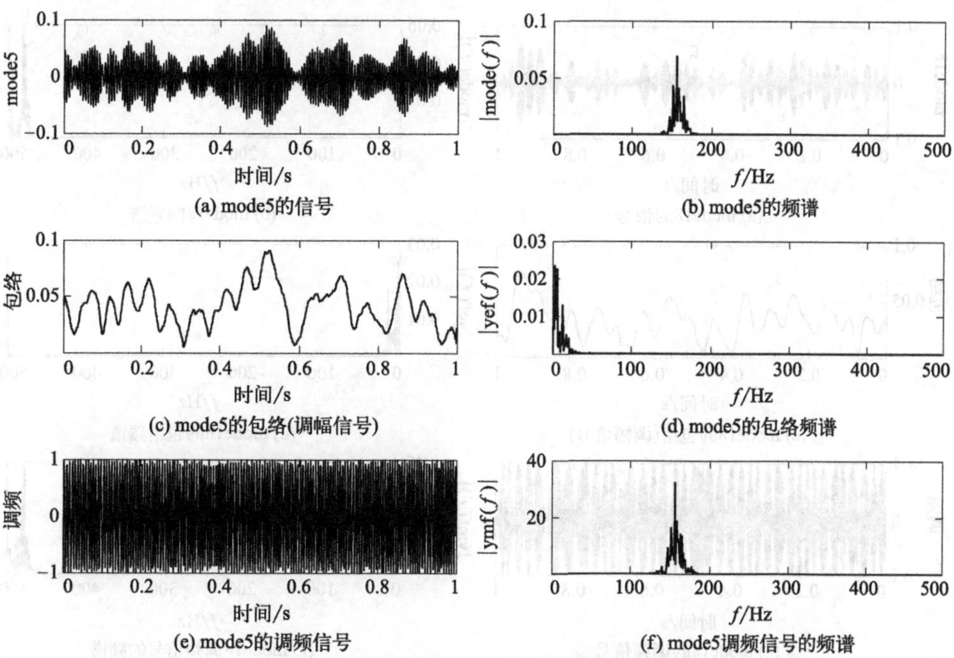

图 4.48　0.971×10^{-6} 的最大分量的包络解调

量 mode5 的包络解调分布。由图 4.48(a) 可知，mode5 具有拍振的特征，经过 Hilbert 包络解调后的包络频率为 2.93Hz、5.86Hz 以及 12.7Hz［图 4.48(d)］，在图 4.48(b) 和(f) 中可见，mode5 及其载波的频谱主频为 155.3Hz，在其两侧分布有多个边频，其中在 132.6～168Hz 的频带内频率的幅值较大，这是由拍振的特征所决定的。包络信号频谱幅值较大的两个频率 2.93Hz 和 5.86Hz 之和组成了调幅频率 8.79Hz，即 mode5 的主频分别为

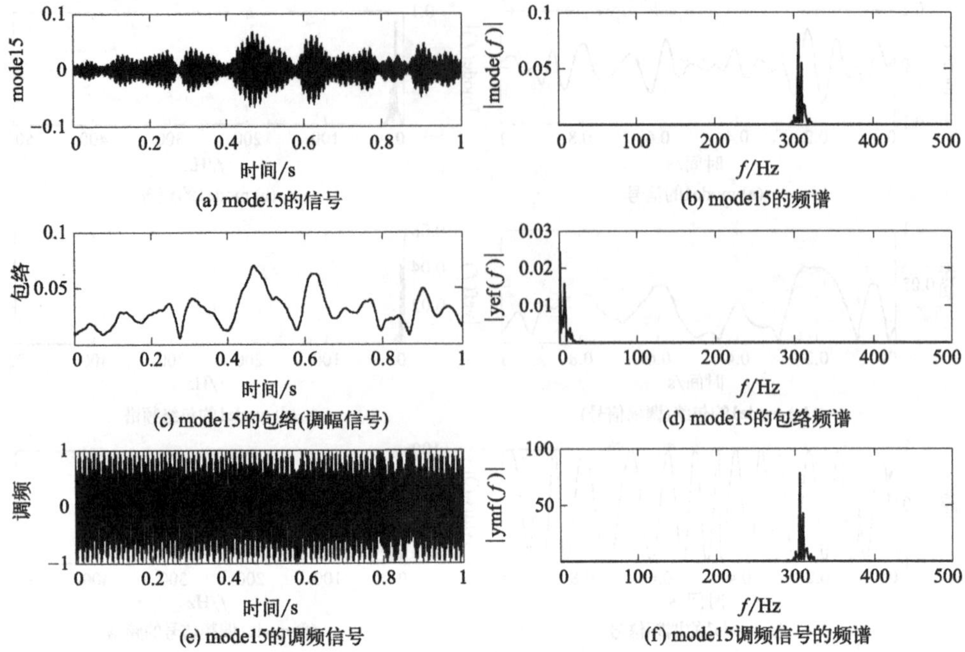

图 4.49　3.00×10^{-6} 的最大分量的包络解调

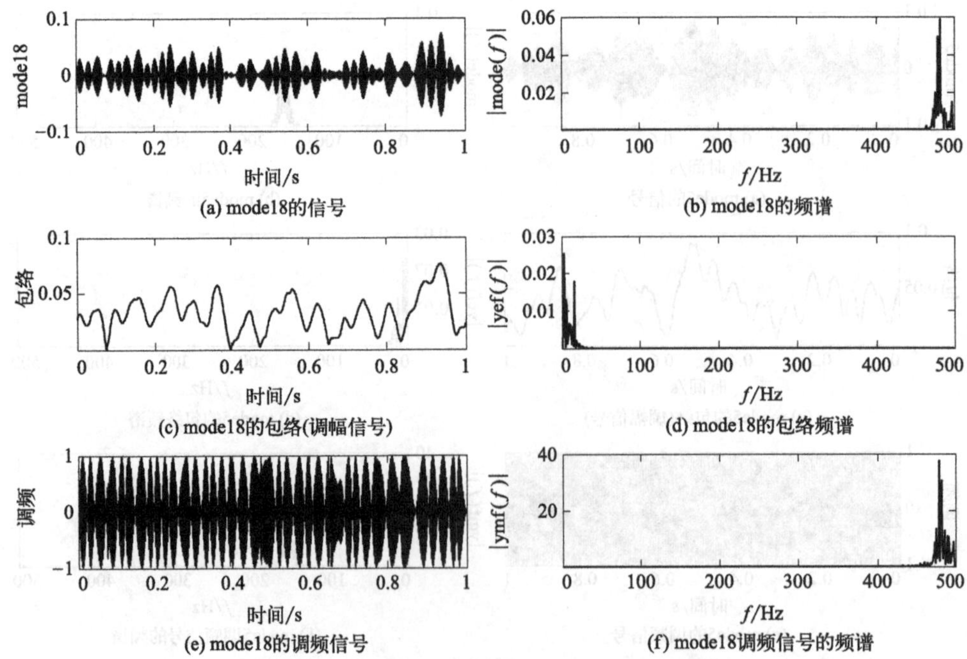

图 4.50　4.57×10^{-6} 的最大分量的包络解调

146.5Hz、164.1Hz 的两个余弦信号相加，结果是两者主频相减的一半的余弦与两者主频之和的一半的正弦之积，可得 mode5 的主频 155.3Hz［即（146.5+164.1)/2Hz］以及包络主频 8.79Hz［即（164.1−146.1)/2Hz］。

图 4.49 是含颗粒浓度为 3.00×10^{-6} 的油液压力信号经过 VMD 分解的能量值最大分量 mode15 的包络解调分布情况。由图 4.49(b) 可知，mode15 的频谱主频为 305.7Hz，两侧

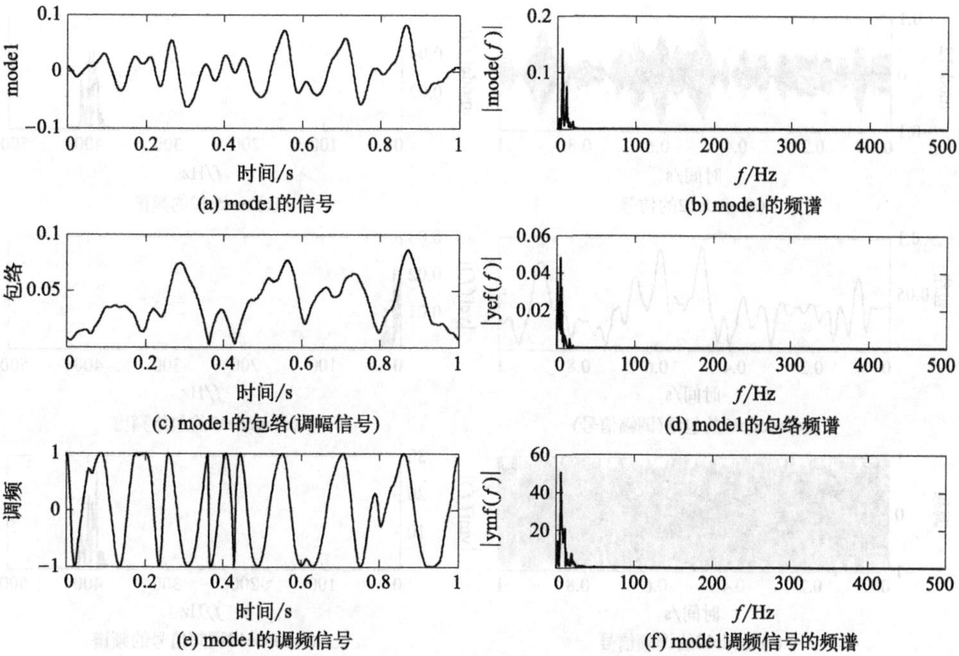

图 4.51 6.58×10^{-6} 的最大分量的包络解调

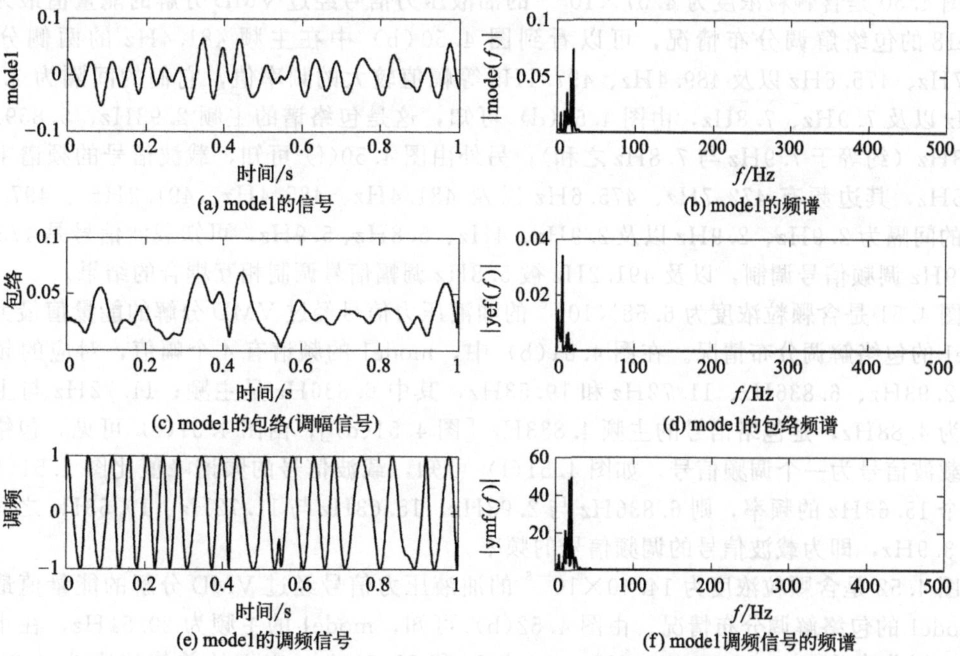

图 4.52 14.40×10^{-6} 的最大分量的包络解调

分布有 297.9Hz、313.5Hz 两个频率的峰值；其包络信号的频率为 0.9766Hz、6.836Hz 和 13.67Hz 共 3 个幅值较大的频率，可见 mode15 的信号是包络信号的前两个幅值较大的频率之和 7.812Hz 调制的结果；且从图 4.49(f) 载波信号的频谱可知，在主频 305.7Hz 的一侧有一个 319.3Hz 的频率成分，与主频的差值为 13.6Hz，即为包络信号的频谱中出现的 13.67Hz。

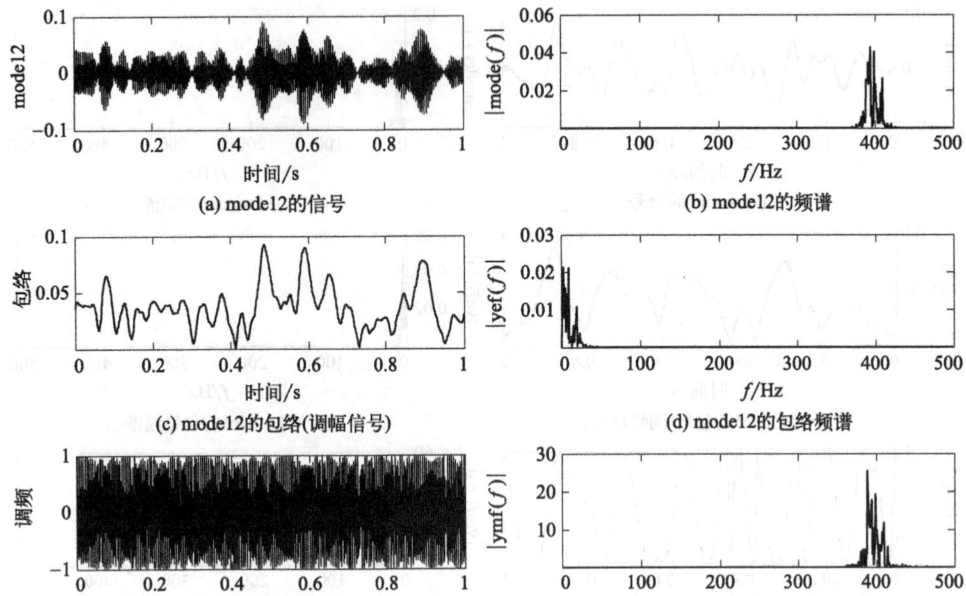

(a) mode12的信号　(b) mode12的频谱

(c) mode12的包络(调幅信号)　(d) mode12的包络频谱

(e) mode12的调频信号　(f) mode12调频信号的频谱

图 4.53　28.50×10^{-6} 的最大分量的包络解调

图 4.50 是含颗粒浓度为 4.57×10^{-6} 的油液压力信号经过 VMD 分解的能量值最大分量 mode18 的包络解调分布情况，可以看到图 4.50(b) 中在主频 481.4Hz 的两侧分布有 472.7Hz、475.6Hz 以及 489.4Hz、497.1Hz 等幅值较大的频率值，它们的间隔为 2.9Hz、5.8Hz 以及 7.9Hz、7.8Hz，由图 4.50(d) 可知，这是包络谱的主频 2.93Hz、5.859Hz 和 15.63Hz（约等于 7.9Hz 与 7.8Hz 之和）；另外由图 4.50(f) 可知，载波信号的频谱主频为 478.5Hz，其边频有 472.7Hz、475.6Hz 以及 481.4Hz、485.4Hz、491.2Hz 、497.1Hz，它们的间隔为 2.9Hz、2.9Hz 以及 2.9Hz、4Hz、5.8Hz、5.9Hz，可知载波信号是 475.6Hz 被 2.9Hz 调频信号调制，以及 491.2Hz 被 5.8Hz 调幅信号调制相互耦合的结果。

图 4.51 是含颗粒浓度为 6.58×10^{-6} 的油液压力信号经过 VMD 分解的能量值最大分量 mode1 的包络解调分布情况。在图 4.51(b) 中，mode1 的频谱有 4 个幅值，对应的频率分别为 2.93Hz、6.836Hz、11.72Hz 和 19.53Hz，其中 6.836Hz 是主频；11.72Hz 与主频的差值为 4.88Hz，是包络信号的主频 4.883Hz［图 4.51(d)］；由图 4.51(e) 可见，包络解调后的载波信号为一个调频信号，如图 4.51(f) 可知，载波信号的频谱峰值比图 4.51(b) 多出一个 15.63Hz 的频率，则 6.836Hz 与 2.93Hz、15.63Hz 与 11.72Hz、19.53Hz 之间的差值为 3.9Hz，即为载波信号的调频信号的频率。

图 4.52 是含颗粒浓度为 14.40×10^{-6} 的油液压力信号经过 VMD 分解的能量值最大分量 mode1 的包络解调分布情况。由图 4.52(b) 可知，mode1 的主频为 20.51Hz，在小于主频的一侧分布有 4.883Hz、9.766Hz、12.7Hz 和 17.58Hz，它们的差值依次为 4.883Hz、2.93Hz、4.88Hz 和 2.93Hz；主频 20.51Hz 与 12.7Hz 以及 4.883Hz 之间的差值为 4.883Hz 与 2.93Hz 之和 7.81Hz，这是包络信号的主频 7.813Hz［图 4.52(d)］；由图 4.52(d) 可知，包络信号的频率还有 2.93Hz 的峰值，将这两个幅值相减则得到 4.883Hz 的频率值。由图 4.52(e) 可见，包络解调后的载波信号呈现调频特征，且载波信号的频谱图 4.52(f) 中比图 4.52(b) 多一个 25.39Hz 的频率值，其与主频 20.51Hz 的差值为 4.88Hz，则载波信号的调频信号频率为 4.88Hz。

图 4.53 是含颗粒浓度为 28.50×10^{-6} 的油液压力信号经过 VMD 分解的能量值最大分量 mode12 的包络解调分布情况，由图 4.53(a) 可见，mode12 的信号是一个调幅调制信号，由图 4.53(b) 可得信号的主频为 393.6Hz，其两侧的边频依次为 388.7Hz、398.4Hz 以及 409.2Hz，它们之间的差值依次为 4.9Hz、4.8Hz 和 10.8Hz；由图 4.53(f) 包络解调后的载波信号的频谱可知，388.7Hz 为载波信号的主频，即调幅信号和载波信号的主频差值为 4.9Hz，根据调幅调制的特点可知 4.9Hz 为调幅信号的频率；由图 4.53(d) 包络信号的频谱可见，其频率峰值有 2.93Hz、9.766Hz 两个，而 9.766Hz 就是 4.883Hz 的 2 倍频；载波信号的主频加上 9.7Hz 就是其边频 398.4Hz；由图 4.53(e) 可以看出，载波信号还存在小幅度的调幅调制的特征，这也是在包络信号中出现 9.766Hz 的缘故。

可见不同颗粒浓度的油液压力信号经过 VMD 分解的能量值最大的分量的 Hilbert 包络解调分析，表明这些最大分量都存在不同程度的调幅、调频调制特征，在包络信号中呈现出相应的调幅调频的频率值；除了颗粒浓度为 0.648×10^{-6} 和 6.58×10^{-6} 两个油液压力信号的能量值最大分量的主频就是其信号的基频外，其余信号的基频都是相应分量的包络解调信号的频率之差，即 0.971×10^{-6} 颗粒浓度的压力信号 mode5 的基频为 8.79Hz [即 (164.1−146.1)/2Hz]，3.00×10^{-6} 颗粒浓度的压力信号 mode15 的基频为 7.8Hz [即 (313.5−297.9)/2Hz]，4.57×10^{-6} 颗粒浓度的压力信号 mode18 的基频为 7.85Hz [即 (497.1−481.4)/2Hz]，14.40×10^{-6} 颗粒浓度的压力信号 mode1 的基频为 4.88Hz [即 (20.51−4.883)/4Hz]，28.50×10^{-6} 颗粒浓度的压力信号 mode12 的基频为 4.85Hz [即 (398.4−388.7)/2Hz]；颗粒浓度为 0.971×10^{-6}、3.00×10^{-6}、4.57×10^{-6}、28.50×10^{-6} 的能量值最大的分量主频分别为油液压力输送泵的转轴频率 30Hz 的 5 倍频、10 倍频、16 倍频和 13 倍频。

(3) 污染浓度的 VMD 特征

① 根据 VMD 分解的各分量中心频率的斜率与分量主频联合比较的判据来确定 VMD 分解的分量数量，并由大于能量值均值的各分量构成信号的主要分量；利用典型的仿真信号进行了验证。

② 将颗粒浓度分别为 0.648×10^{-6}、0.971×10^{-6}、3.00×10^{-6}、4.57×10^{-6}、6.58×10^{-6}、14.40×10^{-6}、28.50×10^{-6} 油液脉动流压力信号进行 VMD 分解，并采用中心频率斜率与主频联合判据来确定 VMD 分解的分量数量，得到含不同颗粒浓度的油液脉动流压力信号的 Mode 分量数量。油液中颗粒浓度越大，VMD 分解获取的主要分量数就越大，在不同颗粒浓度的压力信号的单位浓度下主要分量的占比随着颗粒浓度的增加而呈单调衰减趋势。

③ 各个不同颗粒浓度的油液压力信号经过 VMD 分解后的主要分量的主频是自身信号的基频或与油液压力输送泵的转轴频率 30Hz 结合的倍频，一些分量之间呈现出调幅调制关系；各压力信号的基频一般出现在第 1 个分量上，其余各分量之间呈倍频关系；在颗粒浓度为 3.00×10^{-6}、14.40×10^{-6} 和 28.50×10^{-6} 的压力信号中基频隐含在分量中；颗粒浓度为 0.648×10^{-6}、3.00×10^{-6}、6.58×10^{-6}、14.40×10^{-6}、28.50×10^{-6} 的压力信号中出现了油液压力输送泵的转轴频率 30Hz 及其倍频；随着颗粒浓度的增加，压力信号的基频依次降低；

④ 不同颗粒浓度的油液压力信号经过 VMD 分解的能量值最大的分量的 Hilbert 包络解调分析，表明这些最大分量都存在不同程度的调幅、调频调制特征，在包络信号中呈现出了相应的调幅调频的频率值；除了颗粒浓度为 0.648×10^{-6} 和 6.58×10^{-6} 两个油液压力信号的能量值最大分量的主频就是其信号的基频外，其余信号的基频都是相应分量的包络解调信号的频率之差；颗粒浓度为 0.971×10^{-6}、3.00×10^{-6}、4.57×10^{-6}、28.50×10^{-6} 的能量

值最大的分量主频分别为油液压力输送泵的转轴频率 30Hz 的 5 倍频、10 倍频、16 倍频和 13 倍频。

4.6 本章小结

① 小波系数的实部分布反映了油液脉动流的周期性变化特征，随着小波分解尺度降低，周期性明显变化的区域减少；小波系数模值越大，脉动流的周期性就越明显；油液脉动流的压力信号变化具有 5 个主周期，且具有明显的调制特征和局部性、间断性特点；随着主周期对应的分解尺度增加，油液脉动流的压力信号的振动频率以 2 的指数倍关系进行衰减。

② 油液脉动流压力信号经过 sym8 小波基函数分解后的各节点总能量具有一定的平稳性，可作为压力信号振动的特征；并根据油液脉动流的压力信号在各个节点上的能量分布，获得了 5 个主频段，油液脉动流的压力信号在这些节点的频段内的振动最强，周期性比较明显。

③ 压力信号随着 HHT 分解的 imf 分量的数量增加，每个 imf 分量及其瞬时频率的变化幅值逐渐降低，在时间轴上的变化逐渐趋于平稳，对应的瞬时频率均值逐渐减小，能量特征值逐渐下降；压力信号的能量主要集中在 imf1～3 分量的高频率区，是压力信号调制较为明显的区域；经过 Hilbert 变换的包络解调后的载波信号明显表现出调频特征。

④ 提出了中心频率斜率判据方法，对油液脉动流压力信号进行 VMD 分解得到 9 个分量，由各分量与压力信号的相关性以及各分量的能量值运算获取了压力信号的 4 个主要分量；压力信号的主要分量主频分别是系统主轴转动的频率的 1 倍频、6 倍频、11 倍频和 14 倍频；它们都是两个频率接近的余弦信号的之和的信号，具有典型的拍振特征。

⑤ 随着油中颗粒浓度的增加，油液脉动流的小波系数实部沿时间序列的分布在 30～64 的小波分解尺度范围内小波系数极值数量以及其差值范围减少，其周期性程度逐渐降低；且在同样颗粒浓度的油液中，脉动流的周期性随着小波分解尺度的降低而减弱；随着颗粒浓度的增加，第一、第二主周期对应的小波分解尺度逐渐增大，油液脉动流压力信号的第一、第二主周期的振动频率依次减小。

⑥ 含不同颗粒浓度的油液脉动流压力信号小波包分解前 3 个节点是信号的主要频段部分，其欧氏距离在 0.6723～1.9786 之间变化，变化幅度较大；它们之间的欧氏距离随油液中颗粒浓度的增加而降低；偶数序号的主节点对应的主频段内的主要频率随着油中颗粒浓度的增加而逐渐减小，减小程度较大，奇数序号则逐渐增加；随着油中颗粒浓度的增加，压力信号的主要频率逐渐减小。

⑦ 随着颗粒浓度的增加，油液脉动流的压力信号的 HHT 分解各阶 imf 分量随时间的变化逐渐由高频段的调制特征向低频段发展，压力信号边际谱的高频率区的累积分布在 0.7 左右范围内，在中频率区出现下降、低频率区呈现上升的状态；高频率区的边际谱平均幅值随着油液中颗粒浓度的增加呈现先增加后降低的发展趋势，中低频率成分的幅值呈增加的趋势；压力信号的总能量随着颗粒浓度的增加出现下降趋势，中频率区的能量特征值呈逐渐衰减的变化趋势，Hilbert 包络解调信号的瞬时频率均值呈先增加后下降的发展趋势。

⑧ 油液中颗粒浓度越大，VMD 分解获取的主要分量数就越多，单位浓度下主要分量的占比随着颗粒浓度的增加而呈单调衰减趋势；各个不同颗粒浓度的油液压力信号经过 VMD 分解后的主要分量的主频是自身信号的基频或与油液压力输送泵的转轴频率 30Hz 结合的倍频，一些分量之间呈现出调幅调制关系；随着颗粒浓度的增加，压力信号的基频依次降低；各压力信号的最大能量分量存在不同程度的调幅、调频调制特征，在包络信号中呈现出相应的调幅调频的频率值。

第5章 油液污染PIV实验分析

污染油液流场的脉动程度是影响油液润滑、冷却、传输效率的问题，通过构建 2DPIV 测量非定常流场瞬态速度矢量场的实验系统，对单一浓度污染物油样，在实验装置中进行了 PIV 测量，获取流场的瞬态速度矢量数据，利用 POD 技术进行重构，以获取涡波流场的流动、脉动、耗散率和展向涡等特性及其变化规律。

将 2DPIV 测量的矢量场数据进行 POD 分析，根据 POD 分解的各阶模态的能量比确定了表征涡波流场主导结构的前 15 阶模态；深入分析层流状态下对称槽道内涡波流场的流动特性及其变化规律；然后根据重构的流场对对称槽道内涡波流场进行了平均速度剖面、流场脉动强度以及特征点的速度和频谱分布等方面分析。利用雷诺分解和旋转强度的 λ_{ci} 准则进行展向涡的识别，并从识别的逆时针和顺时针展向涡的尺度属性、力学属性和运动属性方面分析了展向涡的分布特征。利用 POD 重构流场得到了槽道内的平均流速和湍流动能分布；采用大涡 PIV 方法对湍流动能耗散率分布进行了计算。分析了 2DPIV 测量的各个时刻矢量场和涡量分布的形态，获取了非定常流场的循环周期和频率；根据 POD 各个模态的能量比，选取前 16 阶模态作为非定常流场的主导结构模态，并对 POD 分解的前 16 阶模态系数进行功率谱分析。

针对不同含量和粒径的污染物油样，进行了平均速度、脉动速度、时频分布以及湍动能耗散率等流动属性的分析。获取了含不同粒径和浓度颗粒物的油液流场的瞬态速度矢量数据，分析了油液流向时均速度、法向时均速度分别沿流向和法向的分布，并进行了油液流向和法向脉动强度以及瞬态速度和平均速度的分布分析。利用 PIV 测试的瞬态速度矢量场计算了油液的湍流动能，采用大涡 PIV 方法对耗散率分布进行了计算；分析了不同颗粒粒径和颗粒浓度对油液湍流动能和耗散率沿法向分布的影响，从而掌握颗粒物的粒径以及浓度对油液时均速度的影响规律，对用油设备的安全运行具有重要意义。

5.1 污染油液流场特性分析

首先对含单一浓度污染物油样在实验装置中进行了 PIV 测量获取流场的瞬态速度矢量数据，然后利用 POD 技术进行模态分解，获取流场的主要模态，并对涡波流场进行重构，根据重构的流场进行流场中出现的大尺度涡旋的发展过程以及流场脉动强度的流向-法向分布分析，以获取涡波流场的流动、脉动、耗散率和展向涡等特性及其变化规律。

5.1.1 POD方法

槽道内的流场是一种由于流体剪切作用形成涡旋的较为典型的形式，对其实验测量和模拟分析的研究一直是国内外研究的热点。流体中的涡旋与涡旋之间的相互作用，从产生、扩散、失稳、破裂、转捩、湍流涡结构形成以及涡波作用等贯穿于流体的整个运动过程。

在定常和非定常流情况下，雷诺数（*Re*）较小、斯特劳哈尔数（*St*）较大时，流体黏性占主导作用，壁面不会出现剪切层的分离现象；反之，*Re* 较大、St 较小时流体对流惯性起到重要作用，出现壁面的剪切层分离，在槽道内产生涡和波共存，并互相卷绕和耦合现象。Stephanoff 等对二维非对称槽道内的振荡流进行了实验和理论分析，发现在槽道的中心流的系列波和沿壁面的双列涡出现。Sobey 认为槽道壁面出现涡列，在这些涡列之间有正弦形式的波状主流是一个新的槽道流运动形式，并将这些涡列以及伴随的波状主流称为涡波。

在一定的 *Re* 和 *St* 下，对槽道内的涡波进行实验研究，利用先进的图像技术（如 LDV、PIV）观察到了明显的涡波耦合现象，并分析了槽道不同的结构参数对涡波形貌的影响。涡波流场的研究利用波状主流和涡的急剧旋转特性进行掺混和分离，或者利用涡波形成的低压区域产生需要的吸力，强化流体的传质、传热。如 Bandyopadhyay 等对局部收缩通道内脉动层流进行了数值求解，表明在脉动流情况下由于收缩和流脉动在通道的狭窄附近产生了流体扰动，使壁面剪应力的峰值比定常流时大得多，传质效率最大。Deshmukh 等使用高速粒子跟踪测速技术测定了水平槽道内的不同的固体质量负荷比和表面气体流速的传质情况。Duan 等认为热交换器的波状通道可以产生纵向漩涡和横向涡流，纵向漩涡可以增强热传递，但横向涡流对传热产生减弱现象。

可见槽道内涡波流场是一种拟周期性的非定常流动，国内外集中于涡波流场的瞬态特性或者从 PIV 测量的大量数据中分析涡波流场的结构等方面的研究，PIV 技术具有全场瞬态、无扰的特点，在流场测量方面得到了广泛的应用。由于 PIV 受激光器重复频率的限制，其采样频率较低，对连续变化的涡波流场采集的信息没有足够高的时间分辨率，而通过时均算法进行统计处理难以获取流场中的有用信息。

本征正交分解（POD）技术是基于主元分析的一种模态分解方法，广泛应用在速度场、压力场和涡量场中，它将流场分解为仅依赖时间的主坐标和仅依赖空间的协方差模态的组合，并依据各模态的能量（特征值）比筛选主要模态，对大量的瞬态数据进行降维处理。

为了深入理解程度内涡波流场的结构及其变化，对矩形槽道内的一个低速流场（$Re=138.3$）进行了 PIV 测量，利用 PIV 的测量数据进行 POD 分析，以期获取涡波流场的主要模态，并根据涡波流场的主要模态对其进行重构，以捕捉涡波流场的主要动态特点。

(1) PIV 实验

PIV 实验可获取涡波流场的瞬态速度场，实验区域是横截面为 44mm×44mm、长为 500mm 的矩形槽道，槽道的顶面板和前面板用有机玻璃制作（便于 2DPIV 测量）。槽道内充满 $25^{\#}$ 变压器油，污染度为 19/15，浓度为 3×10^{-6}。采用叶片泵（型号为 VP-08F-A3，最大转速为 1800r/min）输出动力，则槽道中心主流的速度为 $V_0=0.0362\text{m/s}$，相应的雷诺数 $Re=V_0 d/\nu=138.3$，式中，d 为矩形槽道的等效直径；ν 为 $25^{\#}$ 变压器油的运动黏度。槽道内流体为层流形态。PIV 实验系统如图 5.1 所示。

PIV 测量系统采用 TSI 公司生产的粒子图像测速系统构成，主要包括双钕：钇铝石榴石激光器（200mJ，15Hz 脉冲频率，532nm 激光波长）、高信噪低噪声数字 Nikon CCD 相机（15 帧/秒，50mm/F1.8 镜头，2K×2K 像素分辨率）、同步控制器（时间分辨率 0.25ns）、连续可调片光源整形系统（焦距 30～3000mm，两套圆柱透镜 15mm F L 和 −25mm F L 发

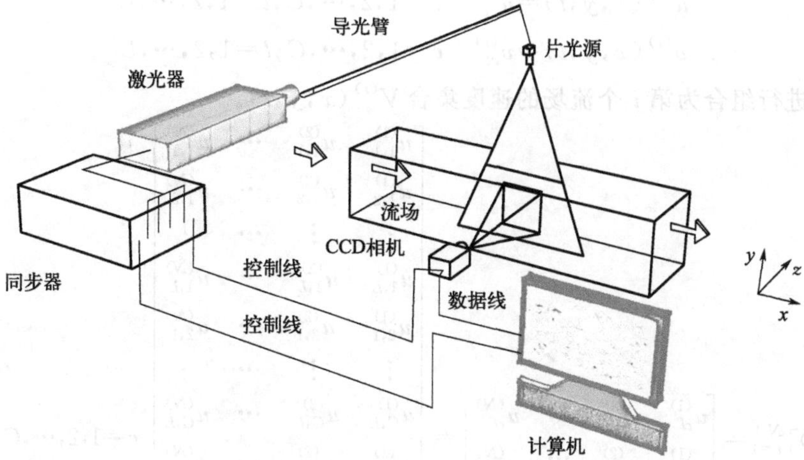

图 5.1　PIV 实验系统

散角分别为 25°和 14°)，以及导光臂、Insight4G 图像采集、分析及显示软件平台等。

由于变压器油中含有平均粒径为 25μm 的悬浮颗粒，具有良好的跟随性以及均匀分布的光散射性，因而 PIV 测量中不需另加示踪粒子。

其中，激光器发出的激光经过导光臂、片光源镜头形成片光，从槽道的法向方向照射流场，在槽道的展向方向设置 CCD 相机，获取流场的图像信息；激光器、片光源镜头及 CCD 相机通过三维坐标架实现拍摄区域位置的精确控制，且由同步控制器实现激光器、相机拍摄的同步触发；对槽道内的涡波流场获取了 200 对图像。多重网格迭代互相关分析计算，结合多重自适应变形窗口算法、判读区采用流场水平方向和垂直方向上初始查询窗口 72×64pixel、最终查询窗口 64×48pixel 并 50%交叠的方式，获取原始速度矢量；对错误矢量采用局部平均验证方法以其临近的 5×5pixel 范围内的均值来替代；并对处理后的矢量场进行进一步互相关峰值的高斯拟合方法，可使计算精度约为 0.1pixel，使所分析出的速度场真实反映尾部流场流动瞬态图像所记录的实际流场信息。

(2) PIV 数据的 POD 处理

POD 在流场结构辨识方面的应用最为广泛，涡波流场中的不同相干结构与其能量的大小有关，因而根据能量的分布构建不同的正交模态就是 POD 分析的目的。其中第一阶模态包含了涡波流场中的最大模态能量，是流场中占主导作用的相干结构；随着模态阶数的增加，总体模态能量减小，相应地，相干结构的尺度和能量也减小。利用 2DPIV 测量的 200 组涡波流场的瞬态时间和空间上分布的数据，具体的 POD 分析过程如下。

设 2DPIV 测量得到的涡波流场的瞬态速度矢量集为

$$[V^{(i)}(x,y,t)]_{i=1}^{N}=[u^{(i)}(x,y,t),v^{(i)}(x,y,t)]_{i=1}^{N} \tag{5.1}$$

式中　x，y，t——涡波流场的横坐标、纵坐标和时刻；

i——PIV 测量的流场数量，$i=1$，2，…，N；

$V^{(i)}(x,y,t)$，$u^{(i)}(x,y,t)$，$v^{(i)}(x,y,t)$——PIV 在某一时刻测量获取的第 i 个速度的集合、流向速度和法向速度。

PIV 实验获取的流场有 59 行 21 列流向和法向速度，总的矢量数有 2×59×21 个。根据 POD 的算法，将流场的流向速度 $u^{(i)}(x,y,t)$ 和法向速度 $v^{(i)}(x,y,t)$ 改写为：

$$
\begin{aligned}
u^{(i)}(x,y,t)&=u_{cl}^{(i)} \quad c=1,2,\cdots,C;l=1,2,\cdots,L\\
v^{(i)}(x,y,t)&=v_{cl}^{(i)} \quad c=1,2,\cdots,C;l=1,2,\cdots,L
\end{aligned}
\tag{5.2}
$$

将它们进行组合为第 i 个流场的速度集合 $V^{(i)}(x,y,t)$。

$$
[V^{(i)}(x,y,t)]_{i=1}^{N}=\begin{bmatrix} u_{cl}^{(1)} & u_{cl}^{(2)} & \cdots & u_{cl}^{(N)} \\ v_{cl}^{(1)} & v_{cl}^{(2)} & \cdots & v_{cl}^{(N)} \end{bmatrix}=\begin{bmatrix} u_{1,1}^{(1)} & u_{1,1}^{(2)} & \cdots & u_{1,1}^{(N)} \\ u_{1,2}^{(1)} & u_{1,2}^{(2)} & \cdots & u_{1,2}^{(N)} \\ \vdots & \vdots & \cdots & \vdots \\ u_{1,L}^{(1)} & u_{1,L}^{(2)} & \cdots & u_{1,L}^{(N)} \\ u_{2,1}^{(1)} & u_{2,1}^{(2)} & \cdots & u_{2,1}^{(N)} \\ \vdots & \vdots & \cdots & \vdots \\ u_{C,L}^{(1)} & u_{C,L}^{(2)} & \cdots & u_{C,L}^{(N)} \\ v_{1,1}^{(1)} & v_{1,1}^{(2)} & \cdots & v_{1,1}^{(N)} \\ v_{1,2}^{(1)} & v_{1,2}^{(2)} & \cdots & v_{1,2}^{(N)} \\ \vdots & \vdots & \cdots & \vdots \\ v_{1,L}^{(1)} & v_{1,L}^{(2)} & \cdots & v_{1,L}^{(N)} \\ v_{2,1}^{(1)} & v_{2,1}^{(2)} & \cdots & v_{2,1}^{(N)} \\ \vdots & \vdots & \cdots & \vdots \\ v_{C,L}^{(1)} & v_{C,L}^{(2)} & \cdots & v_{C,L}^{(N)} \end{bmatrix} \quad c=1,2,\cdots,C;l=1,2,\cdots,L
\tag{5.3}
$$

利用式（5.3）可以将 2DPIV 测量获取的二维速度集转换为一维的 POD 算法，对于第 i 个流场的速度集合 $V^{(i)}(x,y,t)$分解为时均速度和脉动速度。

$$
\begin{aligned}
V^{(i)}(x,y,t)&=\overline{V}^{(i)}(x,y,t)+\widetilde{V}^{(i)}(x,y,t)\\
&=\frac{1}{N}\sum_{i=1}^{N}V^{(i)}(x,y,t)+\widetilde{V}^{(i)}(x,y,t)
\end{aligned}
\tag{5.4}
$$

然后对脉动速度 $\widetilde{V}^{(i)}$ (x,y,t)分解为 M 个正交函数 $\varphi_m(x,y)$ ［$m=1$，2，…，M（即 POD 模态）］和投影系数 $c_m^{(i)}(t)$（即 POD 模态系数）的级数形式。

$$
\widetilde{V}^{(i)}(x,y,t)=\sum_{m=1}^{M}c_m^{(i)}(t)\varphi_m(x,y) \tag{5.5}
$$

其中正交函数 $\varphi_m(x,y)(m=1,2,\cdots,M)$ 满足

$$
\sum\varphi_m(x,y)\varphi_n(x,y)=\delta_{mn}=\begin{cases}1,m=n\\0,m\neq n\end{cases} \quad m,n=1,2,\cdots,M \tag{5.6}
$$

求解特征值方程

$$
\frac{1}{N}\sum\widetilde{V}^{(i)}(x,y,t)[\widetilde{V}^{(i)}(x,y,t)]^{\mathrm{T}}\varphi_m(x,y)=\lambda_m\varphi_m(x,y) \tag{5.7}
$$

可得到 $\varphi_m(x,y)(m=1,2,\cdots,M)$ 和特征值 λ_m，相应的投影系数 $c_m^{(i)}$ (t) 为

$$
c_m^{(i)}(t)=\sum\widetilde{V}^{(i)}(x,y,t)\varphi_m(x,y) \tag{5.8}
$$

特征值 λ_m 是第 i 阶 POD 模态的涡波流场能量，则第 i 阶 POD 模态的涡波流场能量占流场总能量比为

$$E^{(i)}=\frac{\lambda_m}{\sum_{m=1}^{M}\lambda_m} \tag{5.9}$$

从而，可以根据第 i 阶 POD 模态的涡波流场能量占流场总能量比 $E^{(i)}$ 确定重构涡波流场的 POD 模态数 k，根据式（5.4）和式（5.5）重构流场。

$$V^{(k)}(x,y,t)=\overline{V}^{(k)}(x,y,t)+\widetilde{V}^{(k)}(x,y,t)=\overline{V}^{(k)}(x,y,t)+\sum_{k=1}^{k}c_m^{(k)}(t)\varphi_m(x,y) \tag{5.10}$$

采用 POD 方法对槽道内涡波流场的 PIV 测量的 200 对瞬态速度场数据进行分析，图 5.2 为 POD 分解的各阶模态能量分布，图 5.2 中横坐标表示 POD 分解的各阶模态的特征值的数量，纵坐标表示各阶模态的特征值占总特征值的比例，即各阶模态所包含的流场能量占流场总能量的比例。由于实验的 Re 为 138.3，因此槽道内涡波流场是层流状态，小尺度结构还没有充分发展，在流场中的份额较多，由小尺度结构发展的大尺度结构相应地较少，则图 5.2 中 POD 分解的各阶模态的特征值在前 15 阶模态收敛较快，其中第 2 阶模态占总能量的 6.6%，第 2 阶模态约占 5.1%，前 15 阶模态累计占总能量的 33.8%，表明前 15 阶模态表征了涡波流场的大尺度结构，更高阶的模态表征了流场的更细小的复杂结构以及没有普遍意义的信息，因而在槽道内涡波流场的 POD 分析中采用前 15 阶模态进行分析。

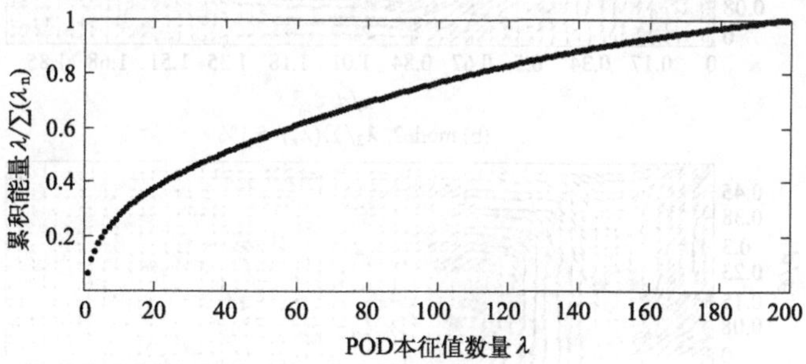

图 5.2 POD 分解的各阶模态能量分布

（3）POD 模态

PIV 测量的涡波瞬态流场的平均流速矢量场和涡量分布如图 5.3 所示。POD 分解的前 15 阶模态的速度矢量场和涡量分布如图 5.4 所示，横纵坐标通过槽道的等效直径无量纲化，流向和法向速度也通过中心主流速度 V_0 无量纲化，色度条表示流场涡量的大小（单位：s^{-1}），图中的箭头表示流场速度矢量。

从 PIV 测量的涡波瞬态流场的平均流速矢量场和涡量分布中可以看出，整个流场中大尺度逆时针旋转的涡旋占主导作用，形成流场的拟余弦波状主流；在波状主流的附近分布着尺度较小的顺时针涡旋。与 Sobey 的实验结果一致，波状主流是由于槽道内涡对的对流、破裂致使壁面剪切层不稳定的结果。可以看到在槽道的左端流体的平均速度的梯度变化较为剧烈，法向速度沿流向的变化较大，因而逆时针涡旋的涡量也较大，反之在槽道左下部流向速度沿法向的变化较大，顺时针涡旋的涡量较大，两者形成一个涡对；流体向下游流动过程中，由于压力梯度的作用，涡对的能量衰减，与表面不稳定剪切层的交互作用，分别在槽道的中上部和右下部出现顺时针涡旋，从而得到涡列和伴随的波状主流的涡波流场。

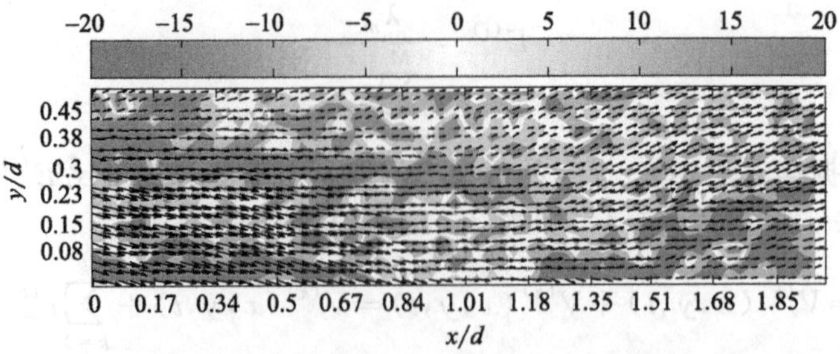

图 5.3 PIV 测量的涡波瞬态流场的平均流速矢量场和涡量分布

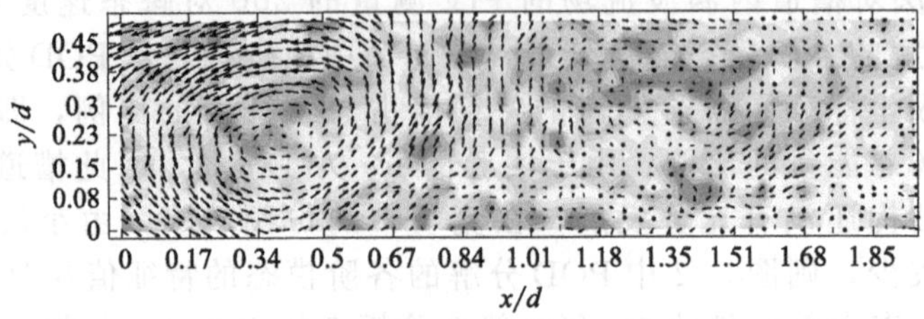

(a) mode1, $\lambda_1/\Sigma(\lambda_n)$=6.6%

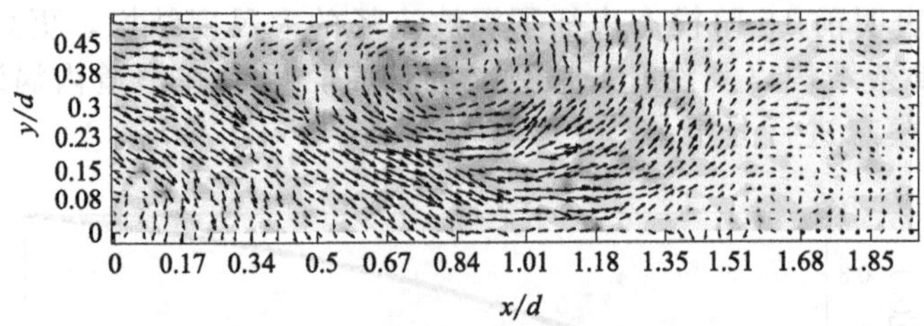

(b) mode2, $\lambda_2/\Sigma(\lambda_n)$=5.1%

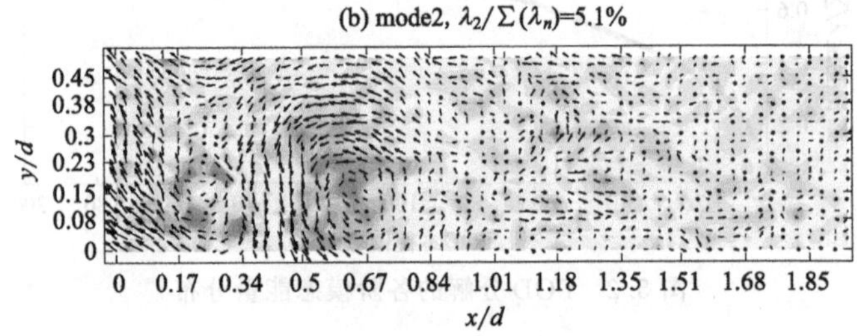

(c) mode3, $\lambda_3/\Sigma(\lambda_n)$=3%

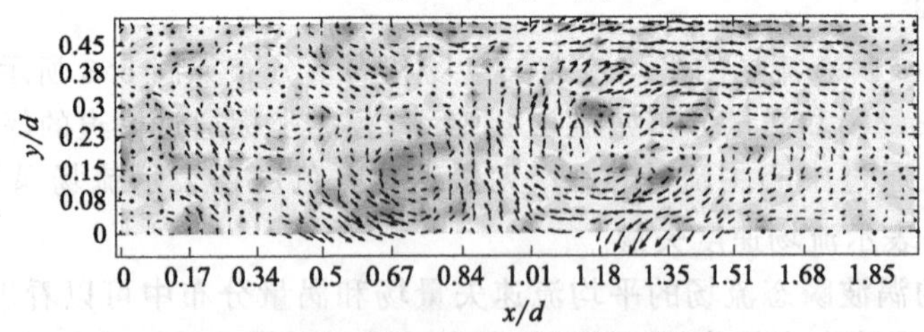

(d) mode4, $\lambda_4/\Sigma(\lambda_n)$=2.6%

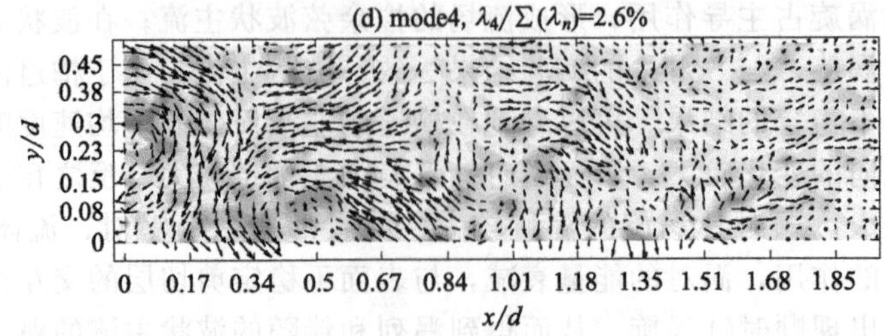

(e) mode5, $\lambda_5/\Sigma(\lambda_n)$=2.5%

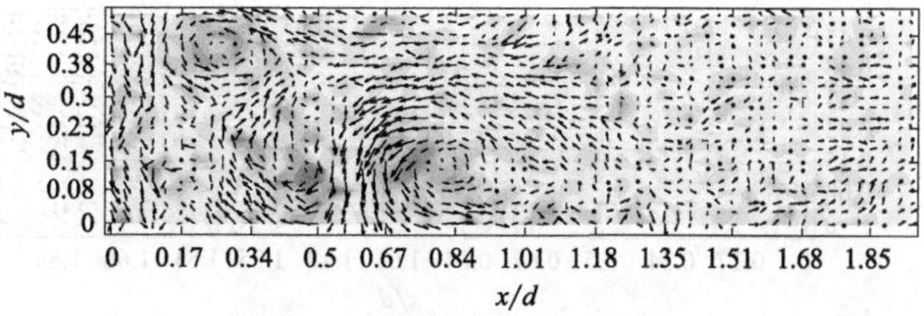

(f) mode6, $\lambda_6/\Sigma(\lambda_n)$=1.9%

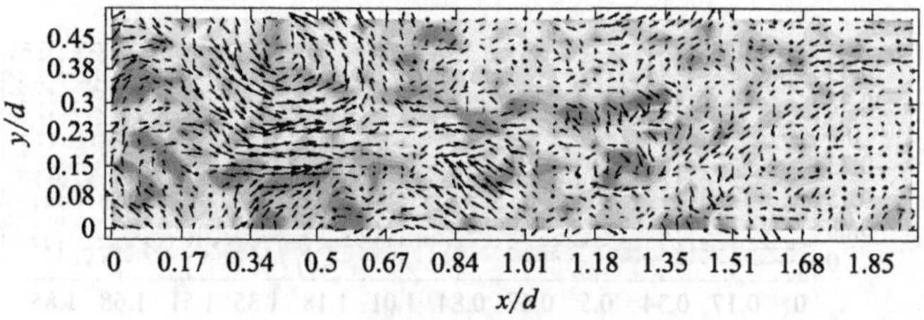

(g) mode7, $\lambda_7/\Sigma(\lambda_n)$=1.7%

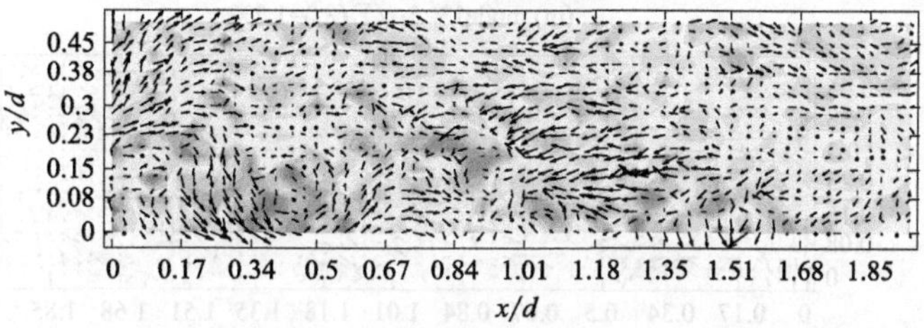

(h) mode8, $\lambda_8/\Sigma(\lambda_n)$=1.6%

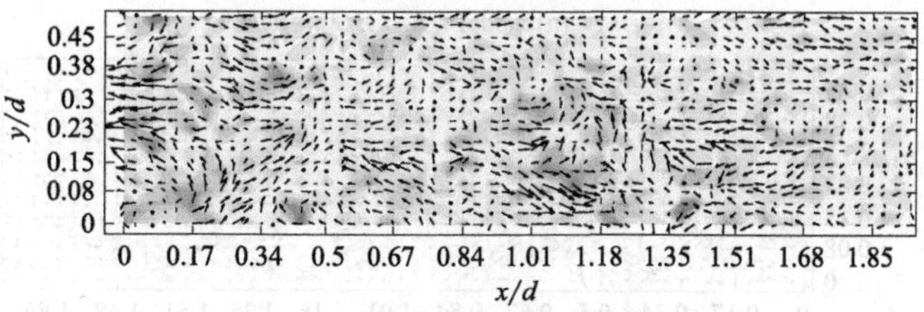

(i) mode9, $\lambda_9/\Sigma(\lambda_n)$=1.5%

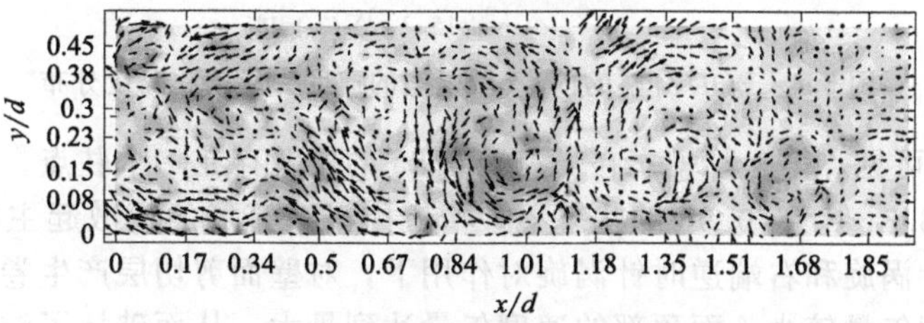

(j) mode10, $\lambda_{10}/\Sigma(\lambda_n)$=1.4%

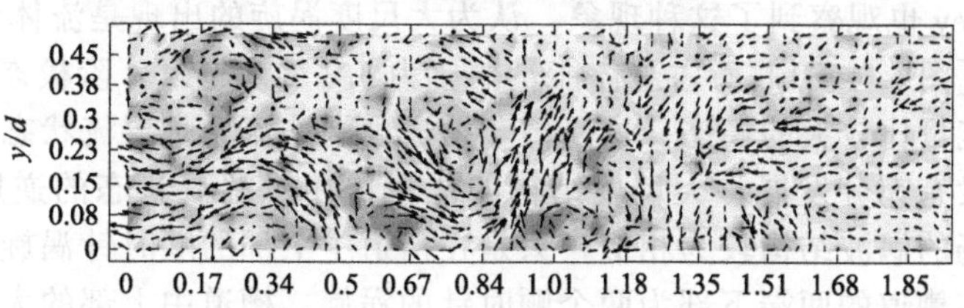

(k) mode11, $\lambda_{11}/\Sigma(\lambda_n)$=1.3%

图 5.4

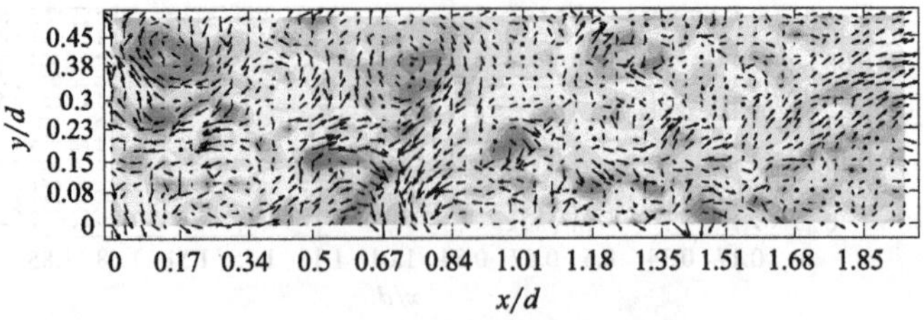

(l) mode12, $\lambda_{12}/\Sigma(\lambda_n)$=1.2%

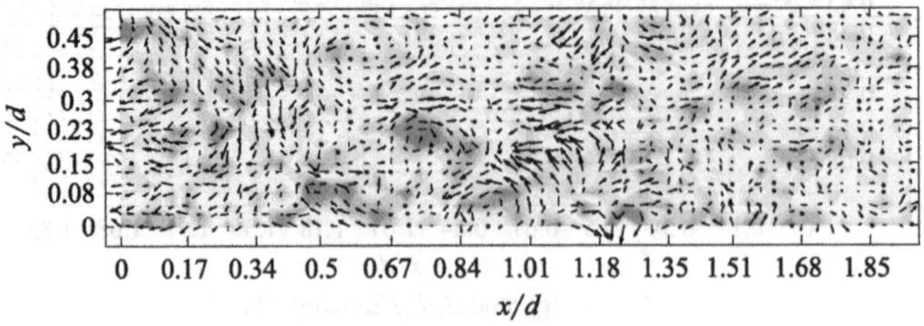

(m) mode13, $\lambda_{13}/\Sigma(\lambda_n)$=1.2%

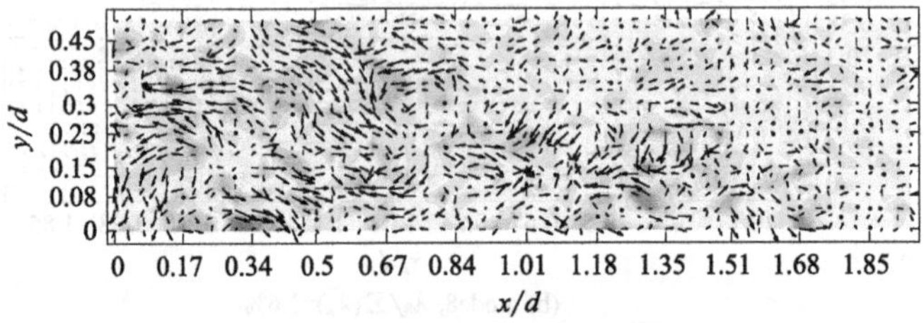

(n) mode14, $\lambda_{14}/\Sigma(\lambda_n)$=1.1%

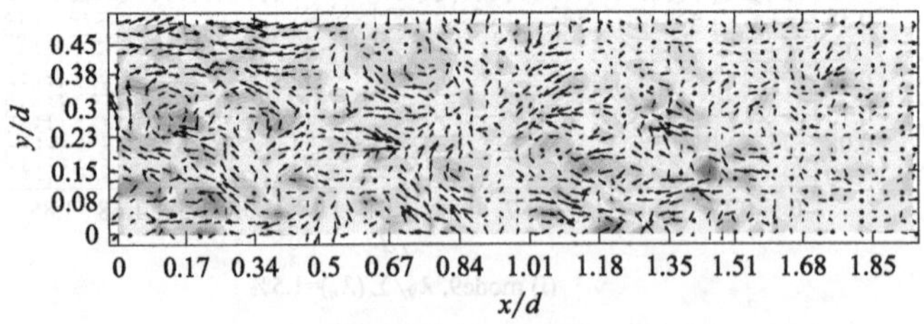

(o) mode15, $\lambda_{15}/\Sigma(\lambda_n)$=1%

图 5.4 POD 分解的前 15 阶模态的速度矢量场和涡量分布

由图 5.4(a) 可见，第 1 阶模态在 $x/d=0.85$ 的位置存在一个驻点，明显有一个大尺度涡对，在 $Re=138.3$、$St=0.95$ 的状态下，槽道内涡波流场的耗散起主导作用，在槽道左端大尺度的逆时针涡旋和右端逆时针涡旋对作用下，对壁面剪切层产生卷绕，因而在两者之间槽道底部的速度矢量较小，而顶部的速度矢量达到最大，从而破坏了波状主流的结构。在同样条件下，Sobey 也观察到了这种现象，认为大尺度涡旋的出现是流体消耗动能的结果。

第 2 阶模态［图 5.4(b)］所占总体能量的比为 5.1%，与第 1 阶模态的能量比 6.6%同样是所有模态中能量比较大的模态。这是由于槽道内涡波流场是层流状态，流场中存在较多的小尺度结构还没有充分发展，大尺度结构的能量比相对湍流状态的逆序结构的能量比较小。它与平均流场的涡波结构较为相似，只是在槽道中上部的顺时针涡旋消失，整体可见波状主流的形状，在槽道的两端下部为两个顺时针的涡旋，槽道中上部的大尺度逆时针涡旋占主导作用。

第 3 阶模态［图 5.4(c)］的涡旋较第 1 阶模态的尺度小，在槽道左端有 3 个较大尺度的涡旋。其中在 $x/d=0.37$ 处存在一个驻点。驻点的下游是一个逆时针涡旋，驻点的上游是一对顺时针涡旋，具有 Helmholtz 涡环的特征，在涡环的涡核附近的流线受到涡线的诱导速度的影响呈现封闭的形状。在槽道的其他部分涡量分布较均匀，呈现出旋流方向相反的交替变化的小尺度涡旋。

第 4 阶模态［图 5.4(d)］与第 15 阶模态［图 5.4(o)］的涡波流场结构基本上呈现旋流方向相反的交替变化的小尺度涡旋，表示 POD 分解的高阶模态表征了流场的脉动特性。第 4 阶模态在 $x/d=0.37$ 处驻点的下游是一个顺时针涡旋，驻点的上游是一对逆时针涡旋。同样以 $x/d=0.85$ 的位置驻点为界，在槽道内涡波流场可明显看到一对逆时针涡旋和一个顺时针涡旋。从图 5.5(a) 这两个模态的散点图中可以看到，两者的相关性呈现一个较弱的圆形分布形态，其中模态系数的分布中心向第 4 阶模态系数的负向偏离，表明这两个模态涡对的对流以弱循环的形式进行交替变化。

第 5 阶模态［图 5.4(e)］呈现出交错分布的小尺度涡旋的结构，与前几阶模态结构不同的是，在 $x/d=0.28$、0.72 处存在两个鞍点，旋向相反的涡交互分布在鞍点的周围。第 14 阶模态［图 5.4(n)］与第 5 阶模态的结构的涡旋旋向相反，从两者的散点图［图 5.5(b)］可见，它们的相关性是一个圆形分布形态也表明了这些特征。

第 6 阶模态［图 5.4(f)］的能量比为 1.9%，表征了槽道内涡波流场的更复杂的流场结构，其中在 $x/d=0.28$ 处存在一个鞍点，旋向相反的涡交互分布在鞍点的周围，鞍点周围的涡旋旋向与第 5 阶模态在同样鞍点处的涡旋旋向相反。由于鞍点附近流场的涡旋卷吸作用，在槽道中下部存在一个逆压力梯度区使流体出现回流，形成一个较大尺度的逆时针涡旋。第 13 阶模态［图 5.4(m)］与第 6 阶模态的结构形态相反，从两者的散点图［图 5.5(c)］可以看出的它们相关性呈现一个拟圆形分布形态，平均分布中心向第 13 阶模态系数的负向偏离，表明这两个模态涡对的对流交替循环变化。

第 7 阶模态［图 5.4(g)］与第 11 阶模态［图 5.4(k)］的结构保证了槽道内涡波流场的波状主流的形态，两者的主流波形的相位相差 90°。与平均流场不同的是，这两个模态的波状主流是以顺时针涡旋为主导的，在波状主流的两侧分布着逆时针涡旋，且波状主流的频率是平均流场的 2 倍。它们的相关性呈现一个圆形分布形态［图 5.5(d)］，表明了这两个模态流场的循环变化特征。

第 8 阶模态［图 5.4(h)］表征了槽道内涡波流场的波状主流特征，与平均流场不同的是波状主流的频率是平均流场的 2 倍，波状主流两侧的顺时针涡旋的尺度较小；第 9 阶模态［图 5.4(i)］与第 7 阶模态［图 5.4(g)］相似，但是波状主流两侧的逆时针涡旋的涡量较大，两者都与第 8 阶模态的涡旋旋向相反。图 5.5(e) 表示了第 8 阶模态与第 9 阶模态的相关性呈现圆形分布形态，可见这两个模态涡对是交替循环变化的特征。

第 10 阶模态［图 5.4(j)］与第 12 阶模态［图 5.4(l)］表征了槽道内涡波流场的波状主流较大的脉动特征，它们波状主流的频率是平均流场的 3 倍，波状主流两侧的涡旋的尺度更小；从两者的散点图［图 5.5(f)］中可见它们的相关性是一个圆形分布形态，也表明了第 10 阶模态与第 12 阶模态的涡旋旋向相反的特征。

图 5.5 为槽道内涡波流场的 POD 分析的具有一定相关性的某两阶模态系数的散点图。图 5.5 中横纵坐标分别为待分析的两阶模态系数，用半径为 2 的圆表示两阶模态系数的相关区域。

从图 5.5 中可以看出，所分析的对应的两阶模态系数的相关性构成圆形分布特征，除了图 5.5(a)、(c) 的平均分布中心向第 4 阶模态系数和第 13 阶模态系数的负向偏离外，其他各阶的模态系数的分布都集中在圆形中心，表明对应的两个模态的流场对流以循环的形式进行交替变化的特征。

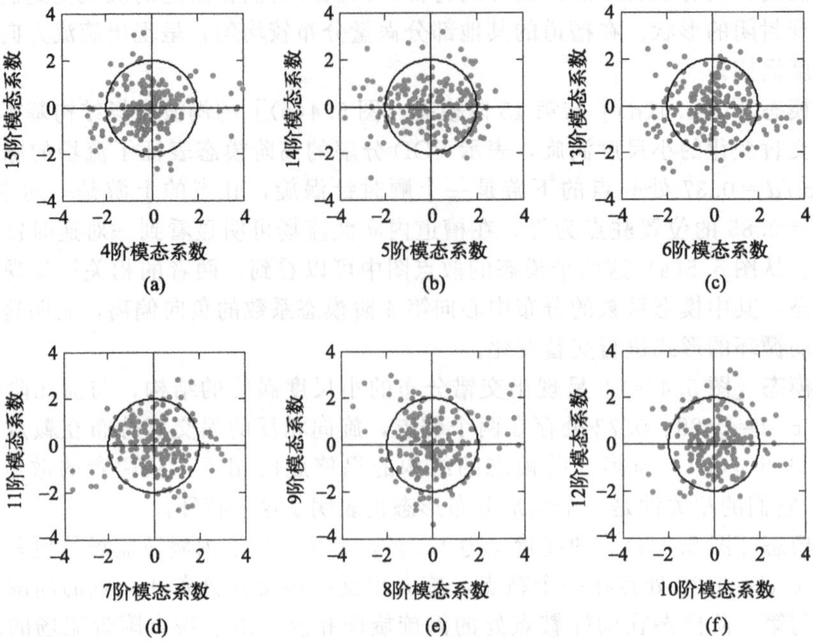

图 5.5 各阶模态系数的散点

(4) POD 模态重组

槽道内涡波流场的 PIV 测量的瞬态速度场包含流场的主导结构和随机信息，对于分析涡波流场的结构形态以及流场的发展趋势造成较大的困难，通过对 PIV 测量的瞬态速度场的 POD 分解的前 15 阶模态分析结果表明，前 3 阶模态分别为涡波流场中具有的大尺度涡对、平均流场以及 Helmholtz 涡环等明显特征；后几阶模态两两具有一定的相关性，其中第 4 阶模态在 $x/d=0.37$、0.85 处存在驻点，第 5、6 阶模态在 $x/d=0.28$、0.72 处存在有鞍点，第 7、8 阶模态为平均流场的脉动频率的 2 倍，第 10 阶模态为平均流场脉动频率的 3 倍。前 15 阶模态的能量累计占流场总能量的 33.%，所以根据实验流场为层流的特点以及 POD 分析结果，用式(5.10) 将 POD 分解的前 15 阶模态加上平均流场对槽道内涡波流场进行重组，可有效保留原流场的主导特征，并剔除了流场中的随机信息。

为了比较 POD 主要模态重组槽道内涡波流场的效果，取 3 个时刻（$f_s=7.5$Hz）将涡波流场重组结果与原 PIV 测量的流场进行比较，如图 5.6 所示。可以看到，在 $t=0$ 时刻 PIV 测量的涡波流场内的速度矢量由于测量的噪声等因素的影响在多处的速度矢量方向混乱，流场的整体形态没有 POD 重组结果清晰；而 POD 重组流场表征了槽道内层流状态下涡波结构，在波状主流的两侧分布着涡旋，其波状主流的脉动频率为平均流场的 2 倍，且显示的涡量分布相对集中，对于辨识流场涡旋等特征具有重要作用。

在 $t=7/f_s$ 时刻，POD 重组流场在 $x/d=0.85$ 处存在有驻点，明显有一对旋向相反的涡旋，在 PIV 层流的流场中这些特征不太明显，这些特征正是流场随着时间的延长流场结构发生变化的关键特征。槽道内涡波流场经过 $7/f_s$ 后，小尺度的涡旋发展为大尺度涡旋，波状主流形状被大尺度涡旋卷绕，流场的脉动频率变小。

经过 $t=14/f_s$ 后，流场的结构与平均流场结构近似，在一个拟余弦的波状主流的两侧分布了小尺度的涡旋，主流的脉动频率衰减为平均流场的脉动频率，而 PIV 测量的流场很难获取这些特征。

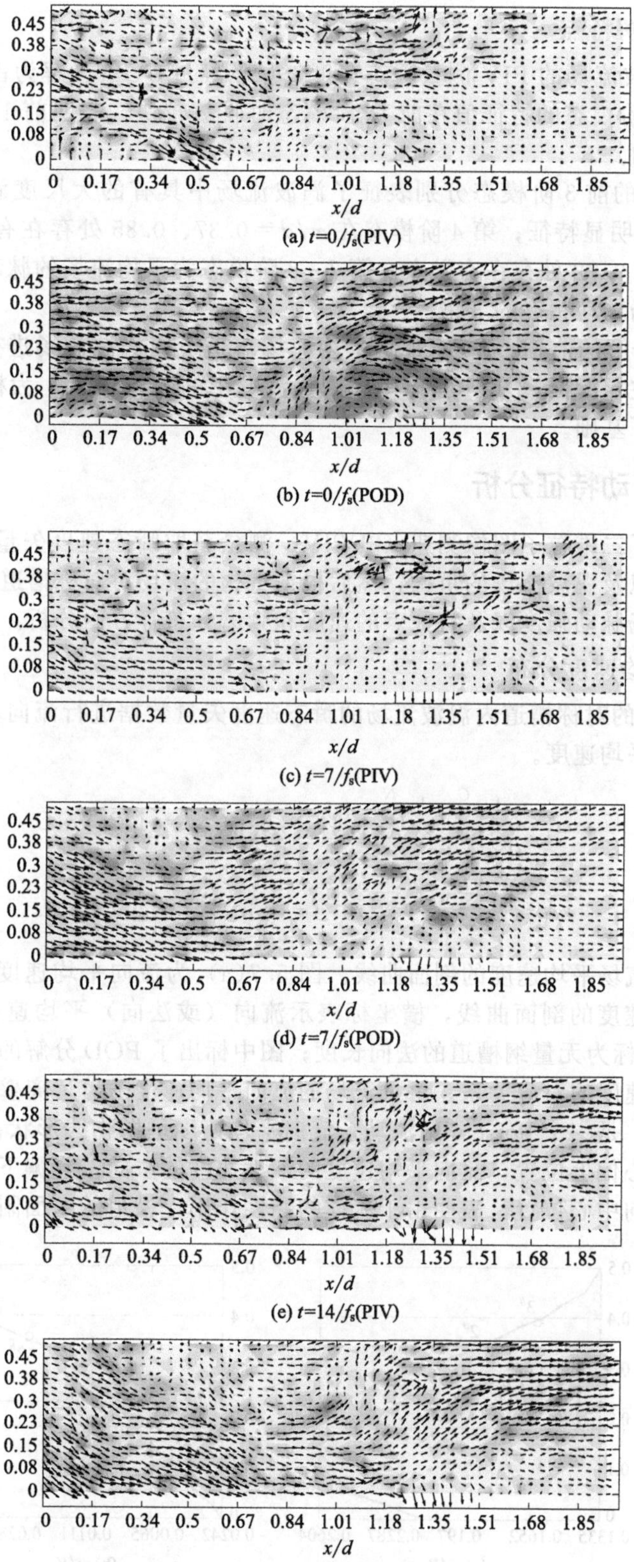

(a) $t=0/f_s$(PIV)

(b) $t=0/f_s$(POD)

(c) $t=7/f_s$(PIV)

(d) $t=7/f_s$(POD)

(e) $t=14/f_s$(PIV)

(f) $t=14/f_s$(POD)

图 5.6　涡波流场重组与 PIV 测量流场比较

(5) POD 分解特点

① 槽道内涡波流场的 PIV 测量瞬态速度矢量场经过 POD 分解为占总能量的 33.8%的前 15 阶模态，各阶模态的特征值在前 15 阶模态时收敛较快，表明前 15 阶模态表征了涡波流场的大尺度结构。

② POD 分解的前 3 阶模态分别表征了涡波流场中具有的大尺度涡对、平均流场以及 Helmholtz 涡环等明显特征；第 4 阶模态在 $x/d=0.37$、0.85 处存在有驻点，第 5、6 阶模态在 $x/d=0.28$、0.72 处存在有鞍点，第 7、8 阶模态为平均流场的脉动频率的 2 倍，第 10 阶模态为平均流场脉动频率的 3 倍。

③ 将 POD 分解的前 15 阶模态加上平均流场对槽道内涡波流场进行重组，可有效保留 PIV 测量流场的主导特征，并剔除了 PIV 测量流场中的随机信息，为槽道内涡波流场的结构分布预测提供了基础。

5.1.2 油液流动特征分析

对流场进行了二维粒子图像测速（2DPIV）测量获取瞬态速度矢量数据，利用 POD 技术进行模态分解以及涡波流场的重构；然后根据重构的流场对对称槽道内涡波流场进行了平均速度剖面、流场脉动强度以及特征点的速度和频谱分布等方面分析。

(1) 流场平均速度分布

将 POD 重构的对称槽道内涡波流场的瞬态速度矢量数据进行流向和时间平均得到流向平均速度和法向平均速度。

$$\begin{aligned}\bar{u}_1&=\frac{1}{C}\sum_{x=1}^{C}\frac{1}{N}\sum_{i=1}^{N}u^{(i)}(x,y,t)\quad l=1,2,\cdots,L\\ \bar{v}_1&=\frac{1}{C}\sum_{x=1}^{C}\frac{1}{N}\sum_{i=1}^{N}v^{(i)}(x,y,t)\quad l=1,2,\cdots,L\end{aligned}\tag{5.11}$$

图 5.7 表示流场平均速度的剖面曲线。图 5.7(a) 为流向平均速度的剖面曲线，图 5.7(b) 为法向平均速度的剖面曲线，横坐标表示流向（或法向）平均速度与槽道内中心流速 V_0 的比值，纵坐标为无量纲槽道的法向长度；图中标出了 POD 分解的前 3 阶模态的 5 个涡核位置点与平均速度的对应关系。可见流场的流向平均速度随着远离壁面的距离增加，其幅值先增大后减小，是一个 Poiseuille 流动，流向平均速度呈抛物线形状；由于 CCD 相机的视窗中心在法向中心偏上位置，流向平均速度的最大速度的法向位置偏下，但在对称槽道中其位置是槽道的轴向中心位置，表明由于流体的黏性作用，槽道的壁面附近的流向速度减小。

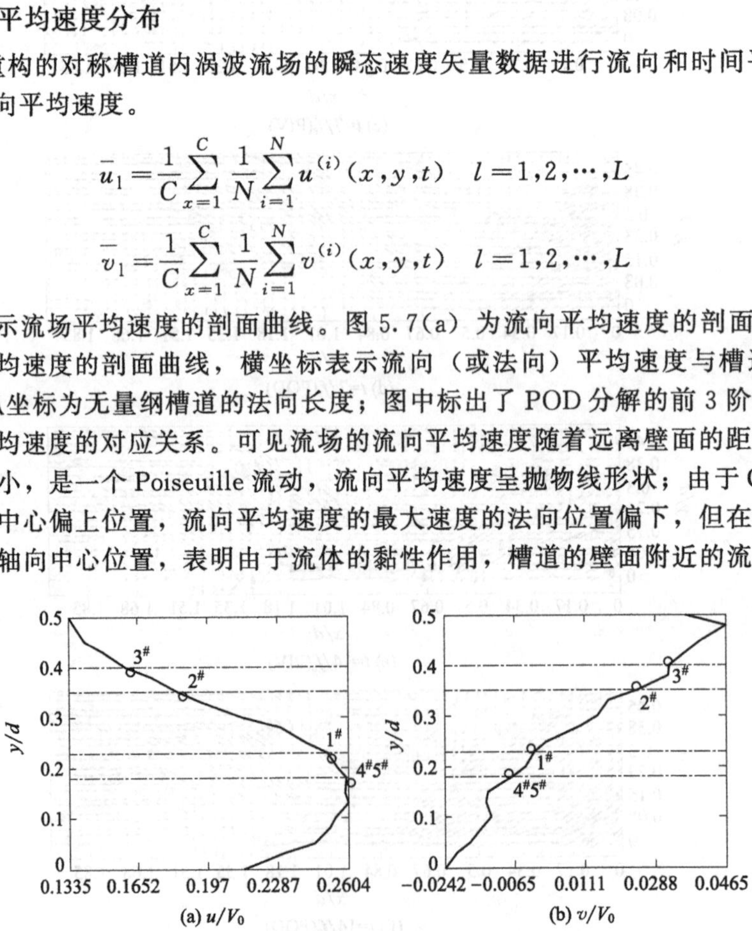

图 5.7 流场平均速度的剖面曲线

图 5.7(b) 表征了法向平均速度的对称分布特征，在槽道轴向中心以上法向速度向上，反之亦然；从 POD 分解的前 3 阶模态同样看出，在视场的法向上半部流场主要发生了 Q2 喷射事件，相应的流向平均速度减小，法向平均速度为正；在视场的下半部主要是 Q4 扫掠事件，流向平均速度增加，法向平均速度为负。

(2) 流场脉动强度的流向-法向分布

尽管对称槽道内涡波流场实验是在层流下进行的，但是通过 PIV 测量的瞬态速度矢量数据的 POD 分解的主导模态的流场分布来看，流场的波状主流和涡列的相互耦合作用对对称槽道内涡波流场的结构具有决定性的作用，因而通过湍流场的概念用速度的脉动强度来表征涡波流场的速度脉动特征。

将 POD 重构的瞬态速度矢量场数据进行时间平均，再求取流向脉动速度和法向脉动速度的均方根，得到流向脉动强度和法向脉动强度。

$$
\begin{aligned}
\sigma_{u_l} &= \sqrt{\frac{1}{C}\sum_{x=1}^{C}\left[u^{(i)}(x,y,t)-\frac{1}{N}\sum_{i=1}^{N}u^{(i)}(x,y,t)\right]^2} \quad l=1,2,\cdots,L \\
\sigma_{v_l} &= \sqrt{\frac{1}{C}\sum_{x=1}^{C}\left[v^{(i)}(x,y,t)-\frac{1}{N}\sum_{i=1}^{N}v^{(i)}(x,y,t)\right]^2} \quad l=1,2,\cdots,L
\end{aligned}
\tag{5.12}
$$

图 5.8 表示流场脉动强度沿法向方向的分布曲线，图 5.8(a) 为流向脉动强度的分布曲线，图 5.8(b) 为法向脉动强度的分布曲线，横坐标表示流向（或法向）脉动强度与槽道内中心流速 V_0 的比值，纵坐标为无量纲槽道的法向长度；图中同样标出 POD 分解的前 3 阶模态的 5 个涡核位置点与平均速度的对应关系。

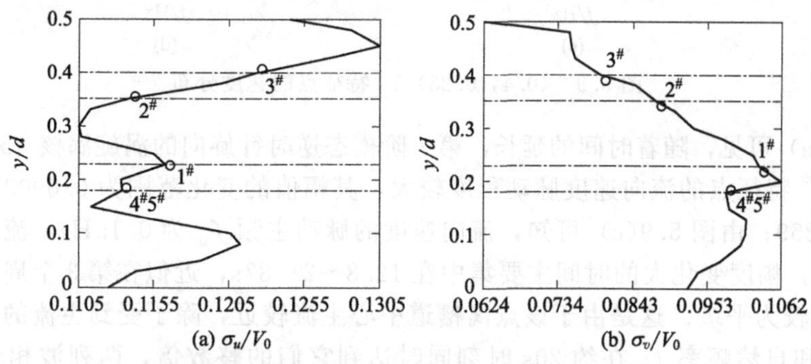

图 5.8　流场脉动强度沿法向方向的分布曲线

由图 5.8(a) 可见流向脉动强度的变化较为复杂，变化情况可分为 3 段，在法向位置 0～0.15、0.15～0.3 和 0.3～0.5 区间流向脉动强度都呈先增长后下降的趋势，其中在 0.1、0.23 和 0.45 法向位置处达到局部极大值，分别为 0.1207、0.1163 和 0.1305；这 3 个区域对应了流场的中心主流区以及壁面区，表明槽道内流场的脉动受壁面的影响较大，进一步表征了涡波流场中涡列是由于壁面的剪切层引起的机理。图 5.8(b) 是法向脉动强度的分布曲线，基本上沿法向方向呈先增长后降低的趋势，在 0.18 位置处有一个凹陷区，表明法向脉动强度同样受槽道壁面的影响，但由于中心主流的作用，使法向脉动强度的分布呈现抛物线形状。

(3) 流场特征点的速度分布

为了表征对称槽道内涡波流场速度矢量随时间的分布规律，取 POD 分解的前 3 阶模态的涡旋涡核点，对其进行沿时间的分和频谱分析。

图 5.9～图 5.13 为 POD 分解的第 1～3 阶模态的涡旋涡核位置的 5 个特征点随时间的

分布及其频谱，其中图 5.9～图 5.13 中(a) 为相应涡核的流向速度的时间分布，(b) 为相应涡核的法向速度的时间分布，(c) 为相应涡核的流向速度的频谱，(d) 为相应涡核的法向速度的频谱。

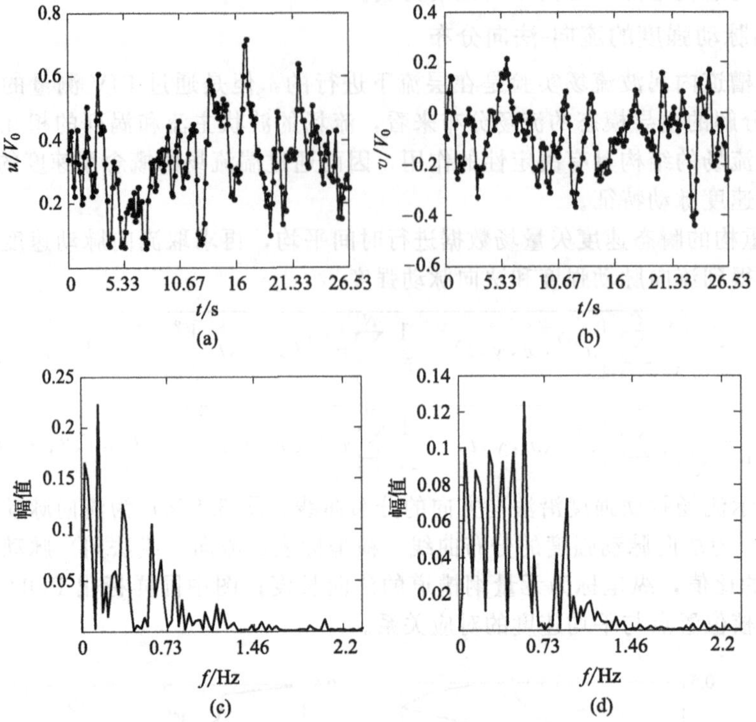

图 5.9 (0.4，0.23) 1# 特征点的速度分布

从图 5.9(a) 可见，随着时间的延长，第 1 阶模态逆时针旋向的涡旋涡核（x/d，y/d）=(0.4，0.23) 1# 特征点的流向速度脉动程度较大，其幅值的变化范围为 0.0903～0.7162，变化幅度为 0.6259；由图 5.9(c) 可知，流向速度的脉动主频 f_0 为 0.15Hz，流场的自然频率 f_n 为 0.35Hz；幅度变化大的时间主要集中在 12.8～21.87s，近似在第 3 个周期内，而前两个周期的变化较为平缓。这是由于该点离槽道中心主流较近，除了受到主流的幅值脉动影响外，主频 f_0 和自然频率 f_n 在约 20s 时刻同时达到它们的整数倍，两列波相遇相互卷绕的结果。

图 5.9(b) 中法向速度随时间的增长其幅度的变化较为齐整，与图 4.7(b) 一致，1# 特征点的法向平均速度在负向的区域；由图 5.8(b) 可见，其法向脉动强度较大，因而其频谱表现出多个谐波频率的幅度差别不大的情况，它们分别为流向主频 f_0 和自然频率 f_n 的调制结果，频率成分有主频和次频的高次谐频，如 0.47Hz（约 $3f_0$），1.11Hz（约 $3f_n$），还有两者加减的频率，如 0.18Hz（约为 f_0-f_n），如图 5.9(d) 所示。

图 5.10(a) 表示 POD 分解的第 1 阶模态的顺时针旋向的涡旋涡核（x/d，y/d）=(1.45，0.35) 2# 特征点的流向速度呈衰减的趋势，在 0～6.67s 内衰减最快，之后时间内基本上在 0.17 幅度上波动；由图 5.7(a) 可见，该点远离槽道中心主流，图 5.8(a) 表征了该点的流向脉动强度较小的情况。在流场脉动主频 0.15Hz [图 5.10(c)] 的作用下，第一周期内出现顺时针涡旋后流向速度在涡旋的卷绕下首先增加，在涡旋的下游产生了逆向压力梯度，存在一个回流区，使流向速度较快下降；此后由于该点的区域正负涡量分布较为均匀，使流向速度的分布趋于平缓变化。

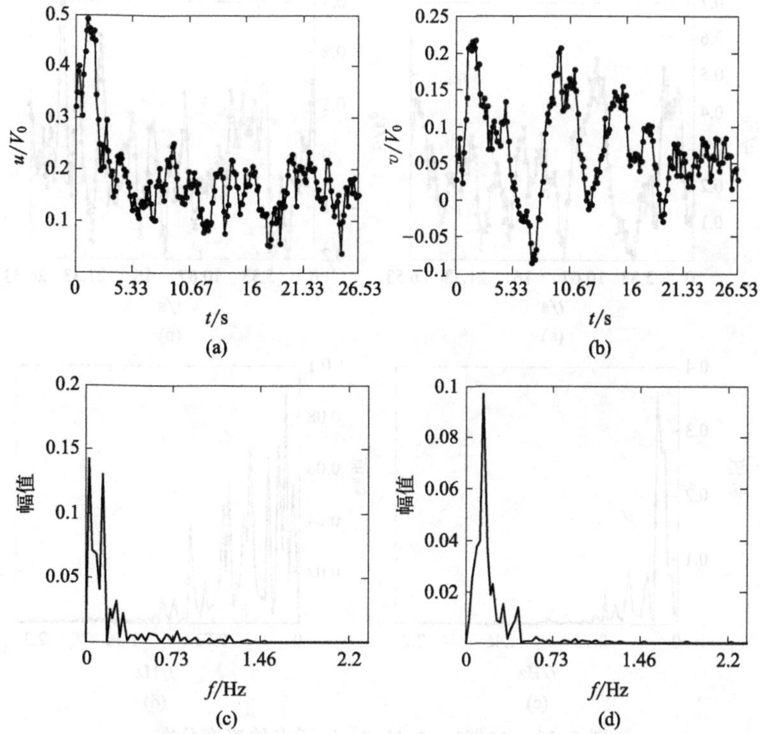

图 5.10 (1.45, 0.35) 2# 特征点的速度分布

同理从图 5.10(b) 可以看出，该点的法向速度在主频的第一个周期内幅度变化较大，之后逐渐趋缓，且法向速度的均值为正值，表明该点所在区域是 Q2 的喷射事件状态。图 5.10(d) 表示了法向速度的频率与流向速度的频率主频一致，没有受到流场自然频率的影响。

图 5.11(a) 表示 POD 分解的第 2 阶模态的逆时针旋向的涡旋涡核 (x/d, y/d) = (0.81, 0.40) 3# 特征点流向速度的分布情况，流向速度在脉动主频 0.15Hz [图 5.11(c)] 的影响下，前 2 个周期内脉动幅度较大，随后脉动幅度较小，这是由于该点表征的逆时针旋向涡旋的尺度、强度较大，且远离尺度中心主流，涡旋的转捩过程较缓，其幅度的衰减较慢。同样在图 5.8(a) 中可以看出，该点的流向脉动强度较大。

图 5.11(b) 中法向速度的变化也表明了前 2 个脉动周期内在涡旋的卷绕下法向速度幅度的剧烈变化的特征。在第 3 个脉动周期后，由于该点的 Q2 喷射事件使其法向速度升高，趋于正值的范围，从而也造成了法向速度的频谱分布的谐频较多，如图 5.11(d) 所示，基本上复现了流向速度的频谱谐频，但其相应的幅度较小。

图 5.12(a) 表示 POD 分解的第 3 阶模态的逆时针旋向的涡旋涡核 (x/d, y/d) = (0.64, 0.18) 4# 特征点的流向速度分布，可见与图 5.9(a) 的流向速度分布基本一致。不同的是该点的流向速度幅度变化较大的时刻较 1# 特征点提前一些，在流场脉动的第 2、3 两个周期内，由图 5.7(a) 可知 4# 特征点基本上在槽道中心主流的最大流向平均速度处，受流场自然频率 0.35Hz 的影响最大，其频谱分布 [图 5.12(c)] 出现了幅度最大 0.09Hz 的次谐频，这是流向速度的主频和流场自然频率的混频以及中心主流脉动相互作用的结果。

图 5.12(b) 是该特征点的法向速度分布情况，法向速度的平均速度为负值，在流场脉动的第 4 个周期内幅度变化较大。如图 5.8(b) 所示，其法向脉动强度较大。表征了该点所在，的区域在主流的强烈作用下涡量的快速变化状态，流场初始形成的涡对与主流进行耦合

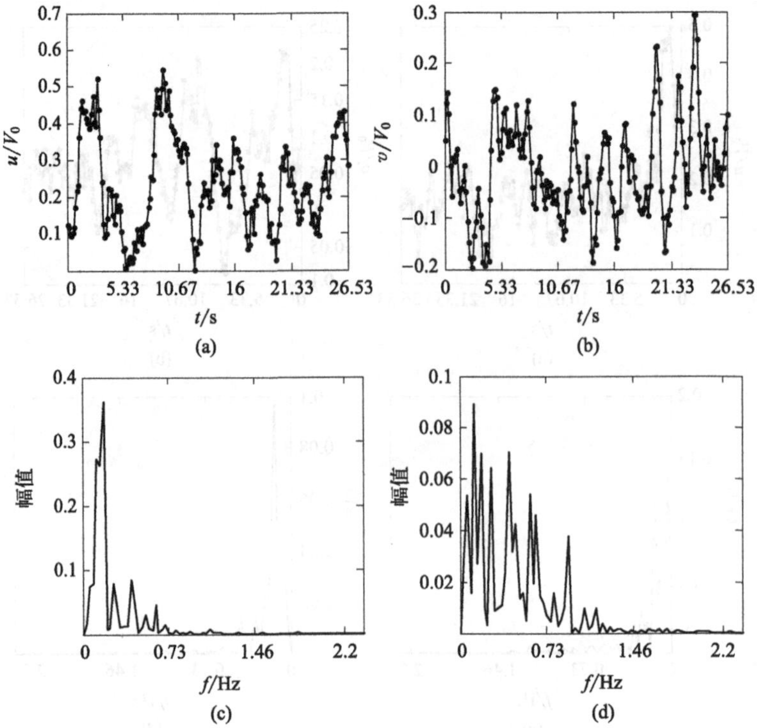

图 5.11 (0.81，0.4) 3# 特征点的速度分布

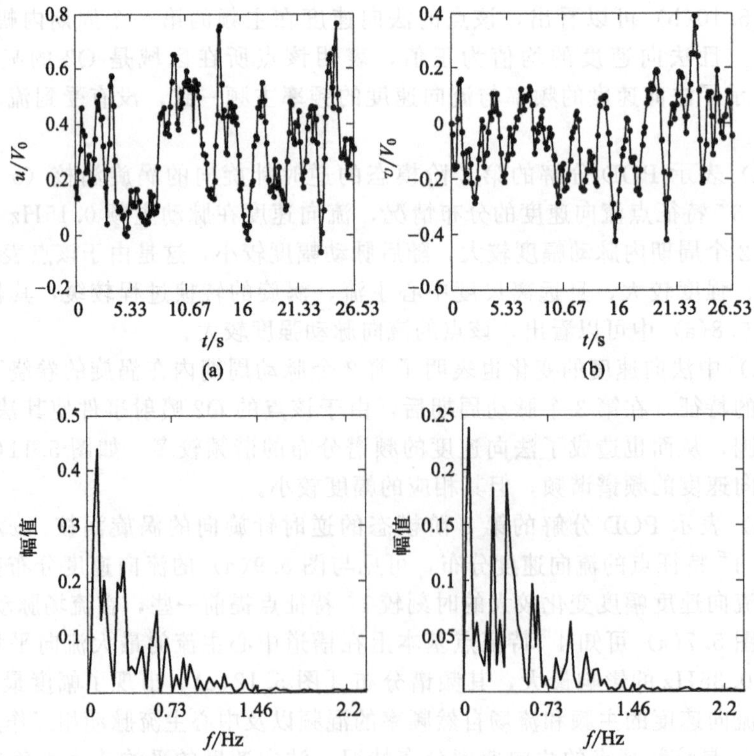

图 5.12 (0.64，0.18) 4# 特征点的速度分布

作用后流体趋向正法向方向流动。图 5.12(d) 表示该点的频谱分布，出现 3 个幅度较大的频率，分别为 0.06Hz、0.26Hz 和 0.38Hz，其中 0.26Hz 和 0.38Hz 与流向速度脉动主频 0.15Hz 的 2 倍频以及流场自然频率 0.35Hz 接近，0.06Hz 认为是 0.35Hz 的 6 次谐频。

图 5.13(a) 表示 POD 分解的第 3 阶模态的顺时针旋向的涡旋涡核 $(x/d,\ y/d)=(0.24,\ 0.18)$ 5# 特征点的流向速度分布，与 4# 特征点的法向位置一致，它们的流向速度分布特征区别不大，不同的是在第 2 个脉动周期流向速度急剧变化后的趋势较缓，这是由于该点是顺时针涡旋的涡核位置，与主流的流向一致，因而在后续的时间内速度的幅度变化相对不大。图 5.13(b) 表示的法向速度变化与图 5.12(b) 不同，其变化幅度持续较大。如图 5.8(b) 所示，其法向脉动强度较大，这是由于处于槽道中心主流的最大流向速度位置以及顺时针涡旋的作用，使其在涡旋与主流的耦合过程中，在法向上的幅度正负交互变化。

图 5.13(c) 表示该点的流向速度的频谱分布与图 5.12(c) 相似，同样是流场自然频率与流向速度脉动主频的混频结果；而图 5.13(d) 则表现出与图 5.12(d) 不同的频谱分布特征，出现了一个幅度最大的 0.29Hz 频率，说明 5# 特征点的法向速度主要受流向速度脉动主频的影响，该频率是 0.15Hz 的 2 倍频。

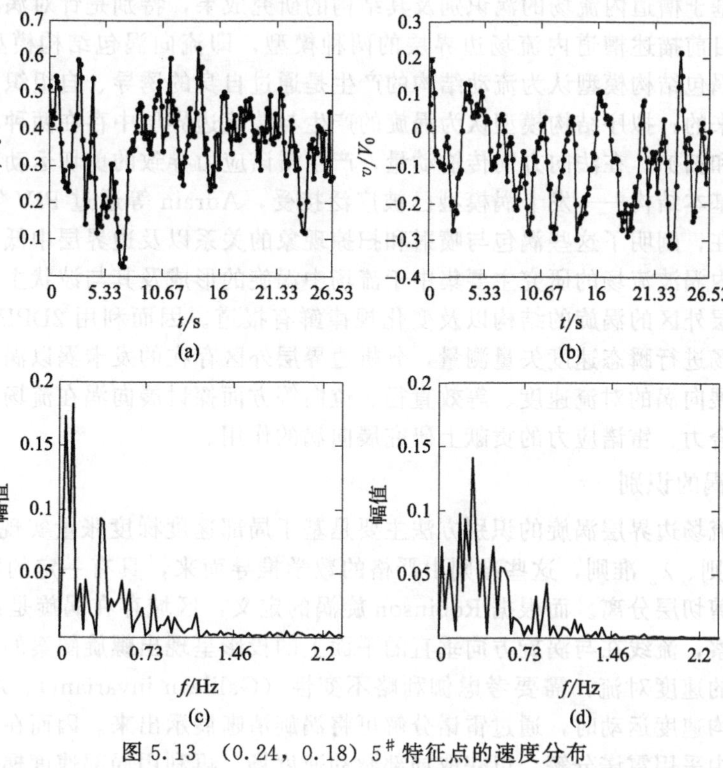

图 5.13 (0.24，0.18) 5# 特征点的速度分布

(4) 污染油液的平均速度特征

① 运用 POD 技术将对称槽道内涡波流场的 2DPIV 测量的瞬态速度矢量场数据进行分解，获取了可表征涡波流场主导结构的前 15 阶模态，并利用前 15 阶模态对流场进行了重构。

② 针对 POD 分解的前 3 阶模态进行分析，发现第 1 阶模态分别在 $(x/d,\ y/d)=(0.4,\ 0.23)$、$(1.45,\ 0.35)$ 的位置存在一个涡核，形成一个旋向相反的涡对；第 2 阶模态在槽道中上部出现一个大尺度逆时针旋向的椭圆形涡旋，流场呈现拟余弦形状的波状主流的特征；第 3 阶模态在槽道左半端有 2 个较明显的旋向相反的椭圆形涡旋，形成一个涡对，并

将这 5 个涡旋涡核的位置作为流场流动特性的特征点。

③ 分析了流场平均速度剖面的变化规律，表明流向平均速度随着法向距离增加，其幅值先增大后减小，呈抛物线形状；法向平均速度呈对称分布特征。

④ 对流场的脉动强度进行了分析，发现流向脉动强度受壁面的影响较大，法向脉动强度的分布基本上沿法向方向呈先增长后降低的趋势，呈现抛物线形状。

⑤ 根据 5 个特征点随时间的分布及其频谱图，表明距离流场中心主流较近的 $1^{\#}$、$4^{\#}$、$5^{\#}$ 特征点的速度脉动程度受主流的脉动强度影响，速度的脉动主频 0.15Hz 与流场的自然频率 0.35Hz 共同影响特征点的速度分布；$2^{\#}$、$3^{\#}$ 特征点的流向速度呈衰减的趋势，法向速度在初期幅度变化较大，之后逐渐趋缓。

5.1.3 涡识别与分布

槽道内涡波流场由于涡旋和波状主流的耦合作用具有较好的传质、传热效应，在工业上得到了广泛的应用。国内外研究者针对槽道内涡波流场中涡旋的产生、发展和消失的历程，从理论仿真和实验研究两个方面获得了大量极具价值的成果。目前对于槽道内涡波流场的深入研究，主要基于槽道内流场的涡识别及其结构的研究成果，特别是针对涡波流场的涡旋的产生机制依赖目前描述槽道内流场边界层的两种模型，即流向涡包结构模型和拟序结构模型，其中流向涡包结构模型认为流动结构的产生是通过自身的诱导、自组织以及和其他涡包的相互合并而来的；拟序结构模型认为涡旋的产生与湍流边界层中存在两种相反的重要的流动结构（喷射和扫掠）在法向方向传输动量，产生雷诺应力导致的剪切运动有关。而湍流边界层外区中的基本结构——发卡涡模型已被广泛接受，Adrain 等通过 PIV 实验认为发卡涡以涡包形式存在，阐明了这些涡包与喷射和扫掠现象的关系以及边界层中低速条带的成因。

可见槽道内涡波流场的研究主要集中于流场中涡旋的形成及其与波状主流的相互作用效应上，对边界层外区的涡旋的结构以及变化规律鲜有报道。因而利用 2DPIV 技术对槽道内的低雷诺数流场进行瞬态速度矢量测量，分析边界层外区存在的发卡涡以涡包形式的展向涡分布特征，从展向涡的对流速度、等效直径、位向等方面探讨展向涡在流场法向的变化趋势及其对流体的合力、雷诺应力的贡献上研究展向涡的作用。

(1) 展向涡的识别

目前有关流场边界层涡旋的识别方法主要是基于局部速度梯度张量实现的，有 Q 准则、Δ 准则、λ_{ci} 准则、λ_2 准则，这些准则由严格的数学推导而来，具有一定的物理意义，将流场中的涡旋和剪切层分离。而根据 Robinson 旋涡的定义：区域存在涡旋是以一定的速度跟随涡旋中心观察，流线在与涡旋方向垂直的平面上的投影呈现出螺旋图案的情况。说明涡旋通常会以一定的速度对流，需要考虑伽利略不变性（Galilean invariant）。Adrian 认为，当涡旋以长时平均速度运动时，通过雷诺分解可将涡旋清晰展示出来。因而在槽道内边界层外区的涡旋识别中采用雷诺分解，以获取局部脉动速度场，再利用局部速度梯度的共轭复特征值的虚部来表示旋转强度的 λ_{ci} 准则进行。

首先利用旋转强度 $\Lambda_{ci}=\lambda_{ci}\omega_z/|\omega_z|$ 的正负符号表征不同旋向的涡，式中，Λ_{ci} 表示涡的旋转强度；ω_z 表示展向涡的涡量。然后将 λ_{ci} 准则的阈值设定为 $|\Lambda_{ci}(x,y)|\geqslant 1.5\Lambda_{ci}^{rms}(y)$，式中，$\Lambda_{ci}^{rms}(y)$ 为涡的旋转强度沿法向位置的均方根值。

图 5.14 为利用旋转强度的 λ_{ci} 准则对槽道内涡波流场中展向涡的识别结果，其中横纵坐标为 2DPIV 测量范围的尺度与槽道法向距离的比值，f_s 为 2DPIV 测量脉冲频率，7.5Hz；色度条表示流场的涡量大小，箭头表示流场的速度矢量，封闭的实线表示 λ_{ci} 准则识别的展向涡区域，实线的颜色与流场的局部涡量颜色一致，分别表征顺时针展向涡（图中 a～d）

和逆时针展向涡（图中 e～n）。

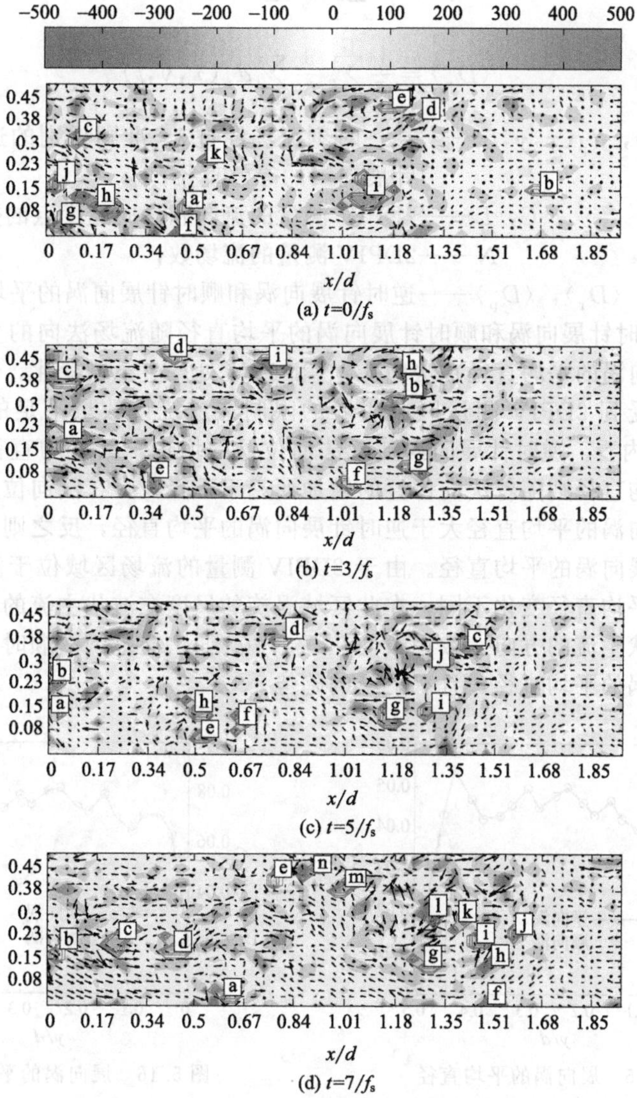

图 5.14　涡波流场的展向涡 λ_{ci} 准则识别结果

从图 5.14 中可以看到展向涡位于流场中涡量集中的区域，其中展向涡区域的速度矢量呈现出螺旋旋转特征；流场中展向涡的数量较多，且顺时针展向涡的数量大于逆时针展向涡的数量；从图 5.14(a) ～(d) 可见，随着槽道内流体流动时间的延长，流场左端尺度较小的展向涡在波状主流的作用下逐渐集中，且旋向相反的展向涡互相交融；由于不同旋向的展向涡数量不同，从而宏观上使流场部分区域呈现出旋向一致的展向涡，如图 5.14(d) 中标识为 f～l 的顺时针展向涡集中在一起形成一个宏观尺度较大的顺时针展向涡。

(2) 展向涡的尺度属性分布

为了描述展向涡的尺度属性，根据 2DPIV 测量实验的设置方案，取与 λ_{ci} 准则识别的展向涡区域具有相同面积的圆的直径，作为展向涡的等效直径，经过流向和时间平均得到法向平均直径。

$$\langle D_{\mathrm{r}}\rangle=\frac{1}{C}\sum_{x=1}^{C}\frac{1}{N}\sum_{i=1}^{N}d_{\mathrm{r}}(x,y,t)$$
$$\langle D_{\mathrm{p}}\rangle=\frac{1}{C}\sum_{x=1}^{C}\frac{1}{N}\sum_{i=1}^{N}d_{\mathrm{p}}(x,y,t) \tag{5.13}$$

式中 $d_{\mathrm{r}}(x,y,t)$，$d_{\mathrm{p}}(x,y,t)$——某一时刻流场经过 λ_{ci} 准则识别的逆时针展向涡和顺时针展向涡的等效直径；

C，L——2DPIV 测量的流向和法向速度点的数量；

N——2DPIV 测量的流场数；

$\langle D_{\mathrm{r}}\rangle$，$\langle D_{\mathrm{p}}\rangle$——逆时针展向涡和顺时针展向涡的平均直径。

图 5.15 为逆时针展向涡和顺时针展向涡的平均直径随流场法向的变化规律，可见在流场边界层外区展向涡的平均直径在法向 0.05 和 0.45 处产生急剧变化，这是由于计算流场展向涡的平均直径受到 2DPIV 测量区域边界的限制造成统计数量不足的结果；从法向位置 0.05～0.45 范围内看，逆时针展向涡随着法向位置的增加，其平均直径缓慢增加，相反顺时针展向涡的平均直径则随着法向位置的增加而趋于下降，且在法向位置 0.1 处，低于此值的区域顺时针展向涡的平均直径大于逆时针展向涡的平均直径，反之则顺时针展向涡的平均直径低于逆时针展向涡的平均直径。由于 2DPIV 测量的流场区域位于波状主流的中心，与边界层的展向涡平均直径变化不同，在此区域涡旋的尺度在波状主流的作用下会增大，而顺时针展向涡与波状主流的方向一致，致使在 0.1～0.45 法向范围内顺时针展向涡的平均直径小于逆时针展向涡的平均直径，且有下降的趋势。

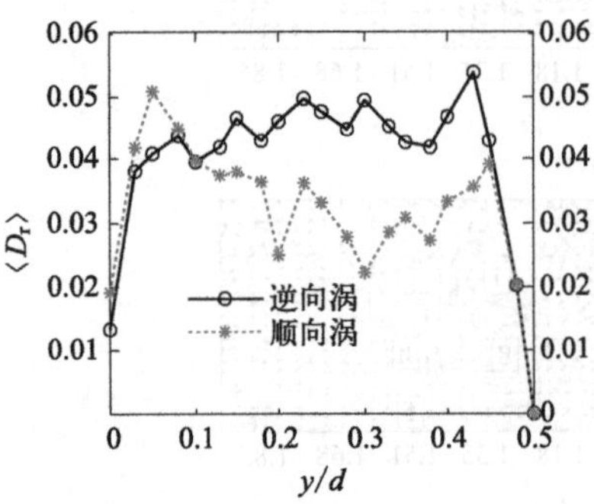

图 5.15 展向涡的平均直径

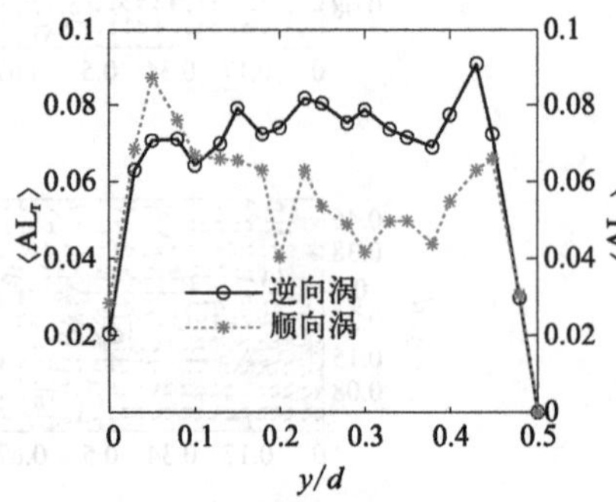

图 5.16 展向涡的平均长轴长度

同理将 λ_{ci} 准则识别的展向涡区域等效为具有相同标准二阶中心矩的椭圆的长轴长度，经过流向和时间平均得到椭圆的平均长轴长度随法向位置变化的情况如图 5.16 所示。可见展向涡的椭圆的平均长轴长度与图 5.15 的平均直径的变化基本一致，这是由于经过 λ_{ci} 准则识别的展向涡区域是一定的，只是将其转换为不同的表达方式。

利用展向涡的等效椭圆的表征方法，可获取相应区域的等效椭圆长轴与流向的交角（倾角）以及等效椭圆的离心率随法向位置的变化，如图 5.17 和图 5.18 所示。

由图 5.17 可以看出，在 0.1～0.4 法向范围内逆时针展向涡的椭圆长轴与流向的交角在中间位置 0.2～0.3 较大，最大值为 67.28°，其他法向位置的交角在 50°上下变化；顺时针展向涡的椭圆长轴倾角在 0.1～0.4 法向范围内变化幅度较大，基本呈下降趋势。从图 5.14 可以看出，逆时针展向涡相对于顺时针展向涡分散性较大，且数量较少，因而逆时针展向涡受波状主流的影响相对较小，其长轴倾角在法向中间位置之外的变化较为稳定。

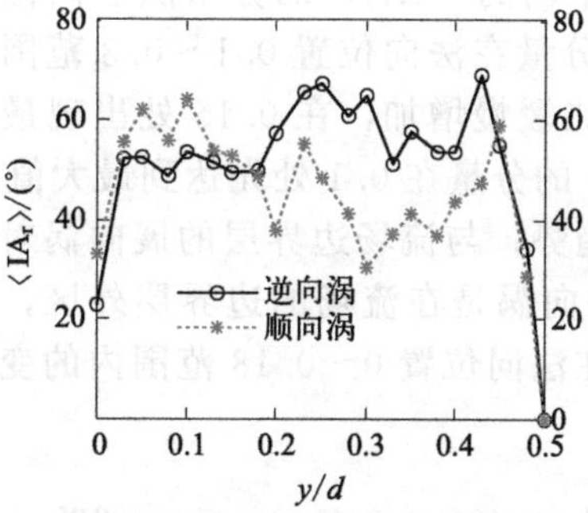

图 5.17 展向涡的长轴倾角

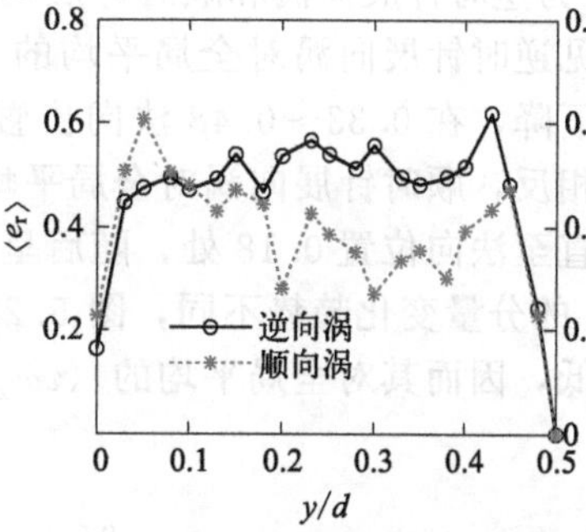

图 5.18 展向涡的离心率

受波状主流的影响，顺时针展向涡的等效椭圆的离心率的变化幅度较大，在法向位置 0.05～0.45 范围内呈下降趋势，如图 5.18 所示，即顺时针展向涡的似圆性较好；反之逆时针展向涡的等效椭圆的离心率在法向位置 0.05～0.45 范围内在 0.5 上下波动。

(3) 展向涡的力学属性分布

在流场的强剪切区域的流体微团并没有发生旋转，但仍有较大的涡量，如图 5.19 中标识符号的区域是 λ_{ci} 准则识别的展向涡区域，也是流场涡量较为集中的区域，但是流场涡量较大的区域并没有全部被识别为展向涡区域。λ_{ci} 准则识别的展向涡的旋转强度 λ_{ci} 经过流向和时间平均得到逆时针展向涡和顺时针展向涡的旋转强度随法向位置变化的情况如图 5.19 所示。

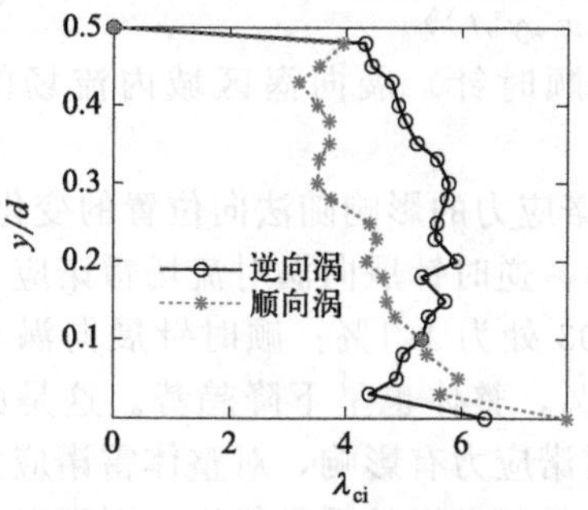

图 5.19 展向涡的旋转强度

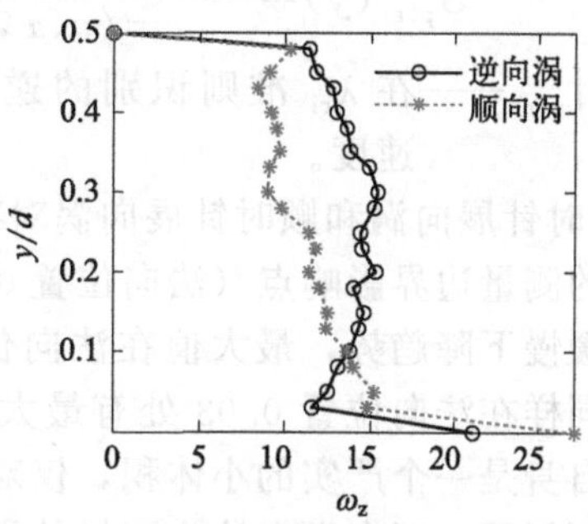

图 5.20 展向涡的涡量

可以看出在 0.05～0.45 法向位置范围内逆时针展向涡的旋转强度呈抛物线形状变化，在法向位置 0.2 处达到最大值 5.9，而顺时针展向涡在 0.05～0.45 法向位置范围内整体呈下降趋势，且顺时针展向涡在 0.1～0.45 法向位置范围内的旋转强度低于逆时针展向涡。从图 5.20 槽道内涡波流场的涡量随法向位置的变化情况也可看出，逆时针展向涡涡量的幅值在 0.1～0.45 法向位置范围内同样大于顺时针展向涡的涡量，且同样法向位置处的展向涡的涡量约是涡旋旋转强度的 3 倍。

展向涡和涡量之间的这种关系可用不同旋向的展向涡对 $\langle v\omega_z \rangle$ 的全局平均的分量表示。

$$F_{p(r)}(y)=\frac{\langle v(x,y,t)\big|_{p(r)}\omega_z(x,y,t)\big|_{p(r)}\rangle}{\langle v(x,y,t)\omega_z(x,y,t)\rangle} \tag{5.14}$$

式中 $v(x,y,t)\big|_{p(r)}$，$\omega_z(x,y,t)\big|_{p(r)}$——在 λ_{ci} 准则识别的逆时针（顺时针）展向涡区域内的法向速度和涡量。

图 5.21 为逆时针展向涡和顺时针展向涡对全局平均的 $\langle v\omega_z\rangle$ 的分量随法向位置的变化情况。可见逆时针展向涡对全局平均的 $\langle v\omega_z\rangle$ 的分量在法向位置 0.1～0.3 范围内先下降再增加后下降，在 0.33～0.48 法向位置范围内随之缓慢增加，在 0.15 处出现最大值为 61%；与之相反，顺时针展向涡对全局平均的 $\langle v\omega_z\rangle$ 的分量在 0.1 处先达到最大值 57%后再急剧下降直至法向位置 0.18 处，随后呈缓慢增加趋势；与流场边界层的展向涡对全局平均的 $\langle v\omega_z\rangle$ 的分量变化趋势不同，图 5.22 所示的展向涡是在流场的边界层外区，且流场的雷诺数较低，因而其对全局平均的 $\langle v\omega_z\rangle$ 的分量在法向位置 0～0.18 范围内的变化幅度较大。

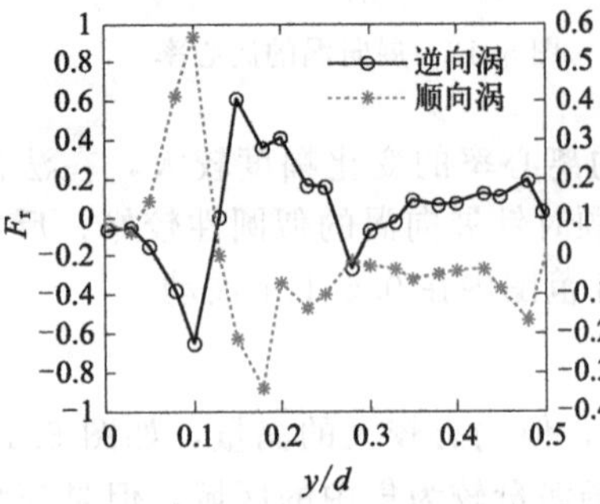

图 5.21 展向涡对 $\langle v\omega_z\rangle$ 的分量

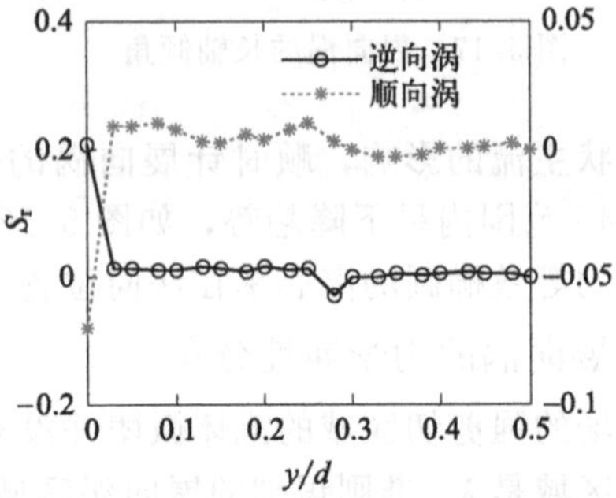

图 5.22 展向涡对雷诺应力的分量

同理为了表征展向涡对整体雷诺应力的影响，建立展向涡与雷诺应力的表达式。

$$S_{p(r)}(y)=\frac{-\langle v(x,y,t)|_{p(r)}u(x,y,t)|_{p(r)}\rangle}{-\langle v(x,y,t)u(x,y,t)\rangle} \tag{5.15}$$

式中 $u(x,y,t)|_{p(r)}$——在 λ_{ci} 准则识别的逆时针（顺时针）展向涡区域内流场的流向速度。

图 5.22 为逆时针展向涡和顺时针展向涡对整体雷诺应力的影响随法向位置的变化情况。可见去除展向涡的测量边界影响点（法向位置 0 处）后，逆时针展向涡对流场雷诺应力的影响较小，整体呈缓慢下降趋势，最大值在法向位置 0.03 处为 1.1%；顺时针展向涡对流场雷诺应力的影响同样在法向位置 0.03 处有最大值 0.9%，整体也呈下降趋势。这是由于不同旋向的展向涡自身是一个严实的小体积，仅对局部雷诺应力有影响，对整体雷诺应力的影响由于不同旋向而抵消，还有学者认为流场的雷诺应力是展向涡的诱导行为，因而对其影响较小。

(4) 展向涡的运动属性分布

根据 Wu 定义的展向涡数量密度，来描述流场展向涡的数量增长趋势。展向涡的数量密度 $\Pi_{p(r)}(y)$ 是用展向涡涡心的法向位置的 3 倍法向间距 $\Delta y/d$ 与流向距离 x/d 的窗口面积内的展向涡的整体平均数 $N_{p(r)}(y)$ 来表示的。

$$\Pi_{p(r)}(y)=\frac{N_{p(r)}(y)}{3\dfrac{\Delta y}{d}\times\dfrac{x}{d}} \tag{5.16}$$

式中 d——槽道的法向距离。

图 5.23 为展向涡的数量密度随流场法向位置的变化情况，可以看到逆时针展向涡的数量密度在 0～0.08 法向位置范围内呈急剧上升趋势，并达到最大值 0.36，随后 0.08～0.43 法向位置范围内缓慢下降，最后又急剧下降；顺时针展向涡与之不同的是，其数量密度整体呈倒“U”形分布，与图 5.14 一致，表明顺时针展向涡的数量大于逆时针展向涡的数量，

在法向位置的中心区域，受波状主流的影响，顺时针展向涡得到激发而增加，但是其尺度相对于逆时针展向涡较小。

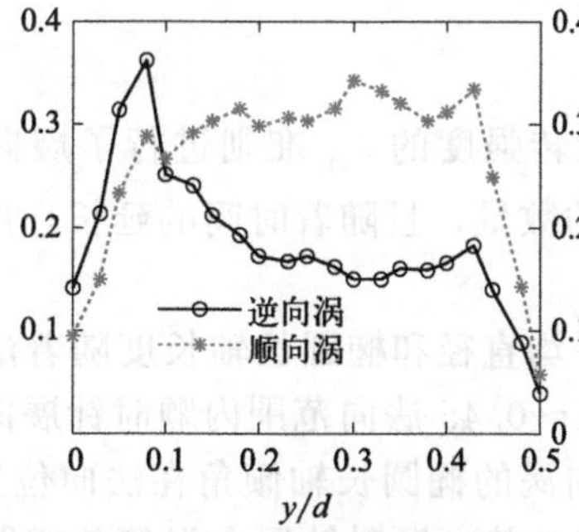

图 5.23　展向涡的数量密度

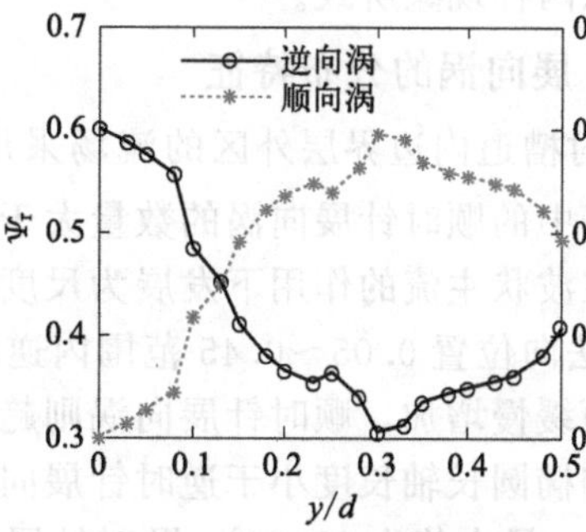

图 5.24　展向涡的数量比值

为了深入分析不同旋向的展向涡的数量密度的变化趋势，利用以下表达式。

$$\Psi_p(y)=\frac{\Pi_p(y)}{\Pi_p(y)+\Pi_r(y)}\quad \Psi_r(y)=\frac{\Pi_r(y)}{\Pi_p(y)+\Pi_r(y)} \tag{5.17}$$

式中　$\Psi_r(y)$，$\Psi_p(y)$——逆时针展向涡和顺时针展向涡占总展向涡数量的比值。

不同旋向的展向涡的比值随法向位置的变化如图 5.24 所示，可见不同旋向的展向涡占总展向涡数量密度的比值都大于 0.3；其中逆时针展向涡的数量比值在法向位置 0～0.3 范围内呈下降趋势，随后又上升；顺时针展向涡的数量比值与之相反，表明在槽道的中心区域的波状主流对展向涡的数量影响较大。

根据 λ_{ci} 准则识别的展向涡的涡心坐标以及雷诺分解的原理，可以得到各个涡心的速度，则由 Robinson 漩涡的定义可知所获取涡心的速度可表征展向涡的对流速度。

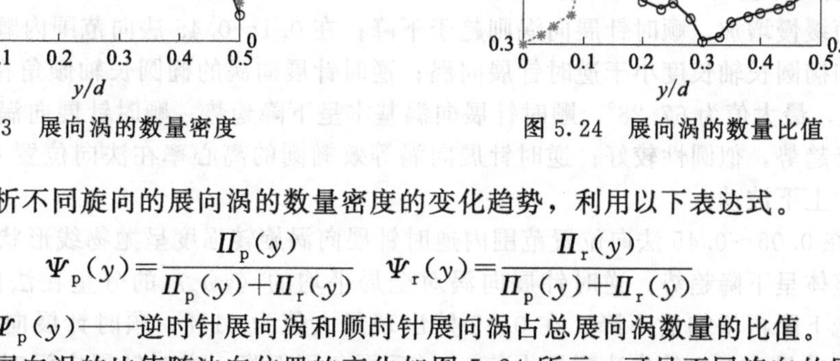

图 5.25　展向涡的对流速度

图 5.25 为展向涡的对流速度随法向位置变化的情况，其中图 5.25(a) 为展向涡的流向对流速度与流场的平均流向速度随法向位置的变化，图 5.25(b) 为展向涡的法向对流速度随法向的变化。由图 5.25(a) 可见展向涡的流向对流速度整体上小于流场的平均速度，且在槽道中心区域它们的差值较大；由图 5.21 可知，在这个法向范围内展向涡对全局平均的 $\langle v\omega_z\rangle$ 的分量幅值变化较大，再结合图 5.25(b) 展向涡的法向对流速度基本为负值，此范围内的展向涡发生类似湍流边界层中的“扫掠”现象，而法向位置 0.3～0.5 范围内展向涡的流向对流速度低于平均速度，且法向对流速度为正值，此范围内的展向涡发生类似湍流边界层中的“喷射”现象。

图 5.25(b) 中展向涡的法向对流速度随着法向距离增加，从负值上升到正值，表明了

槽道内涡波流场的波状主流的变化特征，展向涡在波状主流的卷绕下运动，在槽道中心区域，主流流向速度较大，因而展向涡的流向对流速度相对较大，在中心主流两侧分别发生喷射和扫掠两种现象所致。

(5) 展向涡的分布特征

① 对槽道内边界层外区的流场采用雷诺分解和旋转强度的 λ_{ci} 准则进行了展向涡的识别，流场中的顺时针展向涡的数量大于逆时针展向涡的数量，且随着时间的延长，尺度较小的涡旋在波状主流的作用下发展为尺度较大的展向涡。

② 法向位置 0.05～0.45 范围内逆时针展向涡的平均直径和椭圆长轴长度随着法向位置的增加而缓慢增加，顺时针展向涡则趋于下降；在 0.1～0.45 法向范围内顺时针展向涡的平均直径和椭圆长轴长度小于逆时针展向涡；逆时针展向涡的椭圆长轴倾角在法向位置 0.2～0.3 较大，最大值为 67.28°，顺时针展向涡基本呈下降趋势；顺时针展向涡等效椭圆的离心率呈下降趋势，似圆性较好；逆时针展向涡等效椭圆的离心率在法向位置 0.05～0.45 范围内在 0.5 上下波动。

③ 在 0.05～0.45 法向位置范围内逆时针展向涡旋转强度呈抛物线形状变化，而顺时针展向涡整体呈下降趋势；逆时针展向涡对全局平均的 $\langle v\omega_z \rangle$ 的分量在法向位置 0.1～0.3 范围内先下降再增加后下降，在 0.15 处出现最大值为 61%；顺时针展向涡对全局平均的 $\langle v\omega_z \rangle$ 的分量在 0.1 处先达到最大值 57%后再急剧下降；逆时针展向涡对流场雷诺应力的影响较小，整体呈缓慢下降趋势，最大值为 1.1%；顺时针展向涡在法向位置 0.03 处有最大值 0.9%，整体也呈下降趋势。

④ 逆时针展向涡的数量密度在 0～0.08 法向位置范围内呈急剧上升趋势，并达到最大值 0.36，顺时针展向涡数量密度整体呈倒“U”形分布；不同旋向的展向涡占总展向涡数量密度的比值都大于 0.3；展向涡的流向对流速度整体上小于流场的平均速度，且在槽道中心区域它们的差值较大；展向涡的法向对流速度随着法向距离增加，从负值上升到正值，在中心主流两侧分别发生喷射和扫掠两种现象。

5.1.4 湍动能和耗散率分析

通常用动能耗散率来衡量传质、传热效率的高低，且对于工业过程的设计动能耗散率也是一个关键的参数，可用于掌握工业过程的解胶化、均质化的程度。但是动能耗散率不能直接获取，通常利用测量流场的瞬态速度矢量的方法进行转换获取，因而在 Kresta 等提出动能耗散率的几种确定方法后，很多研究者致力于这些方法的改进上，但是效果不太明显。最早利用热线探针采用时间序列分析、空间相关技术以及空间速度的直接计算等方法获取动能耗散率，但由于探针的测量对流场产生干扰以及空间分辨率有限，测量耗散率的误差较大。随后发展出利用 LDA 技术进行流场测量的方法，但 LDA 技术仅能测量流场的单点速度矢量，得到的局部耗散率使其应用受到限制。

近年来随着 PIV 技术的发展，使流场动能耗散率的测量精度得到很大提高，如 Saarenrinne 等利用 2DPIV 测量的速度矢量计算了流场的动能耗散率，并与数值仿真结果进行比较，提出了一种通过调节 PIV 查询区间来提高计算动能耗散率精度的方法，认为当 PIV 的分辨率低于 Kolmogorov 尺度时由于噪声的增加耗散率计算的误差增大，反之高于 Kolmogorov 尺度时耗散率被低估，PIV 空间分辨率在小于等于 3 倍的 Kolmogorov 尺度时才能有较高的精度。Tanaka 等根据 Saarenrinne 的结论进一步研究了 PIV 测量获取动能耗散率的准确性问题，提出一个 PIV 的分辨率低于 Kolmogorov 尺度时耗散率计算的校正方法。

Hoque 等在流场雷诺数为 24～60 的情况下比较了利用 2DPIV 测量流场速度矢量计算动

能耗散率的几种方法，即量纲分析法、速度梯度法、结构函数法以及能谱法。几种方法由于自身的不确定因素造成计算的动能耗散率的差异性较为明显，指出能谱法由于满足系统能量平衡以及将积分尺度、Taylor 微尺度与 Kolmogorov 尺度统一于计算耗散率中的优势可以计算出符合实际的耗散率，同时也指出能谱法的尺度低于 Kolmogorov 尺度而增加了噪声信息，需要设计去噪滤波器。Sheng 等根据 PIV 测量受限于查询区间的分辨率的问题，提出一种大涡 PIV 计算动能耗散率方法，运用大涡模拟中亚网格（SGS）应力模型估算湍流耗散率，这种方法将 PIV 测量的速度矢量作为惯性子区的尺度值，利用亚格子尺度 Smagorinsky 模型表征流场的最小涡旋，将惯性子区的尺度值表示 Kolmogorov 尺度上的耗散率。王汉封等运用大涡 PIV 对水平槽道内湍流流动进行了测量。Kysela 等利用大涡 PIV 方法对搅拌槽内流场的耗散率进行了研究，认为大涡 PIV 方法获取动能耗散率的准确度较好。

由于槽道内涡波流场的波状主流和涡的相互耦合作用特性有利于掺混和分离，以及利用涡波形成的低压区域产生需要的吸力，因此强化流体的传质、传热，在工业传质、传热等应用方面得到了广泛的应用。国内外有关槽道内涡波流场的研究主要集中于涡波流场的瞬态特性或者利用 PIV 测量的大量数据分析涡波流场的结构等方面的研究。且由于 PIV 技术自身的特点，在空间分辨率以及采样率等方面仍有一些问题。即 PIV 速度场的计算受到速度分辨率的过滤影响是由最终查询区间的互相关算法引起的，查询区间的最小分辨率限制了速度的精度。而 POD 技术是利用优化基对数据进行降维的本征正交分解技术，广泛应用在流场的 PIV 测量实验的分析中。因而根据流场动能耗散率的几种计算方法的优劣比较，利用 2DPIV 方法对槽道内涡波流场进行瞬态速度矢量测量，并利用 POD 技术将 2DPIV 测量得到的涡波流场的瞬态速度矢量场数据进行主导模态分解，以剔除 PIV 测量的噪声，进行流场的重构；再利用大涡 PIV 方法对重构的涡波流场进行处理，以获取流场的动能耗散率。

5.1.4.1 大涡 PIV 方法

Sheng 等认为在高雷诺数流动中主导的大尺度流动产生湍动能，一般会耗散到小尺度黏性子区内，这两者之间存在一个湍动能既不产生也不耗散的惯性子区，其作用就是实现大尺度湍动能到小尺度湍动能的转换而不改变其大小。从而当这个惯性子区的尺度处于一种动态平衡时，通过惯性子区的湍动能的流量就是流场的动能耗散率。基于此可利用惯性子区尺度（PIV 的查询区间的最小分辨率）内的湍动能流量来计算 Kolmogorov 尺度上的耗散率。其数学模型如下。

将 POD 重构流场的瞬态速度 $u(x,y,t)$、$v(x,y,t)$分解为

$$\begin{aligned} u(x,y,t)&=\breve{u}(x,y,t)+\widehat{u}(x,y,t)\\ v(x,y,t)&=\breve{v}(x,y,t)+\widehat{v}(x,y,t) \end{aligned} \tag{5.18}$$

式中 $\breve{u}(x,y,t)$，$\breve{v}(x,y,t)$——可解尺度的速度；

$\widehat{u}(x,y,t)$，$\widehat{v}(x,y,t)$——不可解尺度的速度。

通过滤波对不可压流体的连续性方程和 N-S 方程，可得 Kolmogorov 尺度上的耗散率为

$$\varepsilon=-2\langle \tau_{ij}\breve{S}_{ij}\rangle \tag{5.19}$$

式中 τ_{ij}——亚格子应力张量，由 Smagorinsky 模型可得 $\tau_{ij}=-0.17^2 l^2\sqrt{2\breve{S}_{ij}\breve{S}_{ij}}\,\breve{S}_{ij}$，

其中 l 表示 PIV 查询区间的长度；$\breve{S}_{ij}$ 表示可解尺度的变形率张量。

基于流场各向同性的统计假设，用 2DPIV 测量的速度矢量表示 Kolmogorov 尺度上的耗散率为

$$\varepsilon=\varepsilon_{11}+\varepsilon_{22}+\varepsilon_{33}+2\varepsilon_{12}+4\varepsilon_{13} \tag{5.20}$$

$$
\begin{cases}
\varepsilon_{11}=2\sqrt{2}\times 0.17^2 l^2\left\langle\sqrt{\breve{S}_{11}\breve{S}_{11}}\,\breve{S}_{11}\breve{S}_{11}\right\rangle=2\sqrt{2}\times 0.17^2 l^2\left\langle\left|\dfrac{\partial u}{\partial x}\right|\left(\dfrac{\partial u}{\partial x}\right)^2\right\rangle \\
\varepsilon_{22}=2\sqrt{2}\times 0.17^2 l^2\left\langle\sqrt{\breve{S}_{22}\breve{S}_{22}}\,\breve{S}_{22}\breve{S}_{22}\right\rangle=2\sqrt{2}\times 0.17^2 l^2\left\langle\left|\dfrac{\partial v}{\partial y}\right|\left(\dfrac{\partial v}{\partial y}\right)^2\right\rangle \\
\varepsilon_{33}=2\sqrt{2}\times 0.17^2 l^2\left\langle\sqrt{\breve{S}_{33}\breve{S}_{33}}\,\breve{S}_{33}\breve{S}_{33}\right\rangle=2\sqrt{2}\times 0.17^2 l^2 \\
\left\langle\left|\left[\left(\dfrac{\partial u}{\partial x}\right)^2+\left(\dfrac{\partial v}{\partial y}\right)^2\right]^{\frac{1}{2}}\right|\left[\left(\dfrac{\partial u}{\partial x}\right)^2+\left(\dfrac{\partial v}{\partial y}\right)^2\right]\right\rangle \\
\varepsilon_{12}=2\sqrt{2}\times 0.17^2 l^2\left\langle\left|\left\{\dfrac{1}{2}\left[\left(\dfrac{\partial v}{\partial x}\right)^2+\left(\dfrac{\partial u}{\partial y}\right)^2\right]+\left(\dfrac{\partial v}{\partial x}\times\dfrac{\partial u}{\partial y}\right)\right\}^{\frac{1}{2}}\right|\right. \\
\left.\left\{\dfrac{1}{2}\left[\left(\dfrac{\partial v}{\partial x}\right)^2+\left(\dfrac{\partial u}{\partial y}\right)^2\right]+\left(\dfrac{\partial v}{\partial x}\times\dfrac{\partial u}{\partial y}\right)\right\}\right\rangle \\
\varepsilon_{13}=2\sqrt{2}\times 0.17^2 l^2\left\langle\left|\left\{\dfrac{1}{2}\left[\left(\dfrac{\partial u}{\partial y}\right)^2+\left(\dfrac{\partial v}{\partial x}\right)^2\right]-\dfrac{1}{4}\left[\left(\dfrac{\partial u}{\partial x}\right)^2+\left(\dfrac{\partial v}{\partial y}\right)^2\right]\right\}^{\frac{1}{2}}\right|\right. \\
\left.\left\{\dfrac{1}{2}\left[\left(\dfrac{\partial u}{\partial y}\right)^2+\left(\dfrac{\partial v}{\partial x}\right)^2\right]-\dfrac{1}{4}\left[\left(\dfrac{\partial u}{\partial x}\right)^2+\left(\dfrac{\partial v}{\partial y}\right)^2\right]\right\}\right\rangle
\end{cases}
\tag{5.21}
$$

5.1.4.2 湍动能和耗散率

对POD重构的槽道内涡波流场进行时间平均，得到速度矢量的平均分布以及流场中涡量的平均分布，如图5.26所示。图5.26中的色度表示涡量的值，横纵坐标分别是流场流向速度和法向速度的横纵坐标与槽道高的比值。

从图5.26可以看到，流场的波状主流为拟余弦形状是高涡量区域，在波状主流的两侧分布着低涡量，表明涡波流场中涡旋与波状主流的交互作用。尽管流场的雷诺数为138.3是层流状态，但是流场中存在的不同涡量的涡旋使流场的脉动程度增加；另外随着流向距离的增加，波状主流的涡量呈递减趋势，进一步表明大尺度的涡旋会向小尺度涡旋发展和演变，从而造成流场的动能发生变化，使流场的动能耗散率产生变化。

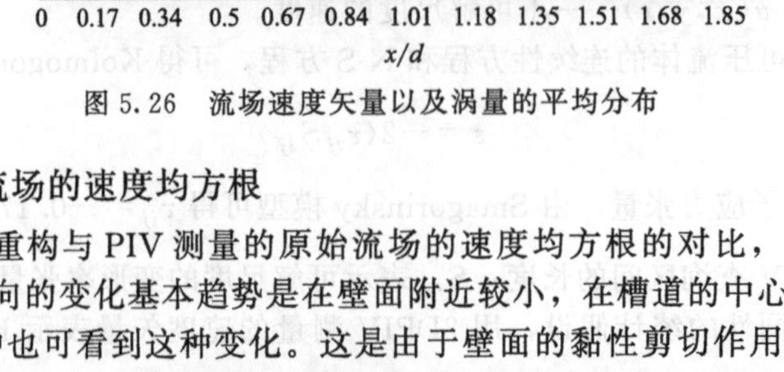

图5.26 流场速度矢量以及涡量的平均分布

(1) POD重构流场的速度均方根

图5.27为POD重构与PIV测量的原始流场的速度均方根的对比，可见流向速度、法向速度的均方根沿法向的变化基本趋势是在壁面附近较小，在槽道的中心附近幅值较大，从图5.26平均速度场中也可看到这种变化。这是由于壁面的黏性剪切作用使流体的速度均方根幅值较小，而在中心主流区域受流体主流速度的影响其幅值较大的缘故。

从图5.27可以看出，POD重构流场的速度均方根（包括流向和法向）结果与PIV测量的原始流场吻合较好，由于 POD 重构流场的过程中选择了主导模态，剔除了 PIV 测量过程中的噪声等信息，因而其速度均方根的幅值较小，但是并不改变速度均方根的变化趋势，表明用 POD 重构流场是有效的。

图 5.27(a) 中流向速度均方根的变化幅度为 (0.2181－0.1904)/0.2181＝12.7%，图 5.27(b) 中法向速度均方根的变化幅度为 (0.1723－0.1262)/0.1723＝26.8%，表明槽道内涡波流场的脉动程度较大，有必要进一步分析流场的动能耗散率。

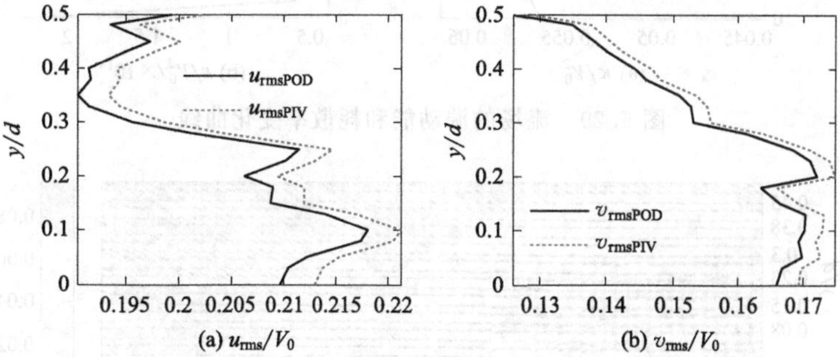

图 5.27　POD 重构流场的速度均方根变化

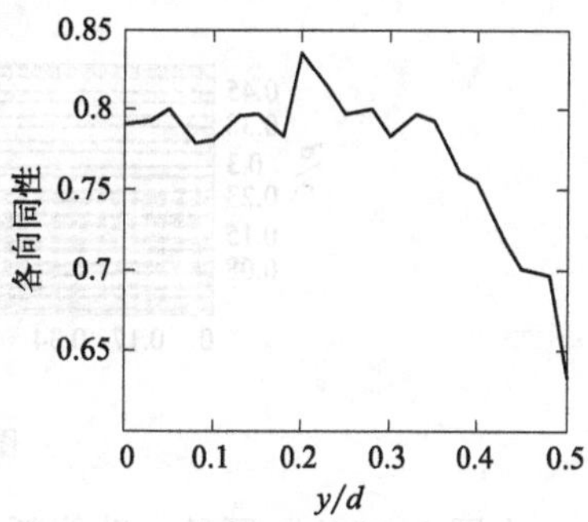

图 5.28　计算流场的各向同性沿法向距离的变化

实验采用 2DPIV 对流场的速度场进行测量，而计算动能耗散率涉及三维空间的速度场，因而采用流场的各向同性的假定进行耗散率的计算，如式 (5.22) 所示。通常用流向、法向速度均方根两者的比值表示流场的各向同性的程度，其比值为 0.7～1.3 就可认为流场是各向同性的。计算流场的各向同性沿法向距离的变化如图 5.28 所示，可见两者的比值在法向距离 0～0.35 的范围内各向同性的变化基本在 0.78 振荡，在各向同性的值域内，其最大在 0.2 处为 0.84，最小值在 0.5 处为 0.63，这表明壁面的存在使流动情况较为复杂，壁面附近与中心区域的流动特性有较大的区别。但对整个流场来讲应用各向同性的假设是可行的。

(2) 湍流动能

根据各向同性的假设，利用 POD 重构流场的速度场得到槽道内涡波流场的湍动能随法向距离的变化曲线，如图 5.29(a) 所示。由图 5.29(a) 可见，POD 重构的流场与 PIV 测量的原始流场对湍动能的分布情况基本一致，在壁面附近湍动能较小，在接近槽道中心区域湍动能越来越大，呈现出射流的特征，在法向位置 0.15、0.45 处出现湍动能减小的趋势。这是由于在 0.45 处由于壁面的影响，流场中涡旋的尺度不稳定（图 5.26）引起的；在法向距离 0.15 处，流场主要受波状主流的作用，产生大尺度的涡旋，而湍动能产生于大尺度脉动，从而形成较高的湍动能分布，但是由于波状主流两侧的小尺度涡旋的存在使湍动能在此处产生一个减小的形态。

从图 5.30 流场的湍动能分布中也可看出，较高的湍动能分布在槽道中心附近，随着流向距离的增加，湍动能趋于减弱。

(3) 动能耗散率

同理根据各向同性的假设，利用 POD 重构流场的速度场得到槽道内涡波流场的动能耗散率随法向距离的变化曲线，如图 5.29(b) 所示，流场的动能耗散率分布如图 5.31 所示。

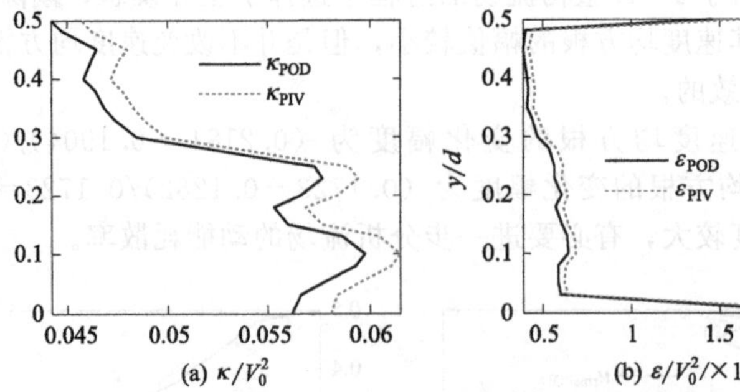

图 5.29　流场的湍动能和耗散率变化曲线

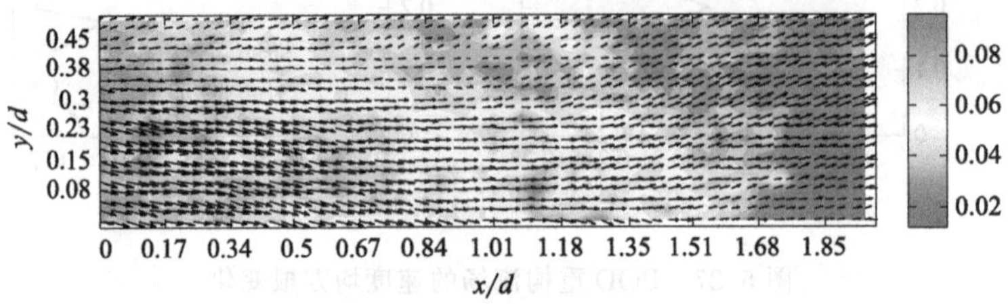

图 5.30　湍动能的分布

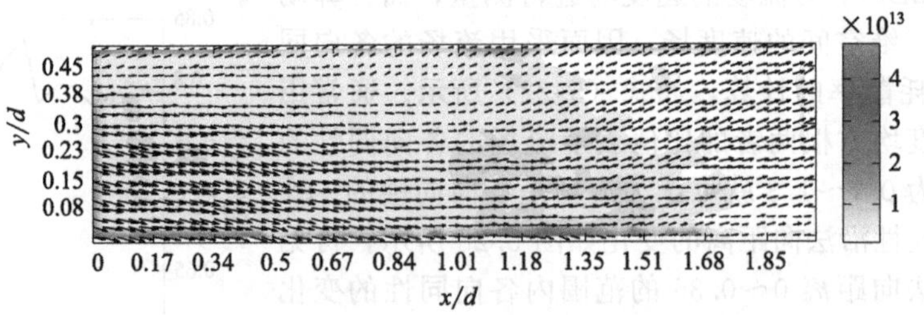

图 5.31　流场的动能耗散率分布

由图 5.29(b) 可见，动能耗散率的峰值出现在壁面附近和槽道中心区域，随着远离壁面程度的增加，动能耗散率先降低后逐渐增加直至达到峰值；与图 5.31 一致，在靠近壁面的附近区域动能耗散率在脱离壁面剪切层的影响后，又远离槽道中心主流，因而耗散率有一个低值区间，靠近槽道中心主流则受到主流速度的影响，流场的脉动程度增加，因而动能耗散率也增加。与湍动能的流向分布不同的是，在流向位置 1.01～1.68 区间，动能耗散率的幅值较大，表征了湍动能在这个区间的变化较为剧烈，这是涡波流场在这些位置实现涡旋尺度变化的体现。

5.1.4.3　污染油液的湍动能和耗散率

① 采用 POD 技术对 2DPIV 测量的槽道内涡波流场进行主导模态分解，利用累计占总能量的 97%的前 180 阶模态进行流场重构，表明重构流场表征了原始流场的主导结构，剔除了噪声等干扰信息。

② 根据平均流场的波状主流和涡旋交互作用的结构特征，表明流场中存在的不同涡量的涡旋使流场的脉动程度增加；另外，随着流向距离的增加，大尺度的涡旋会向小尺度涡旋发展和演变。

③ 湍动能在壁面附近较小，在接近槽道中心区域湍动能越来越大，呈现出射流的特征。

④ 动能耗散率的峰值出现在壁面附近和槽道中心区域，随着远离壁面程度的增加，动能耗散率先降低后逐渐增加直至达到峰值。

5.1.5 污染油液脉动机理分析

非定常流的脉动在工业中传质、传热等方面应用中极其普遍，其有利的一面是适当的脉动能够提高流体的传质、传热效率，但当脉动达到一定程度后就会产生破坏作用，因而对非定常流场的脉动特性进行研究具有重要的工程实际应用价值。

对于槽道内的非定常流场，国内外研究者在数值分析和实验研究方面取得了相当多的成果。赵慧等用直接数值模拟方法对槽道非定常流场进行了研究，发现低频涡对于流向和法向脉动速度的贡献随着法向高度的增加而增大，在近壁面上展向速度的脉动在对数层以及黏性底层存在较大的脉动强度。实验研究方面，Hsu 等用高速粒子图像测速（PIV）对振荡射流的流动行为和速度场的时间和空间变化进行了实验研究，发现随着射流出口速度的变化，射流在一个脉动周期内产生振动，并在下游区域诱发周期性波状流结构，波流结构由两个相邻的旋向相反的涡度集中的涡旋组成。可见国内外对槽道内非定常流场的研究中，从流场脉动的产生、发展以及脉动对流场的作用等方面进行了深入的探讨，很少有文献从脉动与流场的结构相互作用以及脉动机理方面进行分析。从现有文献中也报道了非定常流场中涡旋和波状流的结构，这些结构对非定常流场的脉动特性具有决定性的作用，因而从流场的主导结构中探讨流场的脉动特性具有重要意义。

本征正交分解（proper orthogonal decomposition，POD）通过对数据系统进行奇异值分解，将流场分解为若干个空间正交模态，按照各个模态占流场总能量的大小进行排序，其中能量比较大的几阶模态表征了流场的主导特征结构，因而在流体力学领域得到了广泛的应用。

因而基于槽道内非定常流场的 2DPIV 测量的瞬态速度矢量场数据，采用 POD 进行分解，获取表征非定常流场主导结构的主要模态和模态系数，通过对包含流场脉动特性的模态系数进行详尽的分析，获取槽道非定常流场的脉动特性及其内在机理。

(1) PIV 流场分析

如图 5.32 所示为 2DPIV 测量的非定常流场的瞬态速度矢量场和涡量分布。2DPIV 的双脉冲频率为 15Hz，则实验系统的采样频率 $f_s=15/2$Hz。图 5.32 分别列出采样时刻 $t=1/f_s$、$2/f_s$、$5/f_s$、$11/f_s$、$15/f_s$、$21/f_s$、$63/f_s$ 共 7 个时刻的非定常流场的瞬态速度矢量场和涡量分布，其中横纵坐标分别为 CCD 相机拍摄视场的流向长度（x）和法向长度（y）与槽道的法向长度（d）之比，涡量的色度选取涡量为 $\pm 20\text{s}^{-1}$ 的范围，其他图中接近这个值的涡量可能会成为一个极值点。

图 5.32(a) 为 2DPIV 采集的第 2 张非定常流场的速度矢量场和涡量分布，可以看到流场的左端（上游）和中部的速度较大，也是正负交替的涡量差值较大的区域。表明这些区域的小尺度涡旋相互卷绕作用较强，从而也形成了一个拟余弦的波状主流。在流场的右端（下游）区域主要以正涡量为主，因而速度矢量的幅值较小，相应地流场的脉动程度较小。

经过 $1/f_s$ 时间后非定常流场中的正负涡量的分布较为规则，其中波状主流仍以正涡量为主，负涡量逐渐从正涡量中剥离出来，在波状主流的两侧进行聚合，如图 5.32(b) 所示。同理，在流场的下游区域的脉动程度较小，流场的速度矢量在波状主流中的幅值较大。

如图 5.32(c) 所示，在 $t=5/f_s$ 时刻，流场的波状主流的脉动频率为 $t=1/f_s$ 时刻的 2 倍，流场中部的速度矢量幅值较小，在波状主流的两侧明显出现正负向涡量交替的区域。

图 5.32(d) 表示的是流场经过 $6/f_s$ 时间后的形态，3 个负涡量分布在以正涡量为主的

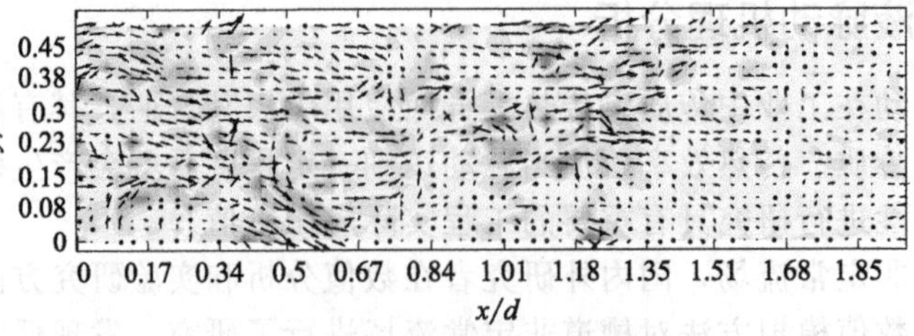

(a) $t=1/f_s$

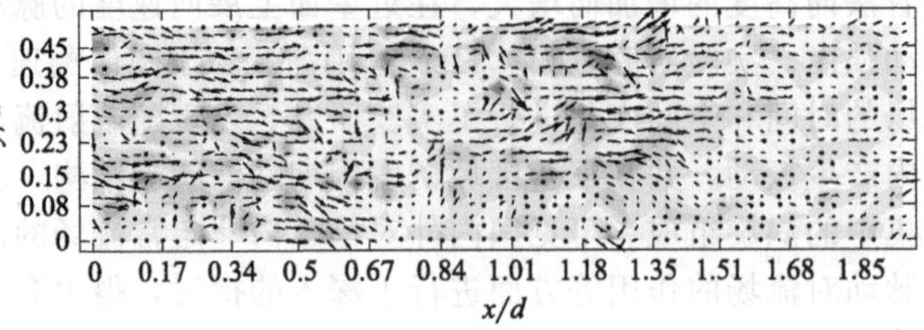

(b) $t=2/f_s$

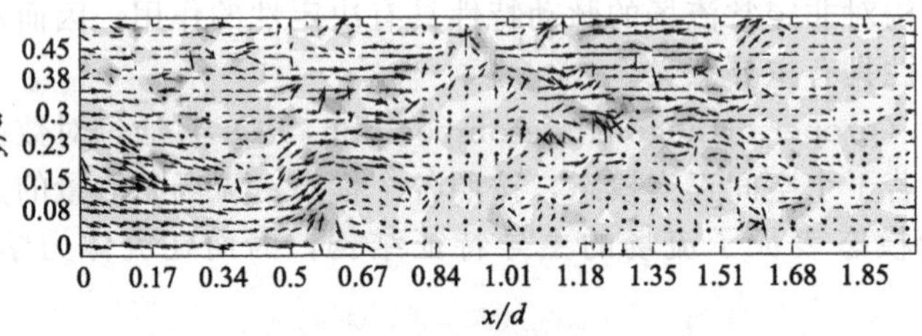

(c) $t=5/f_s$

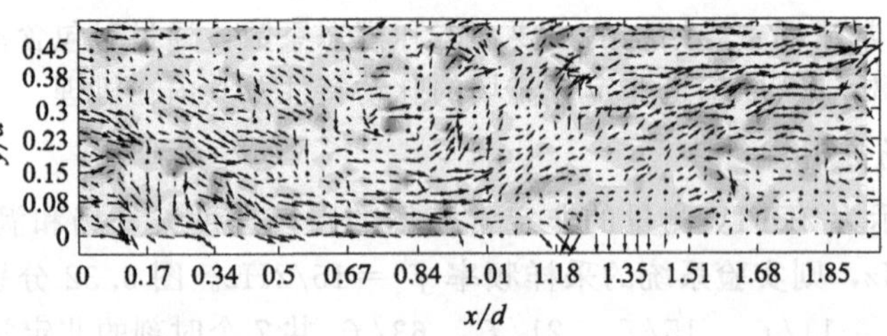

(d) $t=11/f_s$

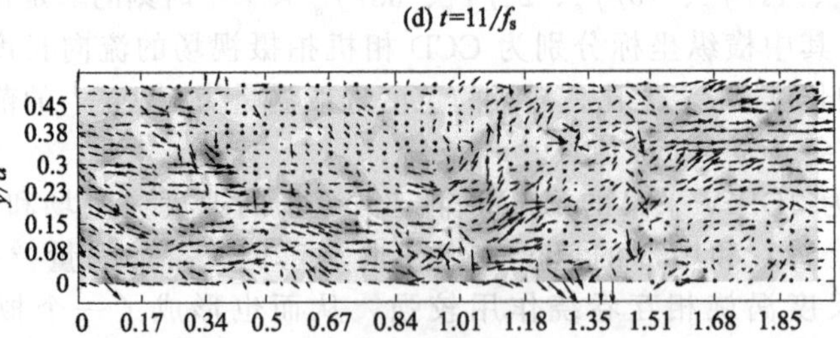

(e) $t=15/f_s$

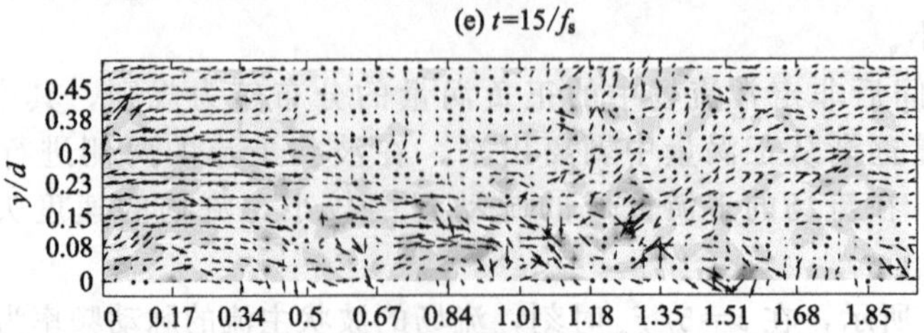

(f) $t=21/f_s$

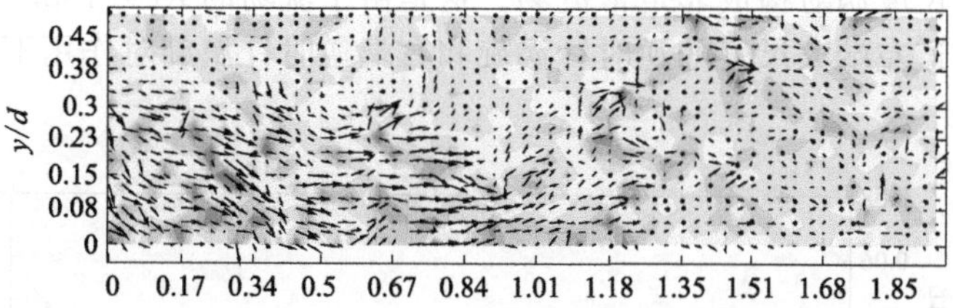

(g) $t=63/f_s$

图 5.32 2DPIV 测量的非定常流场的瞬态速度矢量场和涡量分布

波状主流两侧，流场的脉动频率衰减。

图 5.32(e) 表示的是 $t=15/f_s$ 时刻流场的形态，正涡量占整个流场的大部分区域，但是流场的速度矢量仍在波状主流上幅值较大，可以看到有 3 个负涡量和 2 个较弱的正涡量分布在波状主流的两侧，整个流场的脉动频率有所增长。

从图 5.32(f) 中经过 $6/f_s$ 时间后，流场的速度矢量在槽道上游的分布较为密集，在流场中上部的幅值较小，仍呈现出以正涡量为主的波状主流，但其脉动频率明显有所衰减。

黄其等以水为工质对三角槽道内层流脉动传热特性进行了研究，用 PIV 测得流场内涡的变化规律，从“涡及涡运动”的角度揭示了“有序”的涡生长及迁移过程对脉动流强化传热的影响，可见通过 PIV 测量的非定常流场的瞬态速度矢量场和涡量分布图可以获取流场的脉动特性。在图 5.32 中 6 个时刻的瞬态速度矢量场和涡量分布中，图 5.32(d) 和图 5.32(g) 的形态基本一致，对应的循环时间为 $52/f_s$s，则非定常流场的循环时间约为 6.9333s，即流场的脉动频率约为 7.5/52＝0.1442(Hz)。文中与文献［160～162］的流场脉动特性比较见表 5.1。

表 5.1 流场脉动特性比较

研究者	脉动幅值/%V	雷诺数	频率/Hz
Mao	5～10	15000～70000	0.0075～0.21
Tardu	10～60	5000～10000	0～0.25
黄其	20～100	300～900	0～50
文中	10	40.84	0.1442

(2) POD 分解的模态系数分析

根据 2DPIV 测量的非定常流场的速度矢量场，运用 POD 分解，各阶模态的能量比随着阶数的增大而减小，表明前几阶模态表征了非定常流场的主导结构，可以根据主导模态的重组来表征 2DPIV 测量的原始流场，能够剔除在 2DPIV 测量过程中的噪声等无用信息，这些研究国内外已有相当多的文献报道。本研究主要针对由占流场总能量比 $E^{(i)}$ 确定主导模态相应的模态系数进行深入分析，获取非定常流场的脉动特征。

POD 分解非定常流场后各阶模态的能量比如图 5.33 所示。由图 5.33 可见，第 1 阶模态的能量比为 6.6%最大，第 2 阶模态能量比为 5.1%，前 16 阶模态的能量比累计为 34.7%，其他各阶模态的能量比均小于 1%，表征流场的较细微的结构。则取 POD 分解的前 16 阶模态系数进行分析非定常流场的脉动特性。

图 5.34 为 POD 分解的前 16 阶模态系数的功率谱分布，其中 4 条点画线分别为非定常流场脉动频率的 1～4 次谐波的频率值。

由图 5.34(a) 可以看到第 1 阶模态的最大峰值对应流场脉动的基频，表征了流场的主导结构，由一个大尺度涡对构成非定常流场。这是由于流场的 $Re=138.3$，槽道内非定常流场的耗散作用使槽道左端大尺度的逆时针涡旋和右端逆时针涡旋对作用下对壁面剪切层产生卷绕的结果。

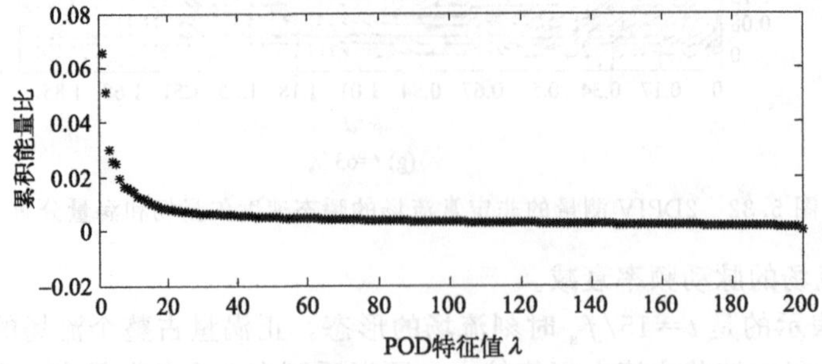

图 5.33　POD 分解非定常流场后各阶模态的能量比

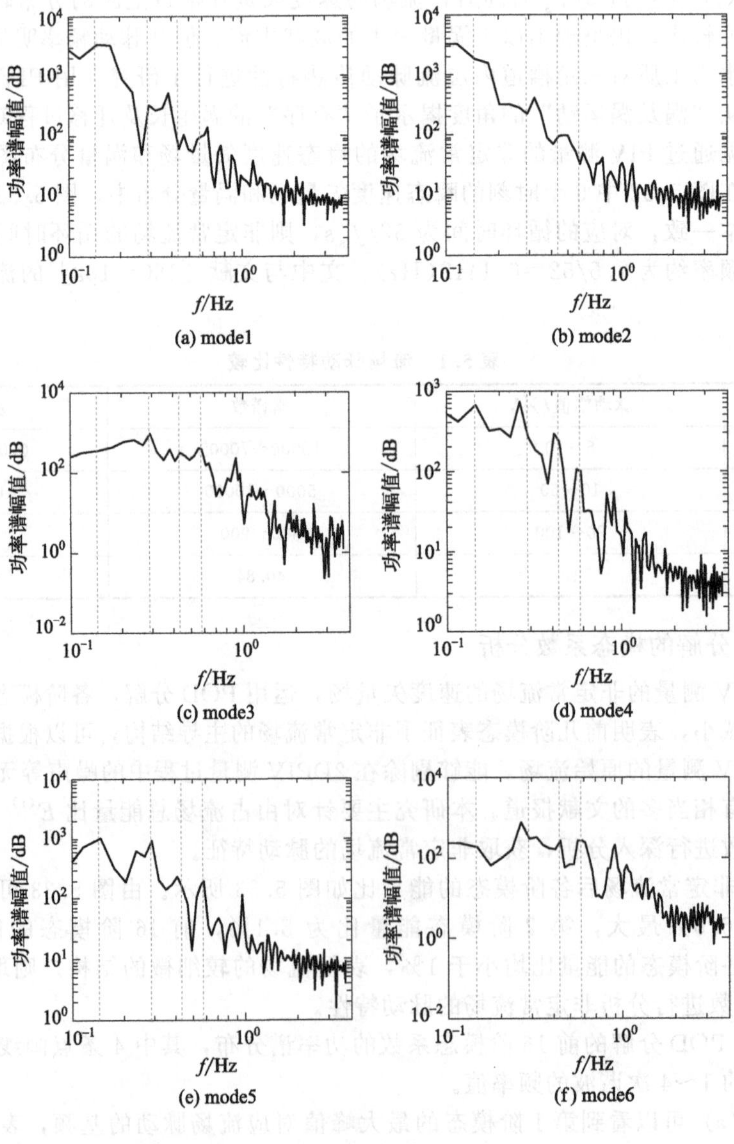

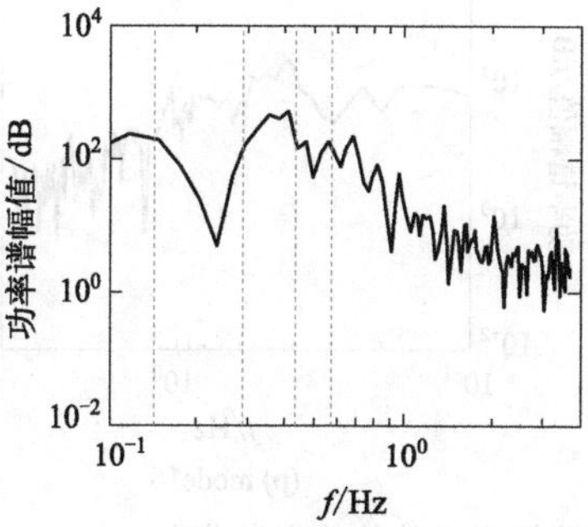

(g) mode7

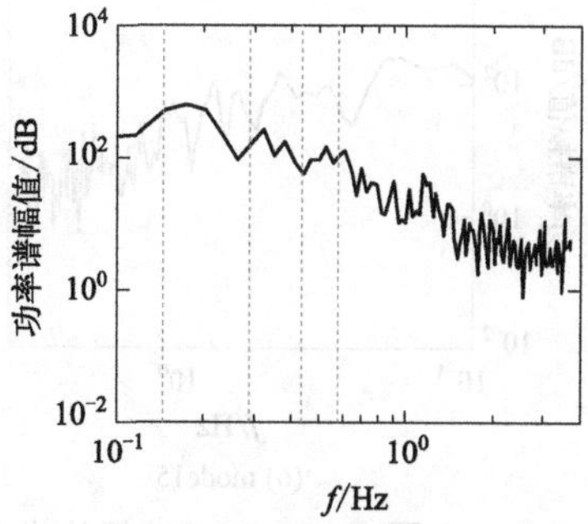

(h) mode8

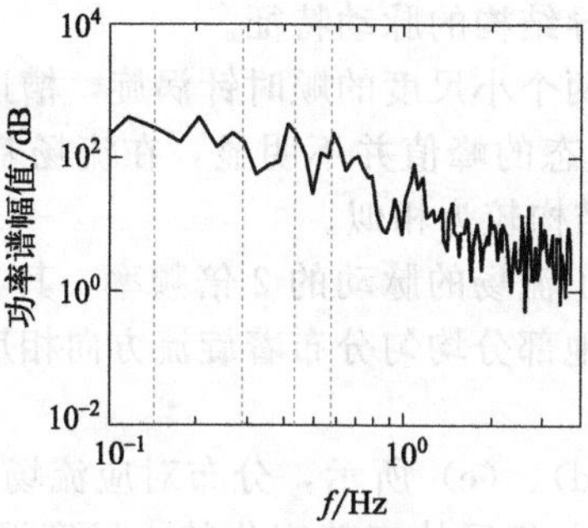

(i) mode9

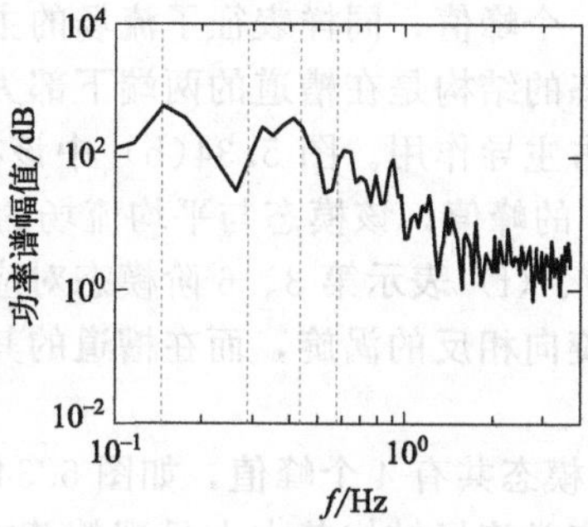

(j) mode10

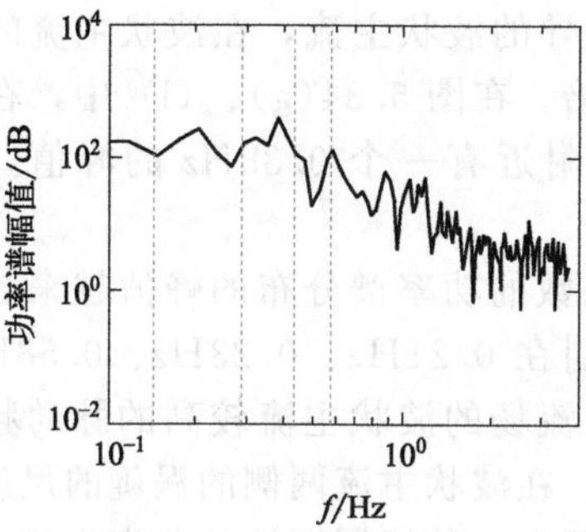

(k) mode11

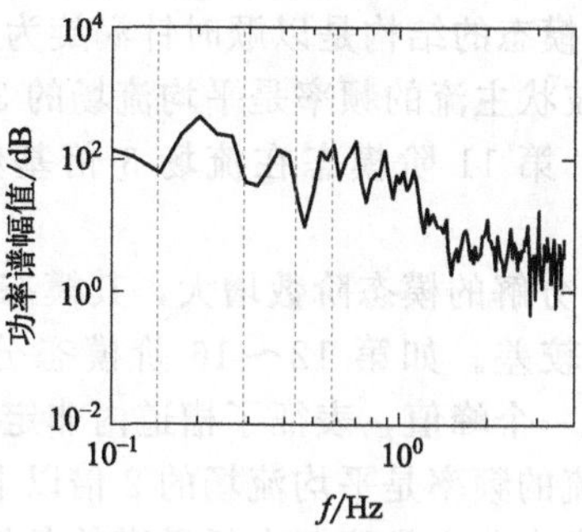

(l) mode12

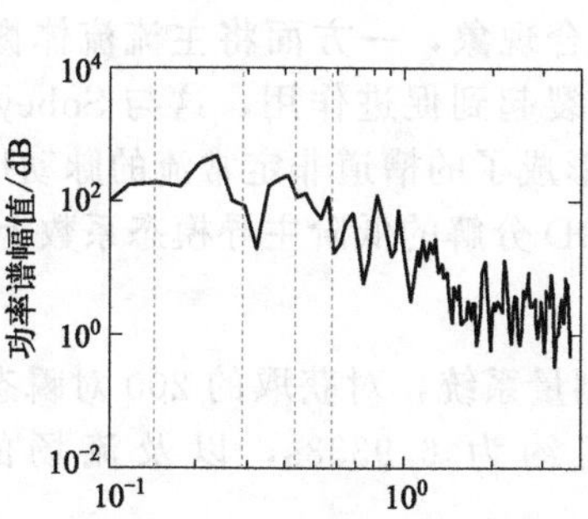

(m) mode13

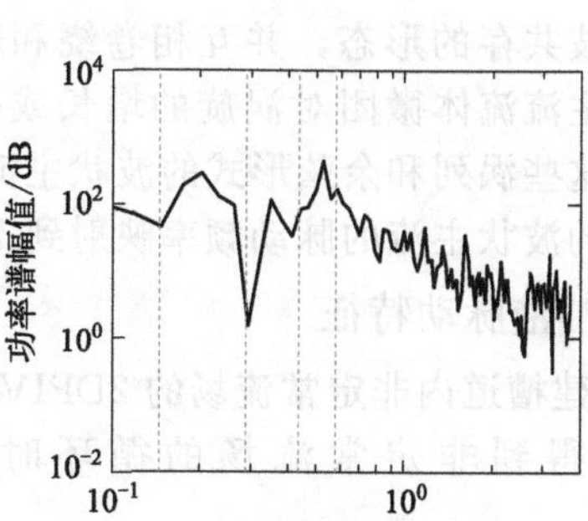

(n) mode14

图 5.34

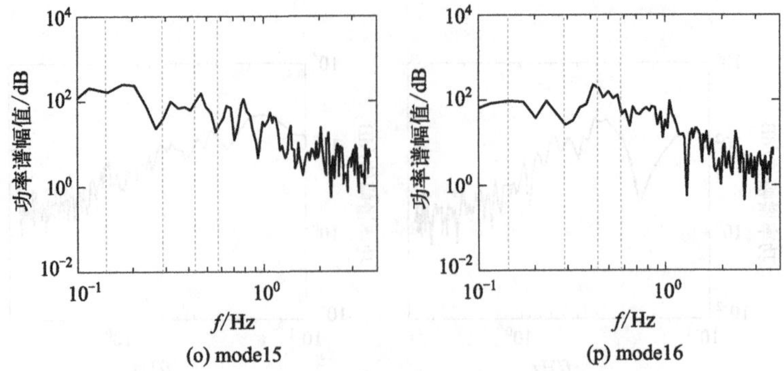

图 5.34 POD 分解的前 16 阶模态系数的功率谱分布

其中图 5.34(h) 第 8 阶模态在流场的基频出有一个带峰，图 5.34(j) 第 10 阶模态在流场的基频出有一个峰值，同样表征了流场的主导结构的脉动特征。

第 2 阶模态的结构是在槽道的两端下部为两个小尺度的顺时针涡旋，槽道中上部的大尺度逆时针涡旋占主导作用。图 5.34(b) 中该模态的峰值并不明显，在流场基频的 2 倍附近有一个 0.32Hz 的峰值，该模态与平均流场的结构较为相似。

图 5.34(c)、(f) 表示第 3、6 阶模态对应了流场的脉动的 2 倍频率，其在槽道左端有 3 个较大尺度的旋向相反的涡旋，而在槽道的其他部分均匀分布着旋流方向相反的交替变化的小尺度涡旋。

第 4、5 阶模态共有 4 个峰值，如图 5.34(d)、(e) 所示，分布对应流场基频的 1～4 倍频率，对应非定常流场结构基本上呈现旋流方向相反的交替变化的小尺度涡旋，表示 POD 分解的高阶模态表征了流场的脉动特性。

第 7、9 阶模态的结构是以顺时针涡旋为主导的波状主流，在波状主流的两侧分布着逆时针涡旋，且波状主流的频率是平均流场的 3 倍。在图 5.34(g)、(i) 中，在流场 3 倍基频处有一个峰值。第 11 阶模态在流场 3 倍基频附近有一个 0.38Hz 的峰值，如图 5.34(k) 所示。

随着 POD 分解的模态阶数增大，其模态系数的功率谱分布的峰值越来越复杂，与流场的基频相关性较差。如第 12～16 阶模态分别在 0.21Hz、0.23Hz、0.58Hz、0.21Hz 和 0.43Hz 处出现一个峰值，表征了槽道内非定常流场的波状主流较高的脉动频率特征，它们近似为波状主流的频率是平均流场的 2 倍以上，在波状主流两侧的涡旋的尺度更小。

可见，槽道内非定常流场在低雷诺数条件下是一种拟周期性的非定常流动，其中流体对流的惯性是流体脉动的重要作用条件，首先在槽道壁面出现剪切层分离，并逐渐增大，在槽道内形成涡和波共存的形态，并互相卷绕和耦合现象，一方面将主流流体微团卷绕到涡旋中，另一方面主流流体微团对涡旋的增长或破裂起到促进作用，这与 Sobey 描述的现象一致。正是因为这些涡列和余弦形式的波状主流形成了的槽道非定常流的脉动形式，并将这些涡列以及伴随的波状主流的脉动频率映射到 POD 分解的低阶主导模态系数上。

(3) 污染油液脉动特征

① 通过构建槽道内非定常流场的 2DPIV 测量系统，对获取的 200 对瞬态速度矢量场进行系统分析，得到非定常流场的循环时间约为 6.9333s，以及流场的脉动频率约为 0.1442Hz。

② 采用 POD 分解了非定常流场的 2DPIV 测量的瞬态速度矢量场数据，根据各阶模态的能量比，选择能够表征流场主导结构的 POD 分解的前 16 阶模态系数分析非定常流场的脉动特性。

③ 通过对 POD 分解的前 16 阶模态系数进行功率谱分析，发现第 1 阶模态对应流场脉动的基频，第 3、6 阶模态对应流场的 2 倍频率，第 7、9 阶模态对应流场的 3 倍频率，第 4、5 阶模态对应流场的 1～4 倍频率；表明非定常流场的脉动是由于一些涡列和余弦形式的波状主流形成的，并将这些涡列以及伴随的波状主流的脉动频率映射到 POD 分解的主导模态系数上。

5.2 污染浓度对油液流场特性影响分析

5.2.1 平均速度的分析

油液在运行过程中不可避免地会混入固体颗粒物，这些颗粒物尽管含量较低（一般在 10^{-5} 左右），但仍会改变油液的运动特性。前期国内外针对颗粒存在情况下的流体时均速度的变化规律进行了深入的研究，获取了一些重要的研究成果。针对这个问题，过去更多地致力于借助实验测量技术（LDA、PIV 等）的发展对流体的运动特性进行特定条件下实验研究。Kiger 等利用 PIV 测量技术对瞬时流固两相作用进行了考查，结果表明即使流体中粒子的质量负载仅为 10^{-4} 数量级的情况，也可以明显地改变流体的平均动态；流体的湍流属性也有明显变化，壁面摩擦速度有效增加约 7%，边界层外层的法向湍流脉动和雷诺剪应力增加 8%～10%；流体中的粒子在平均流向速度上有一个滞后，但在粒子的附近局部流向滑移速度却几乎可以忽略。相反，粒子的平均法向速度与流体的速度基本一致，但在流动外层区域存在一个局部滑移速度，约为粒子沉降速度的 40%。栗晶等进一步分析了低质量载荷颗粒的影响机理，认为低载荷颗粒的存在抑制了湍流拟序结构的发展，使得湍流准流向结构长度减小、猝发频率降低、猝发强度减弱；另外，颗粒尾涡脱落还导致了壁面附近的气相剪切雷诺应力增强。

在数值仿真方面，周力行对气固两相流动在欧拉坐标下提出了 κ-ε-κ_p 两相湍流模型。傅旭东等从固液两相流动的理论出发，建立了模拟水平方管固液两相流动的数字模型，预测了两种浓度分布类型，并给出了颗粒相脉动能沿垂向不同类型的分布、在管流主流区，计算预测的颗粒平均速度小于液相速度，在边壁附近大于液相速度。同时，对颗粒浓度、平均速度等流动属性的垂向分布机理进行了分析，从运动理论的观点揭示了浓度不同分布类型的形成机理不仅与颗粒在滤场中的升力有关，还与颗粒脉动能的分布有关。

可见对固液两相流的研究主要关注低浓度、低黏性的泥沙流，由于油液的黏性较大、油液中颗粒的尺寸和数量随着不同的工况而不同，再加上油中颗粒运动的随机性及其与油液相互作用的复杂性，采用现有固液两相流的研究方法进行油中颗粒运动特性理论描述是非常困难的。为了认识油中颗粒对其运动特性的影响规律，揭示颗粒与油液的相互作用规律，了解油中颗粒污染的物理实质，应用 PIV 技术对含不同浓度和粒径颗粒物的油液进行了研究。

由于油中颗粒物的浓度最大为 14.4×10^{-6}，因而可忽略颗粒物之间的碰撞和反向耦合作用，从而利用 PIV 的实测数据对管路内不同的颗粒粒径、颗粒浓度对油液的速度分布的影响进行如下分析。

(1) 流向时均速度沿法向的分布

分别将 PIV 实测的管路中含不同颗粒粒径的油液的流场瞬态流向速度数据在时间和流向 x 上进行平均，即

$$\bar{U}=\frac{1}{m_x T}\sum_{i=1}^{m_x}\sum_{t=0}^{T}u_{it} \tag{5.22}$$

式中 $\bar{U}$——油液的流向时均速度；

u_{it}——油液的PIV测试瞬时速度；

m_x——PIV在流向上测试油液瞬时速度的数量；

T——PIV的一个测试周期。

图5.35表示分别含有5μm、15μm、25μm以及50μm粒径的颗粒物的油液在颗粒浓度分别为0.648×10^{-6}、0.971×10^{-6}、3.00×10^{-6}、4.57×10^{-6}、6.58×10^{-6}和14.4×10^{-6}情况下的流向时均速度沿法向的变化规律情况。其中横坐标是流向时均速度与入口初始速度V_0的比值，纵坐标为PIV测试窗口高度与管路高度的比值。

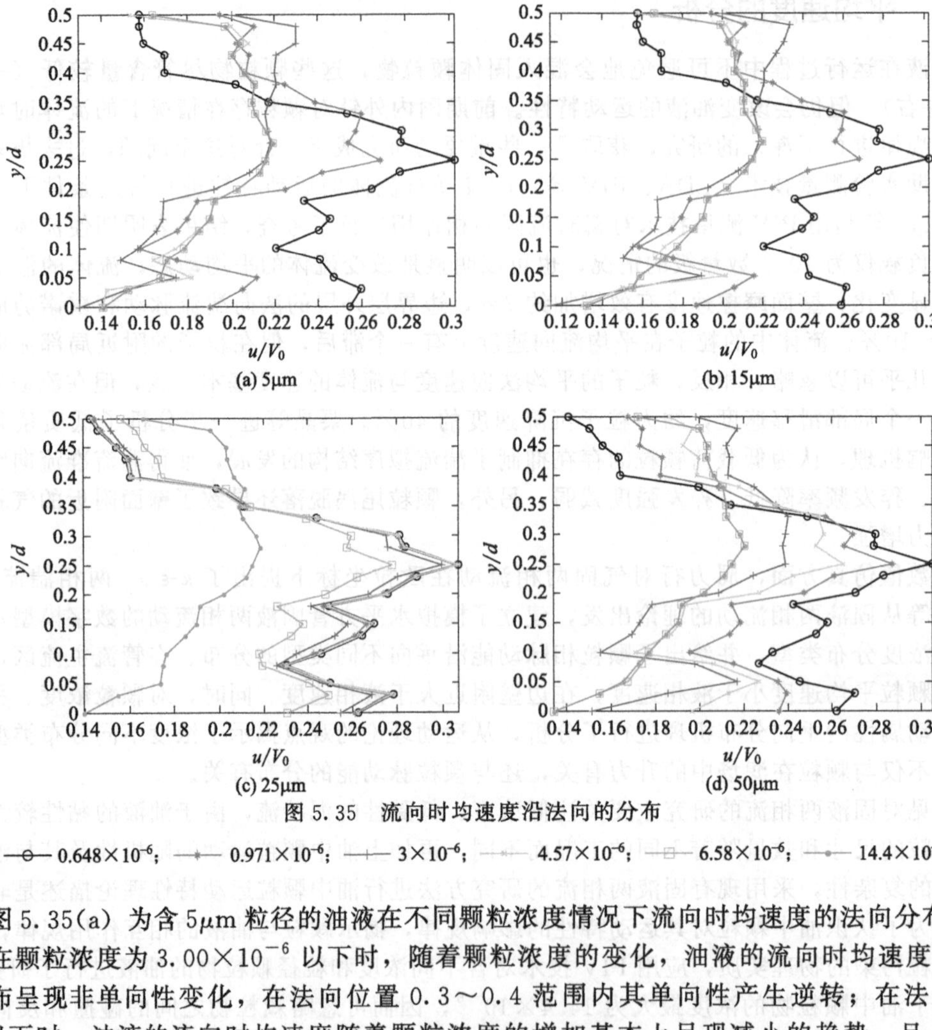

图5.35 流向时均速度沿法向的分布

—○— 0.648×10^{-6}；—◆— 0.971×10^{-6}；—+— 3×10^{-6}；—×— 4.57×10^{-6}；—□— 6.58×10^{-6}；—●— 14.4×10^{-6}

图5.35(a)为含5μm粒径的油液在不同颗粒浓度情况下流向时均速度的法向分布规律，可见在颗粒浓度为3.00×10^{-6}以下时，随着颗粒浓度的变化，油液的流向时均速度沿法向的分布呈现非单向性变化，在法向位置0.3～0.4范围内其单向性产生逆转；在法向位置0.3以下时，油液的流向时均速度随着颗粒浓度的增加基本上呈现减小的趋势，且3.00×10^{-6}颗粒浓度以下油液的时均速度在0.1～0.2法向位置内呈现突然降低的情况，根据文献对PIV流场的瞬态速度矢量场和涡量分布分析，在这个范围内波状主流呈负波峰状态及其与正负涡量相互作用下的结果；油液的流速分布不仅与颗粒的浓度有关，还与流体的特性(黏度、速度梯度以及流动边界条件等)有关，与张凤羽的能耗率极值原理对固液两相流的非单向性的参数组合具有修正作用阐述一致。在含颗粒的油液这种独立体内，在给定的初始或边界条件下流动时，其密度、速度及压力分布除了满足连续方程和动量方程外，在任何时刻总是自动调整，以使系统整体的能量耗散率随时达到一个极值。即在法向位置0.3以上

时，油液的流向时均速度随着颗粒浓度的增加基本上呈现增加的趋势，就是这种独立体内能耗率极值原理的体现，这也与文献［166］不同，油液的黏性远大于水，因而在管路近壁区颗粒浓度较大的油液受到的黏性剪切力较小，从而使油液的流向时均速度产生单向性逆转。

在颗粒浓度超过 3.00×10^{-6} 时，颗粒浓度对油液的流向时均速度分布的影响不太明显。而 3.00×10^{-6} 颗粒浓度以上，由于颗粒浓度较大，油液的时均速度在 0.1～0.2 法向位置内没有呈现突然降低的情况。这是由于在粒径为 5μm 的颗粒浓度小于 3.00×10^{-6} 时颗粒物受到低速油液的“裹挟”而有一定的松弛时间，当颗粒浓度达到一定程度时，两者已近似为“均质一相流”。这与倪晋仁的研究结论一致，极细颗粒的浓度对流速分布影响不明显或不规则。

从图 5.35(b) 中可以看出，粒径为 15μm 的颗粒对油液在不同颗粒浓度情况下流向时均速度的法向分布的影响与 5μm 的颗粒基本一致，不同的是在法向位置 0.1 以下，各个颗粒浓度下油液的流向时均速度都有所增加。

图 5.35(c) 表明粒径为 25μm 的颗粒对油液的流向时均速度影响较大，与图 5.35(a)、(b) 不同的是，实验范围内的所有的颗粒浓度对油液的流向时均速度沿法向的分布都呈现非单向性变化，在法向位置 0.35 处其单向性产生逆转。

图 5.35(d) 是含 50μm 粒径的油液在不同颗粒浓度情况下流向时均速度的法向分布规律，可以看出粒径的增加并没有使油液的流向时均速度分布呈现单调发展的趋势。在较大颗粒浓度（大于 6.58×10^{-6}）时，颗粒浓度对油液的流向时均速度分布的影响不太明显。不同颗粒浓度对油液的流向时均速度的分布情况与图 5.35(a)、(b) 相似，不同的是在法向位置 0.2 以下各个颗粒浓度下油液的流向时均速度都有所增加。

总之从图 5.35 可知，颗粒浓度与颗粒粒径对油液的流向时均速度影响是交互作用的，在粒径不变的情况下，含颗粒的油液沿法向的流向时均速度分布呈拟抛物线形，在低浓度时变化幅度较大（表 5.2），反之亦然。不同的粒径使油液的时均速度的幅值也不同，其中粒径为 25μm 时对其影响最大（表 5.3），随各颗粒粒径依次递增，各颗粒浓度都在 25μm 时使油液的流向时均速度的最大速度达到最高值。

表 5.2 油液时均速度的变化幅度

粒径/μm	浓度/$\times10^{-6}$					
	0.648	0.971	3.00	4.57	6.58	14.4
5	0.1444	0.1109	0.1004	0.0791	0.0785	0.0785
15	0.1446	0.1096	0.1188	0.0900	0.0875	0.0875
25	0.1643	0.1511	0.1509	0.1537	0.1220	0.0788
50	0.1640	0.1194	0.0887	0.0942	0.0862	0.0862

表 5.3 油液时均速度的最大值

粒径/μm	浓度/$\times10^{-6}$					
	0.648	0.971	3.00	4.57	6.58	14.4
5	0.3020	0.2687	0.2300	0.2192	0.2191	0.2191
15	0.3020	0.2676	0.2336	0.2200	0.2199	0.2199
25	0.3171	0.3057	0.2994	0.3069	0.2780	0.2485
50	0.3049	0.2871	0.2401	0.2651	0.2204	0.2204

(2) 法向时均速度沿法向的分布

图 5.36 为粒径分别为 5μm、15μm、25μm 以及 50μm 时，颗粒浓度分别为 0.648×10^{-6}、0.971×10^{-6}、3.00×10^{-6}、4.57×10^{-6}、6.58×10^{-6} 和 14.4×10^{-6} 情况下，将 PIV 测试的油液法向瞬时速度进行流向时间平均后得到的法向时均速度沿法向的变化情况。其中横坐标是法向时均速度与入口初始速度 V_0 的比值，纵坐标为 PIV 测试窗口高度与管路高度的比值。

可见，油液的法向时均速度在不同的粒径和浓度情况下其变化趋势基本呈抛物线形状，颗粒浓度较低的油液的法向时均速度具有最大和最小值，即速度变化幅度较大；在法向位置 0～0.2 范围内以及 0.2 以上位置时油液的法向时均速度的单向性出现反转；具体表现在粒径小于 15μm，以及浓度小于 3.00×10^{-6} 时随着颗粒浓度的增加，法向时均速度在法向位置 0～0.2 范围内逐渐降低，反之在法向位置 0.2 以上法向时均速度的幅值增加。在粒径大于 15μm 以及浓度大于 3.00×10^{-6} 时油液的法向时均速度的变化较为复杂。

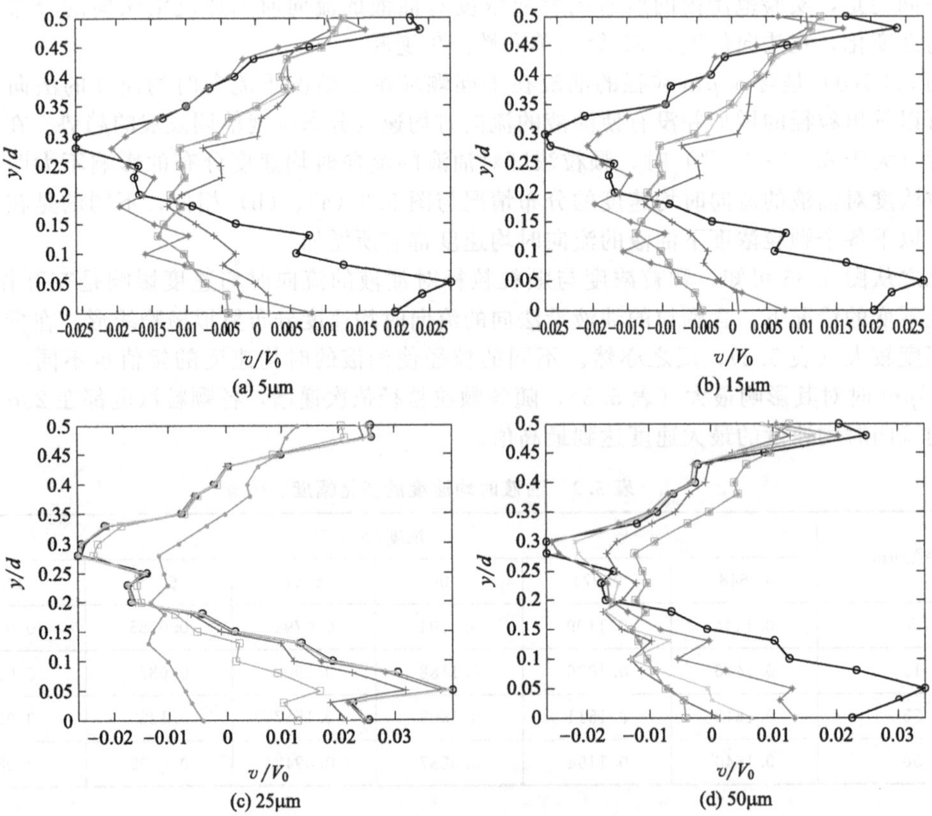

图 5.36 法向时均速度沿法向的分布

图 5.36(a) 为粒径为 5μm 时不同颗粒浓度的油液法向时均速度沿法向的分布情况，可见随着颗粒浓度的增加，油液的法向时均速度在法向上的分布对称性变差，在近壁区的幅值逐渐增加，即流场中形成 Q4 事件（扫掠）的情况增加。意味着颗粒浓度的增加即颗粒的惯性使油液产生扫掠事件，从中心区向近壁区进行扩展，从而降低了相应的流向时均速度（图 5.35）。图 5.36(b) 是粒径为 15μm 时不同颗粒浓度的油液法向时均速度沿法向的分布情况，与图 5.36(a) 基本一致，不同的是在法向位置 0.4 以上各颗粒浓度情况下，油液的法向时均速度较大。这是由于在近壁区颗粒粒径的增加，使油液的黏性剪切力降低的缘故。

从图 5.36(c) 可以看出，粒径为 25μm 时油液法向时均速度沿法向的分布情况。除了颗粒浓度为 14.4×10^{-6} 外基本一致，只有在法向位置 0.15 以下时它们的差别明显有所区分。与图 5.36(a)、(b) 比较可见，颗粒浓度为 14.4×10^{-6} 时油液的法向时均速度的变化不大，其余各颗粒浓度下油液的时均速度变化幅值较大；与图 5.36(d) 粒径为 50μm 时不同颗粒浓度的油液法向时均速度沿法向的分布情况相比，颗粒浓度为 0.648×10^{-6} 和 14.4×10^{-6} 时的法向时均速度略微减小，其他颗粒浓度下油液的时均速度减小幅度较大，其原因也是极细颗粒的浓度对流速分布影响不明显或不规则。可见与图 5.35 的结论一致，粒径为 25μm 时对油液的法向时均速度的影响最大。

(3) 流向时均速度沿流向的分布

图 5.37 为粒径分别为 5μm、15μm、25μm 以及 50μm 时，颗粒浓度分别为 0.648×10^{-6}、0.971×10^{-6}、3.00×10^{-6}、4.57×10^{-6}、6.58×10^{-6} 和 14.4×10^{-6} 情况下，将 PIV 测试的油液流向瞬时速度进行法向时间平均后得到的流向时均速度沿流向的变化情况。其中横坐标是流向时均速度与入口初始速度 V_0 的比值，纵坐标为 PIV 测试窗口高度与管路高度的比值。

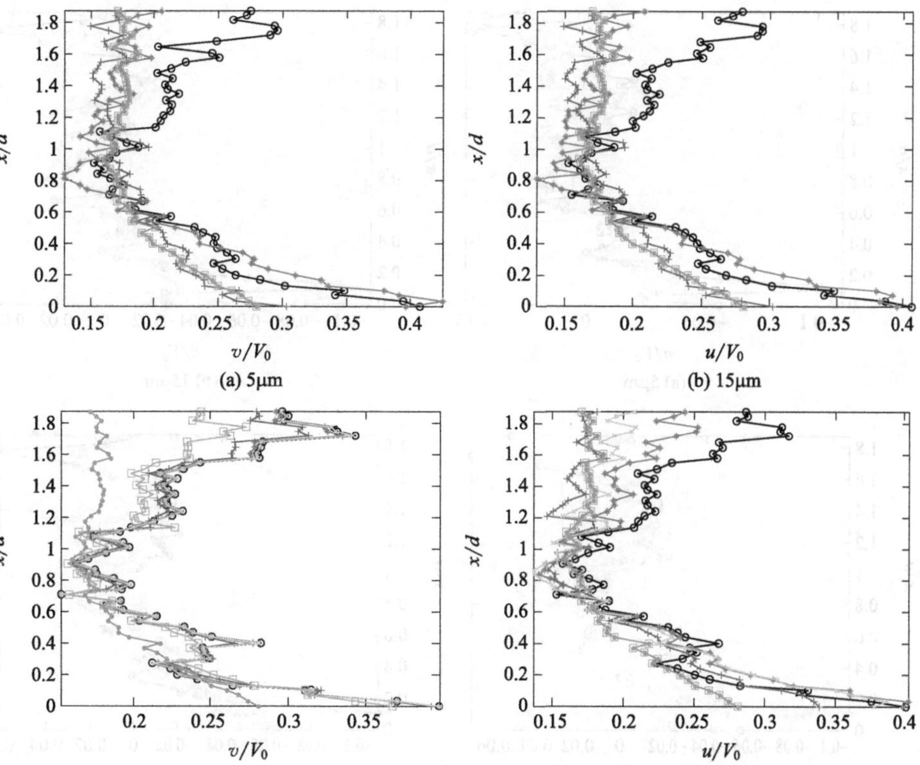

图 5.37　流向时均速度沿流向的分布

可见，在不同颗粒粒径的情况下，油液的流向时均速度沿流向的分布整体呈抛物线形状，颗粒浓度越低，时均速度的分布越不均匀。其中在粒径为 25μm 时油液的流向时均速度分布沿流向的对称性较好［图 5.37(c)］，粒径小于［图 5.37(a)、(b)］和大于 25μm［图 5.37(d)］时颗粒浓度在 3.00×10^{-6} 以下时随着颗粒浓度的增加，油液的时均速度相应地降低，而大于 3.00×10^{-6} 的浓度下油液的时均速度的变化不明显。这是由于管路内含颗粒的油液流场是一个涡波流场，具有涡波流场波状主流的变化特征，流场中展向涡在波状主流的卷绕下运动，在管路中心区域，主流流向速度较大，因而展向涡的流向对流速度相对较大，在中心主流两侧分别发生喷射和扫掠两种现象，使波状主流的发展趋势为拟余弦形状所致。

(4) 法向时均速度沿流向的分布

图 5.38 为粒径分别为 5μm、15μm、25μm 以及 50μm 时，颗粒浓度分别为 0.648×10^{-6}、0.971×10^{-6}、3.00×10^{-6}、4.57×10^{-6}、6.58×10^{-6} 和 14.4×10^{-6} 情况下，将 PIV 测试的油液法向瞬时速度进行法向时间平均后得到的法向时均速度沿流向的变化情况。其中横坐标是法向时均速度与入口初始速度 V_0 的比值，纵坐标为 PIV 测试窗口高度与管路高度的比值。

可见，在不同粒径情况下，颗粒浓度不同，油液产生的法向时均速度沿流向变化幅度较大，总体趋势是颗粒浓度越大其变化的幅度越小，粒径为 25μm 时这种现象最明显[图 5.38(c)]。随着粒径和浓度的增大，油液的法向时均速度的负向速度最大值的数量增加[图 5.38(a)、(b)、(d)]。表明颗粒的增加对油液的 Q4 事件的概率增加，与图 5.38(c) 的结论一致。

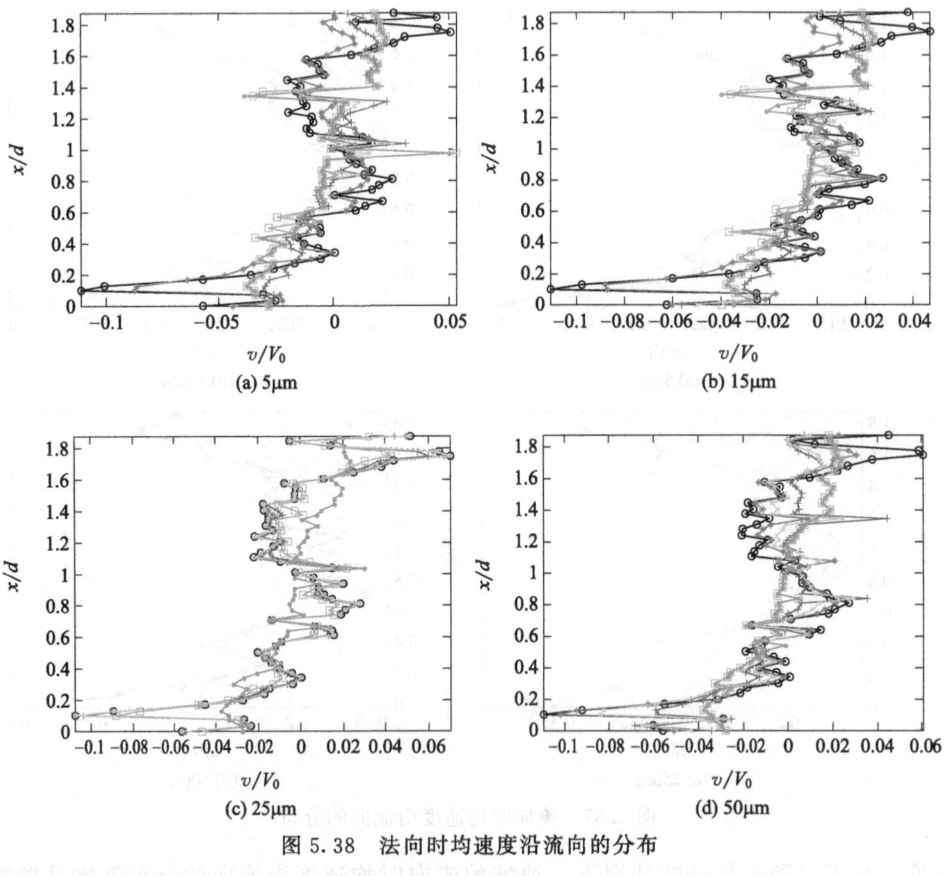

图 5.38 法向时均速度沿流向的分布

(5) 污染浓度对油液流场平均速度的影响

① 含颗粒的油液沿法向的流向时均速度沿法向呈拟抛物线形状分布，颗粒浓度越低，流向时均速度变化幅度越大，反之亦然；随各颗粒粒径依次递增，各颗粒浓度都在 25μm 时使油液的流向时均速度的达到最高值。

② 油液的法向时均速度沿法向在颗粒浓度较低时具有最值，速度变化幅度较大；在法

向位置 0～0.2 范围内以及 0.2 以上位置时油液的法向时均速度的单向性出现反转。

③ 不同颗粒粒径的情况下，油液的流向时均速度沿流向的分布呈抛物线形状，颗粒浓度越低，时均速度的分布越不均匀。

④ 油液受到颗粒浓度的不同而产生的法向时均速度沿流向的分布变化幅度较大，总体趋势是颗粒浓度越大其变化的幅度越小，粒径为 25μm 时这种现象最明显。

5.2.2 脉动速度的分析

油液在运行过程中，由于机械功能动作的频繁操作，使其不可避免地产生脉动，油液的脉动对机械的功能实现一般情况下是不利的，工业上采用各种各样的措施以降低这种影响。然而由于油液的脉动不但与机械功能动作有关，而且油液自身的特性以及油中颗粒物的粒径和浓度对油液的脉动也起到了不可忽视的作用。颗粒的粒径和浓度对油液的脉动特性的影响主要是属于稀疏固液两相流的领域，在固液两相流方面国内外学者进行了理论仿真和实验研究，获得了较好的研究成果，对于探讨具有较高黏性的油液中颗粒的粒径和浓度对油液的脉动特性的影响具有极大的参考价值。

国内外从流场脉动的产生、发展以及流场中的涡旋结构的相互作用等方面对管路内稀疏固液两相流进行了深入的研究，但很少有文献针对油液这种具有高黏性流体的脉动特性进行分析。因而基于管路内含颗粒油液的 PIV 测量的瞬态速度矢量场数据，从流向和法向脉动强度以及瞬态速度和平均速度等方面进行探讨油液的脉动特性。

将 PIV 采集的管路内油液的瞬态速度矢量场数据进行时间平均，再求取流向脉动速度和法向脉动速度的均方根，分别得到流向脉动强度和法向脉动强度为

$$\sigma_u = \sqrt{\frac{1}{C}\sum_{x=1}^{C}\left[u(x,y,t)-\frac{1}{N}\sum_{i=1}^{N}u(x,y,t)\right]^2} \quad \sigma_v = \sqrt{\frac{1}{C}\sum_{x=1}^{C}\left[v(x,y,t)-\frac{1}{N}\sum_{i=1}^{N}v(x,y,t)\right]^2} \tag{5.23}$$

式中 σ_u，σ_v——油液的流向脉动强度和法向脉动强度；

$u(x,y,t)$，$v(x,y,t)$——PIV 在流场中采集得到的某一时刻 t、某一位置 (x,y) 处的流向瞬态速度和法向瞬态速度；

N——PIV 采集的周期；

C——PIV 视场中流向的采集数量。

(1) 流向脉动强度沿法向的分布

图 5.39 为油中颗粒粒径分别为 5μm、15μm、25μm 和 50μm 时，颗粒浓度分别为 0.65×10^{-6}、0.97×10^{-6}、3.00×10^{-6}、6.58×10^{-6} 和 14.40×10^{-6} 的流向脉动强度沿法向的分布曲线，横坐标表示流向脉动强度与油液入口流速 V_0 的比值，纵坐标为无量纲管路的法向长度。

图 5.39(a) 为颗粒粒径为 5μm 时不同颗粒浓度情况下油液的脉动强度沿法向的分布，可见在 PIV 采集的视场范围内油液的流向脉动强度由于颗粒物的存在，使其沿法向的分布在中心区域变化较缓，在近壁区变化较为陡峭，且随着颗粒浓度的增加这种趋势越加明显；颗粒浓度较低时油液的流向脉动强度在近壁区较大，逐渐向管路中心减小，但随着颗粒浓度的增加，这种趋势变得不再明显；整体来看随着颗粒浓度的增加，油液的流向脉动强度依次减小，且颗粒浓度过大（如 6.58×10^{-6} 和 14.40×10^{-6}），流向脉动强度的差别较小。这是由于近壁区油中颗粒会使油液的流向速度增加，为了维持质量守恒，中心区域的油液流速降低，同时加上油中颗粒的阻滞作用，使得油液的流向脉动强度沿法向分布在近壁区陡峭，而在中心区域较为平缓的原因。另外油中颗粒浓度增加，近壁区颗粒使油液增速的作用由于油

液黏性剪切力的降低而衰减，也使近壁区油液流向脉动强度较大的趋势减小，最终由于颗粒浓度达到 3.00×10^{-6} 以上时，其沿法向的分布的趋势状态变缓，同时表明了在管路内流场的脉动受壁面的影响较大。

从图 5.39(b) 中 15μm 颗粒粒径对油液流向脉动强度的影响来看，不同颗粒浓度对其沿法向的分布影响规律基本一致；不同的是在颗粒浓度较低的情况下，15μm 粒径时油液的流向脉动强度的最大值较大，例如 0.65×10^{-6} 颗粒浓度下 5μm 颗粒粒径的流向脉动强度的最值为 0.233，15μm 颗粒粒径的流向脉动强度的最值为 0.236。这是由于颗粒粒径越大，油液黏性剪切力越大，近壁区颗粒使油液增速的作用增加所致。

图 5.39(c) 是颗粒粒径为 25μm 时不同颗粒浓度对油液流向脉动强度的影响，可以看出 25μm 的颗粒对油液流向脉动强度影响的趋势与图 5.39(a)、(b) 相似，但其使油液的流向脉动强度在近壁区的幅值较大，大小为 0.256，分别比 5μm 和 15μm 时幅值增加 9.95%和 8.56%；另外在颗粒浓度为 6.58×10^{-6} 时油液的流向脉动强度变化较大，表明油中颗粒粒径在 25μm 时对油液的模型剪切力的衰减作用较小。但是当颗粒粒径超过 25μm 时，近壁区颗粒使油液增速的作用仍会增强，如图 5.39(d) 所示，当颗粒粒径为 50μm 时，除了 0.65×10^{-6} 颗粒浓度下油液的流向脉动强度幅值降低较小外，其余各个颗粒浓度下的幅值降低较大，且颗粒浓度为 6.58×10^{-6} 时油液的流向脉动强度与 14.40×10^{-6} 时基本一致。

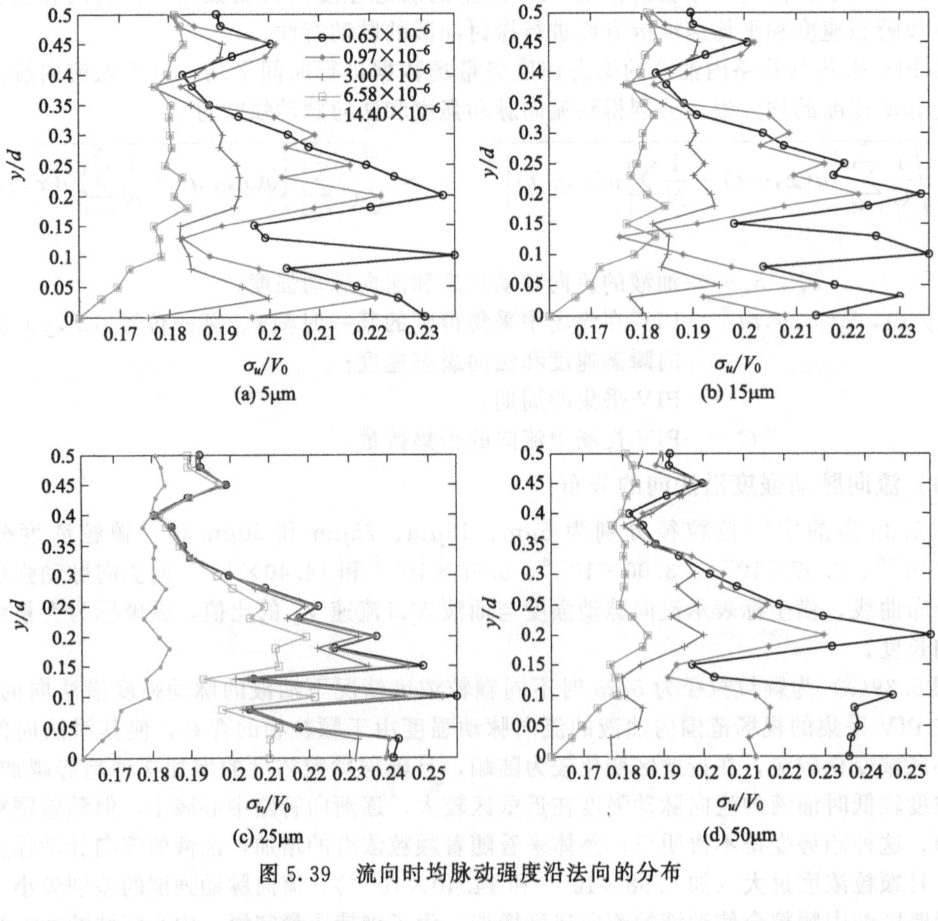

图 5.39 流向时均脉动强度沿法向的分布

(2) 法向脉动强度沿法向的分布

图 5.40 为油中颗粒粒径分别为 5μm、15μm、25μm 和 50μm 时，颗粒浓度分别为

0.65×10^{-6}、0.97×10^{-6}、3.00×10^{-6}、6.58×10^{-6} 和 14.40×10^{-6} 的法向脉动强度沿法向的分布曲线，横坐标表示法向脉动强度与油液入口流速 V_0 的比值，纵坐标为无量纲管路的法向长度。

从图 5.40 可以看出，不同颗粒粒径下油液的法向脉动强度沿法向的分布大致呈“W”形状，在 PIV 测试的视场范围内的中心区域和近壁区法向脉动强度幅值较大，且油中颗粒的浓度对油液法向脉动强度的分布影响呈现非单向性。表明法向脉动强度同样受管路壁面的影响，但由于中心主流的作用，使法向脉动强度的分布呈现抛物线形状。

图 5.40(a) 是颗粒粒径为 5μm 时不同颗粒浓度对油液法向脉动强度的分布影响，可见颗粒浓度（6.58×10^{-6} 和 14.40×10^{-6}）越大，油液的法向脉动强度在近壁区的变化幅度越大；反之当颗粒浓度（0.65×10^{-6}、0.97×10^{-6}、3.00×10^{-6}）较小时，油液的法向脉动强度在中心区域的变化幅度越大。这是由于颗粒浓度的增加使管路壁面容易形成粗糙壁面，从而增强了壁面附近的湍流猝发行为，进而导致近壁区的法向脉动强度的明显增加。

图 5.40(b) 是 15μm 颗粒粒径下油液的法向脉动强度沿法向的分布，可以看出不同颗粒浓度的影响规律与 5μm 时相似。从图 5.40(c)、(d) 同样可以看到，随着颗粒粒径的增加，油液的法向脉动强度的幅值也略有增加，表明颗粒粒径对油液的法向脉动强度影响较大。图 5.40(c) 中不同颗粒浓度对油液法向脉动强度的分布与其他的不同，在近壁区随着颗粒浓度的增加，油液的法向脉动强度也增加，在中心区域则随着颗粒浓度的增加而降低。

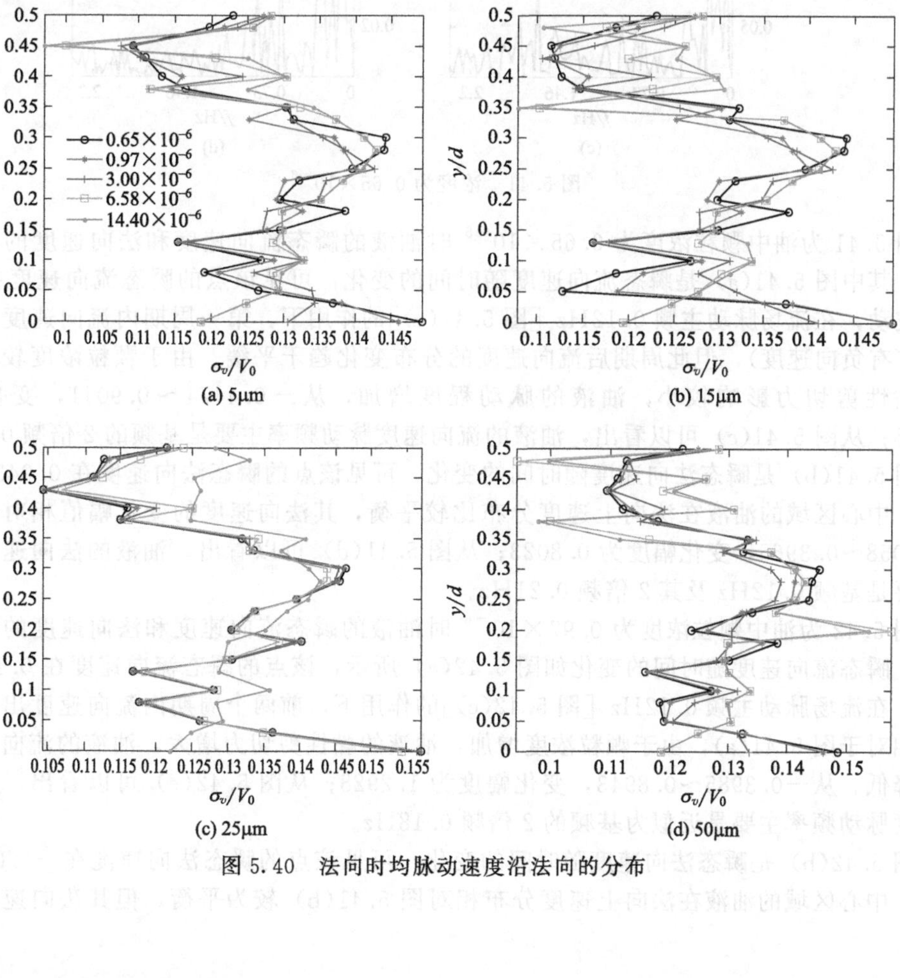

(a) 5μm　(b) 15μm　(c) 25μm　(d) 50μm

图 5.40　法向时均脉动速度沿法向的分布

(3) 瞬态速度的时频分布

为了表征管路内含颗粒的油液流场脉动特性随时间的发展规律，根据 PIV 对管路内流场测试的瞬态速度矢量数据，随机选取 PIV 测试视场靠近中心内的一点（0.9，0.25），对其在不同的颗粒浓度 0.65×10^{-6}、0.97×10^{-6}、3.00×10^{-6}、6.58×10^{-6} 和 14.40×10^{-6} 情况下的瞬态流向速度及法向速度进行时频分析，如图 5.41～图 5.45 所示，其中(a) 为油液瞬态流向速度的时间分布，(b) 为油液瞬态法向速度的时间分布，(c) 为油液瞬态流向速度的频谱，(d) 为油液瞬态法向速度的频谱。

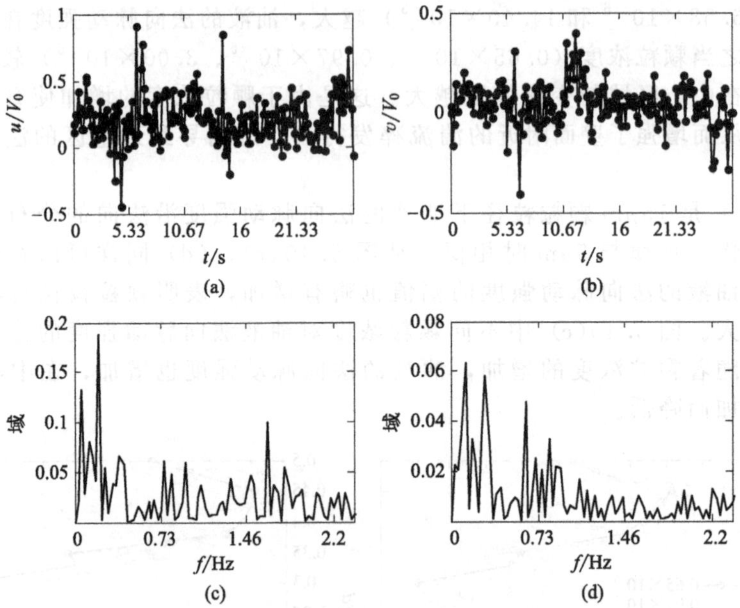

图 5.41 浓度为 0.65×10^{-6}

图 5.41 为油中颗粒浓度为 0.65×10^{-6} 时油液的瞬态流向速度和法向速度的时频变化情况，其中图 5.41(a) 是瞬态流向速度随时间的变化，可见该点的瞬态流向速度在 0.2099 附近波动，在流场脉动主频 0.12Hz［图 5.41(c)］的作用下，第一周期内流向速度出现回流现象（有负向速度），但此周期后流向速度的分布变化趋于平缓。由于颗粒浓度较小，对油液的黏性剪切力影响较小，油液的脉动程度增加，从－0.4474～0.9041，变化幅度为 1.3515；从图 5.41(c) 可以看出，油液的流向速度脉动频率主要是基频的 2 倍频 0.21Hz。

图 5.41(b) 是瞬态法向速度随时间的变化，可见该点的瞬态法向速度在 0.0436 值附近波动，中心区域的油液在法向上速度分布比较平衡，其法向速度的变化幅值相对平缓，从－0.4058～0.3965，变化幅度为 0.8023；从图 5.41(d) 可以看出，油液的法向速度脉动频率主要是基频 0.12Hz 及其 2 倍频 0.21Hz。

图 5.42 为油中颗粒浓度为 0.97×10^{-6} 时油液的瞬态流向速度和法向速度的时频变化情况。瞬态流向速度随时间的变化如图 5.42(a) 所示，该点的瞬态流向速度在 0.1683 附近波动，在流场脉动主频 0.12Hz［图 5.42(c)］的作用下，前两个周期内流向速度出现回流现象。相对于图 5.41(a)，由于颗粒浓度增加，油液的黏性剪切力增大，油液的流向速度脉动程度降低，从－0.3985～0.8943，变化幅度为 1.2928；从图 5.42(c) 可以看出，油液的流向速度脉动频率主要是近似为基频的 2 倍频 0.18Hz。

图 5.42(b) 是瞬态法向速度随时间的变化，可见该点的瞬态法向速度在－0.0299 附近波动，中心区域的油液在法向上速度分布相对图 5.41(b) 较为平衡，但其法向速度的变化

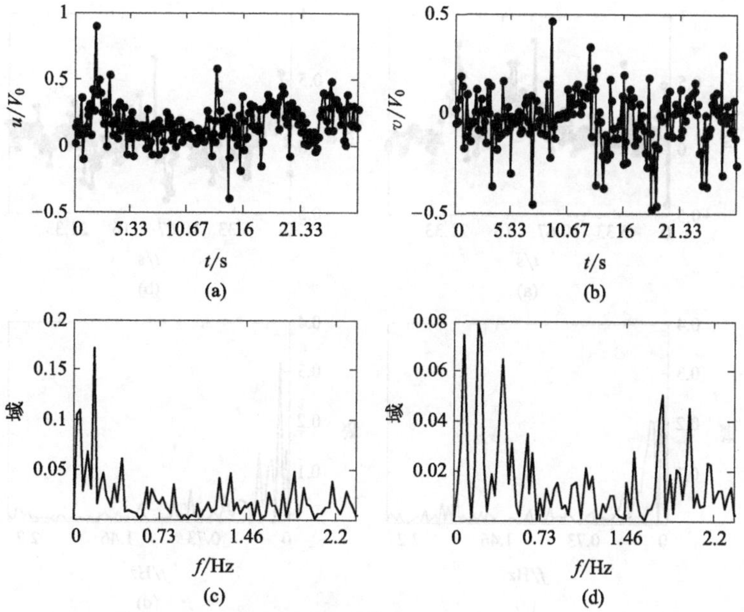

图 5.42　浓度为 0.97×10^{-6}

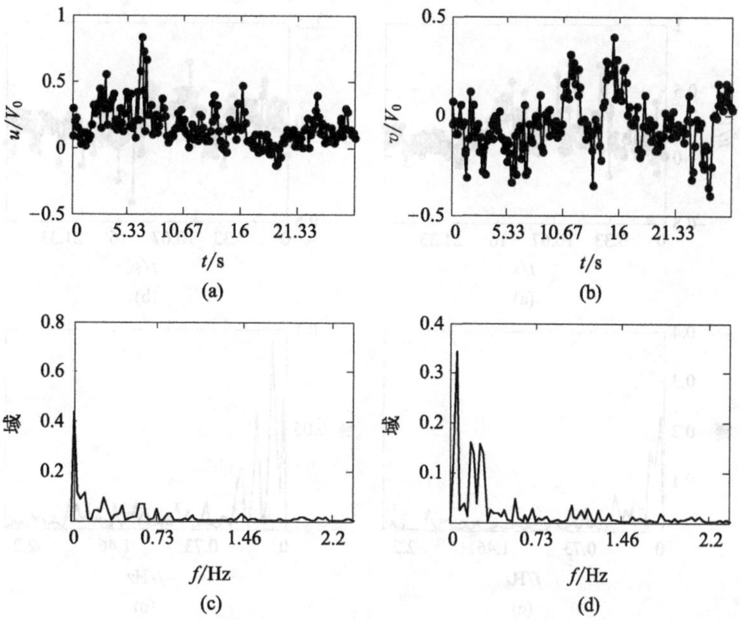

图 5.43　浓度为 3.00×10^{-6}

幅值相对较大，从－0.4759～0.4649，变化幅度为 0.9408；从图 5.42(d) 可以看出，油液的法向速度脉动频率主要是基频的次谐频 0.09Hz 及其 2 倍频 0.21Hz。

图 5.43 为油中颗粒浓度为 3.00×10^{-6} 时油液的瞬态流向速度和法向速度的时频变化情况。瞬态流向速度随时间的变化如图 5.43(a) 所示，该点的瞬态流向速度在 0.1635 附近波动，在流场脉动主频 0.12Hz［图 5.43(c)］的作用下，第一个周期内流向速度幅值出现较大的波动现象，第三个周期内有流向速度回流现象。相对于图 5.41(a) 和图 5.42(a)，由于颗粒浓度增加，油液的黏性剪切力增大，油液的流向速度脉动程度降低，从－0.1292～

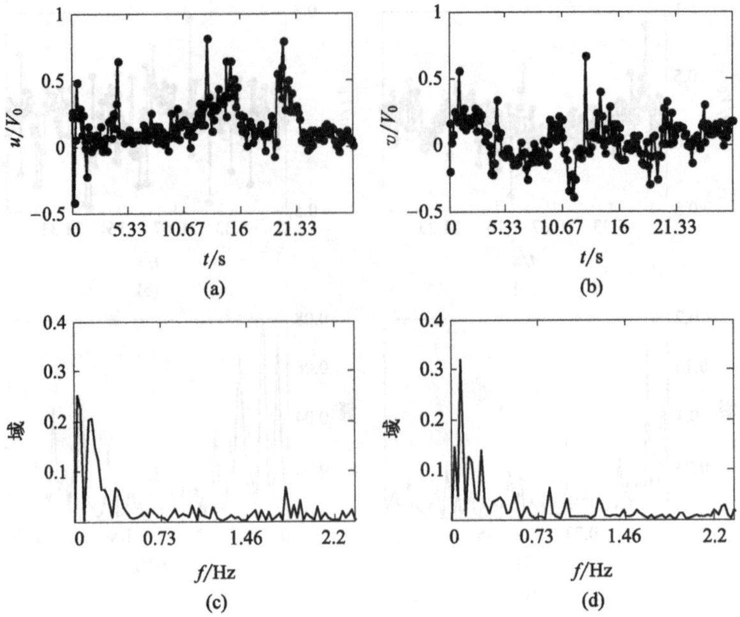

图 5.44 浓度为 6.58×10^{-6}

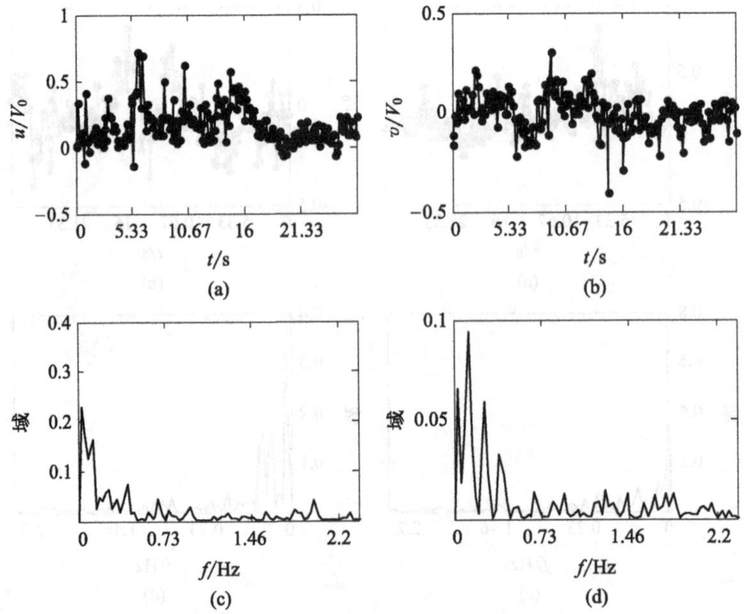

图 5.45 浓度为 14.40×10^{-6}

0.8407，变化幅度为 0.9699；从图 5.43(c) 可以看出，油液的流向速度脉动频率主要是近似为基频的次谐频 0.09Hz。

图 5.43(b) 是瞬态法向速度随时间的变化，可见该点的瞬态法向速度在 −0.0387 附近波动，可见中心区域的油液在法向上速度分布相对图 5.41(b) 和图 5.42(b) 偏向负向的趋势，但其法向速度的变化幅值相对较小，从 −0.3491～0.3944，变化幅度为 0.7435；从图 5.43(d) 可以看出，油液的法向速度脉动频率主要是基频的次谐频 0.06Hz。

图 5.44 为油中颗粒浓度为 6.58×10^{-6} 时油液的瞬态流向速度和法向速度的时频变化

情况。瞬态流向速度随时间的变化如图 5.44(a) 所示，该点的瞬态流向速度在 0.161 附近波动，在流场脉动主频 0.12Hz [图 5.44(c)]的作用下，后两个周期内流向速度幅值出现较大的波动现象。相对于图 5.41 (a) ～图 5.43(a)，由于颗粒浓度增加，油液的黏性剪切力增大，油液的流向速度脉动程度降低，从－0.0807～0.8113，变化幅度为 0.8920；从图 5.44(c) 可以看出，油液的流向速度脉动频率主要是近似为基频的次谐频 0.03Hz 及其基频 0.12Hz。

图 5.44(b) 是瞬态法向速度随时间的变化，可见该点的瞬态法向速度在 0.032 附近波动，中心区域的油液在法向上速度分布相对图 5.41(b)～图 5.43(b) 偏向正向的趋势，但其法向速度的变化幅值相对更大，从－0.3905～0.6698，变化幅度为 1.0603；从图 5.44(d) 可以看出，油液的法向速度脉动频率主要是基频的次谐频 0.09Hz 及其 2 倍频 0.26Hz。

图 5.45 为油中颗粒浓度为 14.40×10^{-6} 时油液的瞬态流向速度和法向速度的时频变化情况。瞬态流向速度随时间的变化如图 5.45(a) 所示，该点的瞬态流向速度在 0.166 附近波动，在流场脉动主频 0.12Hz [图 5.45(c)]的作用下，前两个周期内流向速度幅值出现较大的波动现象。相对于图 5.41 (a)～图 5.44(a)，由于颗粒浓度增加，油液的黏性剪切力增大，油液的流向速度脉动程度降低，从－0.1459～0.6922，变化幅度为 0.8381；从图 5.45(c) 可以看出，油液的流向速度脉动频率主要是近似为基频的次谐频 0.03Hz 及其基频 0.12Hz。

图 5.45(b) 是瞬态法向速度随时间的变化，可见该点的瞬态法向速度在－0.008 附近波动，中心区域的油液在法向上速度分布相对图 5.41(b)～图 5.44(b) 相对平衡，但其法向速度的变化幅值相对最小，从－0.4071～0.2982，变化幅度为 0.7053；从图 5.45(d) 可以看出，油液的法向速度脉动频率主要是基频的次谐频 0.03Hz 及其 2 倍频 0.26Hz。

可见随着油中颗粒浓度的增加，油液的瞬态流向速度的脉动幅值的均值逐渐减小，且变化幅度同时降低；瞬态法向速度脉动幅值的均值和变化幅度由于受到流场结构的影响，两者的变化不明显。

不同颗粒浓度情况下油液的瞬态流向速度和法向速度出现的主要频率如表 5.4 所示。可以看出，基频 0.12Hz 在流向速度的频域中都有所体现，随着颗粒浓度的增加，油液的流向速度主要频率呈现降低趋势；同理随着颗粒浓度的增加，油液的法向速度的主要频率为基频的次谐频。

表 5.4 流场瞬态速度的脉动频率

速度	浓度	次谐波	基频	2 倍频	3 倍频	4 倍频	5 倍频	其他倍频
流向速度	0.65	0.06	0.12	0.21	0.41			0.76
	0.97	0.06	0.12	0.18	0.41			0.85
	3.00	0.03	0.12	0.29	0.44		0.62	0.73
	6.58	0.03	0.12	0.26	0.35		0.64	0.85
	14.40	0.03	0.12	0.26	0.41		0.67	0.94
法向速度	0.65	0.03	0.12	0.29	0.41	0.53	0.62	0.82
	0.97	0.09		0.21	0.41	0.50	0.62	0.88
	3.00	0.06	0.18	0.26	0.47	0.56		0.70
	6.58	0.09	0.18	0.26	0.41	0.53		0.82
	14.40	0.03	0.12	0.26	0.38	0.53	0.67	0.82

(4) 平均速度的时频分布

将 PIV 测试获取的管路内含不同颗粒浓度的油液的瞬态速度矢量数据，进行流向和法向平均，得到在 PIV 测试时间内油液的流向平均速度和法向平均速度的时频曲线，如图 5.46 所示。

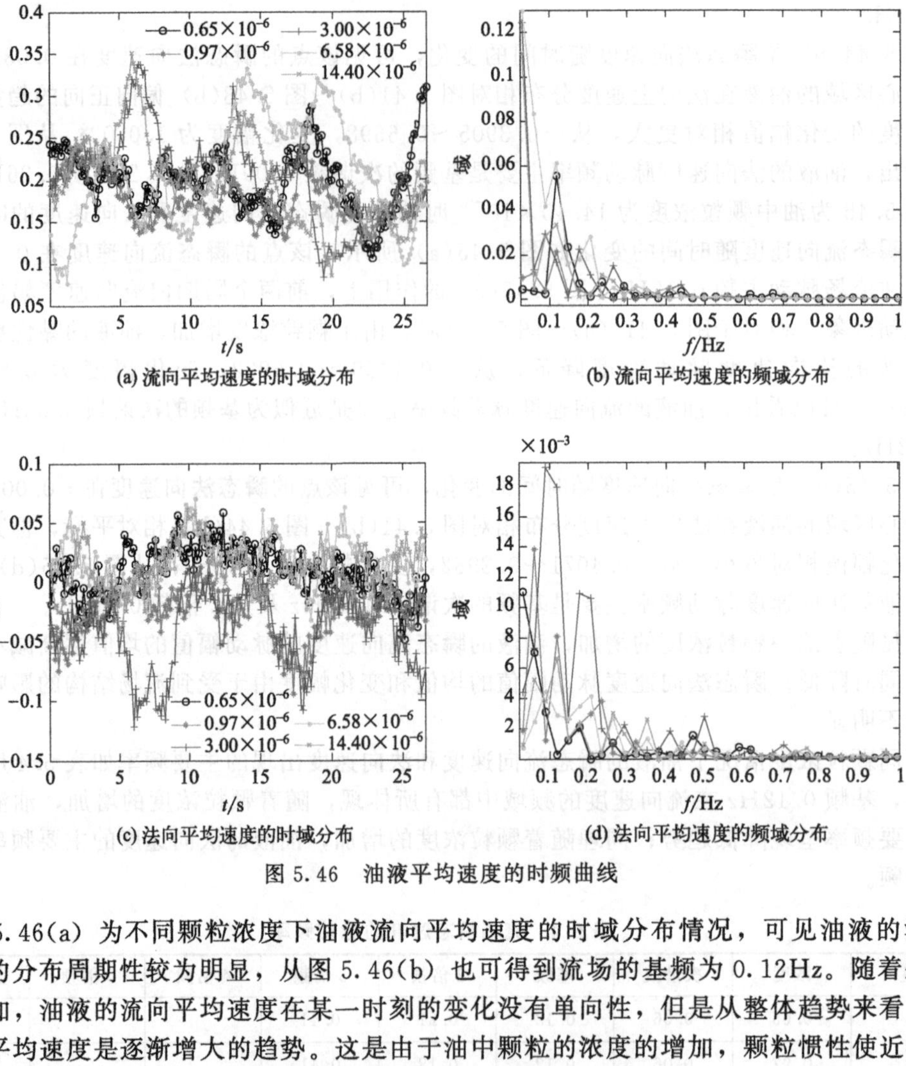

(a) 流向平均速度的时域分布 (b) 流向平均速度的频域分布

(c) 法向平均速度的时域分布 (d) 法向平均速度的频域分布

图 5.46 油液平均速度的时频曲线

图 5.46(a) 为不同颗粒浓度下油液流向平均速度的时域分布情况，可见油液的流向平均速度的分布周期性较为明显，从图 5.46(b) 也可得到流场的基频为 0.12Hz。随着颗粒浓度的增加，油液的流向平均速度在某一时刻的变化没有单向性，但是从整体趋势来看，油液的流向平均速度是逐渐增大的趋势。这是由于油中颗粒的浓度的增加，颗粒惯性使近壁区的流向平均速度增加，则湍流黏性底层的厚度减小，流向速度梯度增大，从而导致油液的流向脉动峰值增大。

不同颗粒浓度情况下油液的法向平均速度的时域分布如图 5.46(c) 所示，可以看出油液的法向平均速度随着颗粒浓度的增加，其变化在颗粒浓度 3.00×10^{-6} 以下时呈降低趋势，当颗粒浓度超过 3.00×10^{-6} 时，油液的法向平均速度呈增加趋势。这是由于在水平管路中，颗粒浓度达到一定程度（3.00×10^{-6}）时，颗粒的沉降导致形成粗糙壁面，增强了近壁区的湍流猝发行为，从而导致油液的法向平均速度增大。从图 5.46(d) 可见，油液的法向平均速度的主要频率集中在次谐频 0.09Hz 和基频 0.12Hz，与油液的瞬态法向速度的频率分布一致。

（5）污染浓度对油液流场脉动速度的影响

① 油液的流向脉动强度沿法向的分布在中心区域变化较缓，在近壁区变化较为陡峭，且随着颗粒浓度的增加这种趋势越加明显；随着颗粒浓度的增加，油液的流向脉动强度依次减小，且颗粒浓度过大，流向脉动强度的差别较小。

② 不同颗粒粒径下油液的法向脉动强度沿法向的分布大致呈“W”形状，在中心区域和近壁区法向脉动强度幅值较大，且油中颗粒的浓度对油液法向脉动强度的分布影响呈现非单向性。

③ 随着油中颗粒浓度的增加，油液的瞬态流向速度的脉动幅值的均值逐渐减小，且变化幅度同时降低；瞬态法向速度脉动幅值的变化不明显；随着颗粒浓度的增加，油液的流向和法向速度主要频率呈现降低趋势。

④ 油液的流向平均速度的分布周期性较为明显，随着颗粒浓度的增加，油液的流向平均速度是逐渐增大的趋势。油液的法向平均速度随着颗粒浓度的增加，其变化在颗粒浓度 3.00×10^{-6} 以下时呈降低趋势，当颗粒浓度超过 3.00×10^{-6} 时，油液的法向平均速度呈增加趋势。

5.2.3　湍动能、耗散率的分析

油液中颗粒物的存在可以改变油液的湍流的拟序结构，进而对其宏观的湍流特性产生影响。工业上通常用动能耗散率来衡量传质、传热效率的高低；但是流体的动能耗散率的获取比较困难，一般地利用实验方法对流场的瞬态速度矢量进行测量后加以转换。因而根据含不同颗粒粒径和浓度的油液流场属于稀疏固液两相流的湍流特性，以及对其动能耗散率的几种计算方法的优劣比较，首先利用 PIV 方法对管路内含颗粒油液流场进行瞬态速度矢量测量，再利用大涡 PIV 方法对流场进行处理，以获取颗粒粒径和浓度对油液流场的动能耗散率的影响。

根据大涡 PIV 方法将 PIV 测试获取的油液速度矢量数据，利用式（5.18）计算含颗粒油液的动能耗散率中涉及三维空间的速度场问题，而实验所用的 PIV 技术是二维的，因而采用流场的各向同性的假定进行流场动能耗散率的计算。一个 PIV 测试的流场是否符合各向同性的假定，通常用 PIV 测试的流向、法向速度均方根的比值表示流场的各向同性的程度，其比值为 0.7～1.3 就可认为流场是各向同性的。

将实验中 PIV 测试不同颗粒浓度下油液的流向和法向速度的均方根比值计算出来，得到这个比值沿流场法向距离的变化，如图 5.47 所示。可见颗粒浓度为 3.00×10^{-6} 的流场的各向同性的程度在法向距离靠近上壁面 0.4～0.5 的范围内低于 0.7，其余各位置各向同性的变化基本在 0.7638 附近振荡，在各向同性的值域内，其最大值在 0.25 处为 0.8852，最小值在 0.5 处为 0.5538，这表明颗粒浓度为 3.00×10^{-6} 的油液受壁面的影响较大，油液流动情况较为复杂，壁面附近与中心区域的流动特性有较大的区别。另外颗粒浓度为 14.40×10^{-6} 的流场的各向同性的程度在法向位置 0.15～0.25 范围内的值小于 0.7，其余各位置各向同性的变化基本在 0.7638 附近振荡。在各向同性的值域内，其最大值在 0.5 处为 0.8284，最小值在 0.18 处为

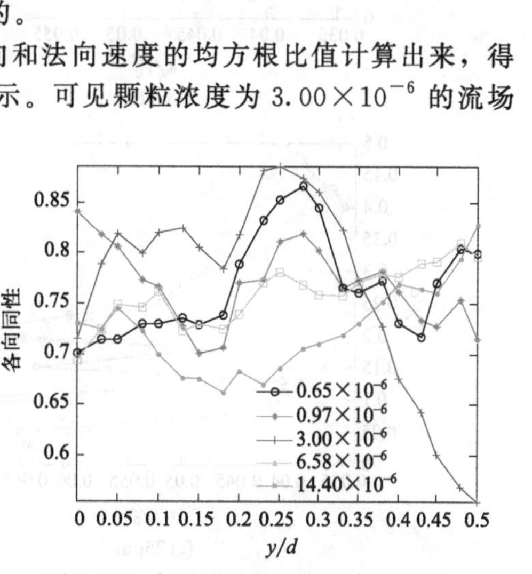

图 5.47　各向同性沿法向距离的变化

0.6617。还有当颗粒浓度为 0.65×10^{-6}、0.97×10^{-6} 时，油液的各相同性程度虽然都在 0.7～0.9 范围内，符合各相同性的要求，但它们与含 3.00×10^{-6} 颗粒浓度的油液同样在法向上幅值波动较大。这表明随着颗粒浓度的增加，油液受壁面的影响逐渐增大，当颗粒浓度增大到一定值（大于 6.58×10^{-6}）时，壁面的影响减弱，中心主流对较高浓度的油液影响占主要作用。对整个流场来讲，实验采用的这 5 个颗粒浓度的油液应用各向同性的假设是可行的。因而根据式（5.19）从湍流动能和耗散率以及它们的流场分布方面进行如下分析。

（1）湍流动能的法向分布

根据 PIV 测试得到的含不同颗粒浓度以及颗粒粒径的油液的瞬态速度矢量数据，获取油液的湍流动能如下。

采用局部各项同性的假定，将展向速度表示为

$$w'^2=\frac{1}{2}(u'^2+v'^2) \tag{5.24}$$

可得流场的湍流动能表达式为

$$\kappa=\frac{1}{2}(u'^2+v'^2+w'^2)=\frac{3}{4}(u'^2+v'^2) \tag{5.25}$$

由式（5.25）可得含有 5μm、15μm、25μm 以及 50μm 粒径的颗粒物的油液在颗粒浓度分别为 0.65×10^{-6}、0.97×10^{-6}、3.00×10^{-6}、6.58×10^{-6} 和 14.4×10^{-6} 情况下的湍流动能沿法向的变化规律情况，如图 5.48 所示。其中横坐标是湍流动能与入口初始速度 V_0 的平方比值，纵坐标为 PIV 测试窗口的法向距离与管路高度的比值。

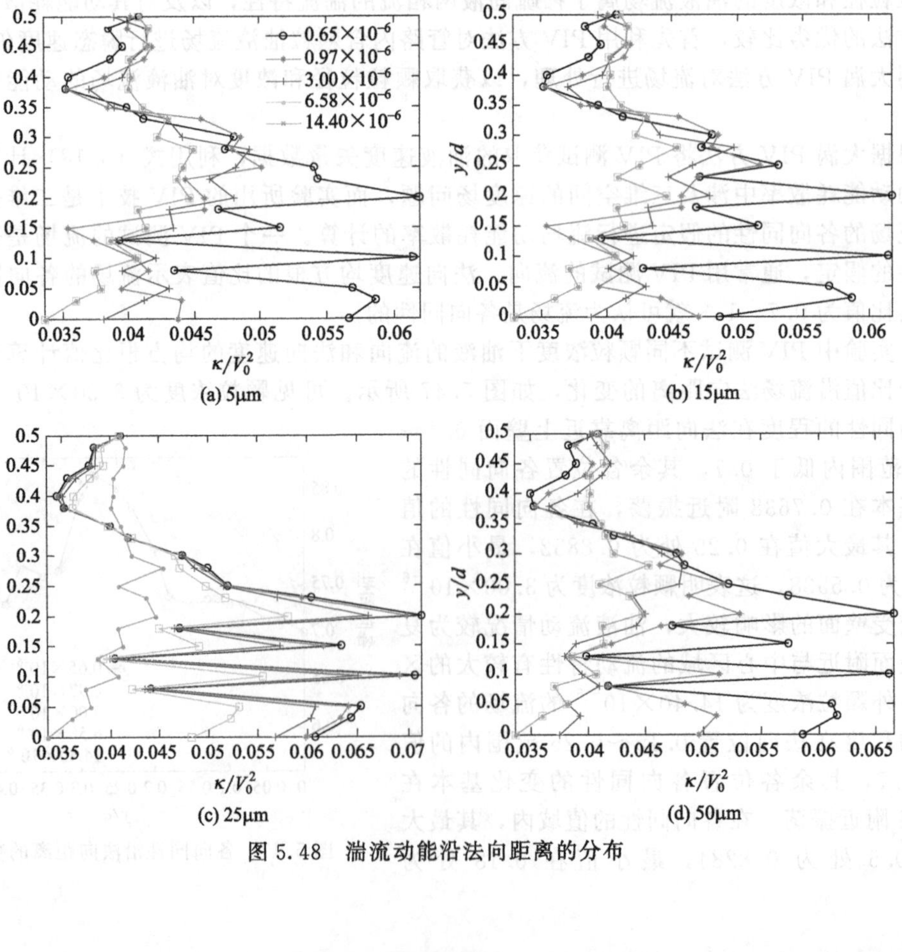

图 5.48 湍流动能沿法向距离的分布

图 5.48(a) 为含 5μm 粒径的油液在不同颗粒浓度情况下湍流动能的法向分布规律，可见在颗粒浓度大于 3.00×10^{-6} 时，颗粒浓度对油液的湍流动能分布的影响差别不太明显。这是由于油液中 5μm 粒径颗粒在颗粒浓度大于 3.00×10^{-6} 时其松弛时间较短，可近似为“均质一相流”对流场的湍流动能影响较小，与倪晋仁在研究了水沙流后表明极细颗粒的浓度对流速分布影响不明显或不规则的结论一致。

油液的湍流动能沿法向的分布呈现非单向性变化，即在法向位置 0.32 附近内其单向性产生逆转；在法向位置 0.32 以下时，油液的湍流动能随着颗粒浓度的增加基本上呈现减小的趋势；反之在法向位置 0.32 以上时，油液的湍流动能随着颗粒浓度的增加基本上呈现增加的趋势，与张凤羽对固液两相流的非单向性阐述一致。这是由于在法向位置 0.32 以上时是近壁区随着油中颗粒浓度的增加，加强了近壁区的湍流猝发行为，导致靠近壁面的油液法向脉动速度和雷诺剪切应力明显增大，形成较大的速度梯度，使壁面的条带结构发展为马蹄涡，并不断地长大，即这些大尺度的涡旋携带和传递能量，其湍流动能即呈增大趋势；当这些大尺度涡旋继续上升到中心区域（法向位置小于 0.32）时，由于油中颗粒浓度的增加使这些大尺度涡旋的不稳定性增加，遂将溃解为小尺度的涡旋，湍流动能将通过黏性转化为热能，直至涡旋消失，即随着颗粒浓度的增加，油液的湍流动能呈现减小的趋势。

图 5.48(b) 是粒径为 15μm 的颗粒对油液在不同颗粒浓度情况下湍流动能的法向分布的影响规律，与 5μm 的颗粒基本一致，只是在颗粒浓度 0.97×10^{-6}、3.00×10^{-6} 两种情况下油液的湍流动能都有所降低。从图 5.48(c) 可见，粒径为 25μm 的颗粒对油液的湍流动能影响较大，与图 5.48(a)、(b) 不同的是，实验范围内所有的颗粒浓度对油液的湍流动能沿法向的分布都呈现非单向性变化，在法向位置 0.32 处其单向性产生逆转；同时可以看到，除了最大颗粒浓度 14.40×10^{-6} 外其余情况在法向位置 0.32 以下时油液的湍流动能的变化幅值一致且较大。

图 5.48(d) 是含 50μm 粒径的油液在不同颗粒浓度情况下湍流动能的法向分布规律。可以看出，在较大颗粒浓度（大于 6.58×10^{-6}）时，颗粒浓度对油液的湍流动能分布的影响不太明显。不同颗粒浓度对油液的湍流动能分布规律与图 5.48(a)、(b) 相似，但在法向位置 0.25 以下，各个颗粒浓度下油液的湍流动能幅值都有所增加。

在图 5.48 中，颗粒浓度与颗粒粒径对油液的湍流动能影响是交互作用的，在粒径不变的情况下，含颗粒的油液沿法向的湍流动能分布呈拟抛物线形，在低浓度时变化幅度较大，反之亦然。不同的粒径使油液的湍流动能的幅值也不同，其中粒径 25μm 时对其影响最大，随颗粒粒径依次递增，各颗粒浓度都在 25μm 时使油液的湍流动能达到最高值。

(2) 耗散率的法向分布

由式(5.25) 可得，含有 5μm、15μm、25μm 以及 50μm 粒径的颗粒物的油液在颗粒浓度分别为 0.65×10^{-6}、0.97×10^{-6}、3.00×10^{-6}、6.58×10^{-6} 和 14.4×10^{-6} 情况下的耗散率沿法向的变化规律情况，如图 5.49 所示。其中横坐标是耗散率与入口初始速度 V_0 的平方比值，纵坐标为 PIV 测试窗口的法向距离与管路高度的比值。

图 5.49(a) 是颗粒粒径为 5μm 的情况下不同颗粒浓度对油液的耗散率的分布影响。可以看出，不同颗粒浓度对油液的耗散率沿法向分布的影响呈单向性且变化规律一致，在近壁区的耗散率较大，在中心区域较小，整体分布呈倒“W”形状；且随着颗粒浓度的增加，油液的耗散率逐渐降低，当颗粒浓度大于 6.58×10^{-6} 时油液的耗散率沿法向的变化幅值的差别较小。这是由于在管路的近壁区，壁面的条带结构发展为马蹄涡的尺度较小，且湍流动能主要用于克服壁面的黏性剪切力的作用，因而在近壁区的耗散率较大；但随着颗粒浓度的增加，油液受到的黏性剪切力较小，从而较高颗粒浓度的油液的近壁区的耗散率较小。

随着马蹄涡的迁移和不断地长大，继续上升到管路中心区域时已发展为较大尺度的涡旋。由于油中颗粒浓度的增加，使这些大尺度涡旋的不稳定性增加，遂将溃解为小尺度的涡旋，湍流动能将通过黏性转化为热能，直至涡旋消失，即在中心区域随着颗粒浓度的增加，油液的耗散率呈现增加的趋势。

图 5.49(b) 是颗粒粒径为 15μm 的情况下不同颗粒浓度对油液的耗散率的分布影响，可见不同颗粒浓度对油液耗散率的影响规律一致，且随着颗粒粒径的增加，油液的耗散率的变化幅值略有增加。

从图 5.49(c) 可见，油中颗粒粒径为 25μm 时不同颗粒浓度对油液耗散率的分布影响规律与图 5.49(a)、(b) 一致，都为倒“W”形状分布，且随着颗粒浓度的增加油液的耗散率依次降低；不同的是颗粒浓度在 6.58×10^{-6} 以下时油液沿法向的耗散率分布幅值和变化趋势基本相同，只有颗粒浓度为 14.40×10^{-6} 情况下油液的耗散率的分布在管路中心区域的变化幅值较小。表明颗粒粒径为 25μm 的情况下，颗粒浓度对油液耗散率的影响程度更大。从图 5.49(d) 颗粒粒径为 50μm 的油液耗散率的分布情况比较可知，当颗粒粒径大于 25μm 时，颗粒浓度对油液耗散率的分布影响规律与 5μm 和 15μm 的情况一致，当颗粒浓度大于 6.58×10^{-6} 时，油液的耗散率沿法向的变化幅值的差别较小。

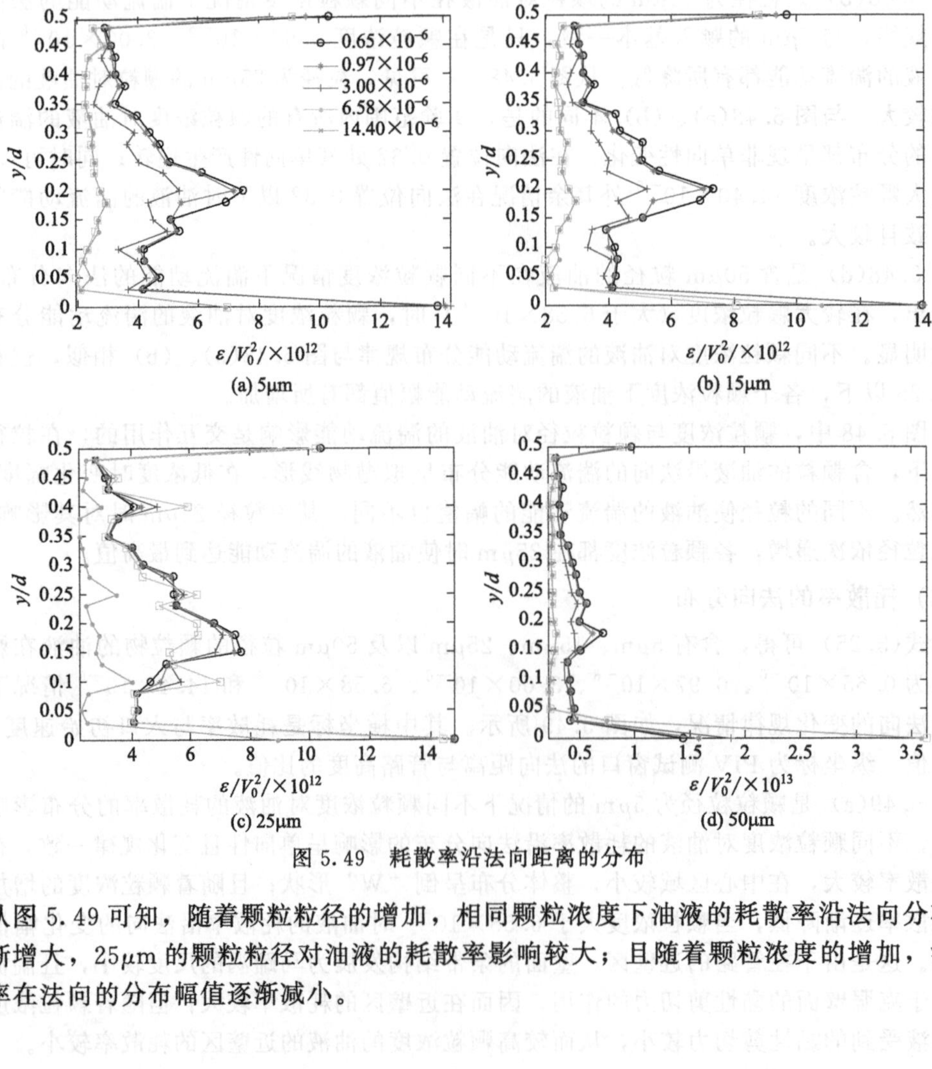

图 5.49 耗散率沿法向距离的分布

从图 5.49 可知，随着颗粒粒径的增加，相同颗粒浓度下油液的耗散率沿法向分布的幅值逐渐增大，25μm 的颗粒粒径对油液的耗散率影响较大；且随着颗粒浓度的增加，油液的耗散率在法向的分布幅值逐渐减小。

(3) 湍流动能的流场分布

对 PIV 测试获取的管路内含 $5\mu m$ 颗粒粒径在不同颗粒浓度的油液流场，按照式(5.24)计算得到的湍流动能进行时间平均，即不同颗粒浓度下湍流动能的平均分布以及流场中速度的平均分布，如图 5.50 所示。图中的色度表示湍流动能的幅值，横纵坐标分别是 PIV 测试流场流向和法向位置与管路高度的比值。

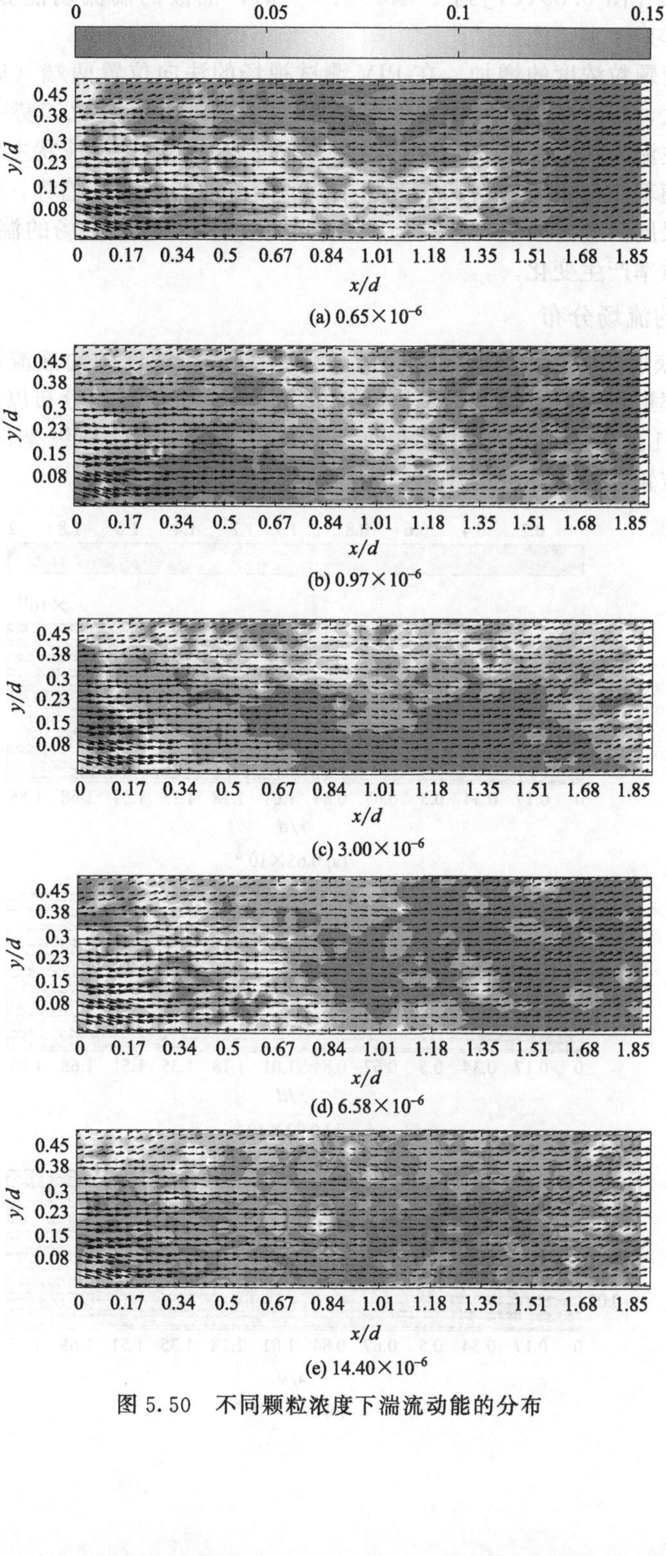

(a) 0.65×10^{-6}

(b) 0.97×10^{-6}

(c) 3.00×10^{-6}

(d) 6.58×10^{-6}

(e) 14.40×10^{-6}

图 5.50　不同颗粒浓度下湍流动能的分布

图 5.50(a) 为颗粒浓度为 0.65×10^{-6} 时油液的湍流动能的分布情况。可以看出，此颗粒浓度下油液的湍流动能随着平均速度的发展趋势主要分布在流场的中心区域，呈现拟余弦的形状分布。当颗粒浓度为 0.97×10^{-6} 时油液的湍流动能主要分布在上壁面区域，特别是在颗粒浓度为 3.00×10^{-6} [图 5.50(c)]油液的湍流动能主要分布在上壁面区域的趋势更加明显，颗粒浓度为 6.58×10^{-6} [图 5.50(d)]时湍流动能主要集中在流向距离的前半部分，颗粒浓度继续增加 [图 5.50(e)]到 14.40×10^{-6} 时，油液的湍流动能分布相对于图 5.50 (a)～(d) 较为均匀。

可以看到随着颗粒浓度的增加，在 PIV 测试视场的法向位置两端（近壁区）油液的湍流动能在逐渐增大，相反在中心区域则逐渐降低，与图 5.48 的变化趋势一致。油液的湍流动能流场的波状主流为拟余弦形状，也是湍流动能较大的区域，在波状主流的两侧分布着较低的湍流动能；随着流向距离的增加，波状主流的湍流动能呈递减趋势，进一步表明流场中的涡旋会在大小尺度涡旋之间进行发展、演变和转化，从而造成流场的湍流动能发生变化，使流场的动能耗散率产生变化。

(4) 耗散率的流场分布

对 PIV 测试获取的管路内含 5μm 颗粒粒径在不同颗粒浓度的油液流场，按照式(5.25)计算得到的耗散率进行时间平均，即不同颗粒浓度下耗散率的平均分布以及流场中速度的平均分布，如图 5.51 所示。图 5.51 中的色度表示耗散率的幅值，横纵坐标分别是 PIV 测试流场流向和法向位置与管路高度的比值。

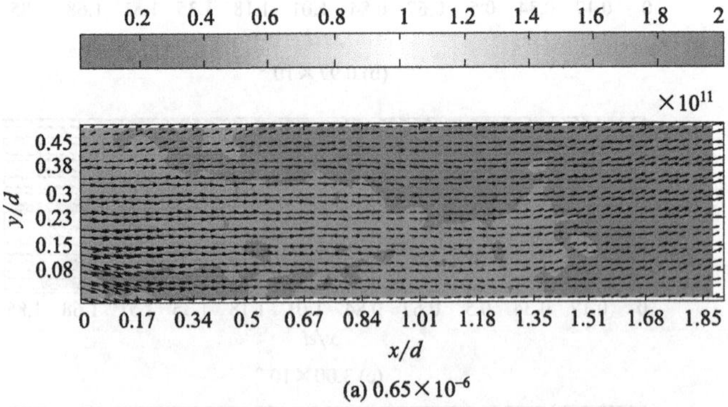

(a) 0.65×10^{-6}

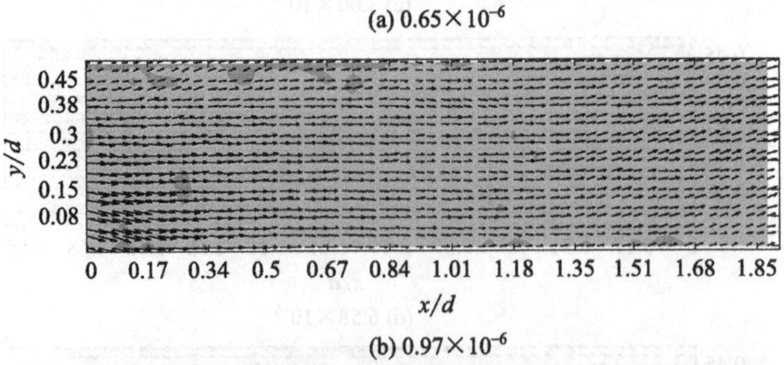

(b) 0.97×10^{-6}

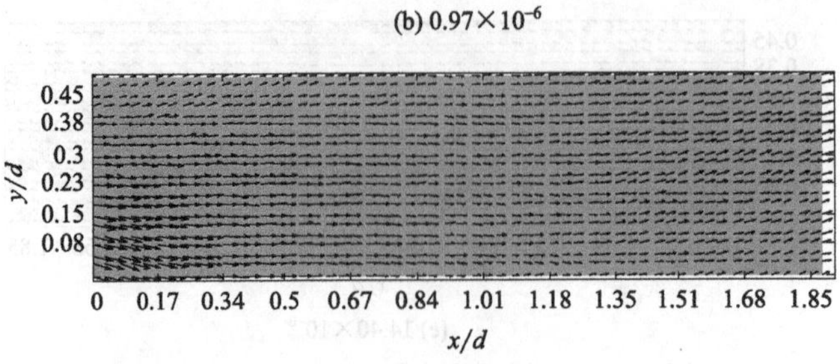

(c) 3.00×10^{-6}

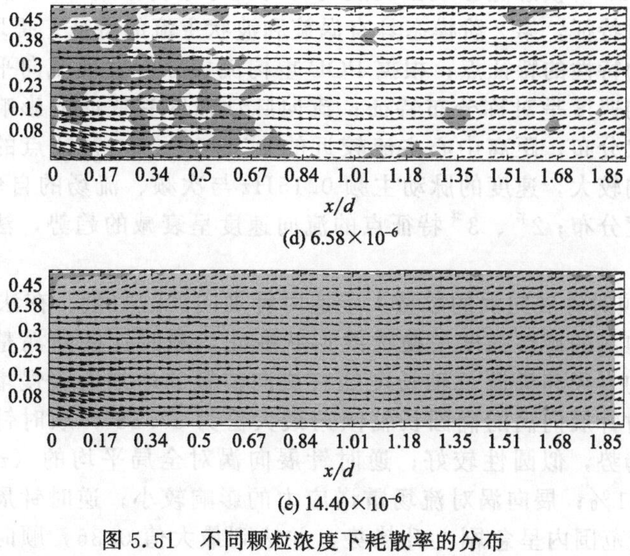

图 5.51　不同颗粒浓度下耗散率的分布

从图 5.51 可以看出，随着油中颗粒浓度的增加，油液的耗散率在流场中的分布逐渐降低，且在同一颗粒浓度下近壁区的耗散率分布较大；其中图 5.51(a)～(c) 的耗散率的变化幅度较大，分别为 95%、91%和 96%；而颗粒浓度较大的两种情况下，即图 5.51(d)、(e) 的耗散率变化幅度分别为 68%和 84%，这些分布规律与图 5.49 一致。

(5) 污染浓度对油液流场湍动能耗散率的影响

① 油液的湍流动能沿法向的分布呈现非单向性变化，颗粒浓度与颗粒粒径对油液的湍流动能产生交互作用的影响，油液湍流动能分布呈拟抛物线形，在低浓度时变化幅度较大，反之亦然。不同的粒径使油液的湍流动能的幅值不同，其中粒径为 25μm 时对其影响最大，随颗粒粒径依次递增，各颗粒浓度都在 25μm 时使油液的湍流动能达到最高值。

② 随着颗粒粒径的增加，相同颗粒浓度下油液的耗散率沿法向分布的幅值逐渐增大，25μm 的颗粒粒径对油液的耗散率影响较大，而且随着颗粒浓度的增加，油液的耗散率在法向的分布幅值逐渐减小。

③ 随着颗粒浓度的增加，湍流动能的流场分布在近壁区逐渐增大，在中心区域则逐渐降低；油液的湍流动能分布为拟余弦形状，随着流向距离的增加，波状主流的湍流动能呈递减趋势。

④ 耗散率的流场分布在近壁区和中心区域则增大，呈倒“W”形状，随着颗粒浓度的增加其幅值依次降低。

5.3 本章小结

① 本征正交分解（POD）的前 15 阶模态表征了槽道内涡波流场是由槽道壁面剪切层诱导的涡列以及伴随的波状主流组成的特征；流场中大尺度的涡旋发展为涡对波状主流的脉动频率产生影响；根据涡波流场中的驻点和鞍点，获取了流场的大尺度涡对、平均流场以及 Helmholtz 涡环等明显特征；最后根据 POD 的前 15 阶模态对槽道内涡波流场进行重组，重组流场表征了槽道内层流状态下波状主流的形态和涡旋共存的涡波结构以及驻点、鞍点的位置处涡旋的变化等主要特征，有效地剔除了 PIV 测量流场中的随机信息，保留了 PIV 测量流场的主导特征。

② POD的前15阶模态能够表征涡波流场的主导结构，第1、3阶模态主要表现为一对旋向相反的涡对特征，第2阶模态具有涡旋和波状主流的特征；提取了5个涡旋涡核的位置作为流场流动特性的特征点；根据POD重构流场分析发现流向平均速度呈抛物线形状分布，法向平均速度呈对称分布特征；流向脉动强度受壁面的影响较大，法向脉动强度呈现抛物线形状分布；距离中心主流较近的1#、4#、5#特征点的速度脉动程度受主流的脉动强度影响较大，速度的脉动主频0.15Hz与次频、流场的自然频率0.35Hz共同影响特征点的速度分布；2#、3#特征点的流向速度呈衰减的趋势，法向速度在初期幅度变化较大。

③ 流场中的顺时针展向涡的数量大于逆时针展向涡的数量；在法向位置0.05～0.45范围内逆时针展向涡的旋转强度呈抛物线形状变化，顺时针展向涡整体呈下降趋势；逆时针展向涡的平均直径和椭圆长轴长度随着法向位置的增加而缓慢增加，而顺时针展向涡趋于下降；逆时针展向涡的椭圆长轴倾角最大值为67.28°，顺时针展向涡的等效椭圆的离心率呈下降趋势，似圆性较好；逆时针展向涡对全局平均的$\langle v\omega_z \rangle$的分量在0.15处出现最大值为61%；展向涡对流场雷诺应力的影响较小；逆时针展向涡的数量密度在0～0.08法向位置范围内呈急剧上升趋势，并达到最大值0.36，顺时针展向涡数量密度整体呈倒“U”形分布；不同旋向的展向涡占总展向涡数量密度的比值都大于0.3；展向涡的流向对流速度整体上小于流场的平均速度，且在槽道中心区域它们的差值较大；展向涡的法向对流速度随着法向距离增加，从负值上升到正值，在中心主流两侧分别发生喷射和扫掠两种现象。

④ POD重构流场表征了原始流场的主导结构，剔除了噪声等干扰信息；大涡PIV方法能有效地估算动能耗散率的分布；湍流动能在壁面附近较小，在接近槽道中心区域湍流动能越来越大，呈现出射流的特征；动能耗散率的峰值出现在壁面附近和槽道中心区域，动能耗散率随着远离壁面程度的增加先降低后逐渐增加直至达到峰值。

⑤ POD的低阶模态分别表征了非定常流场的基频和相应的倍频，阐明了非定常流场的脉动机理；非定常流场的脉动是由于一些涡列和余弦形式的波状主流形成的，并将这些涡列以及伴随的波状主流的脉动频率映射到POD的低阶主导模态系数上。

⑥ 含颗粒油液的流向时均速度沿法向和流向都呈拟抛物线形状分布，颗粒浓度越低流向时均速度变化幅度越大，其分布越不均匀；颗粒浓度对油液法向时均速度沿流向的规律是颗粒浓度越大其变化的幅度越小，但对沿法向时时均速度在颗粒浓度较低时具有最值，速度变化幅度较大；粒径为25μm时对油液的流向时均速度和法向时均速度的影响较为明显。

⑦ 油液的流向脉动强度沿法向的分布在中心区域变化较缓，在近壁区变化较为陡峭，随着颗粒浓度的增加，油液的流向脉动强度逐渐减小；不同颗粒粒径下油液的法向脉动强度沿法向的分布大致呈“W”形状，在中心区域和近壁区法向脉动强度幅值较大，且油中颗粒的浓度对油液法向脉动强度的分布影响呈现非单向性；随着颗粒浓度的增加，油液的流向和法向速度主要频率呈现降低趋势，油液的流向平均速度呈逐渐增大的趋势，而油液的法向平均速度的变化在颗粒浓度3.00×10^{-6}以下时呈降低趋势，当颗粒浓度超过3.00×10^{-6}时，油液的法向平均速度呈增加趋势。

⑧ 油液的湍流动能沿法向的分布呈现非单向性变化，呈拟抛物线形分布，在低浓度时变化幅度较大；油液耗散率的幅值随着颗粒粒径的增加逐渐增大，随着颗粒浓度的增加而逐渐减小；25μm粒径对油液的湍流动能和耗散率影响较大；随着颗粒浓度的增加，湍流动能的流场分布在近壁区逐渐增大，在中心区域则逐渐降低；油液的湍流动能分布为拟余弦形状；耗散率的流场分布在近壁区和中心区域则较大，呈倒“W”形状。

第6章

油液污染辨识方法

针对含颗粒物油液压力振动信号的非平稳特征问题，提出基于 VMD（vibrational mode decomposition）分解的振动特征频率提取、SPA 变量选择与 T-S 模糊辨识相结合的油中颗粒物含量预测方法。首先对压力振动信号进行 VMD 分解并得到一系列窄带特征频率矩阵，然后进行连续投影算法（SPA）变量选择以构造特征向量阵，形成降维污染油液振动特征频谱矩阵作为输入，不同含量、尺寸的颗粒污染物作为输出，构建油液污染状态的辨识系统。对油液振动特征（频率以及幅值变化）与污染物的含量、尺寸关系进行定量分析，揭示油液脉动机理。

再利用中红外光谱扫描获得油样的红外光谱数据，采用连续投影算法提取油样红外光谱的有效波长变量，然后分别应用偏最小二乘法和支持向量机法建立颗粒污染等级与中红外光谱有效波长的模型。对测试数据建立油样红外光谱数据与油样中颗粒污染物含量的预测模型，实现对变压器油中颗粒污染物含量的预测。

6.1 油液污染的辨识系统

根据颗粒污染物和油液振动相互作用的内在机制，考虑污染物对油液理化性能的影响，建立油液与污染物全耦合的振动动力学模型，数值求解得到油液的振动信号；并基于小波包变换和希尔伯特黄变换的时间-尺度-频率分析方法，将油液振动信号进行降噪处理；再运用连续投影算法（SPA）对全频段振动信号进行有效变量选择，建立油液与不同含量、尺寸的颗粒污染物的 T-S 模糊辨识模型，开发一套具有自主知识产权的油液污染度辨识系统，以探讨不同含量、尺寸的颗粒污染物与油液振动特征的内在关系。

开发的油液污染度辨识系统利用 MATLAB 软件进行构建，主要涉及软件数据的降噪预处理、信号特征的提取、变量选择以及模型构建等程序的编写和相应界面的构架设计等多方面的工作。系统主要由压力信号数据加载、降噪处理、振动特征提取方法选择、振动特征变量选择、辨识模型构建以及油中颗粒污染物的辨识 6 个板块组成，系统的界面如图 6.1 所示。

(1) 压力信号数据加载

压力信号数据加载板块主要完成数值计算或者实验采集到的含不同粒径和含量油液的压力振动信号数据的加载。

此板块实现的功能有：首先按照实验方案以及数值仿真的结果，得到的数据是 17/13～23/20 污染度范围内共 7 个等级，每个污染度等级又分为 60 组数据，共 420 组数据；然后根据 ISO 4406 标准将不同粒径的油样进行分别处理，因而需要根据不同的粒径进行数据的加载；最后选取任一个油样的数据进行界面显示。

可见此板块需要根据油液数据的原始情况进行污染度等级数量、每个等级的组数、污染物粒径以及界面显示的油样编号等内容的填写，然后点击“加载数据”按钮就可以实现数据的加载功能（图 6.1）。

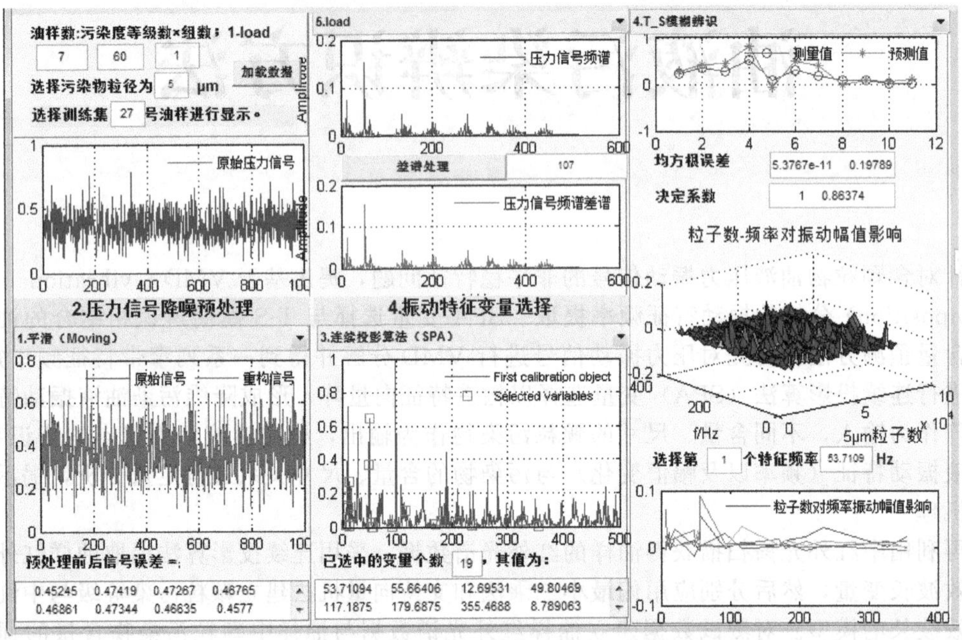

图 6.1 油中污染物辨识系统的界面

(2) 降噪处理

此板块主要针对加载后的压力信号降噪处理，根据降噪方法相同选用了平滑、小波变换、SG 平滑以及不进行预处理 4 个选择项。

选择了预处理方法后，根据显示油样的编号将相应的油液压力原始信号及其预处理后的信号进行比较，展示在面板内，并在下部编辑框内输出参与预处理的所有油样的预处理误差。

(3) 振动特征提取方法选择

经过预处理后的油液压力信号的振动特征提取方法设置有小波处理、小波包处理、HHT 以及 VMD 4 种，可以将含有不同粒径、含量污染物的油液的振动特征进行表征，根据显示油样的编号将相应的油样的振动特征展示出来。

利用差谱技术获取各个油样的压力振动特征谱，即在获取的油液振动特征信号中找出一个参考峰，通过调节差减因子，将这个参考峰减到基线为止。从而将噪声和系统本体振动的影响降低到最小，得到与污染物密切相关的油液振动频谱，并展示在面板中。

(4) 振动特征变量选择

由于利用各种振动特征提取方法得到的油液振动频谱所含的频率成分多达 512 个，因此可以通过计算因变量矩阵中某一自变量对其他自变量的投影，选取投影量最大的自变量作为该序列中的下个变量，序列中的每个变量都与其前一个变量相关性最小，最大限度消除共线性对模型的影响，降低模型复杂度。变量的选择是一个组合约束的优化问题，再采取交叉验证的方式，以其均方根误差最小为目标优化所建模型，则最小均方根误差所对应的变量位置和数量就是最佳变量子集。

本系统共设置逐步回归分析法、无信息变量消除法以及连续投影算法等4个选项。根据不同的变量选择方法，将选择的频率点标注在相应的频谱图中，并将选择的变量及其数量展示在面板上。

(5) 辨识模型构建

辨识板块是将前4个板块获取的含不同粒径、含量污染物油样的振动特征频谱作为模型的输入变量，以油中不同粒径和含量的污染物为模型的输出变量，构建两者的智能模型。

本系统共设置的建模方法有多元线性回归法、偏最小二乘法、支持向量机法以及T-S模糊辨识法4种。

根据每个油样的训练集与验证集的预测输出，将所建模型的预测值与实测值的比较展示在面板上，并显示决定系数和均方根误差的大小，以表明所建模型的鲁棒性和适应性。根据所建模型绘制了油中某一粒径的颗粒污染物的数量、振动特征频率对油液振动幅值的三维曲线图；根据需要设定某一特征频率，获取了该频率下油中某一粒径的颗粒污染物的数量与油液振动幅值的变化规律。

(6) 油中颗粒污染物的辨识

在构建了油中颗粒污染物与油液振动特征的模型后，油中颗粒污染物的辨识板块主要是利用所建模型，对需要监测的任意油样完成油中颗粒污染物的粒径和含量的监测功能，包含辨识方法、待监测的油液编号选择、待监测油液中污染物的粒径以及监测结果的显示标准选择等几项。

利用所建的模型，将待监测的油样压力信号输入本系统，进行同样的预处理、振动特征提取、振动特征变量选择后将获取的振动特征变量作为模型的输入变量，可通过模型的输出得到待监测油样的污染物粒径和含量，并根据需要以按照4406或者NAS 1638的标准进行输出和显示。

6.2 油液污染辨识实验

按照ISO 4406标准，利用均匀设计法将不同含量、尺寸的颗粒污染物分别与油液进行充分混合，再进行分组实验和综合模拟实验。通过实验系统各关键点的压力振动信号情况，分析油液污染振动信号与不同含量、尺寸的颗粒污染物之间的依存关系，并根据模拟实验结果修正理论模型。

6.2.1 实验装置

油液脉动流的实验装置如图6.2所示，油液污染度实验系统现场见图6.3，主要包括实验管路、数据采集系统和图像采集系统（PIV）等部分。其中实验管路截面为0.04m×0.04m、长为0.5m的方形，建立笛卡儿坐标系，坐标原点为实验管路的左下角顶点，x向为油液的流向，y向为展向，z向为法向；为了便于PIV的数据采集，在管路的顶面和前面采用透明玻璃制成。

图像采集系统（PIV）用于观察油液实时运动变化量的特征，主要包括激光发生器、导光臂、微观照相机、同步控制器、三维移动架、运动控制器以及Insight 4G应用软件。同步控制器统一图像采集系统中的激光器照射频率和微观照相机拍摄频率，使微观照相机能够拍摄到激光照射下的油液运动情况，再运用 PIV 中的图像处理软件 Insight 4G 以及 Tecplot Focus 对采集的图像进行处理分析。

2DPIV 测量系统采用美国 TSI 公司生产的粒子图像测速系统对对称槽道内流场的流向-法向瞬时速度矢量场进行测量，该系统由双脉冲激光器、片光源、CCD 高速相机、同步控制器、图像采集卡和计算机组成。其中激光发生器为双钕：钇铝石榴石激光器（200mJ，脉冲频率 15Hz，532nm 激光波长）来产生脉冲激光，激光片光源从对称槽道上方沿流向-法向照亮流场，片光厚度为 1mm，光平面与流场的流向平行。由于变压器油中含有平均粒径为 25μm 的悬浮颗粒，具有良好的跟随性以及均匀分布的光散射性，因而 2DPIV 测量中不需另加示踪粒子。测量区域中心为 $x=300$mm，$y=30$mm，测量区域为 85.86mm×22.20mm（流向×法向）。高速 CCD 相机（15 帧/秒，50 mm/F1.8 镜头，2K×2K 像素分辨率）从对称槽道的负展向记录粒子图像，其运动的精度凭借三维移动架（精度 0.1mm）使相机在水平和垂直两个方向上保持直线移动而不发生较大偏移。采用流场水平方向和垂直方向上初始查询窗口 72×64pixel、最终查询窗口 64×48pixel 并 50％交叠来获取原始速度矢量；对错误矢量用一个局部平均验证方法用其临近的 5×5pixel 范围内的均值来替代；并对处理后的矢量场进行进一步互相关峰值的高斯拟合方法，可使计算精度约为 0.1pixel，最终在所测的二维平面内得到 59×21 个瞬态速度矢量信息。

数据采集系统主要包括油液压力（温度、流量）变送器和管路振动变送器、NI PXI 数据采集卡以及 LabVIEW 数据分析处理软件等。其中压力变送器采用 YP-01S 型，量程为 −0.1～2.0MPa，精度为 0.2％，输出为 0～5V，用于采集到实验管道的进出口油液的压力变化信号；流量变送器设置在实验管路的出口端，为 LWGB-6 型，精度为 1％，测试油液流量信号；采用 HSLHW-SX 型的温度变送器，精度为 0.25％FS，用于检测油液运行中温度的变化情况；设置在实验管路出口端的振动变送器采用 LC0123 型，精度为 0.08％，将实验管路的振动信号检测出来。系统采集的压力、流量、温度和振动等实时数据通过 NIPXI 采集板，传输给计算机中的 Labview 软件，对油液的压力、加速度、流量、温度的动态参数信息进行滤波去噪和分析处理。

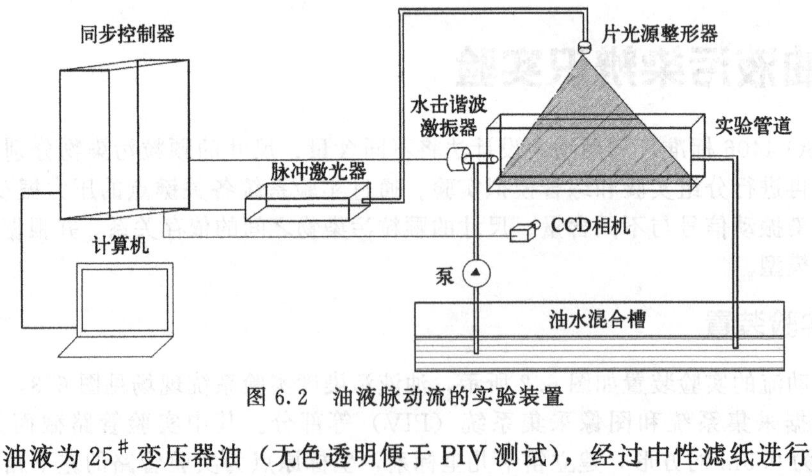

图 6.2 油液脉动流的实验装置

实验用油液为 25# 变压器油（无色透明便于 PIV 测试），经过中性滤纸进行抽滤处理得到初始油样；颗粒物选用的 Cu、Fe 和 SiO_2 粉末。分别称取 0.02g Cu、Fe 和 SiO_2 粉末与 1L 25# 变压器油混合后，经过 8h（温度 30～60℃）超声波振荡器振荡均匀，然后进行不同孔径的滤纸抽滤，得到中径为 5μm、15μm、25μm、50μm，浓度为 14.4×10^{-6} 的油样。按一定的体积比例向此浓度油样中加入初始油样，径过 8h（温度 30～60℃）超声波振荡器振

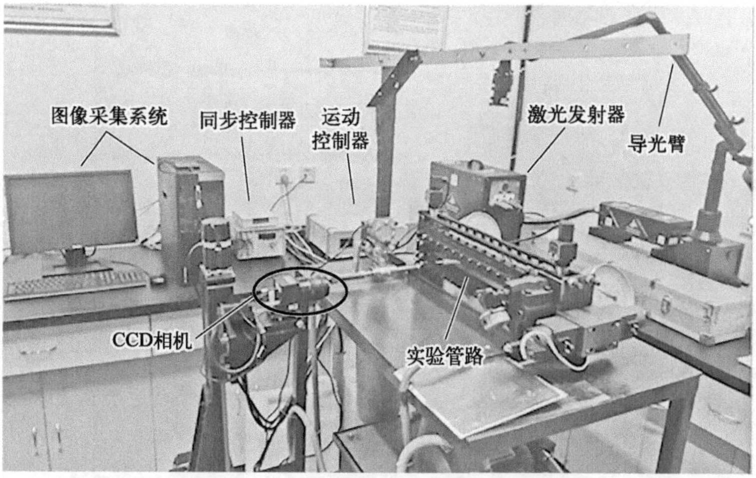

图 6.3 油液污染度实验系统现场

荡均匀，分别得到不同中径下浓度分别为 14.40×10^{-6}、6.58×10^{-6}、4.57×10^{-6}、3.00×10^{-6}、0.971×10^{-6} 梯度等级的含颗粒物油样。

将油样充分混合后置于油箱中，经过蠕动泵输入实验管路，入口初始速度为 $V_0=0.0362\text{m/s}$，相应的雷诺数 $Re=138.3$，管路内的油液为层流形态。油液经过管路发展段后，进入测试段，再经尾段进入油箱，形成一个循环。

6.2.2 实验方法

利用 LABVIEW 软件编制数据采集的前面板和程序框图，如图 6.4 所示。

前面板中主要包含参数设置区和波形图显示区，设置有滤波器、数据保存、图像保存等按钮控件，可以实现滤波器启动、实验数据和图像的存储功能。滤波图显示区是实时显示管道油液的进口压力、出口压力、流量、温度及振动（加速度）的采样值随时间的变化情况。参数设置区对 NI-DAQmx 任务信号的连接方式、采样率、采样点数和采样方式等参数进行选择，具体各个参数的选择如表 6.1 所示。

表 6.1 具体各个参数的选择

名称	连接方式	采样率	采样点数	采样方式
压力通道	RSE	1000	6000	连续
加速度通道	伪差分	1000	6000	连续

程序框图和前面板相对应，将前面板中出现的输入和输出程序用一些（循环、顺序）结构等用线段连接，使前面板控件能够相互通信。

油液进入实验管路运行 10min，待系统中油液的各项指标变化较为平稳后，开始各参数的数据采样。

为了最大限度地获取油液在实验管路中的压力振动特征信号，利用数据采集系统采集的经过滤波后的不同信号进行进一步处理。首先将进口压力和出口压力进行相减，获取实验管路两端的压力差，以表征油液在测试管段内的压力相对变化量。但这个压差值包含了管路自身的振动组分，因而将压差值再次减去振动（加速度）变送器的信号，最终获取的差值为实验管路中油液的脉动流压力信号。

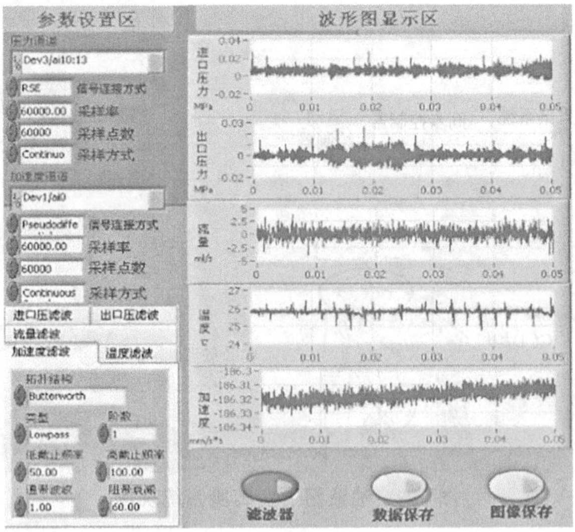

(a) 前面板

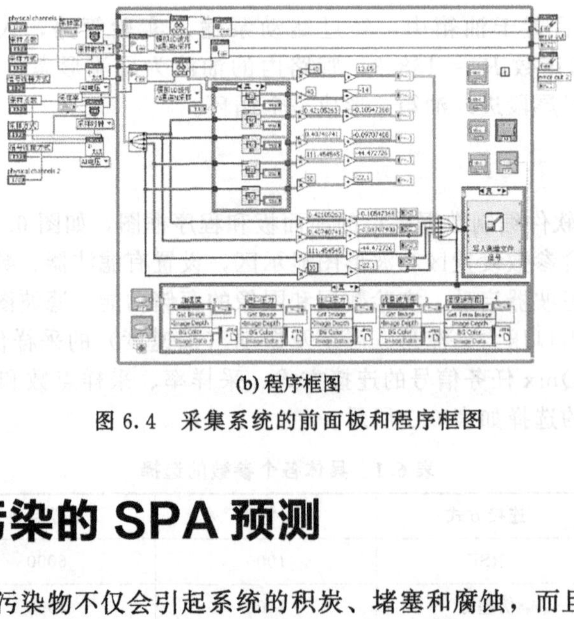

(b) 程序框图

图 6.4　采集系统的前面板和程序框图

6.3　油液污染的 SPA 预测

油液中混入颗粒污染物不仅会引起系统的积炭、堵塞和腐蚀，而且会使油液的理化性能劣化。此外，油中的颗粒物具有一定的油的老化反应促进作用，使油的老化加速，因而采取有效措施降低油中颗粒物含量对提高油的性能稳定性以及系统运行的安全性具有十分重要的作用。迄今关于油中颗粒物的研究主要集中于对油液污染监测和控制、污染度的测定和表征等方面，而关于油中颗粒物与油液的相互作用特性的研究报道较少。

油液的湍流特性由于颗粒物的存在而呈现不同的宏观特征，因而拟从含不同颗粒物的油液的 PIV 实验获取的油液瞬态速度场入手，经过 VMD 获取含颗粒物的油液流场的压力振动特征；将压力振动特征进行 SPA 变量选择，获取表征油液湍流特征的最小变量；再以 SPA 的选择变量为 T-S 模糊辨识模型的输入，构建油液压力振动特征与油中颗粒物含量的内在联系，对油中颗粒物的含量进行预测，为获取颗粒物对油液的稳定性影响规律提供前期基础。

6.3.1 T-S辨识模型的构建

为了分析含不同颗粒物的油液的湍流特征与颗粒物含量的内在联系，采用与文献［158］相同的实验装置。实验油液采用25#变压器油，颗粒物选用中径分别为5μm、15μm、25μm、50μm的Cu、Fe和SiO_2粉末；分别称取不同中径的0.02g Cu、Fe和SiO_2粉与1L 25#变压器油经过8h（温度30～60℃）超声波振荡器振荡充分混合均匀后作为初始油样；然后按一定的体积比例向初始油样中加入25#变压器油，再经过8h（温度30～60℃）超声波振荡器振荡均匀，利用颗粒计数仪测量结果，分别得到不同粒径和数量的53个梯度等级的含颗粒物油样。

将各个油样充分混合均匀后置于油箱中，经过蠕动泵输入实验管路，各个实验工况的初始速度为$V_0=0.0362$m/s，油液的雷诺数$Re=138.3$。

利用LABVIEW软件编制实验系统的数据采集程序，设置NI-DAQmx任务压力信号的连接方式为RSE、采样频率为1000Hz、采样点数1000点和连续采样方式等参数。则可得实验采集的压力振动数据共53×1000个，为油样的压力振动特征的获取提供原始数据。

6.3.1.1 VMD压力振动特征的表征

含不同颗粒粒径和数量的油液的流动特性出现多尺度、拟周期的非平稳信号特征，常见的小波分解、DFFT分解方法会出现频率混叠以及端点效应等问题，变分模态分解（variational mode decomposition，VMD）是针对非平稳信号而提出的一种多变量分解方法，其机理是假设每个模态的绝大部分都是紧紧围绕在某一中心频率周围的，通过将多变量非平稳信号的分解问题即模态带宽问题转换为一个变分约束问题，分解出在中心频率周围的每个模态，从而自适应地使信号的频域剖分以及各分量的有效分离。

对实验采集的油液压力振动信号进行VMD分析处理，每个油样的VMD分解的分量数量确定是根据VMD分解各分量中心频率的斜率与分量主频联合比较为判据进行的，从而实现不同颗粒粒径和含量的油液压力振动信号的VMD各主要分量的提取和分析。

其中3#油样的颗粒污染物的粒径和含量情况是5μm的颗粒物827个/mL、15μm的颗粒物51.333个/mL、25μm的颗粒物8.935个/mL、50μm的颗粒物1.283个/mL，对应的ISO 4406污染度为17/13。对该油样的压力振动信号采用中心频率斜率判据来确定VMD分解的分量数量为11个，并执行VMD分解后得到各个Mode分量，如图6.5所示。

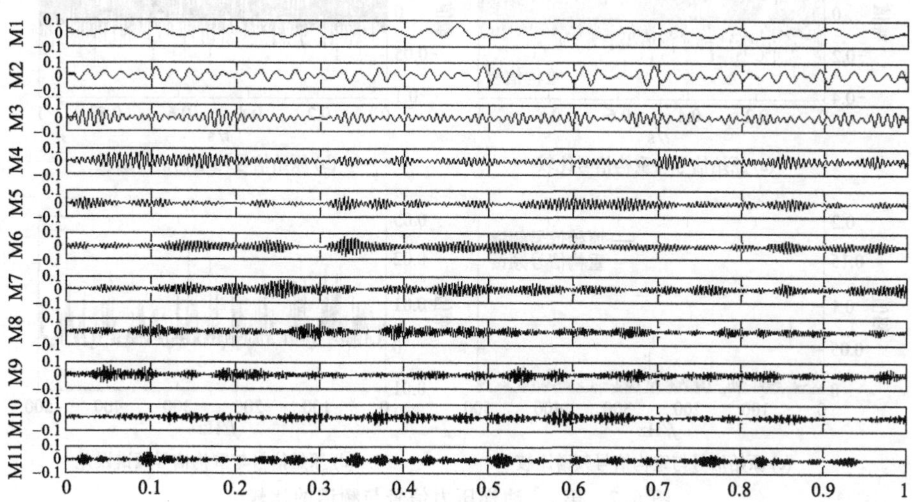

图6.5 第3#油样的VMD分解的各个分量

由图 6.5 可见，随着分解分量数量的增加，分量所含的信息——调幅调频特征越明显；第 1 阶分量是该油样压力信号的趋势信号，表征了压力信号具有余弦变化的特征；从第 2 阶分量可以看到有间断脉冲的信号特征；第 3～7 阶分量具有明显的调幅信号特征，而第 8～11 阶分量不仅具有调幅调制特征，且含有调频调制特征。可见 3# 油样经过 VMD 的分解能够将信号中的各个组分有效地分解出来，对压力信号的特征提取具有重要的作用。

如图 6.6 所示是第 3# 油样的 VMD 分解的各个分量的频谱，可见经过 VMD 分解的各分量的频带基本上没有混叠现象，且第 1～7 阶分量的频谱带宽在 40Hz 内，第 8～11 阶各分量的带宽都在 50Hz 内。这是由于第 8～11 阶各分量包含调频调制的特征，其相应的带宽是由其中心频率与调制频率的倍频的和差组成的。压力信号经过 VMD 分解的各分量的频谱能够将信号的特征通过频率表征出来。

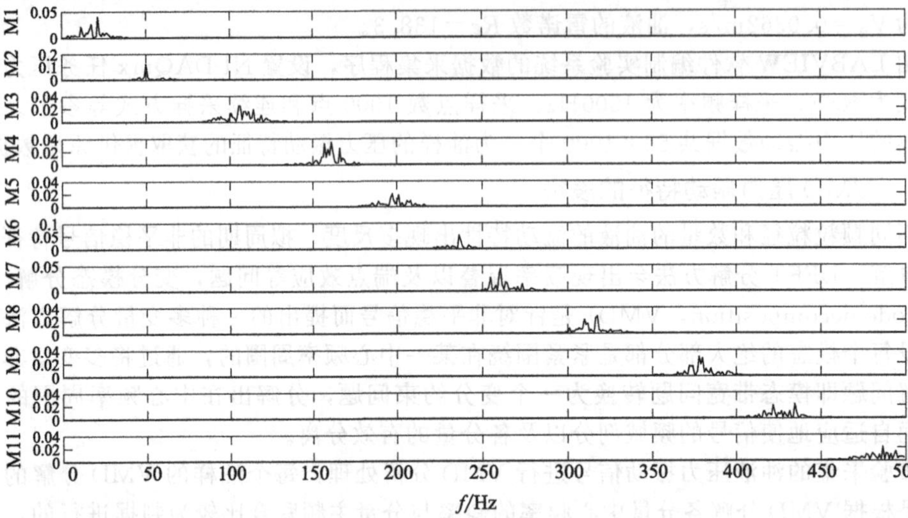

图 6.6 第 3# 油样的 VMD 分解的各个分量的频谱

如图 6.7 所示是 3# 油样的原始压力信号与其经过 VMD 分解后的重构信号比较以及它

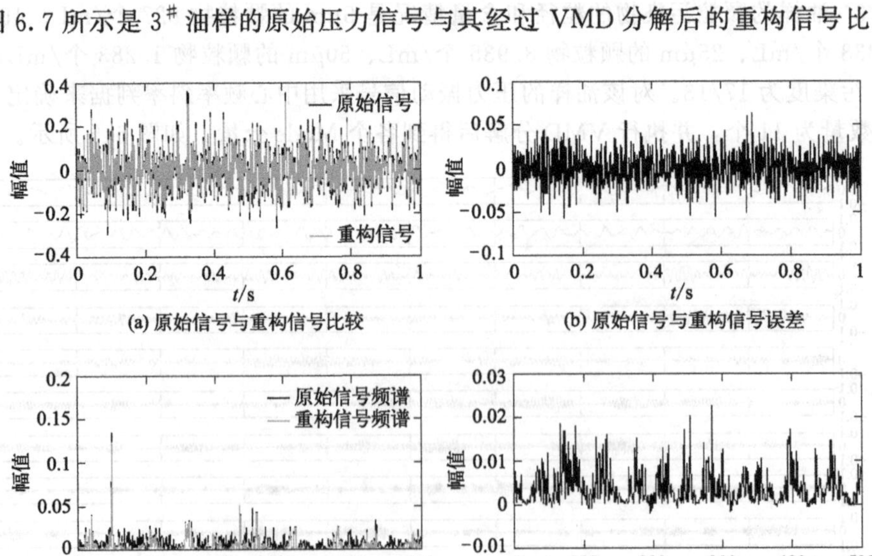

图 6.7 第 3# 油样压力信号与频谱的比较

们相应的频谱比较情况。将VMD分解的压力信号各分量进行重构，与原始信号进行比较，如图6.7(a) 所示，重构信号能够较好地表征原始信号的主要变化特征，两者的误差如图6.7(b) 所示，其误差范围为−19.14%～17.77%。重构信号与原始信号的频谱比较及其误差如图6.7(c)、(d) 所示，其误差范围为−0.2%～16.76%。重构信号与原始信号频谱的区别在于原始信号经过VMD分解的各分量带宽的间隔部分，可见经过VMD分解的各分量的频率即为该油样的特征频率。

同理对每个油样进行VMD分解提取其相应的分量频率，作为相应的油样的特征频率，为构建油样的压力振动特征信号与油中颗粒污染物含量之间的非线性关系提供前提条件。

6.3.1.2 SPA振动特征有效变量的选择

尽管油样经过VMD分解后重构信号的频谱能够表征原始信号的特征频率，但是每个油样的特征频率共有512个。从图6.5和图6.6可以看出，VMD分解的各个分量对原始信号的特征贡献大小是不同的，即每一个油样所分解的分量具有冗余性；对于构建油样的压力振动特征信号与油中颗粒污染物含量之间的非线性关系，这些特征频率会影响最终结果的精确性和有效性。

连续投影算法SPA一种多元校正过程中的降维方法，由Araujo提出，将输入变量的选择转换为一个组合约束的优化问题，用得到模型的性能进行变量子集用的测试和比较，进而进行变量子集的优化搜索，最终根据一系列涉及油样指标对应的矩阵投影操作形成所选变量的子集，具体算法见相关文献。

将每个油样的特征频率利用SPA进行有效变量选择，按照SPA的算法通过计算由53个油样构成的特征频率矩阵中某一频率对其他频率的投影，选取投影量最大的频率作为该频率序列中的下个频率，序列中的每个频率都与其前一个频率相关性最小，从而实现最大限度地消除共线性对模型的影响，降低模型复杂度。运用SPA对53个油样的特征频率选择的变量数及其变量如表6.2所示。

由于实验过程中油样驱动泵的主轴旋转频率为30Hz，以及油样的振动基频为6.8359Hz，因而经过SPA选择的各个特征频率是在主轴旋转频率和基频的相互作用下的倍频。其中选择的第一个频率53.7109Hz是2倍主轴旋转频率30Hz与基频的7倍频之差的5倍频；236.3281Hz是2倍主轴旋转频率30Hz与基频的7倍频之差的22倍频；8.7891Hz是主轴旋转频率30Hz与3倍基频的差值；11.7188Hz是主轴旋转频率30Hz与6倍基频的差值；117.1875Hz是11.7188Hz的10倍频；13.6719Hz是基频的2倍频；12.6953Hz是8.7891Hz的3倍频与13.6719Hz之差；19.5313Hz是12.6953Hz与基频之和；48.8281Hz是主轴旋转频率30Hz与19.5313Hz之和；49.8047Hz是主轴旋转频率与3倍基频之和；55.6641Hz是11.7188Hz与基频之和的3倍频；92.7734Hz是11.7188Hz与基频之和的5倍频；56.6406Hz是19.5313Hz与8.7891Hz之和的2倍频；169.9219Hz是56.6406Hz的3倍频；179.6875Hz是48.8281Hz与基频的6倍频之和的2倍频；209.9609Hz是19.5313Hz与主轴旋转频率之和的5倍频；327.1484Hz是56.6406Hz与8.7891Hz之和的5倍频；355.4688Hz是基频的52倍频。

表6.2 SPA选择的变量数及其变量

变量选择方法	选择的数量/个	选择的变量
SPA	19	53.7109，55.6641，12.6953，49.8047，117.1875，179.6875，355.4688，8.7891，92.7734，13.6719，209.9609，56.6406，236.3281，19.5313，6.8359，169.9219，48.8281，11.7188，327.1484

可以看到SPA按照每个变量的投影的均方根大小进行排列，其中最优的变量放在最前

面的位置，如 53.7109Hz 就是 SPA 选择的实验油样的压力信号的最优特征频率。

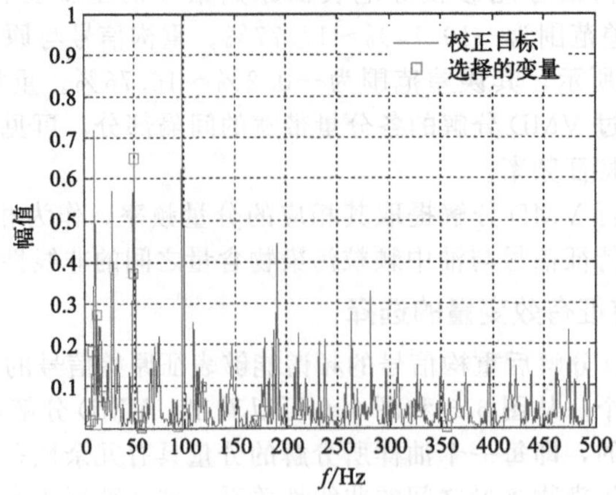

图 6.8 SPA 选择的变量

SPA 选择的变量如图 6.8 所示，可见从油样压力振动信号的特征频率中选择的 19 个变量，有 11 个变量主要分布在 0～50Hz 较低频率区域，与图 6.6 中 VMD 分解的前两个分量的频谱图中的频率的幅值较大的情况是一致的。并且可以看出所选择的变量是压力振动信号的频谱变化较大的位置，表明 SPA 选择的变量能够较好地表征原始信号的频率特征，且具有一定的物理意义。

6.3.1.3 建立 T-S 辨识模型

由于油液中颗粒污染物的含量与油液的压力振动信号之间是非线性的隐含的内在关系，因此很难用精确的数学表达式表征；而模糊 T-S 辨识系统就是针对非线性的问题而发展起来的一种辨识方法，得到了较为广泛的应用。油液压力振动信号与油中颗粒污染物含量之间的关系为 MIMO 系统，利用 SPA 选择的 19 个压力振动特征频率作为输入数据，用 $x(i, k)$ 表示第 i 个油样输入的压力振动特征频率 k 的参数集；输出变量为油中不同粒径和含量的颗粒污染物用 $y(i, j)$ 表示。将 53 个油样分为Ⅰ和Ⅱ组，分别用于训练和验证模型，其中，Ⅰ组用于检验模型拟合精度和泛化能力，共有 42 组，Ⅱ组用于检验模型的有效性，有 11 组数据对。一个 MIMO 含颗粒污染物的油液压力振动系统的 T-S 模型可以用模糊规则集合 R^i 表示，则第 i 条模糊规则表示为

$$\begin{aligned} R^i:\text{if}\quad & x_1=A_1^i \cup x_2=A_2^i \cup \cdots \cup x_m=A_m^i \\ \text{then}\quad & y^i(k)=p_0^i+p_1^i x_1^i+p_2^i x_2^i+\cdots+p_m^i x_m^i,\quad i=1,2,\cdots,r \end{aligned} \tag{6.1}$$

式中 R^i——模糊集合中第 i 条规则；

A_j^i——第 j 个压力振动特征频率的模糊子集，其隶属度函数中的参数称为前件参数；

y^i——第 i 条规则的输出变量；

p_j^i——辨识参数的系数。

定义 β_i 为第 i 条模糊规则的加权平均规则的有效函数，表达式为 $\beta_i=\mu^i \Big/ \sum_{j=1}^{r}\mu^i$，式中，$\mu^i(x)$ 为式 (6.1) 中第 i 条模糊规则的激活度，即 $\mu^i(x)=\prod_{j=1}^{m}A_j^i(x_j)$，Π是模糊算子，取小运算。

含颗粒污染物的油液压力振动信号的 T-S 模糊辨识系统的输出为

$$y=\frac{\sum_{i=1}^{r}\mu^{i}y^{i}}{\sum_{i=1}^{r}\mu^{i}}=\sum_{i=1}^{r}\beta_{i}y^{i}=\sum_{i=1}^{r}\beta_{i}(p_{0}^{i}+p_{1}^{i}x_{1}+p_{2}^{i}x_{2}+\cdots+p_{m}^{i}x_{m}) \tag{6.2}$$

(1) C 均值的模糊聚类辨识前件参数

Bezdek 提出的 FCM（fuzzy C-means algorithm）C 均值模糊聚类算法，是基于目标函数寻优的一种聚类算法。其核心问题是根据设定合理的聚类指标来确定聚类中心，从而使模糊输入空间的划分达到最优。

$$J(Z,U,V)=\sum_{i=1}^{c}\sum_{k=1}^{N}(\mu_{ik})^{m}\parallel z_{k}-v_{i}\parallel_{A}^{2} \tag{6.3}$$

式中 Z——需要进行聚类的集合，$U=[\mu_{ik}]$ 为 Z 的模糊划分，$V=(v_1,v_2,\cdots,v_c)^r$ 为聚类中心向量；

c——聚类数目；

N——油样数；

μ_{ik}——流场振动特征频率 z_k 相对于聚类中心 v_i 的隶属度，并且满足 $\mu_{ik}\in[0,1]$ 和 $\sum_{i=1}^{c}\mu_{ik}=1$，$m\in[1,\infty]$ 为模糊指数。

再根据 Lagrange 算子来优化目标函数［式(6.3)］，得到使其具有最小点的（U，V）条件如下。

$$\mu_{ik}=\frac{1}{\sum_{j=1}^{c}\left(\frac{D_{ik}}{D_{jk}}\right)^{\frac{2}{m+1}}} \tag{6.4}$$

$$v_{i}=\frac{\sum_{k=1}^{N}(\mu_{ik})^{m}z_{k}}{\sum_{k=1}^{N}(\mu_{ik})^{m}} \tag{6.5}$$

式中 i——取值 1，2，…，c；

D_{ikA}^{2}——平方内积距离范数，$D_{ikA}^{2}=\parallel z_{k}-v_{i}\parallel_{A}^{2}=(z_{k}-v_{i})^{\mathrm{T}}A(z_{k}-v_{i})$，$A$ 决定着聚类的形状，FCM 中一般取 A 为单位向量 $\boldsymbol{I}$。

FCM 聚类算法为：

① 首先选择聚类数目 $c=3$、模糊指数 $m=2$，对模糊划分矩阵 $\boldsymbol{U}$ 赋初值，则迭代次数 $l=1$，迭代中止条件 $\varepsilon>0$；

② 根据式（6.4）对聚类中心 v_i 以及距离范数 D_{ikA}^{2} 进行更新；

③ 根据式（6.3）对模糊划分矩阵 $\boldsymbol{U}$ 进行更新；

④ 如果 $\parallel U^{(l+1)}\quad -U^{(l)}\parallel P\varepsilon$ 则中止迭代，否则 $\boldsymbol{l}=l+1$，转至②。

根据 FCM 的算法对含颗粒污染物的油液进行模糊辨识，得到的 3 个聚类中心如下所示。

$$\begin{bmatrix}\text{聚类中心 1}\\\text{聚类中心 2}\\\text{聚类中心 3}\end{bmatrix}=$$

$$\begin{bmatrix} 0.1628 & 0.1361 & 0.1139 & 0.1470 & 0.1618 & 0.0992 & 0.1216 & 0.1762 & 0.1062 & \\ 0.1378 & 0.0690 & 0.1883 & 0.1151 & 0.2388 & 0.3742 & 0.0967 & 0.1049 & 0.1498 & 0.0760 \\ 0.1047 & 0.2419 & 0.0997 & 0.1171 & 0.0789 & 0.0478 & 0.0744 & 0.1585 & 0.1008 & \\ 0.0962 & 0.0541 & 0.8029 & 0.0688 & 0.1139 & 0.1253 & 0.2067 & 0.0835 & 0.1155 & 0.0649 \\ 0.1239 & 0.0933 & 0.0534 & 0.6763 & 0.1057 & 0.0725 & 0.0918 & 0.1050 & 0.0542 & \\ 0.1145 & 0.0679 & 0.1031 & 0.1375 & 0.1238 & 0.0991 & 0.0937 & 0.2370 & 0.1225 & 0.0556 \end{bmatrix}$$

(2) 运用递推最小二乘法对后件参数进行辨识

根据 SPA 选择的油样压力振动特征频率的输入数据以及油中不同的粒径和含量的颗粒污染物的输出数据，组成构建 T-S 模糊辨识模型的训练数据对。

x_{1i}，x_{2i}，x_{3i}，$x_{4i} \rightarrow y_i (i=1,2,\cdots,42)$ 时，用递推最小二乘法得到模型的后件参数，算法如下。

令 $\boldsymbol{X}$ 为 $N\times r(m+1)$ 矩阵，$\boldsymbol{Y}$ 为 N 维向量，$\boldsymbol{P}$ 为 $r(m+1)$ 维向量。

$$\boldsymbol{X}=\begin{bmatrix} \lambda_{11},\cdots,\lambda_{r1},\lambda_{11}x_{11},\cdots,\lambda_{r1}x_{11},\cdots,\lambda_{11}x_{m1},\cdots,\lambda_{r1}x_{m1} \\ \vdots \qquad\qquad\qquad \vdots \\ \lambda_{1N},\cdots,\lambda_{rN},\lambda_{1N}x_{1N},\cdots,\lambda_{rN}x_{1N},\cdots,\lambda_{1N}x_{mN},\cdots,\lambda_{rN}x_{mN} \end{bmatrix} \tag{6.6}$$

$$\boldsymbol{Y}=[y_1,\cdots,y_N]$$

$$\boldsymbol{P}=[p_0^1,\cdots,p_0^r,p_1^1,\cdots,p_1^r,\cdots,p_m^1,\cdots,p_m^r]$$

则 $Y=XP$，可得 P 的最小二乘估计为 $P^*=(X^TX)^{-1}X^TY$。

采用递推最小二乘算法可以避免矩阵求逆，进行迭代优化参数矩阵 $\boldsymbol{P}$。即令 $\boldsymbol{X}$ 的第 k 个行向量为 x_k，$\boldsymbol{Y}$ 的第 k 个分量为 y_k，则递推算法为

$$\begin{aligned} &P_{k+1}=P_k+K_k(y_{k+1}-x_{k+1}P_k) \\ &K_k=S_k x_{k+1}^T(1+x_{k+1}S_k x_{k+1}^T)^{-1} \\ &S_{k+1}=S_k-K_k x_{k+1}S_k \quad k=0,1,\cdots,N-1 \end{aligned} \tag{6.7}$$

初始条件为 $P_0=0$，$S_0=aI$，式中，a 一般取大于 10000 的实数，I 是 $L\times L$ $[L=r(m+1)]$的单位阵。参数辨识的目的是使如下性能指标最小。

$$J=\left(\sum_{i=1}^{N} y_i-\hat{y}_i\right)^2/N \tag{6.8}$$

式中 y_i——实际输出；
$\hat{y}_i$——模型输出。

从而得到含颗粒污染物的油液压力振动信号的 T-S 模糊辨识算法的规则为

$$R^{1\text{-}3}:\text{if} \quad [x_1,x_2,\cdots,x_{18},x_{19}]\in Z_1$$

$$\text{then}\begin{bmatrix} y(1,j) \\ y(2,j) \\ y(3,j) \end{bmatrix}=\Psi\cdot\begin{bmatrix} x(1,k) \\ x(2,k) \\ \vdots \\ x(19,k) \end{bmatrix}+\begin{bmatrix} y_0(1,j) \\ y_0(2,j) \\ y_0(3,j) \end{bmatrix} \tag{6.9}$$

式中

$$\Psi=\begin{bmatrix} -0.5908 & -0.7937 & 0.4109 & 0.7966 & -0.8709 & -0.4687 & -0.2716 \\ -1.1646 & -0.4349 & -1.1463 & -0.8593 & 2.2614 & 0.1352 & -0.6321 \\ -0.5328 & -0.4135 & -0.9798 & 0.2554 & -1.1796 & 0.3859 & 1.4993 \\ -0.0670 & -0.7178 & 0.4938 & -1.2313 & -2.0832 & 0.6670 & 0.4935 \\ 1.6253 & -0.2725 & -0.7844 & 0.2097 & 1.6636 & -0.3512 & -0.2118 \\ 0.7676 & 0.1731 & 2.5360 & -0.4331 & 0.0222 & -0.3616 & 0.2078 \\ 0.6448 & 0.1877 & 0.4200 & 0.1964 & -0.0687 & -0.4771 & -0.5024 \\ -1.4509 & -0.6498 & -0.5333 & 0.5182 & -0.8874 & 0.4405 & -1.5051 \\ 0.6356 & & & & & & \end{bmatrix}$$

$$\begin{bmatrix} y_0(1,j) \\ y_0(2,j) \\ y_0(3,j) \end{bmatrix}=\begin{bmatrix} 1.1600 \\ 0.2225 \\ 0.0965 \end{bmatrix}$$

则含颗粒污染物油样的压力振动信号的 T-S 辨识模型建立。

6.3.2　T-S 预测

按照所建的含颗粒污染物油样的压力振动信号的 T-S 辨识模型，以决定系数（R^2）和均方根误差（RMSE）作为指标对油中颗粒污染物含量进行预测。

以 11 组油样的 SPA 选择的 19 个压力振动特征频率为 T-S 辨识模型的输入变量，获取每个油样的颗粒污染物含量的预测输出，模型的评价指标数值如表 6.2 所示。其中模型预测的决定系数为 0.8637，均方根误差为 0.1979，表明利用 SPA 选择的 19 个特征频率能够较好地表征每个油样的特征频谱，预测的效果较好。

如图 6.9 所示为 SPA 选择变量的模型预测值与测量值比较。从图 6.9(a) 可以看到，所构建的含颗粒污染物油样的压力振动信号的 T-S 辨识模型的预测输出能够较好地跟踪油中颗粒污染物含量的变化，两者的误差范围为−9.507%～0.3819%。图 6.9(b) 的相关图中可见，验证集中的 4# 数据的预测值和测量值的误差较大，影响了预测输出的整体精确性，其他数据的预测值与测量值的差值相对较小；还可看到除了 5#、8#、9# 这 3 个数据在中心线下方外，其他 8 个数据都分布在中心线的上部，表明所构建的 T-S 表示模型的压差输出的预测值比测量值略大些。其中原因可能在于测量油样中颗粒污染物含量时油样不均匀或产生沉降现象等造成的，因而通过多次测量取均值可减小这些误差。

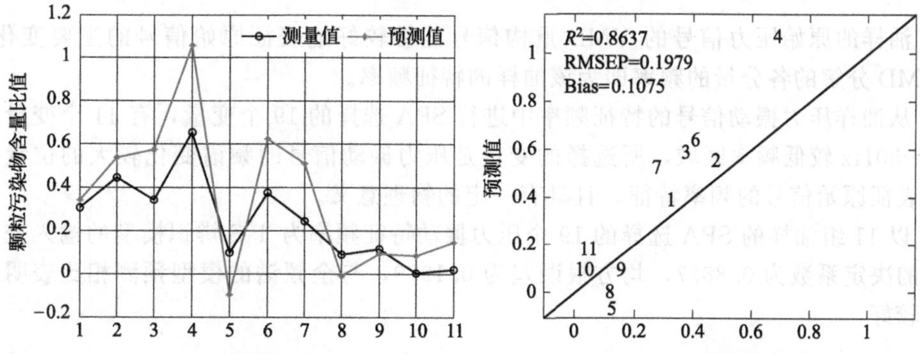

图 6.9　SPA 选择变量的模型预测值与测量值比较

表 6.3 模型的评价指标

输入变量	变量数量/个	评价指标	
		R^2	RMSE
全频谱	512	0.7369	0.1513
SPA 选择	19	0.8637	0.1979

为了比较 SPA 选择的有效性，以验证集的 11 组油样的压力振动信号数据经过 VMD 重构信号的频谱，共 512 个数据作为所构建的含颗粒污染物油样的压力振动信号的 T-S 辨识模型的输入变量，获取 11 组油样的颗粒污染物管路预测输出，模型的评价指标如表 6.3 所示。可得利用压力振动信号的全频谱作为辨识模型的输入，模型的压差输出预测决定系数为 0.7369，均方根误差为 0.1513，相对于 SPA 选择的特征频率作为模型的输入，预测的决定系数较小。

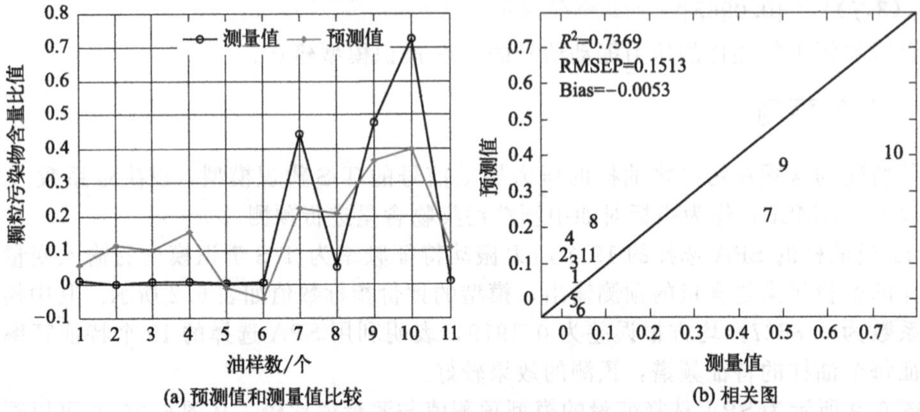

图 6.10 全频谱的模型预测值与测量值比较

从图 6.10(a) 模型的预测值与测量值的比较图中可见，油中颗粒污染物的含量预测值基本上能够保持与测量值相同的变化趋势，但是两者的误差较大，在 −4.32%～45.1257% 范围内变化。在图 6.10(b) 的相关图中明显可见 7#、9#、10# 这 3 个数据距离中心线较远，是影响预测值和测量值的误差的较大数据。另外验证集的 11 组数据中相对较为集中在两个区域，分布不均匀也是造成误差较大的因素。

6.3.3 T-S 辨识分析

① 油样的原始压力信号的 VMD 重构信号能够较好地表征原始信号的主要变化特征，经过 VMD 分解的各分量的频率即为该油样的特征频率。

② 从油样压力振动信号的特征频率中进行 SPA 选择的 19 个变量，有 11 个变量主要分布在 0～50Hz 较低频率区域，所选择的变量是压力振动信号的频谱变化较大的位置，能够较好地表征原始信号的频率特征，且具有一定的物理意义。

③ 以 11 组油样的 SPA 选择的 19 个压力振动特征频率为 T-S 辨识模型的输入变量，模型预测的决定系数为 0.8637，均方根误差为 0.1979，与全频谱的模型预测相比表明，预测的效果较好。

6.4 油液污染中红外光谱检测

红外光谱技术是一种简便、快速、无污染、低成本的分析技术，已经广泛应用于食品、化工等领域。近年来，随着红外光谱仪和化学计量学的发展，红外光谱法在润滑油分析中也有了一定的进展，尤其是在酸值、碱值、含水率等测定方面开展了一些有实际应用意义的工作。陈彬等基于油液的红外光谱，采用PLS法、T-S模糊辨识等数学建模方法建立了变压器油中含水量的预测模型，并获得了满意的预测精度，实现了对油中含水量的监测。张瑜等采用最小二乘支持向量机（least squares support vector machine，LS-SVM）建立可见-近红外光谱检测模型，并且通过无信息变量消除算法（uninformative variable elimination，UVE）与连续投影算法（SPA）的结合进行光谱有效波长选取，对润滑油酸值进行无损检测。

为了实现变压器油中颗粒污染物含量的准确、快速的检测，采用国标ISO 4406作为油液污染度标准配制50组不同污染度的含Cu、Fe、Si等氧化物颗粒的油样，对这些油样进行中红外光谱扫描，来探讨含不同颗粒污染等级的油样红外光谱数据与油样中颗粒污染等级之间的关系。由于红外光谱信息重叠严重，全谱波数变量多达几千个，因而运用连续投影算法（successive projections algorithm ，SPA）从中提取有用信息变量，从而提高建模的准确性和效率；再结合偏最小二乘法（PLS）、支持向量机法（support vector machine，SVM）对测试数据建立油样红外光谱数据与油样中颗粒污染物含量的预测模型，实现对变压器油中颗粒污染物含量的预测。

6.4.1 实验仪器与方法

（1）实验样品与仪器

采用25#变压器油（中国石油天然气股份有限公司润滑油分公司生产）作为原始油样；采用HIAC8012油品污染度测试仪器（HACH Company生产）对配制的不同污染度的油液进行检测，得到污染度等级在15/13～22/16（ISO 4406）范围内的油样；采用KQ-400KDB型高功率数控超声波振荡器（昆山苏美超声仪器有限公司生产，超声功率400W，超声频率40kHz）对不同污染度的油液进行预处理；采用傅里叶变换红外光谱仪IRAffinity-1（日本岛津生产）对50组油样进行红外光谱数据采集。

（2）实验方法

分别称取Cu、Fe、Si等氧化物颗粒粉末各0.005g，将称好的固体粉末与1L 25#变压器油混合，经8h超声波振荡器充分振荡。为保证实验油样与实际应用中油样的一致性，振荡过程存在的超声波加热作用使得油样温度保持在40～80℃。将振荡均匀的油样经HIAC8012油品污染度测试仪器进行检测，此时获得为污染度等级22/16（ISO 4406）的油样；在此基础上，分别按体积比例兑入原变压器油，并采用HIAC8012油品污染度测试仪器进行检测，得到15/13～22/16梯度污染度等级的油样（共50组）分别盛入500mL锥形瓶中，待实验。

采用傅里叶变换红外光谱仪IRAffinity-1对预处理好的50组不同污染度等级的油样进行中红外光谱数据采集，采用KBr固定厚度液体池，液体池垫片厚度选取100μm，分辨率为$2cm^{-1}$，扫描次数为45次，扫描范围设置为4700～$340cm^{-1}$（共4523个变量），将此波段范围内光谱用作分析。其中随机选择40组样品为模型校正集，10组作为预测集。光谱数据处理采用Matlab7.6进行。

6.4.2 油中颗粒污染物中红外光谱建模

（1）预处理

原始光谱数据采集时受到实验温度、样本不均匀、高频随机噪声以及基线漂移等不利因素的影响，因此需采取一定的预处理方法来实现有效的建模。对 50 组油样的原始光谱信号进行平滑预处理，处理后的光谱信号与原始光谱信号之间的误差为 0.1407，较好地保留了原始光谱的基本特征，提高了光谱曲线的平滑性。预处理前后的光谱曲线如图 6.11 所示。

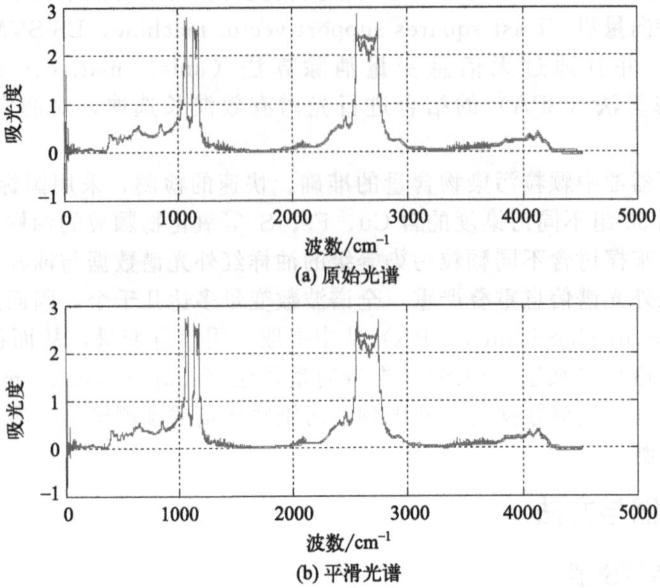

图 6.11　预处理前后的光谱曲线

(2) 提取有效波长

光谱经过平滑预处理后，由于光谱信息变量多，全波段共有 4523 个变量，计算量大，以全谱数据建立模型易产生冗余信息，因此采取选择有效波长的方法来提取有效波长，从而提高建模的效率和准确度。

选用连续投影算法（SPA）对光谱信息变量进行筛选，该方法能够消除波长变量间的共线性影响，使向量间的共线性降到最小，从而降低模型的复杂度，提高建模的效率，且可以使检测模型达到更高的准确度，是一种新兴且有效的波长选取方法。经连续投影算法在 340～4700nm 全谱范围内进行筛选有效波长变量后，共提取的变量个数为 23 个，如表 6.4 所示。可以看出经连续投影算法筛选出的波长的前 5 个波长其中 4 个波长主要集中在 Fe—O 键伸缩振动宽谱带区 370～390nm 范围内，其中选择的第 3 个特征波长 983.738nm 是 Si—O 键特征吸收峰位置，第 7～8 个波长 342.379nm、358.775nm 以及第 10 个波长之后的数据在 Cu—O 键伸缩振动区 340nm 附近，表明经过 SPA 选择的波长具有油中颗粒物光谱的特征意义，能有效提高模型的准确性。

表 6.4　SPA 提取的有效波长

方法	波长/nm
SPA	2923.246，384.815，376.135，983.738，375.170，2844.161，342.379，358.775，2820.05，344.308，346.237，343.343，341.415，362.63296，350.095，353.953，370.348，340.451，348.166，2996.544，354.917，364.561，355.882

(3) 归一化

油中颗粒物污染度数据范围为 229～22771，进行归一化处理。把数据映射到 0～1 范围之内，使得程序运行时收敛加快，提高模型的精确性。

6.4.3　污染浓度模型的构建

基于平滑预处理后的红外光谱数据（全谱），以及经过连续投影算法（SPA）对原始光谱提取有效波长，分别作为偏最小二乘回归（PLS）模型和支持向量机（SVM）模型的输入变量，油样的颗粒污染等级作为模型输出变量，建立油中颗粒污染物光谱的全谱模型（PLS和SVM）、SPA-PLS模型以及SPA-SVM模型。模型的评价指标为决定系数（R^2）和预测均方根误差（RMSE），模型的相关指数越大，预测均方根误差越小，模型的精度越高。

① 偏最小二乘法（PLS）在数学模型建模中是一种应用非常广泛的方法。随机选取50组油样中的40组样品作为校正集，其余10组作为模型验证集样本，建立油中颗粒污染物光谱的全谱PLS模型以及SPA-PLS模型，并利用建立的PLS模型对剩余10组油样的颗粒含量进行预测。

② 支持向量机法（SVM）是由Corinna Cortes等于1995年首先提出的一种建模方法。该方法在解决小样本、非线性及高维模式识别问题中具有独特的优势。从50组样品中随机选取40组作为模型的校正集样本，建立油中颗粒污染物光谱的全谱SVM模型以及SPA-SVM模型，并利用建立的模型对剩余10组油样的颗粒含量进行预测。

建立的油中颗粒污染物光谱全谱模型（PLS和SVM），SPA-PLS模型、SPA-SVM模型的预测结果如表6.5所示。由表6.5可知，全谱PLS模型、全谱SVM模型、SPA-PLS模型和SPA-SVM模型的建模和预测效果，SPA-PLS模型相对全波段PLS模型、SPA-SVM模型相对全波段PLS模型在校正集和验证集的预测相关指数都有所提高，并且预测均方根误差都有所降低，说明SPA能有效提取油样光谱中的有效信息，经过SPA对全波段光谱进行有效变量选择后作为PLS模型，以及SVM模型的输入变量建立的SPA-PLS模型和SPA-SVM模型能有效预测中红外油中颗粒物的含量；SPA-PLS模型和SPA-SVM模型对验证集样本进行预测的决定系数分别为0.8929、0.9343，均方根误差分别为6.372×10^{-3}、3.07×10^{-3}，说明SPA-PLS模型和SPA-SVM模型能够有效地预测中红外油中颗粒物的含量，获得了满意的预测准确度。

表6.5　油中颗粒污染物光谱模型的预测结果

方法	测试集		验证集	
	RMSE	R^2	RMSE	R^2
PLS	9.4998×10^{-2}	0.8589	0.1369	0.7269
SPA-PLS	3.2339×10^{-4}	0.9908	6.372×10^{-3}	0.8929
SVM	9.6008×10^{-4}	0.9675	5.592×10^{-3}	0.8813
SPA-SVM	1.4096×10^{-4}	0.9962	3.070×10^{-3}	0.9343

如图6.12所示为建立的油中颗粒污染物红外光谱的4种预测模型的验证集的预测结果与实测值的比较。

图6.12(a)、(b)为验证集的全谱PLS模型和SPA-PLS模型的预测结果与实测值的比较。可以明显看出，经过SPA有效选择变量后建立的PLS模型的输出能更好地跟踪颗粒物含量的变化，建立的全波段PLS模糊模型的预测值与实测值的误差变化范围为0.32，而SPA-PLS模糊模型的预测值与实测值基本吻合，其误差变化范围为0.21。

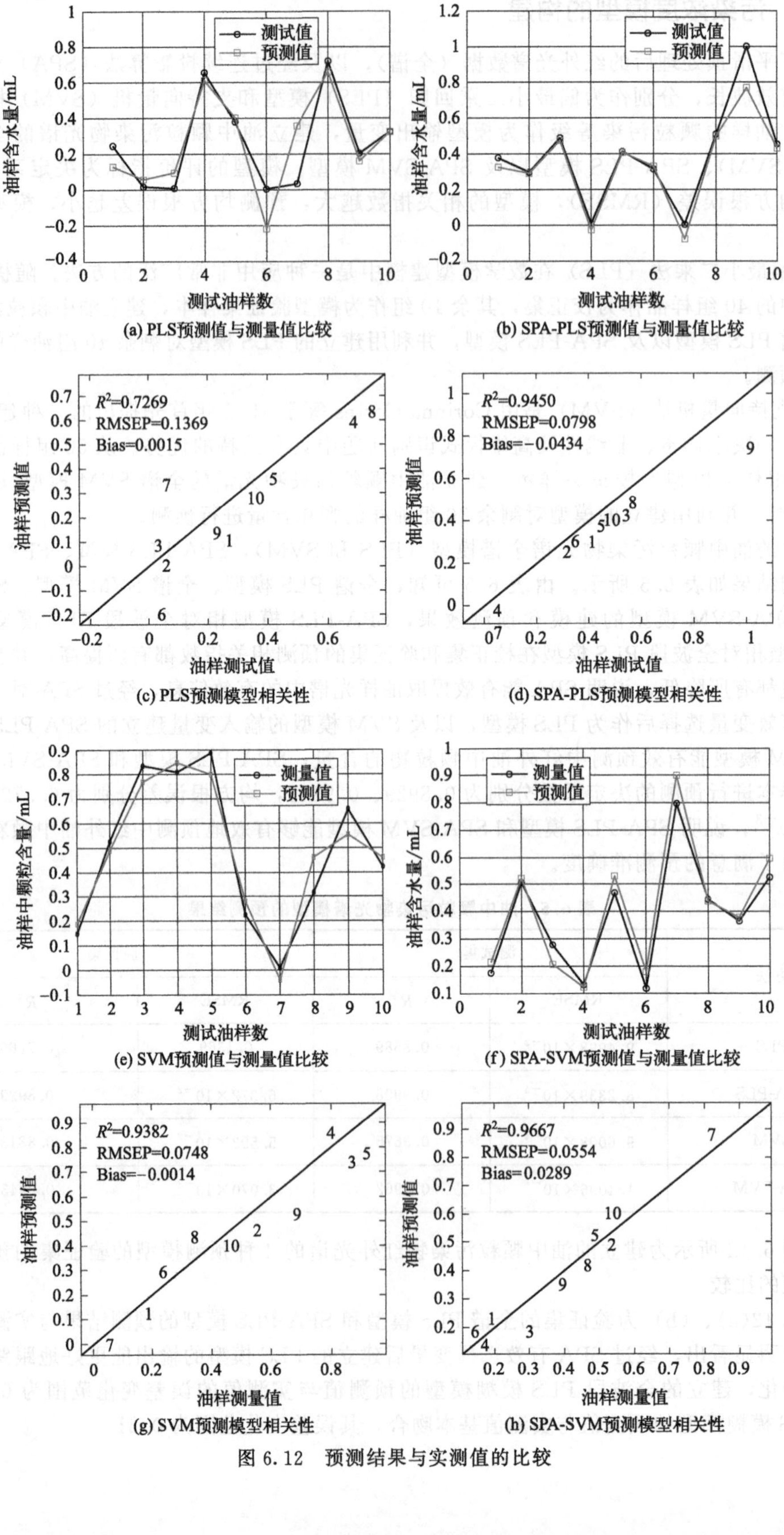

(a) PLS预测值与测量值比较

(b) SPA-PLS预测值与测量值比较

(c) PLS预测模型相关性

(d) SPA-PLS预测模型相关性

(e) SVM预测值与测量值比较

(f) SPA-SVM预测值与测量值比较

(g) SVM预测模型相关性

(h) SPA-SVM预测模型相关性

图 6.12 预测结果与实测值的比较

由图 6.12(c) 以及图 6.12(d) 两模型的预测值与实测值的关系图也可以看出，SPA-PLS 模型除了验证集的第 9[#] 组数据与实测值误差较大外，其他几组的验证集数据都较均匀地分布在回归直线附近，且第 2[#]、6[#] 组数据分布在回归直线上，而全波段 PLS 模型验证集第 7[#] 组数据偏离回归直线较远，影响了模型预测的精确性，因此 SAP-PLS 模型相对全波段 PLS 模型预测准确性更高；其中全波段 PLS 模糊模型决定系数 R^2=0.7269，均方根误差 RMSEP=0.1369，SPA-PLS 模型决定系数 R^2=0.9450，均方根误差 RMSEP=0.0798，可以看出 SPA-PLS模型的预测准确度更高。

图 6.12(e)、(f) 为验证集的全波段 SVM 模糊模型和 SPA-SVM 模糊模型的预测结果与实测值的比较。可以看出，两个模型的输出都能较好地跟踪油中颗粒物含量的变化，建立的全波段 SVM 模糊模型的预测值与实测值的误差变化范围为 0.17，而 SPA-SVM 模糊模型的预测值与实测值的误差变化范围为 0.1，相对全谱 PLS 模型误差范围缩小了 0.07。

由图 6.12(g)、(h) 两模型的预测值与实测值的关系图中也可以看出，SPA-SVM 模型除了验证集的第 7[#] 数据与实测值误差较大外，其他数据都较均匀地分布在回归直线附近，且第 2[#]、8[#]、9[#] 三组数据分布在回归直线上，而全波段 SVM 模型验证集数据离回归直线距离较远，影响了模型的预测精确性，因此 SPA-SVM 模型相对全波段 SVM 模型预测精确性较高；其中全波段 SVM 模糊模型决定系数 R^2=0.9382，RMSEP=0.0748，SPA-SVM 模型决定系数 R^2=0.9667，均方根误差 RMSEP=0.0554，说明应用 SPA-SVM 模型能够充分利用油液中颗粒物含量信息，从而有效实施油中颗粒物的红外光谱特征的建模和预测。

6.4.4 中红外光谱检测结果分析

运用 SPA 对含颗粒物油样的中红外光谱进行有效波长筛选，并结合偏最小二乘法、支持向量机法建立了油中颗粒污染等级与中红外光谱的预测模型，分析如下。

① 含颗粒污染的油样原始光谱数据经平滑预处理后，采用连续投影算法提取了 23 个有效波长；选择的波长主要集中在 Fe—O 键伸缩振动宽谱带区 370～390nm 和 Cu—O 键伸缩振动区 340nm 附近，选择的特征波长 983.738nm 是 Si—O 键特征吸收峰位置，具有油中颗粒物特征光谱的意义。

② 建立了油中颗粒物的红外光谱的 SPA-PLS 模型和 SPA-SVM 模型，SPA-PLS 模型中决定系数 R^2 达到 0.9450，均方根误差 RMSEP 为 0.0798，SPA-SVM 模型中决定系数 R^2 达到 0.9667，均方根误差 RMSEP 为 0.0554，可见 SPA-SVM 模型预测精度较高。

③ 建立的油中颗粒物的红外光谱模型中 SPA-PLS、SPA-SVM 模型相对全谱 PLS、SVM 模型都有较好的预测效果，对验证集样本数据预测的决定系数 R^2 分别为 0.8929、0.9343，均方根误差 RMSEP 为 6.372×10^{-3}、3.07×10^{-3}。

6.5 本章小结

① 利用 T-S 模糊辨识模型能以任意精度逼近非线性系统的功能，建立油液振动特征信号与颗粒污染物的 T-S 模糊辨识模型。

② 以连续投影算法（SPA）形成降维污染油液振动特征频谱矩阵作为输入，不同含量、尺寸的颗粒污染物作为输出，则 T-S 模糊辨识模型为 MIMO 系统，利用 C 均值模糊聚类算法确定输入空间的划分和模糊规则数目等；参数辨识是采用递推最小二乘方法来辨识模型参数。从而构建油液中颗粒污染物的在线监测系统，对油液振动特征（频率以及幅值变化）与污染物的含量、尺寸关系进行定量分析。

③ 揭示油液污染振动在线监测机理是由于油中颗粒浓度的增加增强了颗粒轨道交叉效

应，以及增强壁面附近的低速油液的上抛 Q2 事件，降低了中心区高速油液的下扫 Q4 事件，抑制了油液湍流的拟序结构，因而使油液脉动流的压力信号的振动频率降低。

④ 对实验采集的油液压力振动信号进行 VMD 分析处理，以 11 组油样的 SPA 选择的 19 个压力振动特征频率为 T-S 辨识模型的输入变量，按照所构建的含颗粒污染物油样的压力振动信号的 T-S 辨识模型，模型预测的决定系数为 0.8637，均方根误差为 0.1979，预测的效果较好。

⑤ 连续投影算法提取的有效波长具有特定颗粒污染物特征波长的特点，所建两种模型的预测效果均优于全谱的偏最小二乘法和支持向量机法模型，且对验证集样本数据预测的决定系数分别为 0.8929、0.9343，均方根误差为 6.372×10^{-3}、3.07×10^{-3}，获得了较好的预测效果。

参考文献

[1] Nezami M M, Equbal M D, Ansari M F, et al. A novel artificial neural network approach for residual life estimation of paper insulation in oil-immersed power transformers [J]. Iet electric power applications, 2023, 18 (4): 477-488.

[2] 刘阁，陈彬，张贤明，等．物理破乳技术在废油处理中的应用 [J]. 应用化工，2011，40 (02)：329-334.

[3] 刘阁，陈彬，商芷萱，等．发动机油中水分的近红外光谱分析 [J]. 光谱学与光谱分析，2023，43 (02)：449-454.

[4] 陈彬，颜欢，刘阁，等．流固两相流的稀疏离散相模型研究进展 [J]. 化工进展，2016，35 (11)：3400-3412.

[5] 刘大有．二相流体动力学 [M]．北京：高等教育出版社，1993.

[6] 陈彬，韩超，刘阁．变压器油中颗粒污染物的中红外光谱检测 [J]. 光子学报，2016，45 (05)：0530002-1-0530002-5.

[7] 陈彬，韩超，刘阁．铜颗粒污染物对变压器油运动黏度的影响 [J]. 北京航空航天大学学报，2016，42 (10)：2031-2037.

[8] Gidaspow D. Multiphase flow and fluidization-continuum and kinetic theory descriptions [M]. New York: Academic Press, 1994.

[9] Patil D J, Annaland M V S, Kuipers J A M. Critical comparison of hydrodynamic models for gas-solid fluidized beds-part 1: bubbling gas-solid fluidized beds operated with a jet [J]. Chemical Engineering Science, 2005, 60 (1): 52-72.

[10] Gidaspow D. Hydrodynamics of fluidization and heat transfer: supercomputer modeling [J]. Applied Mechanics Reviews, 1986, 39 (1): 1-23.

[11] Durst F, Miloievic D, Schonung B. Eulerian and lagrangian predictions of particulate two-phase flows: a numerical study [J]. Applied Mathematical Modelling, 1984, 8 (2): 101-115.

[12] Minier J P, Chibbaro S, Pope S B. Guidelines for the formulation of lagrangian stochastic models for particle simulations of single-phase and dispersed two-phase turbulent flows [J]. Physics of Fluids, 2014, 26 (11): 113-303.

[13] Chibbaro S, Minier J P. Stochastic modelling of polydisperse turbulent two-phase flows [J]. International Centre for Mechanical Sciences, 2014, 665 (548): 39-86.

[14] 倪晋仁．固液两相流基本理论及其最新应用 [M]．北京：科学出版社，1991.

[15] 陈彬，刘阁，张贤明，等．HVAS 涂层力学性能的 T-S 模糊辨识 [J]. 计算力学学报，2012，29 (03)：458-463.

[16] 刘阁，陈彬，张贤明．水击驻波场中分散相颗粒的运动分析 [J]. 应用力学学报，2012，29 (02)：120-126.

[17] Crowe C T, Sharma M P, Stock D E. The particle-source-in cell (PSI-CELL) model for gas-droplet flow [J]. Fluids Engineering, 1977, 99 (2): 325-332.

[18] Smith G P, Crosley D R. Quantitative laser-induced fluorescence in oh transition probabilities and the influence of energy transfer [J]. Symposium on Combustion, 1981, 18 (1): 1511-1520.

[19] Gosman A D, Loannides E. Aspects of computer simulation of liquid fueled combustors [J]. Journal of Energy, 1983, 7 (6): 482-490.

[20] Berlemont A, Desjonqueres P, Gouesbet G. Particle lagrangian simulation in turbulent flows [J]. International Journal of Multiphase Flow, 1990, 16 (1): 19-34.

[21] Yuu S, Yasukouchi N, Hirosawa Y, et al. Particle turbulent diffusion in a dust laden round jet [J]. Aiche Journal, 1978, 24 (24): 509-519.

[22] Caruyer C, Minier J P, Guingo M, et al. A stochastic model for particle deposition in turbulent flows and clogging effects [J]. Springer Singapore, 2016: 451-466.

[23] Lan X Y, Zhong H B, Gao J S. CFD simulation on the gasification of asphalt water slurry in an entrained flow gasifier [J]. Petroleum Science, 2014, 11 (2): 308-317.

[24] Mahdavimanesh M, Noghrehabadi A R, Behbahaninejad M, et al. Lagrangian particle tracking: Model development [J]. Life Science Journal, 2013, 10 (8s): 34-41.

[25] 陈彬，刘阁．化工管路系统的耦合振动主动控制研究 [J]. 振动与冲击，2009，28 (08)：158-162.

[26] 陈彬，刘阁，张贤明．真空压力对油水分离的影响研究 [J]. 哈尔滨工程大学学报，2013，34 (10)：1339-1344.

[27] 张小兵，翁春生，金志明，等．混合颗粒床中颗粒轨道模型及其数值模拟 [J]. 工程力学，1998，15 (02)：129-137.

[28] 欧阳洁，李静海．模拟气固两相流动非均匀结构的颗粒运动分解轨道模型 [J]. 中国科学（B 辑），1999，29 (01)：29-38.

[29] 汪靓，崔小朝，蔡明，等．拉格朗日-雷诺应力模型在后台阶颗粒流中的运用 [J]. 太原科技大学学报，2011，32 (05)：406-409.

[30] 查旭东，樊建人，郑友取，等．采用欧拉和拉格朗日混合模型对浓相颗粒流的研究 [J]. 动力工程，2000，20 (05)：884-891.

[31] 陈彬，刘阁．液压控制阀的水击振动耦合模型研究［J］．化工自动化及仪表，2008，35（06）：55-59.

[32] 邵萌，王安麟，梁波，等．三维流固两相流的颗粒群轨道柔性模型［J］．上海交通大学学报，2004，21（6）：790-794.

[33] 李国美，王跃社，孙虎，等．节流器内液-固两相流固体颗粒冲蚀数值模拟［J］．石油学报，2009（01）：145-148.

[34] 李国美，王跃社，亢力强．突扩圆管内液-固两相流固体颗粒运动特性的DPM数值模拟［J］．工程热物理学报，2008，29（12）：2061-2064.

[35] Wang X Y，Xiao Y H. Research of the gas-solid flow character based on the DEM method［J］. Journal of Thermal Science，2011，20（6）：521-526.

[36] Gerber S，Oevermann M. A two dimensional Euler-Lagrangian model of wood gasification in a charcoal bed-Part I：model description and base scenario［J］. Fuel，2014，115（1）：385-400.

[37] Chu K W，Kuang S B，Yu A B，et al. Prediction of wear and its effect on the multiphase flow and separation performance of dense medium cyclone［J］. Minerals Engineering，2014，56（2）：91-101.

[38] Kruggel-Emden H，Oschmann T. Numerical study of rope formation and dispersion of non-spherical particles during pneumatic conveying in a pipe bend［J］. Powder Technology，2014，268（1）：219-236.

[39] Du M，Zhao C S，Zhou B，et al. DSMC prediction of particle behavior in gas-particle two-phase impinging streams［J］. Mathematical Problems in Engineering，2013，2013（3）：1-11.

[40] Luo K，Jin J，Zheng Y Q，et al. Direct numerical simulation of particle dispersion in gas-solid compressible turbulent jets［J］. Chinese Journal of Chemical Engineering，2005，13（2）：161-166.

[41] Luo K，Jin H H，Fan J R，et al. Large eddy simulation of the gas-particle turbulent wake flow［J］. Journal of Zhejiang University（Science），2004，5（1）：106-110.

[42] Luo K，Zheng Y Q，Fan J R，et al. Interaction between large-scale vortex structure and dispersed particles in a three dimensional mixing layer［J］. Chinese Journal of Chemical Engineering，2003，11（4）：377-382.

[43] Zha X D，Fan J R，Sun P，et al. Numerical simulation on dense gas-particle riser flow［J］. Journal of Zhejiang University，2000，1（1）：29-38.

[44] Besbes S，Hajem M E，Aissia H B，et al. PIV measurements and Eulerian-Lagrangian simulations of the unsteady gas-liquid flow in a needle sparger rectangular bubble column［J］. Chemical Engineering Science，2015，（126）：560-572.

[45] 陈曦，葛少成，张忠温，等．原煤暗道通风除尘特征参数的数值模拟及优化［J］．环境工程学报，2015，9（1）：269-274.

[46] 袁惠新，吕浪，殷伟伟，等．不同入口形式的固液分离旋流器壁面磨损研究［J］．化工进展，2015，34（10）：3583-3588.

[47] 余徽，陈思含，魏文韫，等．应用随机轨道模型研究湍流扩散对气液交叉流脱除PM2.5的影响［J］．四川大学学报（工程科学版），2015，47（5）：178-184.

[48] 唐婵，张靖周．含微小颗粒气流横掠圆管束表面的沉积特性［J］．中南大学学报（自然科学版），2015，46（12）：4679-4685.

[49] 陆耀军，周力行，沈熊．油滴在液-液旋流分离中的随机轨道数值模拟［J］．力学学报，1999，31（5）：513-520.

[50] 陈彬，刘阁，张贤明．温度对油水分离的影响研究［J］．机械科学与技术，2014，33（2）：233-238.

[51] 袁惠新，殷伟伟，黄津，等．固液分离旋流器壁面磨损的数值模拟［J］．化工进展，2015，34（3）：664-670.

[52] 王志斌，陈文梅，褚良银，等．旋流分离器中固体颗粒随机轨道的数值模拟及分离特性分析［J］．机械工程学报，2006，42（6）：34-39.

[53] 周大伟，向晓东．环缝内衬固液分离耐磨旋流器磨损的数值模拟［J］．化工进展，2016，35（2）：397-402.

[54] Yakhot V，Orszag S A. Renormalization group analysis of turbulence. I. Basic theory［J］. Journal of Scientific Computing，1986，1（1）：3-51.

[55] 张志峰，刘洋，蔡体敏．随机颗粒轨道模型在长尾喷管发动机流场计算中的应用［J］．固体火箭技术，2007，30（5）：376-380.

[56] 刘静，徐旭．随机轨道模型在喷管两相流计算中的应用［J］．固体火箭技术，2006，29（5）：333-336，353.

[57] 陈彬，刘阁，张贤明．运行时间对油水真空分离的影响［J］．计算物理，2015，32（5）：579-585.

[58] Zhang Z，Cheng X W，Zheng Y G，et al. Numerical simulation of erosion-corrosion in the liquid solid two-phase flow［J］. Chinese Journal of Chemical Engineering，2000，8（4）：347-355.

[59] Xu Y G，Liu M Y，Tang C. Three-dimensional CFD-VOF-DPM simulations of effects of low-holdup particles on single-nozzle bubbling behavior in gas-liquid-solid systems［J］. Chemical Engineering Journal，2013，222（8）：292-306.

[60] 覃先云，肖庆麟，周枫林，等．扫路车吸嘴气固两相流仿真分析及其设计改进［J］．应用力学学报，2016，33（1）：73-79.

[61] Shao J R，Li H Q，Liu G R，et al. An improved SPH method for modeling liquid sloshing dynamics［J］. Comput-

ers & Structures，2012，100（6）：18-26.

[62] Ramnaujachari V，Natarajan R. Computation of particle-laden turbulent gas jet flows employing the stochastic separated flow approach［J］. Defense Science Journal，2013，42（4）：273-280.

[63] 樊建人，赵华，岑可法．气固两相流动的湍流脉动扩散数学模型及其应用［J］. 应用力学学报，1990，7（1）：50-55.

[64] 李嘉，张永泽，李克峰．剪切紊流中颗粒运动的数学模型和实验研究［J］. 水利学报，1998，（6）：8-14.

[65] 徐江荣．两相流颗粒轨道模型的特征频率-频谱方法［J］. 杭州电子工业学院学报，2000，20（4）：46-50.

[66] 张会强，陈昌麒，柳开瑞．改进的随机轨道模型［J］. 工程热物理学报，1999，20（5）：647-651.

[67] 徐江荣，周志军，张巍，等．颗粒 Reynolds 正应力轨道模型及后台阶两相流动数值模拟［J］. 计算物理，2004，21（6）：538-542.

[68] 李昭祥，徐江荣．随机轨道模型中颗粒湍流量模拟方法［J］. 杭州电子工业学院学报，2004，24（3）：11-14.

[69] 张健，周力行．气固两相流中颗粒轨道运动方程的一组分析解［J］. 燃烧科学与技术，2000，6（3）：226-229.

[70] Stephen B. Self-conditioned fields for large-eddy simulations of turbulent flows［J］. Journal of Fluid Mechanics，2010，652（4）：139-169.

[71] Minier J P，Peirano E. The pdf approach to turbulent polydispersed two-phase flows［J］. Physics Reports，2001，352（1-3）：1-124.

[72] Wang L P，Stock D E. Stochastic trajectory models for turbulent diffusion：Monte Carlo process versus Markov chains［J］. Atmosphere Environment.，1992，26（9）：1599-1607.

[73] 郭国庆，徐江荣．颗粒速度概率密度分布轨道模型及数值模拟［J］. 杭州电子科技大学学报，2006，26（2）：74-77.

[74] Xu J R，Wang L. Two-order moment trajectory model of two-phase turbulence flow based on particle PDF transport equation［J］. Applied Mechanics and Materials，2014，668-669：318-321.

[75] 顾璠，许晋源．气固两相流场的湍流颗粒浓度理论模型［J］. 应用力学学报，1994，11（4）：11-18.

[76] 徐进，葛满初．气固两相流动的数值计算［J］. 工程热物理学报，1998，19（2）：233-236.

[77] 欧阳洁，李静海．确定性颗粒轨道模型在流化床模拟中的研究进展［J］. 化工学报，2004，55（10）：1581-1592.

[78] Chen J K，Wang Y S，Li X F，et al. Erosion prediction of liquid-particle two-phase flow in pipeline elbows via CFD-DEM coupling method［J］. Powder Technology，2015，275（5）：182-187.

[79] 欧阳洁，李静海，崔俊芝．颗粒轨道模型中相间耦合关系及曳力计算的研究［J］. 动力工程，2004，24（6）：857-862.

[80] Jada A，Ait Chaou A，Bertrand Y，et al. Adsorption and surface properties of silica with transformer insulating oils［J］. Fuel，2002，81（9）：1227-1232.

[81] Lewand R. The Role of Corrosive Sulfur in Transformers and Transformer Oil［J］. IEEE transactions on dielectrics and electrical insulation，2017，24（5）：3201-3206.

[82] 王聪玲，严雨帆．变压器油介损增大的原因分析与再生处理［J］. 高电压技术，1997，23（3）：61-64.

[83] 侯玉萍．220kV 主变油介损大幅升高原因［J］. 高电压技术，2001，27（4）：80-81.

[84] 石景燕．变压器油中金属杂质的隐患及处理［J］. 变压器，2006，43（5）：44-46.

[85] Scatiggio F，Tumiatti V，Maina R，et al. Corrosive Sulfur Induced Failures in Oil-Filled Electrical Power Transformers and Shunt Reactors［C］. IEEE Transactions on Power Delivery，2009.

[86] Maina R，Tumiatti V，Pompili M，et al. Dielectric Loss Characteristics of Copper-Contaminated Transformer Oils［J］. IEEE Transactions on Power Delivery，2010，25（3）：1673-1677.

[87] 陈彬，武宏阳，韩超，等．基于中红外光谱分析的微水对绝缘油电气性能影响研究［J］. 光谱学与光谱分析，2015，35（10）：2740-2745.

[88] 陈彬，韩超，刘阁．颗粒污染物对变压器油介质损耗因数的影响［J］. 石油学报（石油加工），2017，33（1）：182-188.

[89] 陈彬，韩超，刘阁．颗粒污染物对变压器油击穿电压的影响［J］. 高电压技术，2018，44（12）：3903-3909.

[90] 陈彬，韩超，刘阁．颗粒污染物对变压器油黏度的影响［J］. 化学研究与应用，2017，29（10）：1552-1557.

[91] 陈彬，韩超，刘阁，等．颗粒物对变压器油表面张力的影响研究［J］. 应用力学学报，2018，35（1）：191-196.

[92] 陈彬，韩超，刘阁．颗粒污染物对变压器油氧化安定性的影响［J］. 高电压技术，2017，43（8）：2566-2573.

[93] Zhao Y，Yeung H，Zorgani E E，et al. High viscosity effects on characteristics of oil and gas two-phase flow in horizontal pipes［J］. Chemical Engineering Science，2013，95：343-352.

[94] Foletti C，Farisè S，Grassi B，et al. Experimental investigation on two-phase air/high-viscosity-oil flow in a horizontal pipe［J］. Chemical Engineering Science，2011，66（23）：5968-5975.

[95] Kesana N R，Vieira R，McLaury B S，et al. Experimental Study of Sand Particle Concentration Profiles in Straight and Pipe Elbow for Horizontal Multiphase Flows［J］. Journal of Energy Resources Technology，2014，136（3）：33001.

[96] 张绪良．水平管道液固两相流的相似与模化研究［J］．焦作矿业学院学报，1988，（1）：1-12.
[97] 李静海，董元吉，郭慕孙．颗粒——流体两相流数学模型Ⅱ、能量传递和流型过渡［J］．化工冶金，1988，（1）：41-54.
[98] 倪晋仁，周东火．低浓度固液两相流中泥沙垂直分布的振动理论解释［J］．水利学报，1999，（05）：2-6.
[99] Fang H，Wang G. Three-Dimensional Mathematical Model of Suspended-Sediment Transport［J］. 2000，126（8）：578-592.
[100] 岑可法．工程气固多相流动的理论和计算［M］．杭州：浙江大学出版社，1990.
[101] 陈彬，刘阁．含颗粒污染物的油液均质流的数值分析［J］．计算力学学报，2017，34（3）：344-355.
[102] Sen S. A theoretical study of the pipe-flow of turbulent solid-liquid suspensions［D］. Provo：Brigham young University，1988.
[103] 陈彬，刘阁，沈顺祥．含悬浮颗粒油液中黏度的影响分析［J］．应用力学学报，2017，34（3）：576-582.
[104] 陈彬，刘阁．系统压力对含悬浮颗粒油液的影响研究［J］．计算力学学报，2017，34（6）：785-792.
[105] 陈彬，刘阁．油液速度对悬浮流特性的影响分析［J］．中国石油大学学报（自然科学版），2017，41（4）：167-173.
[106] 陈彬，刘阁．颗粒浓度对含颗粒油液动态特性的影响［J］．西南交通大学学报，2017，52（5）：1029-1036.
[107] Liu G，Bin C，Deng Y. Feature Extraction of Contaminated Oil Signal Based on HHT［J］. Iranian Journal of Chemistry and Chemical Engineering，2022，41（10）：3545-3557.
[108] Xu C. Detecting periodic oscillations in astronomy data：revisiting wavelet analysis with coloured and white noise［J］. Monthly Notices of the Royal Astronomical Society，2017，466（4）：3827-3833.
[109] 周长志，张珂，张海平，等．基于小波分析的太阳活动周期性研究［J］．现代测绘，2017（01）：32-35.
[110] Liu G，Chen B. Extraction characteristics of pressure signals of oil pulsating flow with different particle concentration based on wavelet analysis［J］. Petroleum Science and Technology，2022，40（23）：2843-2860.
[111] Li J，Wang Z，Chen H，et al. Turbulence Modulations in the Boundary Layer of a Horizontal Particle-Laden Channel Flow［J］. Chinese Physics Letters，2010，27（6）：129-132.
[112] Shen C，Wang W. Application of wavelet analysis and resonance demodulation in mechanical fault diagnosis［C］. Proceedings of the International Conference on Civil，Architecture and Environmental Engineering，2017.
[113] C T，P C G. A practical guide to wavelet analysis［J］. Bulletin of the American Meteorological Society，1998，79（1）：61-78.
[114] 吴志成，王重阳，任爱君．消除信号趋势项时小波基优选方法研究［J］．北京理工大学学报，2013，33（8）：811-814.
[115] Bin C，Liu G. Effect of particle concentration on the pressure signal of the oil pulsation flow based on the wavelet packet［J］. Iranian Journal of Chemistry and Chemical Engineering，2024，43（06）：2440-2451.
[116] Li J，Wang H，Liu Z，et al. An experimental study on turbulence modification in the near-wall boundary layer of a dilute gas-particle channel flow［J］. Experiments in Fluids，2012，53（5）：1385-1403.
[117] Huang N E，Shen Z，Long S R，et al. The empirical mode decomposition and the Hilbert spectrum for nonlinear and non-stationary time series analysis［J］. Proc. R. Soc. Lond. A，1998，（454）：903-995.
[118] 陈彬，刘阁．不同颗粒浓度油液压力振动信号特征的 HHT 提取［J］．光学精密工程，2019，27（11）：2484-2497.
[119] 李志农，朱明．基于变分模态分解的机械故障诊断方法研究［J］．兵工学报，2017，38（3）：593-599.
[120] 杨宇，罗鹏，程军圣．广义变分模态分解及其在齿轮箱复合故障诊断中的应用［J］．中国机械工程，2017，28（9）：1069-1073.
[121] 牟伟杰，石林锁，蔡艳平，等．基于 KVMD-PWVD 与 LNMF 的内燃机振动谱图像识别诊断方法［J］．振动与冲击，2017，36（2）：45-51.
[122] 唐贵基，王晓龙．IVMD 融合奇异值差分谱的滚动轴承早期故障诊断［J］．振动．测试与诊断，2016，36（4）：700-707.
[123] Liu G，Chen B. The pressure characteristics analysis of oil pulsation flow based on VMD［J］. Scientific Reports，2021，11（1）：17390.
[124] Ge L，Bin C. VMD analysis of pulsating flow pressure signal of oil with different particle concentration［J］. Advances in Mechanical Engineering，2022，14（11）：1-19.
[125] Stewart，Peter S，Heil，et al. Sloshing and slamming oscillations in collapsible channel flow［J］. Journal of Fluid Mechanics，2010，662（7）：288-319.
[126] Saha P，Biswas G，Mandal A C，et al. Investigation of coherent structures in a turbulent channel with built-in longitudinal vortex generators［J］. International Journal of Heat and Mass Transfer，2017，104：178-198.
[127] Grenier E，Guo Y，Nguyen T T. Spectral instability of general symmetric shear flows in a two-dimensional channel［J］. Advances in Mathematics，2016，292：52-110.

[128] Wilson H J, Loridan V. Linear instability of a highly shear-thinning fluid in channel flow [J]. Journal of Non-Newtonian Fluid Mechanics, 2015, 223: 200-208.
[129] 赵慧，韦安阳，罗坤，等. 湍流槽道内近壁区域脉动速度特性研究 [J]. 工程热物理学报，2016，37 (3)：551-555.
[130] Stephanoff K D, Pedley T J, Amp C J L, et al. Fluid flow along a channel with an asymmetric oscillating constriction [J]. Nature, 1983, 305 (305): 692-695.
[131] Sobey I J. Observation of waves during oscillation channel flow [J]. J. Fluid Mech, 1985, 151: 395-426.
[132] Bandyopadhyay S, Layek G C. Numerical computation of pulsatile flow through a locally constricted channel [J]. Communications in Nonlinear Science and Numerical Simulation, 2011, 16 (1): 252-265.
[133] Deshmukh A, Vasava V, Patankar A, et al. Particle velocity distribution in a flow of gas-solid mixture through a horizontal channel [J]. Powder Technology, 2016, 298: 119-129.
[134] Duan F, Song K, Li H, et al. Numerical study of laminar flow and heat transfer characteristics in the fin side of the intermittent wavy finned flat tube heat exchanger [J]. Applied Thermal Engineering, 2016, 103: 112-127.
[135] 刘阁，陈彬，金兴，等. 槽道内涡波流场的POD分析 [J]. 计算力学学报，2019，36 (2)：190-198.
[136] 金兴，邓阳琴，刘阁，等. 基于PIV技术的管道流动特性研究 [J]. 应用化工，2020，49 (2)：430-434.
[137] Greig D, Siddiqui K, Karava P, et al. Investigation of fundamental flow mechanisms over a corrugated waveform using proper orthogonal decomposition and spectral analyses [J]. International Journal of Thermal Sciences, 2015, 96: 160-172.
[138] Bin C, Ge L. Effect of Particle Concentration and Size on the Time-Averaged Velocity of Oil [J]. Experimental Techniques, 2024, 48: 461-471.
[139] 刘阁，邓阳琴，金兴，等. 对称槽道涡波流场流动特征的POD分析 [J]. 强激光与粒子束，2018，30 (6)：179-188.
[140] Adrian R J, Meinhart C D, Tomkins C D. Vortex organization in the outer region of the turbulent boundary layer [J]. Journal of Fluid Mechanics, 2000, 422: 1-54.
[141] Lozano-Durán A, Jiménez J. Time-resolved evolution of coherent structures in turbulent channels: characterization of eddies and cascades [J]. J. Fluid Mech., 2014, 759: 432-471.
[142] 陈彬，刘阁，金兴，等. 槽道内涡波流场展向涡的分布特征 [J]. 北京航空航天大学学报，2017，43 (11)：2240-2248.
[143] Wu Y, Christensen K T. Population trends of spanwise vortices in wall turbulence [J]. Journal of Fluid Mechanics, 2006, 568 (1952): 55-65.
[144] Gao Q, Ortiz-Dueñas C, Longmire E K. Analysis of vortex populations in turbulent wall-bounded flows [J]. Journal of Fluid Mechanics, 2011, 678 (7): 87-123.
[145] Chen Q, Adrian R J, Zhong Q, et al. Experimental study on the role of spanwise vorticity and vortex filaments in the outer region of open-channel flow [J]. Journal of Hydraulic Research, 2014, 1686 (2016): 1-14.
[146] Kresta S M, Wood P E. The flow field produced by a pitched blade turbine: Characterization of the turbulence and estimation of the dissipation rate [J]. Chemical Engineering Science, 1993, 48 (10): 1761-1774.
[147] Saarenrinne P, Piirto M. Turbulent kinetic energy dissipation rate estimation from PIV velocity vector fields [J]. Experiments in Fluids, 2000, 29 (1): 300-307.
[148] Tanaka T, Eaton J K. A correction method for measuring turbulence kinetic energy dissipation rate by PIV [J]. Experiments in Fluids, 2007, 42 (6): 893-902.
[149] Hoque M M, Sathe M J, Mitra S, et al. Comparison of specific energy dissipation rate calculation methodologies utilising 2D PIV velocity measurement [J]. Chemical Engineering Science, 2015, 137: 752-767.
[150] Sheng J, Meng H, Fox R. A Large Eddy PIV Method for Turbulence Dissipation Rate Estimation [J]. Chemical Engineering Science, 2000, 55 (20): 4423-4434.
[151] 王汉封，柳朝晖，郭福水，等. 用PIV数据估算槽道内湍流动能耗散率 [J]. 化工学报，2004，55 (7)：1066-1071.
[152] Kysela B, Íková D J, T J K, et al. Estimation of turbulence dissipation rate by Large eddy PIV method in an agitated vessel [J]. Chemical Engineering Science, 1993, 48 (10): 1761-1774
[153] 陈彬，刘阁. 槽道流POD重构及湍流动能耗散率分析 [J]. 计算物理，2018，35 (2)：169-177.
[154] Jiang H, Hu X, Cheng L, et al. Direct numerical simulation of the turbulent kinetic energy and energy dissipation rate in a cylinder wake [J]. Journal of Fluid Mechanics, 2022, 946: A11.
[155] Hsu C M, Huang R F, Loretero M E. Unsteady flow motions of an oscillating jet in crossflow [J]. Experimental Thermal and Fluid Science, 2014, 55: 77-85.
[156] 刘阁，陈彬. 槽道非定常流场脉动特性的POD分析 [J]. 仪器仪表学报，2017，38 (3)：703-710.
[157] 黄其，王勋廷，杨志超，等. 有序涡旋对三角槽道脉动流强化传热的影响 [J]. 化工学报，2016，67 (9)：3616-

3624.
[158] Durmaz O, Karaca H D, Ozen G D, et al. Dynamical modeling of the unsteady flow over a flapping wing by applying proper orthogonal decomposition and system identification to particle image velocimetry data [J]. Proceedings of the IEEE Conference on Decision and Control, 2011, (8): 6546-6551.
[159] Tardu F S, Binder G. Wall shear stress modulation in unsteady turbulent channel flow with high imposed frequencies [J]. Physics of Fluids A Fluid Dynamics, 1993, 5 (8): 2028-2037.
[160] Mao Z X, Hanratty T J. Studies of the Wall Shear Stress in a Turbulent Pulsating Pipe Flow [J]. Journal of Fluid Mechanics, 1986, 170 (1): 545-564.
[161] Kiger K T, Pan C. Suspension and turbulence modification effects of solid particulates on a horizontal turbulent channel flow [J]. Journal of Turbulence, 2002, 3: N19: 191-201.
[162] 栗晶，王汉封，柳朝晖，等．气固两相槽道湍流拟序结构变动的PIV测量 [J]. 工程热物理学报，2011，32 (7)：1157-1160.
[163] 周力行．湍流两相流动和燃烧的理论与数值模拟 [M]．北京：科学出版社，1994.
[164] 傅旭东，王光谦，董曾南．低浓度固液两相流理论分析与管流数值计算 [J]. 中国科学E辑：技术科学，2001，31 (6)：556-565.
[165] Lin J H, Chang K C. Particle Dispersion Simulation in Turbulent Flow Due to Particle-Particle and Particle-Wall Collisions [J]. Journal of Mechanics, 2016, 32 (2): 237-244.
[166] 张凤羽，裴海林．能耗率极值原理和重力理论交互作用下粗质颗粒的浓度垂线分布 [J]. 甘肃工业大学学报，1992，18 (3)：20-28.
[167] 倪晋仁，惠遇甲．浑水流速分布与悬移质浓度分布的关系 [J]. 泥沙研究，1988，(2)：17-28.
[168] Wang G, Evans G M, Jameson G J. Bubble-particle detachment in a turbulent vortex I: Experimental [J]. Minerals Engineering, 2016, 92: 196-207.
[169] Yuan H, Tan S, Wen J, et al. Heat transfer of pulsating laminar flow in pipes with wall thermal inertia [J]. International Journal of Thermal Sciences, 2016, 99: 152-160.
[170] Eschmann G, Kuntze A, Uffrecht W, et al. Experimental and numerical investigation of heat transfer coefficients in gaseous impinging jets-First test of a recent sensor concept for steady and unsteady flow [J]. International Journal of Thermal Sciences, 2015, 96: 290-304.
[171] Abiev R S, Galushko A S. Hydrodynamics of pulsating flow type apparatus: Simulation and experiments [J]. Chemical Engineering Journal, 2013, 229: 285-295.
[172] Bin C, Ge L. Effects of particle size and concentration on the pulsation characteristics of transformer oil [J]. Journal of The National Science Foundation of Sri Lanka, 2021, 49 (4): 599-612.
[173] 李玲，徐忠．颗粒浓度及颗粒尺寸对管内气固两相流动速度结构的影响 [J]. 水动力学研究与进展（A辑），1999，14 (2)：154-161.
[174] Chen B, Ge L. Effects of particle concentration and size on the dissipation rate and turbulent kinetic energy of oil [J]. Canadian Journal of Chemical Engineering, 2023, 101 (12): 7235-7250.
[175] Ge L, Bin C. Prediction of particulate content in oil based on SPA vibration feature selection [J]. Scientia Iranica, 2023, 2: 1-19.
[176] Upadhyay A, Pachori R B. Instantaneous voiced/non-voiced detection in speech signals based on variational mode decomposition [J]. Journal of the Franklin Institute, 2015, 352 (7): 2679-2707.
[177] 陈彬，刘阁，张贤明．连续投影算法的润滑油中含水量的近红外光谱分析 [J]. 红外与激光工程，2013，42 (12)：3168-3174.
[178] 陈彬，刘阁．基于近红外光谱的润滑油中含水量T-S模糊辨识 [J]. 光子学报，2014，43 (2)：0230001-1-0230001-5.
[179] 陈彬，武宏阳，刘阁，等．用中红外光谱法分析含微水绝缘油的黏度 [J]. 光子学报，2015，44 (6)：0630002-1-0630002-6.
[180] 陈彬，刘阁．基于近红外光谱的润滑油中含水量T-S模糊辨识 [J]. 光子学报，2014，43 (2)：0230001-1-0230001-5.
[181] 张瑜，吴迪，何勇，等．基于可见-近红外光谱技术的润滑油酸值无损检测方法研究 [J]. 红外，2011，32 (12)：39-44.
[182] Langsholt M, Zarruk G A. Particle Transport in Semi-Dilute Turbulent Pipe Flow [J]. Journal of Dispersion Science and Technology, 2015, 36 (10): 1513-1526.
[183] 陈彬，刘阁，张贤明．连续投影算法的润滑油中含水量的近红外光谱分析 [J]. 红外与激光工程，2013，42 (12)：3168-3174.
[184] 陈彬，武宏阳，张贤明，等．含微水绝缘油表面张力的中红外光谱检测 [J]. 光学精密工程，2015，23 (9)：2452-2458.